土建类高职高专创新型规划教材

建筑材料

（第2版）

主　编　夏正兵

副主编　邱　鹏　孙银龙　王凤波

　　　　邓艳锋

参　编　（以拼音为序）

　　　　郝绍菊　李　荫　宋红玲

　　　　羊英姿　余　佳　严　枫

　　　　张　琴　朱兆健

东南大学出版社

·南京·

内 容 提 要

本书包括绪论，建筑材料的基本性质，气硬性胶凝材料，水泥，混凝土，建筑砂浆，墙体材料，绝热材料、吸声隔音材料，建筑钢材，建筑塑料，沥青材料，木材，建筑玻璃、陶瓷，建筑涂料，建筑装饰材料，案例分析，建筑材料试验。试验部分包括建筑材料相关的各种试验原理、试验过程的详细讲解。

本书是建筑施工与管理专业、工程造价专业、工程监理专业等建筑类相关专业的主要课程之一，除可作为高职高专院校建筑类专业教材外，还可作为建筑类相关人员的培训用书或参考书。

图书在版编目（CIP）数据

建筑材料 / 夏正兵主编. —2 版. — 南京：东南大学出版社，2016.8

ISBN 978-7-5641-6198-9

Ⅰ.①建…　Ⅱ.①夏…　Ⅲ.①建筑材料　Ⅳ.①TU5

中国版本图书馆 CIP 数据核字(2015)第 306268 号

建筑材料(第 2 版)

出版发行：东南大学出版社
社　　址：南京市四牌楼 2 号　邮编 210096
出 版 人：江建中
责任编辑：史建农　戴坚敏
网　　址：http://www.seupress.com
电子邮箱：press@seupress.com
经　　销：全国各地新华书店
印　　刷：常州市武进第三印刷有限公司
开　　本：787mm×1 092mm　1/16
印　　张：18
字　　数：450 千字
版　　次：2016 年 8 月第 2 版
印　　次：2016 年 8 月第 1 次印刷
书　　号：ISBN 978-7-5641-6198-9
印　　数：1—3000 册
定　　价：43.00 元

高职高专土建系列规划教材编审委员会

序

东南大学出版社以国家 2010 年要制定、颁布和启动实施教育规划纲要为契机，联合国内部分高职高专院校于 2009 年 5 月在东南大学召开了高职高专土建类系列规划教材编写会议，并推荐产生教材编写委员会人员。会上，大家达成共识，认为高职高专教育最核心的使命是提高人才培养质量，而提高人才培养质量要从教师的质量和教材的质量两个角度着手。在教材建设上，大会认为高职高专的教材要与实际相结合，要把实践做好，把握好过程，不能通用性太强，专业性不够；要对人才的培养有清晰的认识；要弄清高职院校服务经济社会发展的特色类型与标准。这是我们这次会议讨论教材建设的逻辑起点。同时，对于高职高专院校而言，教材建设的目标定位就是要凸显技能，摒弃纯理论化，使高职高专培养的学生更加符合社会的需要。紧接着在 10 月份，编写委员会召开第二次会议，并规划出第一套突出实践性和技能性的实用型优质教材；在这次会议上大家对要编写的高职高专教材的要求达成了如下共识：

一、教材编写应突出“高职、高专”特色

高职高专培养的学生是应用型人才，因而教材的编写一定要注重培养学生的实践能力，对基础理论贯彻“实用为主，必需和够用为度”的教学原则，对基本知识采用广而不深、点到为止的教学方法，将基本技能贯穿教学的始终。在教材的编写中，文字叙述要力求简明扼要、通俗易懂，形式和文字等方面要符合高职教育教和学的需要。要针对高职高专学生抽象思维能力弱的特点，突出表现形式上的直观性和多样性，做到图文并茂，以激发学生的学习兴趣。

二、教材应具有前瞻性

教材中要以介绍成熟稳定的、在实践中广泛应用的技术和以国家标准为主，同时介绍新技术、新设备，并适当介绍科技发展的趋势，使学生能够适应未来技术进步的需要。要经常与对口企业保持联系，了解生产一线的第一手资料，随时更新教材中已经过时的内容，增加市场迫切需求的新知识，使学生在毕业时能够适合企业的要求。坚决防止出现脱离实际和知识陈旧的问题。在内容安排上，要考虑高职教育的特点。理论的阐述要限于学生掌握技能的需要，不要囿于理论上的推导，要运用形象化的语言使抽象的理论易于为学生认识和掌握。对于实践性内容，要突出操作步骤，要满足学生自学和参考的需要。在内容的选择上，要注意反映生产与社会实践中的实际问题，做到有前瞻性、针对性和科学性。

三、理论讲解要简单实用

将理论讲解简单化，注重讲解理论的来源、出处以及用处，以最通俗的语言告诉学生所学的理论从哪里来用到哪里去，而不是采用烦琐的推导。参与教材编写的人员都具有丰富的课堂教学经验和一定的现场实践经验，能够开展广泛的社会调查，能够做到理论联系实

际，并且强化案例教学。

四、教材重视实践与职业挂钩

教材的编写紧密结合职业要求，且站在专业的最前沿，紧密地与生产实际相连，与相关专业的市场接轨，同时，渗透职业素质的培养。在内容上注意与专业理论课衔接和照应，把握两者之间的内在联系，突出各自的侧重点。学完理论课后，辅助一定的实习实训，训练学生实践技能，并且教材的编写内容与职业技能证书考试所要求的有关知识配套，与劳动部门颁发的技能鉴定标准衔接。这样，在学校通过课程教学的同时，可以通过职业技能考试拿到相应专业的技能证书，为就业做准备，使学生的课程学习与技能证书的获得紧密相连，相互融合，学习更具目的性。

在教材编写过程中，由于编著者的水平和知识局限，可能存在一些缺陷，恳请各位读者给予批评斧正，以便我们教材编写委员会重新审定，再版的时候进一步提升教材质量。

本套教材适用于高职高专院校土建类专业，以及各院校成人教育和网络教育，也可作为行业自学的系列教材及相关专业用书。

高职高专土建系列规划教材编审委员会

前　言

本书是高职院校土建类系列教材之一，是编者在结合近年来在课程建设方面取得的经验基础上，结合国内外建筑材料的基本情况，按照土木建筑工程相关专业高职人才培养的特点编写的。

书中结合了大量的图片，重基础、重实用、简理论，力求主线清晰，便于理解记忆和查阅。本书最大的特点是，在编写过程中，加入建筑材料的案例分析，这是一个创新点。

本书内容包括绪论，建筑材料的基本性质，气硬性胶凝材料，水泥，混凝土，建筑砂浆，墙体材料，绝热材料、吸声隔音材料，建筑钢材，建筑塑料，沥青材料，木材，建筑玻璃、陶瓷，建筑涂料，建筑装饰材料，案例分析，建筑材料试验。

本书由南通广播电视大学、安徽新华学院、紫琅职业技术学院、黄河科技学院、金肯职业技术学院、常州建设高等职业技术学校、无锡南洋职业技术学院等学校的老师共同编写。全书由夏正兵拟定大纲并统稿。

本书在编写过程中，得到了紫琅职业技术学院建筑工程系庞金昌主任、江苏城市职业学院建筑工程系顾卫扬主任的大力支持，同时，编者也参阅了大量参考文献，在此一并感谢。

由于编者水平所限，加之时间仓促，书中难免有不足之处，敬请读者批评指正。

编　者

2010 年 7 月

第 2 版前言

本书是在第 1 版的基础上改编而成的，针对第 1 版中的不足之处，对部分章节内容进行了增减与修改。比如：根据最新的国家标准、规范、图集对本书中相应知识点进行了更新；根据工程实际增加了部分工程案例以求能够帮助读者加深对知识点的掌握。

本书是高职院校土建类系列教材之一，是编者在总结多年的高职教学改革成功经验的基础上，结合我国建筑设备工程的基本情况，按照土木建筑工程相关专业高职人才培养的特点编写的。

本书由南通开放大学夏正兵担任主编，南通开放大学邱鹏、南通海陵技工学校孙银龙等担任副主编。夏正兵拟定大纲和统稿。

本书出版 6 年来，广大读者提出了不少宝贵意见，编者对此表示真诚感谢。经过这次修订，愿本书更能适应教学与有关建筑类人员的需要，望广大读者继续对本书给予批评和指正。

编　者

2016 年 5 月

目　录

0 绪论

本章提要：掌握工程材料的定义与分类；了解工程材料在建筑工程中的地位与作用，以及工程材料的发展历史和发展方向；掌握“建筑材料”课的学习方法。

0.1 建筑材料的分类

建筑材料是建筑工程结构物所用材料的总称。换句话说，建造建筑物或构筑物本质上都是所用建筑材料的一种“排列组合”，建筑材料是建筑工程中不可缺少的物质基础。建筑材料种类繁多，性能差别悬殊，使用量很大，正确选择和使用工程材料，不仅与构筑物的坚固、耐久和适用性有密切关系，而且直接影响到工程造价（因为材料费用一般要占工程总造价的一半以上）。因此，在选材时充分考虑材料的技术性能和经济性，在使用中加强对材料的科学管理，无疑对提高工程质量和降低工程造价起重要作用。

建筑材料有各种不同的分类方法。例如，根据用途，可将工程材料分为结构主体材料和辅助材料；根据工程材料在工程结构物中的部位（以工业与民用建筑为例），可分为承重材料、屋面材料、墙体材料和地面材料等；根据工程材料的功能，又可分为结构材料、防水材料、装饰材料、功能（声、光、电、热、磁等）材料等。

目前，建筑材料通常是根据组成物质的种类和化学成分分类的（表 0-1）。

表 0-1 建筑材料分类

建筑材料分类	无机材料	金属材料	黑色金属：钢、铁
			有色金属：铝、铜等及其合金
		非金属材料	天然石材：砂石及各种石材制品
			烧土及熔融制品：黏土砖、瓦、陶瓷及玻璃等
			胶凝材料：石膏、石灰、水泥、水玻璃等
			混凝土及硅酸盐制品：混凝土、砂浆及硅酸盐制品
	有机材料	植物材料	木材、竹材等
		沥青材料	石油沥青、煤沥青、沥青制品
		高分子材料	塑料、涂料、胶黏剂
	复合材料	无机材料基复合材料	水泥刨花板、混凝土、砂浆、纤维混凝土
		有机材料基复合材料	沥青混凝土、玻璃纤维增强塑料（玻璃钢）

0.2 建筑材料的技术标准分类

建筑工程中使用的各种材料及其制品，应具有满足使用功能和所处环境要求的某些性能，而材料及其制品的性能或质量指标必须用科学方法所测得的确切数据来表示。为使测得的数据能在有关研究、设计、生产、应用等各部门得到承认，有关测试方法和条件、产品质量评价标准等均由专门机构制定并颁发“技术标准”，并做出详尽明确的规定作为共同遵循的依据。这也是现代工业生产各个领域的共同需要。

技术标准，按照其适用范围，可分为国家标准、行业标准、地方标准和企业标准等。

国家标准，是指对全国经济、技术发展有重大意义，必须在全国范围内统一的标准，简称“国标”。国家标准由国务院有关主管部门（或专业标准化技术委员会）提出草案，报国家标准总局审批和发布。

行业标准，也是专业产品的技术标准，主要是指全国性各专业范围内统一的标准，简称“行标”。这种标准由国务院所属各部和总局组织制定、审批和发布，并报送国家标准总局备案。

企业标准，凡没有制定国家标准、行业标准的产品或工程，都要制定企业标准。这种标准是指仅限于企业范围内适用的技术标准，简称“企标”。为了不断提高产品或工程质量，企业可以制定比国家标准或行业标准更先进的产品质量标准。现将国家标准及部分行业标准代号列于表 0-2 中。

表 0-2 国家及部分行业标准代号

标准名称	代号	标准名称	代号
国家标准	GB	交通行业	JT
建材行业	JC	冶金行业	YB
建工行业	JG	石化行业	SH
铁 道 部	TB	林业行业	LY

随着国家经济技术的迅速发展和对外技术交流的增加，我国还引入了不少国际和外国技术标准，现将常见的标准代号列入表 0-3 中，以供参考。

表 0-3 国际组织及几个主要国家标准代号

标准名称	代号	标准名称	代号
国际标准	ISO	德国工业标准	DIN
国际材料与结构试验研究协会	RILEM	韩国国家标准	KS
美国材料试验协会标准	ASTM	日本工业标准	JIS
英国标准	BS	加拿大标准协会	CSA
法国标准	NF	瑞典标准	SIS

0.3 建筑材料的发展趋势

建筑材料的生产和使用是随着人类社会生产力的发展和科学技术水平的提高而逐步发展起来的。远古时代人类只能依赖大自然的恩赐,“巢处穴居”。随着社会生产力的发展,人类进入石器、铁器时代,利用简单的生产工具能够挖土、凿石为洞,伐木搭竹为棚,从巢处穴居进入了稍经加工的土、石、木、竹构成的棚屋,为简单地利用材料迈出了可喜的一步。以后人类学会用黏土烧制砖、瓦,用岩石烧制石灰、石膏。与此同时,木材的加工技术和金属的冶炼与应用也有了相应的发展。此时材料的利用才由天然材料进入到人工生产阶段,居住条件有了新的改善,砖石、砖木混合结构成了这一时期的主要特征。以后人类社会进入漫长的封建社会阶段,生产力发展缓慢,工程材料的发展也缓慢,长期停留在“秦砖汉瓦”水平上。人类社会活动范围的扩大、工商业的发展和资本主义的兴起,城市规模的扩大和交通运输的日益发达,都需要建造更多、更大、更好以及具有某些特殊性能的建筑物和附属设施,以满足生产、生活和工业等方面的需要。例如,大型公共建筑、大跨度的工业厂房、海港码头、铁路、公路、桥梁以及给水排水、水库电站等工程。

显然,原有的工程材料在数量、质量和性能方面均不能满足上述新要求。供求矛盾推动工程材料的发展进入了新的阶段。水泥、混凝土的出现,钢铁工业的发展,钢结构、钢筋混凝土结构也就应运而生。这是 18 世纪、19 世纪结构和材料的主要特征。进入 20 世纪以后,随着社会生产力的更大发展和科学技术水平的迅速提高,以及材料科学的形成和发展,工程材料的品种增加、性能改善、质量提高,一些具有特殊功能的材料也相继发展了。在工业建筑上,根据生产工艺、质量要求和耐久性的需要,研制和生产了各种耐热、耐磨、抗腐蚀、抗渗透、防爆或防辐射材料;在民用建筑上,为了室内温度的稳定并尽量节约能源,制造了多种有机和无机的保温绝热材料;为了减少室内噪声并改善建筑物的音质,也制成了相应的吸声、隔声材料。

建筑材料是建筑工程的重要组成部分,它和工程设计、工程施工以及工程经济之间有着密切的关系。自古以来,工程材料和工程构筑物之间就存在着相互依赖、相互制约和相互推动的矛盾关系。一种新材料的出现必将推动构筑设计方法、施工程序或形式的变化,而新的结构设计和施工方法必然要求提供新的更优良的材料。例如,没有轻质高强的结构材料,就不可能设计出大跨度的桥梁和工业厂房,也不可能有高层建筑的出现;没有优质的绝热材料、吸声材料、透光材料及绝缘材料,就无法对室内的声、光、电、热等功能做妥善处理;没有各种各样的装饰材料,就不能设计出令人满意的高级建筑;没有各种材料的标准化、大型化和预制化,就不可能减少现场作业次数,实现快速施工;没有大量质优价廉的材料,就不能降低工程的造价,也就不能多快好省地完成各种基本建设任务。因此,可以这样说,没有工程材料的发展,也就没有建筑工程的发展。有鉴于此,建筑业材料的发展方向有着以下一些趋势:在材料性能方面,要求轻质、高强、多功能和耐久;在产品形式方面,要求大型化、构件化、预制化和单元化;在生产工艺方面,要求采用新技术和新工艺,改造和淘汰陈旧设备和工艺,提高产品质量;在资源利用方面,既要研制和开发新材料,又要充分利用工农业废料和地方材料;在经济效益方面,要降低材料消耗和能源消耗,进一步提高劳动生产率和经济效益。

材料与人类的活动是密切相连的,故人类对材料的探索与研究也早已开始,并不断向前发展。随着新材料的出现和研究工作的不断深入,以及与材料有关的基础学科的日益发展,人类对材料的内在规律有了进一步的了解,对各类材料的共性知识初步得到了科学的抽象认识,从而诞生了"材料科学"这一新的学科领域。材料科学(更准确地说应该是材料科学与工程)是介于基础科学与应用科学之间的一门应用基础科学。其主要任务在于研究材料的组分、结构、界面与性能之间的关系及其变化规律,从而使材料达到以下三个预测目的:按材料组成、工艺过程,预测不同层次的组分结构及界面状态;按不同层次的组分、结构及界面,预测力学行为或其他功能;按使用条件、环境及自身的化学物理变化,预测使用寿命。实际上,就是按使用要求设计材料、研制材料及预测使用寿命。建筑材料也属于材料科学的研究对象,但由于种种原因,在材料科学的利用方面起步较晚。我们坚信,随着材料科学的普及和测试技术的发展,建筑材料的研究必将纳入材料科学的轨道,那时建筑材料的发展必将有重大突破。

0.4 "建筑材料"的学习方法

"建筑材料"在土建类专业中是一门专业基础课。学习本课程的目的是为进一步学习专业课提供有关材料的基础知识,并为今后从事设计、施工和管理工作中合理选择和正确使用材料奠定基础。

"建筑材料"的内容庞杂、品种繁多,涉及许多学科或课程,其名词、概念和专业术语多,各种建筑材料相对独立,即各章之间的联系较少。此外,公式推导少,而以叙述为主,许多内容为实践规律的总结。因此,其学习方法与力学、数学等完全不同。学习"建筑材料"时应从材料科学的观点和方法及实践的观点来进行,否则就会感到枯燥无味,难以掌握材料组成、性质、应用以及它们之间的相互联系。学习"建筑材料"时,应从以下几个方面进行:

(1) 了解或掌握材料的组成、结构和性质间的关系。掌握建筑材料的性质与应用是学习的目的,但孤立地看待和学习,就免不了要死记硬背。材料的组成和结构决定材料的性质和应用,因此学习时应了解或掌握材料的组成、结构与性质间的关系。应特别注意掌握的是,材料内部的孔隙数量、孔隙大小、孔隙状态及其影响因素,它们对材料的所有性质均有影响,同时还应注意外界因素对材料结构与性质的影响。

(2) 运用对比的方法。通过对比各种材料的组成和结构来掌握它们的性质和应用,特别是通过对比来掌握它们的共性和特性。这在学习水泥、混凝土、沥青混合料等时尤为重要。

(3) 密切联系工程实际,重视试验课并做好试验。"建筑材料"是一门实践性很强的课程,学习时应注意理论联系实际,利用一切机会注意观察周围已经建成的或正在施工的工程,提出一些问题,在学习中寻求答案,并在实践中验证和补充书本所学内容。试验课是本课程的重要教学环节,通过试验可验证所学的基本理论,学会检验常用材料的试验方法,掌握一定的试验技能,并能对试验结果进行正确的分析和判断。这对培养学习与工作能力及严谨的科学态度十分有利。

复习思考题

1. 简述建筑材料的分类。
2. 简述建筑材料的发展趋势。
3. 简述“建筑材料”课程的学习方法。

1 建筑材料的基本性质

本章提要：了解材料的组成与结构以及它们与材料性质的关系；掌握材料与质量有关的性质、与水有关的性质及与热有关的性质的概念及表示方法，并能较熟练地运用；了解材料的力学性质及耐久性的基本概念。

建筑物是由各种建筑材料建筑而成的，这些材料在建筑物的各个部位要承受各种各样的作用，因此要求建筑材料必须具备相应性质。如结构材料必须具备良好的力学性质；墙体材料应具备良好的保温隔热性能、隔声吸声性能；屋面材料应具备良好的抗渗防水性能；地面材料应具备良好的耐磨损性能等等。一种建筑材料要具备哪些性质，这要根据材料在建筑物中的功用和所处环境来决定。一般而言，建筑材料的基本性质包括物理性质、化学性质、力学性质和耐久性。

1.1 材料的物理性质

1.1.1 材料的基本物理性质

1）实际密度

材料在绝对密实状态下，单位体积的质量称为密度。用公式表示如下：

$$\rho = m/V \tag{1-1}$$

式中：ρ——材料的密度（g/cm^3）；

m——材料在干燥状态下的质量（g）；

V——干燥材料在绝对密实状态下的体积（cm^3）。

材料在绝对密实状态下的体积是指不包括孔隙在内的固体物质部分的体积，也称实体积。在自然界中，绝大多数固体材料内部都存在孔隙，因此固体材料的总体积（V_o）应由固体物质部分体积（V）和孔隙体积（V_p）两部分组成，而材料内部的孔隙又根据是否与外界相连通被分为开口孔隙（浸渍时能被液体填充，其体积用 V_k 表示）和封闭孔隙（与外界不相连通，其体积用 V_b 表示）。

测定固体材料的密度时，须将材料磨成细粉（粒径小于 0.2mm），经干燥后采用排开液体法测得固体物质部分体积。材料磨得越细，测得的密度值越精确。工程所使用的材料绝大部分是固体材料，但需要测定其密度的并不多。大多数材料，如拌制混凝土的砂、石等，一般直接采用排开液体的方法测定其体积——固体物质体积与封闭孔隙体积之和，此时测定的密度为材料的近似密度（又称为颗粒的表观密度）。

2）体积密度

整体多孔材料在自然状态下单位体积的质量称为体积密度。用公式表示如下：

$$\rho_0 = m/V_0 \tag{1-2}$$

式中：ρ_0——材料的体积密度(kg/m^3)；

m——材料的质量(kg)；

V_0——材料在自然状态下的体积(m^3)。

整体多孔材料在自然状态下的体积是指材料的固体物质部分体积与材料内部所含全部孔隙体积之和，即 $V_0=V+V_p$。对于外形规则的材料，其体积密度的测定只需测定其外形尺寸；对于外形不规则的材料，要采用排开液体法测定，但在测定前，材料表面应用薄蜡密封，以防液体进入材料内部孔隙而影响测定值。

一定质量的材料，孔隙越多，则体积密度值越小；材料体积密度大小还与材料含水多少有关，含水越多，其值越大。通常所指的体积密度，是指干燥状态下的体积密度。

3) 堆积密度

散粒状(粉状、粒状、纤维状)材料在自然堆积状态下，单位体积的质量称为堆积密度。用公式表示如下：

$$\rho_0' = m/V_0' \tag{1-3}$$

式中：ρ_0'——材料的堆积密度(kg/m^3)；

m——散粒材料的质量(kg)；

V_0'——散粒材料在自然堆积状态下的体积，又称堆积体积(m^3)。

在建筑工程中，计算材料的用量、构件的自重、配料计算、确定材料堆放空间，以及材料运输车辆时，需要用到材料的密度。

1.1.2 材料的密实度与孔隙率

1) 密实度

材料体积内被固体物质所充实的程度称为密实度，用 D 表示，即：

$$D = \frac{V}{V_0} \times 100\% \quad 或 \quad D = \frac{\rho_0}{\rho} \times 100\% \tag{1-4}$$

2) 孔隙率

孔隙率是指材料体积内孔隙体积所占的比例，即：

$$P = \frac{V_0 - V}{V_0} \times 100\% = \left(1 - \frac{V}{V_0}\right) \times 100\% = \left(1 - \frac{\rho_0}{\rho}\right) \times 100\% \tag{1-5}$$

$$D + P = 1 \tag{1-6}$$

式中：P——材料的孔隙率(%)。

孔隙率的大小反映了材料的致密程度。材料的许多性能，如强度、吸水性、耐久性、导热性等均与其孔隙率有关。此外，还与材料内部孔隙的结构有关。孔隙结构包括孔隙的数量、形状、大小、分布以及连通与封闭等情况。

材料内部孔隙有连通与封闭之分，连通孔隙不仅彼此连通且与外界相通，而封闭孔隙则不仅彼此互不连通，而且与外界隔绝。孔隙本身有粗细之分，粗大孔隙(孔径 $D \geqslant 1.0$mm)、细小孔隙(孔径 $0.01\text{mm} < D < 1.0\text{mm}$)和极细微孔隙(孔径 $D \leqslant 0.01$mm)。粗大孔隙虽然易吸水，但不易保持。极细微开口孔隙吸入的水分不易流动，而封闭的不连通孔隙，水分及其他介质不易侵入。因此，我们说孔隙结构及孔隙率对材料的表观密度、强度、吸水率、抗渗

性、抗冻性及声、热、绝缘等性能都有很大影响。

1.1.3 材料的填充率与空隙率

1) 填充率 D'

散粒材料在堆积状态下，其颗粒的填充程度称为填充率 D'，即：

$$D' = \frac{V_0}{V'_0} \times 100\% \quad \text{或} \quad D' = \frac{\rho'_0}{\rho_0} \times 100\% \tag{1-7}$$

2) 空隙率

空隙率是指散粒材料在堆积状态下，颗粒之间的空隙体积所占的比例，即：

$$P' = \left(\frac{V'_0 - V_0}{V'_0}\right) \times 100\% = \left(1 - \frac{V_0}{V'_0}\right) \times 100\% = \left(1 - \frac{\rho'_0}{\rho_0}\right) \times 100\% \tag{1-8}$$

$$D' + P' = 1 \tag{1-9}$$

式中：P'——材料的空隙率(%)。

空隙率的大小表征散粒材料颗粒间相互填充的致密程度。空隙率可作为控制混凝土骨料级配与计算砂率的依据。

1.1.4 材料与水有关的性质

1) 亲水性与憎水性

材料与水接触时，根据材料是否能被水润湿，可将其分为亲水性和憎水性两类。亲水性是指材料表面能被水润湿的性质；憎水性是指材料表面不能被水润湿的性质。

当材料与水在空气中接触时，将出现如图 1-1 所示的两种情况。在材料、水、空气三相交点处，沿水滴的表面作切线，切线与水和材料接触面所成的夹角称为润湿角(用 θ 表示)。当 θ 越小，表明材料越易被水润湿。一般认为，当 $\theta \leqslant 90°$ 时，材料表面吸附水分，能被水润湿，材料表现出亲水性；当 $\theta > 90°$ 时，材料表面不易吸附水分，不能被水润湿，材料表现出憎水性。

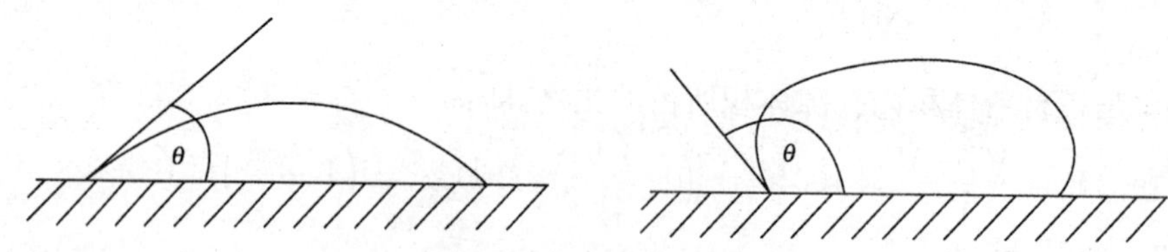

图 1-1 材料的润湿示意图

亲水性材料易被水润湿，且水能通过毛细管作用而被吸入材料内部。憎水性材料则能阻止水分渗入毛细管中，从而降低材料的吸水性。建筑材料大多数为亲水性材料，如水泥、混凝土、砂、石、砖、木材等，只有少数材料为憎水性材料，如沥青、石蜡、某些塑料等。建筑工程中憎水性材料常被用作防水材料，或作为亲水性材料的覆面层，以提高其防水、防潮性能。

2) 吸水性与吸湿性

(1) 吸水性

材料在水中吸收水分的性质称为吸水性。材料吸水能力的大小用吸水率表示，即：

$$W=\frac{m_1-m}{m}\times 100\% \tag{1-10}$$

式中：W——材料的质量吸水率(%)；

m——材料在干燥状态下的质量(g)；

m_1——材料吸水饱和状态下的质量(g)。

有时也用体积吸水率来表示材料的吸水性。材料吸入水分的体积占干燥材料自然状态下体积的百分率称为体积吸水率。

由于材料的亲水性以及开口孔隙的存在，大多数材料都具有吸水性，所以材料中通常均含有水分。

材料的吸水性不仅与其亲水性及憎水性有关，也与其孔隙率的大小及孔隙特征有关。一般孔隙率越高，其吸水性越强。封闭孔隙水分不易进入；粗大开口孔隙，不易吸满水分；具有细微开口孔隙的材料，其吸水能力特别强。

各种材料因其化学成分和结构构造不同，其吸水能力差异极大，如致密岩石的吸水率只有 0.50%～0.70%，普通混凝土为 2.00%～3.00%，普通黏土砖为 8.00%～20.00%；木材及其他多孔轻质材料的吸水率则常超过 100%。

(2) 吸湿性

湿空气中吸收水分的性质称为吸湿性。用含水率表示，即：

$$W_{含}=\frac{m_{含}-m}{m}\times 100\% \tag{1-11}$$

式中：$W_{含}$——材料的含水率(%)；

m——材料在干燥状态下的质量(g)；

$m_{含}$——材料含水时的质量(g)。

材料的吸湿性随空气湿度大小而变化。干燥材料在潮湿环境中能吸收水分，而潮湿材料在干燥的环境中也能放出(又称蒸发)水分，这种性质称为还水性，最终与一定温度下的空气湿度达到平衡。多数材料在常温常压下均含有一部分水分，这部分水的质量占材料干燥质量的百分率称为材料的含水率。与空气湿度达到平衡时的含水率称为平衡含水率。木材具有较大的吸湿性，吸湿后木材制品的尺寸将发生变化，强度也将降低；保温隔热材料吸入水分后，其保温隔热性能将大大降低；承重材料吸湿后，其强度和变形也将发生变化。因此，在选用材料时，必须考虑吸湿性对其性能的影响，并采取相应的防护措施。

3) 耐水性

材料长期在饱和水的作用下抵抗破坏，保持原有功能的性质称为耐水性。材料的耐水性常用软化系数 K_R 表示：

$$K_R=\frac{f_{饱}}{f_{干}} \tag{1-12}$$

式中：K_R——材料的软化系数；

$f_{饱}$——材料在吸水饱和状态下的极限抗压强度(MPa)；

$f_{干}$——材料在绝干状态下的极限抗压强度(MPa)。

由上式可知，K_R 值的大小表明材料浸水后强度降低的程度。一般材料在水的作用下，其强度均有所下降，这是由于水分进入材料内部后，削弱了材料微粒间的结合力所致。如果材料中含有某些易于被软化的物质如黏土等，这将更为严重。因此，在某些工程中，软化系

数 K_R 的大小成为选择材料的重要依据。一般次要结构物或受潮较轻的结构所用的材料 K_R 值应不低于 0.75；受水浸泡或处于潮湿环境的重要结构物的材料，其 K_R 值应不低于 0.85；特殊情况下，K_R 值应当更高。

4）抗渗性

材料在压力水作用下抵抗渗透的性质称为抗渗性。材料的抗渗性一般用渗透系数 K 表示：

$$K = \frac{Qd}{AtH} \tag{1-13}$$

式中：K——渗透系数(cm/h)；

Q——渗水总量(cm^3)；

d——试件厚度(cm)；

A——渗水面积(cm^2)；

t——渗水时间(h)；

H——静水压力水头(cm)。

抗渗性也可用抗渗等级(记为 P)表示，即以规定的试件在标准试验条件下所能承受的最大水压(MPa)来确定，即：

$$P = 10H - 1 \tag{1-14}$$

式中：P——抗渗等级；

H——试件开始渗水时的水压(MPa)。

渗透系数越小的材料其抗渗性越好。材料抗渗性的高低与材料的孔隙率和孔隙特征有关。绝对密实的材料或具有封闭孔隙的材料，水分难以透过。对于地下建筑及桥涵等结构物，由于经常受到压力水的作用，因此要求材料应具有一定的抗渗性。对用于防水的材料，其抗渗性的要求更高。

5）抗冻性

材料在饱和水状态下，能经受多次冻融循环作用而不被破坏，且强度也不显著降低的性质，称为抗冻性。材料的抗冻性用抗冻等级表示。抗冻等级是以规定的试件，采用标准试验方法，测得其强度降低不超过规定值，并无明显损害和剥落时所能经受的最大冻融循环次数来确定，以 F_n 表示，其中 n 为最大冻融循环次数。

材料经受冻融循环作用而破坏，主要是因为材料内部孔隙中的水结冰所致。水结冰时体积要增大，若材料内部孔隙充满了水，则结冰产生的膨胀会对孔隙壁产生很大的应力，当此应力超过材料的抗拉强度时，孔壁将产生局部开裂；随着冻融循环次数的增加，材料逐渐被破坏。

材料抗冻性的好坏，取决于材料的孔隙率、孔隙的特征、吸水饱和程度和自身的抗拉强度。材料的变形能力大，强度高，软化系数大，则抗冻性较高。一般认为，软化系数小于 0.80 的材料，其抗冻性较差。在寒冷地区及寒冷环境中的建筑物或构筑物，必须要考虑所选择材料的抗冻性。

1.1.5 材料与热有关的性质

为保证建筑物具有良好的室内小气候，降低建筑物的使用能耗，要求材料具有良好的热工性质。通常考虑的热工性质有导热性、热容量。

1) 导热性

当材料两侧存在温差时,热量将从温度高的一侧通过材料传递到温度低的一侧,材料这种传导热量的能力称为导热性。材料导热性的大小用导热系数表示。导热系数是指厚度为1m的材料,当两侧温差为1K时,在1s时间内通过$1m^2$面积的热量。用公式表示如下:

$$\lambda=\frac{Qd}{At(T_2-T_1)} \tag{1-15}$$

式中:λ——材料的导热系数[W/(m·K)];

Q——传递的热量(J);

d——材料的厚度(m);

A——材料的传热面积(m^2);

t——传热时间(s);

T_2-T_1——材料两侧的温差(K)。

材料的导热性与孔隙率大小、孔隙特征等因素有关。孔隙率较大的材料,内部空气较多,由于密闭空气的导热系数很小[$\lambda=0.023$W/(m·K)],因此其导热性较差。但如果孔隙粗大,空气会形成对流,材料的导热性反而会增大。材料受潮以后,水分进入孔隙,水的导热系数比空气的导热系数高很多[$\lambda=0.58$W/(m·K)],从而使材料的导热性大大增加;材料若受冻,水结成冰,冰的导热系数是水导热系数的四倍,为$\lambda=2.3$W/(m·K),材料的导热性将进一步增加。

建筑物要求具有良好的保温隔热性能。保温隔热性和导热性都是指材料传递热量的能力,在工程中常把$1/\lambda$称为材料的热阻,用R表示。材料的导热系数越小,其热阻越大,则材料的导热性能越差,其保温隔热性能越好。

2) 热容量

材料容纳热量的能力称为热容量,其大小用比热表示。比热是指单位质量的材料,温度每升高或降低1K时所吸收或放出的热量。用公式表示如下:

$$C=\frac{Q}{m(T_2-T_1)} \tag{1-16}$$

式中:C——材料的比热[J/(kg·K)];

Q——材料吸收或放出的热量(J);

m——材料的质量(kg);

T_2-T_1——材料加热或冷却前后的温差(K)。

比热的大小直接反映出材料吸热或放热能力的大小。比热大的材料,能在热流变动或采暖设备供热不均匀时缓和室内的温度波动。不同的材料其比热不同,即使是同种材料,由于物态不同,其比热也不同。

1.2 材料的力学性质

材料的力学性质是指材料在外力作用下的变形性和抵抗破坏的性质,它是选用建筑材料时首先要考虑的基本性质。

1.2.1 材料的强度

材料在荷载(外力)作用下抵抗破坏的能力称为材料的强度。

当材料受到外力作用时,其内部就产生应力,荷载增加,所产生的应力也相应增大,直至材料内部质点间结合力不足以抵抗所作用的外力时,材料即发生破坏。材料发生破坏时,达到应力极限,这个极限应力值就是材料的强度,又称极限强度。

强度的大小直接反映材料承受荷载能力的大小。由于荷载作用形式不同,材料的强度主要有抗压强度、抗拉强度、抗弯(抗折)强度及抗剪强度等。图1-2即为材料承受这四类外力作用时的简图。

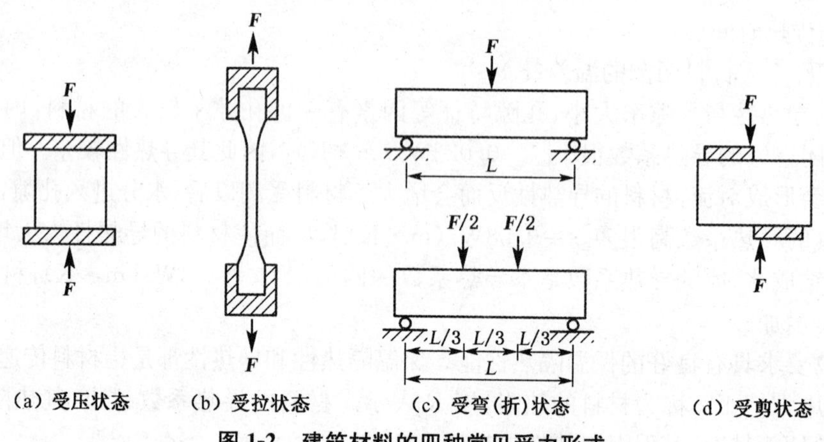

图1-2 建筑材料的四种常见受力形式

试验测定的强度值除受材料本身的组成、结构、孔隙率大小等内在因素的影响外,还与试验条件有密切关系,如试件形状、尺寸、表面状态、含水率、环境温度及试验时加荷速度等。为了使测定的强度值准确且具有可比性,必须按规定的标准试验方法测定材料的强度。

材料的强度等级是按照材料的主要强度指标划分的级别。掌握材料的强度等级,对合理选择材料、控制工程质量是十分重要的。

对不同材料要进行强度大小的比较可采用比强度。比强度是指材料的强度与其体积密度之比,它是衡量材料轻质高强的一个主要指标。以钢材、木材和混凝土为例,见表1-1所示。

表1-1 钢材、木材和混凝土的强度比较

材　料	体积密度(kg/m^3)	抗压强度 f_c(MPa)	比强度 f_c/ρ_0
低碳钢	7 860	415	0.053
松木	500	34.3(顺纹)	0.069
普通混凝土	2 400	29.4	0.012

由表1-1中数值可见,松木的比强度最大,是轻质高强材料;混凝土的比强度最小,是质量大而强度较低的材料。

1.2.2 材料的弹性与塑性

材料在外力作用下产生变形，当外力取消后，能够完全恢复原来形状的性质称为弹性，这种变形称为弹性变形，其值的大小与外力成正比；不能自动恢复原来形状的性质称为塑性，这种不能恢复的变形称为塑性变形，塑性变形属永久性变形。

完全弹性的材料是没有的。一些材料在受力不大时只产生弹性变形，而当外力达到一定限度后即产生塑性变形，如低碳钢。很多材料在受力时，弹性变形和塑性变形同时产生，如普通混凝土。

1.2.3 材料的脆性与韧性

材料受外力作用，当外力达到一定限度时，材料发生突然破坏，且破坏时无明显塑性变形，这种性质称为脆性，具有脆性的材料称为脆性材料。脆性材料的抗压强度远大于其抗拉强度，因此其抵抗冲击荷载或震动荷载作用的能力很差。建筑材料中大部分无机非金属材料均为脆性材料，如混凝土、玻璃、天然岩石、砖瓦、陶瓷等。

材料在冲击荷载或震动荷载作用下能吸收较大的能量，同时产生较大的变形而不破坏的性质称为韧性。材料的韧性用冲击韧性指标表示。

材料是脆性还是韧性，从冲击断口的形貌上一看就明了，如图 1-3 所示。

(a) 脆性断口

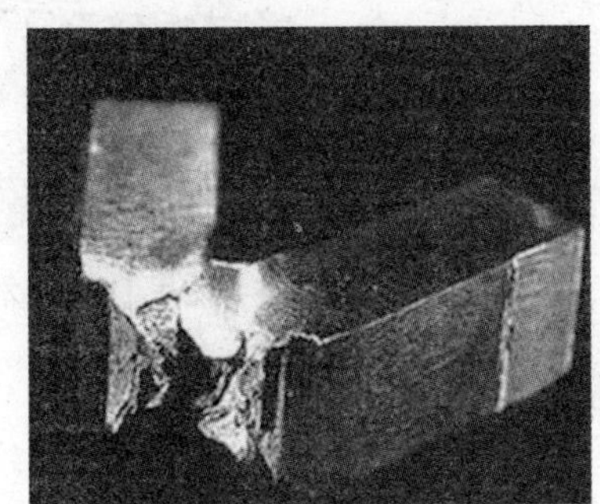
(b) 韧性断口

图 1-3 冲击断口形貌

在建筑工程中，对于要求承受冲击荷载和有抗震要求的结构，如吊车梁、桥梁、路面等所用材料，均应具有较高的韧性。

1.3 材料的耐久性

材料在使用过程中能长久保持其原有性质的能力，称为耐久性。

材料在使用过程中，除受到各种外力作用外，还长期受到周围环境因素和各种自然因素的破坏作用。这些破坏作用主要有以下几个方面：

(1) 物理作用。包括环境温度、湿度的交替变化，即冷热、干湿、冻融等循环作用。材料经受这些作用后，将发生膨胀、收缩或产生应力，长期地反复作用，将使材料逐渐被破坏。

(2) 化学作用。包括大气和环境水中的酸、碱、盐等溶液或其他有害物质对材料的侵蚀作用,以及日光、紫外线等对材料的作用。

(3) 生物作用。包括菌类、昆虫等的侵害作用,导致材料发生腐朽、虫蛀等而破坏。

(4) 机械作用。包括荷载的持续作用,交变荷载对材料引起的疲劳、冲击、磨损等。

耐久性是对材料综合性质的一种评述,它包括抗冻性、抗渗性、抗风化性、抗老化性、耐化学腐蚀性等内容。对材料耐久性进行可靠的判断需要很长的时间,一般采用快速检验法,这种方法是模拟实际使用条件,将材料在实验室进行有关的快速实验,根据实验结果对材料的耐久性作出判定。在实验室进行快速实验的项目主要有冻融循环、干湿循环、碳化等。

提高材料的耐久性,对节约建筑材料、保证建筑物长期正常使用、减少维修费用、延长建筑物使用寿命等均具有十分重要的意义。

图 1-4 显示的是采用 DPS(Deep Penetration Sealer,水性渗透结晶型防水材料)技术与未采用 DPS 技术的混凝土经过 12 年后的情形,显然,可以采用一些外加剂增强材料的耐久性。

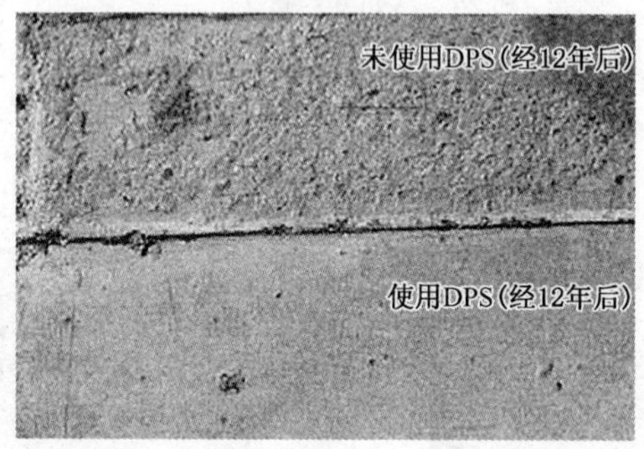

图 1-4　使用 DPS 技术对混凝土材料耐久性的影响

复习思考题

1. 简述材料的实际密度、堆积密度、体积密度的区别和联系。

2. 叙述吸水性与吸湿性的概念。

3. 材料在使用过程中主要受到哪些破坏?

4. 某工地所用卵石材料的密度为 2.65 g/cm^3,表观密度为 2.61 g/cm^3,堆积密度为 1 680 kg/m^3,计算此石子的孔隙率与空隙率。

2 气硬性胶凝材料

本章提要：了解胶凝材料的分类以及气硬性胶凝材料和水硬性胶凝材料的区别；熟悉三种常用的气硬性胶凝材料（石灰、石膏、水玻璃）的生产、凝结硬化，掌握其技术指标和性能，并能较熟练地运用于建筑工程中。

建筑上能将砂、石、砖、混凝土砌块等散粒状或块状材料黏结成为整体且具有一定强度的材料，称为胶凝材料。

根据化学成分不同，胶凝材料分为无机胶凝材料和有机胶凝材料两大类。而无机胶凝材料根据硬化条件的不同，分为气硬性胶凝材料和水硬性胶凝材料。气硬性胶凝材料是指只能在空气中凝结硬化和发展其强度，如石灰、石膏、水玻璃和菱苦土等。水硬性胶凝材料是指不仅能在空气中凝结硬化，而且能更好地在水中硬化，保持和发展其强度，如各种水泥等。因此，气硬性胶凝材料只适用于干燥环境中；水硬性胶凝材料既适用于干燥环境，又适用于潮湿环境及水中。

2.1 石灰

石灰是生石灰、消石灰、水硬性石灰的统称，是一种古老的建筑材料，因其原料分布广泛，生产工艺简单，成本低廉，使用方便，所以一直得到广泛应用。

2.1.1 生石灰的生产

生石灰的主要原材料是以含碳酸钙为主要成分的石灰石、白垩等天然岩石，将这些原料在高温下煅烧即得生石灰，其主要成分是氧化钙：

$$CaCO_3 \xrightarrow{900\sim 1\,100℃} CaO + CO_2\uparrow \qquad (2-1)$$

在煅烧过程中，煅烧温度宜控制在 1 000℃左右，此煅烧温度下生成的产品是正火石灰；如果火候控制不好，煅烧温度过高或时间过长，会生成过火石灰；煅烧温度过低或时间过短，会生成欠火石灰。正火石灰具有多孔结构，内部孔隙率大，表观密度小，与水作用速度快；欠火石灰中 CaO 的含量低，会降低石灰的质量等级和利用率；过火石灰孔隙率小，表观密度大，结构密实，表面被熔融的黏土杂质形成的玻璃物质所包裹，熟化极其缓慢，当这种未充分熟化的石灰用于工程中如抹灰后，会吸收空气中大量的水蒸气，继续熟化，体积膨胀，致使墙面砂浆隆起、开裂，严重影响工程质量。

2.1.2 生石灰的熟化

块状生石灰 CaO 在使用前都要加水熟化（又称消解）生成熟石灰 $Ca(OH)_2$（又称消石

灰),即:

$$CaO+H_2O \longrightarrow Ca(OH)_2+64.8kJ \quad (2-2)$$

生石灰在熟化过程中放出大量的热,并且体积迅速增加1～2.5倍;一般煅烧良好、杂质小、CaO含量高的生石灰熟化较快,放热量和体积增大也较多。

根据熟化时加水量的多少,可熟化成石灰膏和消石灰粉。

将生石灰放在化灰池中,用过量的水熟化成石灰乳,然后经筛网流入储灰池,经沉淀去除多余的水分得到的膏状物即为石灰膏。为消除过火石灰对工程的危害,在使用前必须使其完全熟化或将其去除。常采用的方法是在熟化过程中首先将较大的过火石灰块利用筛网等去除(同时也为了去除较大的欠火石灰块,以改善石灰质量),之后将其放于储灰池中存放两周以上,即"陈伏",使较小的过火石灰块熟化。在陈伏期间,需防止石灰碳化,应在其表面保留一定厚度的水层,以隔绝空气。

消石灰粉是将生石灰加适量的水熟化而形成的,加水量以能充分熟化而又不过湿成团为度。

块状生石灰使用前一定要熟化,如果将块状生石灰直接磨细成生石灰粉,则可以不预先熟化、陈伏而直接应用。因为生石灰粉细度高、与水接触的表面积大,因而水化反应速度快,且水化时体积膨胀均匀,避免了局部膨胀过大。

2.1.3 石灰的硬化

石灰浆体在空气中逐渐变硬的过程即为石灰的硬化,主要是由结晶和碳化这两个过程同时进行来完成的。

1) 结晶过程

石灰浆体中的游离水分逐渐蒸发,$Ca(OH)_2$逐渐从饱和溶液中结晶析出,形成结晶结构网,从而获得一定的强度。

2) 碳化过程

$Ca(OH)_2$与空气中的CO_2和H_2O作用,生成碳酸钙而使石灰硬化。其反应式如下:

$$Ca(OH)_2+CO_2+nH_2O \longrightarrow CaCO_3+(n+1)H_2O \quad (2-3)$$

这个反应实际上是CO_2和H_2O反应结合形成H_2CO_3,再与$Ca(OH)_2$作用生成$CaCO_3$。碳化过程是从膏体表层开始,逐渐深入到内部,但表层生成的$CaCO_3$阻碍了CO_2的深入,也影响了内部水分的蒸发,所以石灰的硬化速度很缓慢。

从以上的硬化过程可以看出,这两个过程都需在空气中才能进行,也只有在空气中才能继续发展并提高其强度,所以石灰是气硬性胶凝材料,只能用于干燥环境的建筑工程中。

2.1.4 石灰的技术要求

按石灰中氧化镁含量将生石灰、生石灰粉分为钙质石灰(MgO<5%)和镁质石灰(MgO≥5%)(见表2-1);按消石灰中扣除游离水和结合水后(CaO+MgO)的百分含量加以分类(见表2-2)。

表 2-1 建筑生石灰的分类

类　别	名　称	代　号
钙质石灰	钙质石灰 90	CL 90
	钙质石灰 85	CL 85
	钙质石灰 75	CL 75
镁质石灰	镁质石灰 85	ML 85
	镁质石灰 80	ML 80

表 2-2 建筑消石灰的分类

类　别	名　称	代　号
钙质消石灰	钙质消石灰 90	HCL 90
	钙质消石灰 85	HCL 85
	钙质消石灰 75	HCL 75
镁质消石灰	镁质消石灰 85	HML 85
	镁质消石灰 80	HML 80

例如：符合 JC/T 479—2013 的钙质生石灰粉 90 标记为：

CL 90—QP JC/T 479—2013

说明：

CL——钙质石灰；

90——(CaO＋MgO)百分含量；

QP——粉状；

JC/T 479—2013——产品依据标准。

符合 JC/T 481—2013 的钙质消石灰 90 标记为：

HCL 90 JC/T 481—2013

说明：

HCL——钙质消石灰；

90——(CaO＋MgO)百分含量；

JC/T 481—2013——产品依据标准。

根据《建筑生石灰》(JC/T 479—2013)，建筑生石灰的化学成分应符合表 2-3 要求。

表 2-3 建筑生石灰的化学成分(%)

名　称	(氧化钙＋氧化镁) (CaO＋MgO)	氧化镁(MgO)	二氧化碳(CO_2)	三氧化硫(SO_3)
CL 90-Q CL 90-QP	≥90	≤5	≤4	≤2

续表 2-3

名　称	（氧化钙＋氧化镁）（CaO＋MgO）	氧化镁（MgO）	二氧化碳（CO_2）	三氧化硫（SO_3）
CL 85-Q CL 85-QP	≥85	≤5	≤7	≤2
CL 75-Q CL 75-QP	≥75	≤5	≤12	≤2
ML 85-Q ML 85-QP	≥85	＞5	≤7	≤2
ML 80-Q ML 80-QP	≥80	＞5	≤7	≤2

根据《建筑生石灰》(JC/T 479—2013)，建筑生石灰的物理性质应符合表 2-4 要求。

表 2-4　建筑生石灰的物理性质

名　称	产浆量（dm^3/10 kg）	细　度	
		0.2mm 筛余量（%）	90μm 筛余量（%）
CL 90-Q CL 90-QP	≥26 —	— ≤2	— ≤7
CL 85-Q CL 85-QP	≥26 —	— ≤2	— ≤7
CL 75-Q CL 75-QP	≥26 —	— ≤2	— ≤7
ML 85-Q ML 85-QP	—	— ≤2	— ≤7
ML 80-Q ML 80-QP	—	— ≤7	— ≤2

注：其他物理特性，根据用户要求，可按照 JC/T 478.1 进行测试。

根据《建筑生石灰》(JC/T 481—2013)，建筑消石灰的化学成分应符合表 2-5 要求。

表 2-5　建筑消石灰的化学成分（%）

名　称	（氧化钙＋氧化镁）（CaO＋MgO）	氧化镁（MgO）	三氧化硫（SO_3）
HCL 90	≥90	≤5	≤2
HCL 85	≥85		
HCL 75	≥75		
HML 85	≥85	＞5	≤2
HML 80	≥80		

注：表中数值以试样扣除游离水和化学结合水后的干基为基准。

根据《建筑生石灰》(JC/T 481—2013),建筑消石灰的物理性质应符合表2-6要求。

表2-6 建筑消石灰的物理性质

名 称	游离水(%)	细 度		安定性
		0.2mm筛余量(%)	90μm筛余量(%)	
HCL 90	≤2	≤2	≤7	合格
HCL 85				
HCL 75				
HML 85				
HML 80				

2.1.5 常用建筑石灰的品种

按石灰加工方法不同,石灰有以下五个产品:

1) *生石灰块*

直接高温煅烧所得的块状生石灰,其主要成分是CaO。生石灰块放置时间太久,容易熟化成熟石灰粉。为了防止受潮,生石灰块不宜储存过久,一般是运到现场后立即熟化成石灰浆,将储存期变为陈伏期。

2) *磨细生石灰粉*

将生石灰块破碎、磨细并包装成袋的生石灰粉,它克服了一般生石灰熟化时间较长,且在使用前必须陈伏等缺点,在使用前不用提前熟化(陈伏),直接加水即可使用。使用磨细生石灰粉不仅能提高施工效率,节约场地,改善施工环境,加快硬化速度,而且还可以提高石灰的利用率;但其缺点是成本高,且不易储存。

3) *消石灰粉*

消石灰粉是由生石灰加适量水充分熟化所得的粉末,主要成分是$Ca(OH)_2$。

4) *石灰膏*

石灰膏是由消石灰和一定量的水组成的具有一定稠度的膏状物,其主要成分是$Ca(OH)_2$和H_2O。

5) *石灰乳*

用过量的水冲淡石灰膏即得石灰乳,主要成分是$Ca(OH)_2$和H_2O。

2.1.6 石灰的特性和应用

1) *石灰的特性*

(1) 凝结硬化缓慢,强度低。从石灰的凝结硬化过程可知,石灰的凝结硬化速度是很缓慢的。生石灰熟化时的理论需水量较小,为了使石灰浆具有良好的可塑性,常常加入较多的水,多余水分在硬化后蒸发,会留下大量孔隙,使硬化石灰的密实度较小,强度低。

(2) 可塑性与保水性好。生石灰熟化为石灰浆时,能形成颗粒极细(粒径为0.001mm)呈胶体分散状态的氢氧化钙粒子,表面吸附一层厚厚的水膜,使颗粒间的摩擦力减小,因而具有良好的可塑性和保水性。

(3) 硬化后体积收缩较大。石灰浆中存在大量的游离水，硬化后需蒸发大量水分，导致石灰内部毛细管失水收缩，引起显著的体积收缩变形。这种收缩变形使得硬化石灰体产生开裂，因此，石灰浆不宜单独使用，通常工程施工中要掺入一定量的集料(砂子)或纤维材料(麻刀、纸筋等)。

(4) 吸湿性强，耐水性差。生石灰具有很强的吸湿性，是传统的干燥剂。生石灰水化后的产物其主要成分 $Ca(OH)_2$ 能溶解在水中，若长期受潮或被水侵蚀，会使硬化的石灰溃散，所以石灰的耐水性差，不宜用于潮湿的环境中及受水侵蚀的部位。

2) *石灰的应用*

石灰是建筑工程中面广量大的建筑材料之一，其常见的用途如下：

(1) 配制建筑砂浆和石灰乳涂料。石灰和砂或麻刀、纸筋配制成石灰砂浆、麻刀灰、纸筋灰，主要用于内墙、顶棚的抹面砂浆；石灰与水泥和砂可配制成混合砂浆，主要用于墙体砌筑或抹面之用。石灰膏加水稀释成石灰乳涂料，可以用于内墙和天棚粉刷。

(2) 配制三合土和灰土。三合土是采用熟石灰粉、黏土和砂子拌和均匀并夯实。灰土是用生石灰粉和黏土按一定的比例加水拌和经夯实而成。夯实后的三合土和灰土广泛用于建筑物的基础、路面或地面垫层。其强度比石灰和黏土都高，因为黏土颗粒表面少量的活性 SiO_2 和 Al_2O_3 与石灰发生化学反应，生成水化硅酸钙和水化铝酸钙等不溶于水的水化产物。

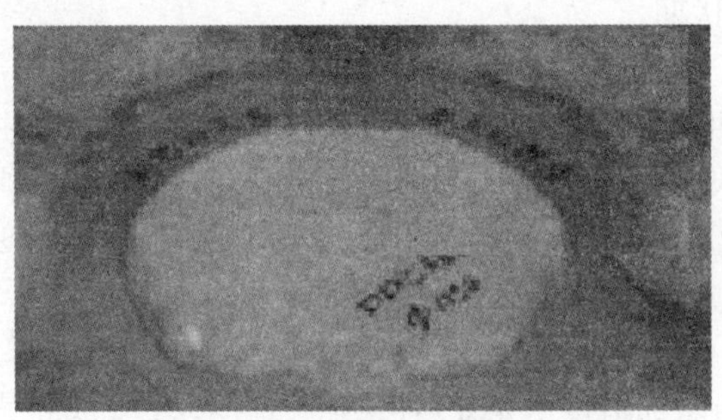

图 2-1　灰土桩

(3) 制作碳化石灰板。碳化石灰板是将磨细生石灰、纤维状填料(如玻璃纤维等)或轻质骨料(如矿渣等)经搅拌、成型，然后人工碳化而成的一种轻质板材。这种板材能锯、刨、钉，适宜做非承重内墙板、天花板等。

(4) 生产硅酸盐制品。以石灰和硅质材料(如石英砂、粉煤灰等)等为原料，加水拌和成型，经蒸养或蒸压处理等工序而制成的建筑材料，统称为硅酸盐制品，如粉煤灰砖、灰砂砖、加气混凝土砌块等。

图 2-2　蒸压加气混凝土砌块

2.2 建筑石膏

石膏是一种传统的气硬性胶凝材料，具有比石灰更为优良的建筑性能。我国的石膏资源极其丰富，分布很广，自然界存在的石膏主要有天然二水石膏（$CaSO_4 \cdot 2H_2O$，又称生石膏或软石膏）、天然无水石膏（$CaSO_4$，又称硬石膏）和各种工业废渣（化学石膏）。以这些原料制成的建筑石膏及其制品具有许多优良性能，如轻质、耐火、隔音、绝热等，是一种比较理想的高效节能的材料。

2.2.1 石膏的生产与种类

1）*石膏的生产*

生产建筑石膏的原料主要是天然二水石膏和一些含有 $CaSO_4 \cdot 2H_2O$ 的化工副产品及废渣。通常将这些原料在不同压力和温度下煅烧，再经磨细而得。由于煅烧条件不同，得到的产品的品种、结构、性质、用途各不相同。

2）*石膏的品种*

(1) 建筑石膏

将天然二水石膏 $CaSO_4 \cdot 2H_2O$ 加热脱水而得，反应式如下：

$$\underset{\text{(生石膏)}}{CaSO_4 \cdot 2H_2O} \xrightarrow[\text{干燥}]{107\sim170^\circ C} \underset{\text{(熟石膏)}}{CaSO_4 \cdot \frac{1}{2}H_2O} + \frac{3}{2}H_2O \tag{2-4}$$

生产的产物称为 β 型半水石膏，将此熟石膏磨细得到的白色粉末称为建筑石膏。色白、杂质含量很少、粒度很细的 β 型半水石膏，亦称模型石膏，比建筑石膏更细，常用于陶瓷的制坯工艺，少量用于装饰浮雕。

(2) 高强石膏

将天然二水石膏在 0.13MPa 的水蒸气（125℃）中脱水，得到的是晶粒较粗大、使用时拌和用水量少的半水石膏，称为 α 型半水石膏，将此熟石膏磨细得到的白色粉末称为高强石膏。高强石膏表面积小，需水量比建筑石膏少，因此该石膏硬化后结构密实、强度高，但其生产成本高。主要用于室内高级抹灰、装饰制品和石膏板等。掺入防水剂，可用于湿度较高的环境中。

(3) 粉刷石膏

粉刷石膏是由 β 型半水石膏和其他石膏（硬石膏或煅烧黏土质石膏）、各种外加剂（木质磺酸钙、柠檬酸、酒石酸等缓凝剂）及附加材料（石灰、烧黏土、氧化铁红等）所组成的一种新型抹灰材料。具有表面坚硬、光滑细腻、不起灰的优点，具有可调节室内空气湿度、提高舒适度的功能，因此是一种大有发展前途的抹灰材料。

石膏的品种很多，但在建筑中应用最多、用途最广的是建筑石膏，本节主要介绍建筑石膏的性能及其应用。

2.2.2 建筑石膏的凝结与硬化

建筑石膏与水拌和后，即与水发生化学反应(简称为水化)，反应式如下：

$$CaSO_4 \cdot \frac{1}{2}H_2O + \frac{3}{2}H_2O \longrightarrow CaSO_4 \cdot 2H_2O \tag{2-5}$$

由于二水石膏的溶解度比半水石膏小许多，所以二水石膏胶体微粒不断从过饱和溶液(即石膏浆体)中沉淀析出。二水石膏的析出促使上述水化反应继续进行，直至半水石膏全部转化为二水石膏为止。

石膏浆体中的水分因水化和蒸发而减少，浆体的稠度逐步增加，胶体微粒间的搭接、黏结逐步增强，使浆体逐渐失去可塑性，这一过程称为凝结。随着水化的进一步进行，胶体凝聚并逐步转变为晶体，且晶体间相互搭接、交错、共生，使浆体完全失去可塑性，产生强度，这一过程称为硬化。最终成为具有一定强度的人造石材。

浆体的凝结硬化是一个连续进行的过程。将浆体开始失去可塑性的状态称为浆体初凝，从加水到初凝的时间称为初凝时间；浆体完全失去可塑性，并开始产生强度的过程称为浆体终凝，从加水到终凝的时间称为终凝时间。

2.2.3 建筑石膏的技术要求

建筑石膏的技术要求有强度、细度和凝结时间。建筑石膏的物理力学性能应符合表 2-7 的要求。

表 2-7 建筑石膏力学性能

等　级	细度(0.2mm 方孔筛筛余)(%)	凝结时间(min)		2h 强度(MPa)	
		初凝	终凝	抗折	抗压
3.0	≤10	≥3	≤30	≥3.0	≥5.0
2.0				≥2.0	≥4.0
1.6				≥1.6	≥3.0

2.2.4 建筑石膏的特性

1) 凝结硬化很快，强度较低

建筑石膏加水拌和以后，几分钟内便开始失去可塑性，半小时内完全失去可塑性而产生强度。这对成型带来一定的困难，为满足施工操作的要求，常掺入一些缓凝剂，如硼砂或柠檬酸、亚硫酸盐、动物胶(需用石灰处理)等。

2) 硬化时体积略微膨胀

建筑石膏在凝结硬化时具有微膨胀性，其体积一般膨胀 0.5%～1.0%。这种特性可使硬化成型的石膏制品表面光滑、干燥时不开裂、制品造型棱角清晰、形状饱满，有利于制造复杂花纹图案的石膏装饰制品。

3) 多孔性

建筑石膏水化时的理论需水量仅为其质量的 18.6%，但施工中为了保证浆体具有足够的流动性，其实际加水量常常达到60%～80%，大量的水分会自由蒸发而留下许多孔隙。因此，石膏制品具有孔隙率大、表观密度小、保温隔热和吸声性能好等优点。

4）耐水性、抗冻性差

因孔隙率大，并且二水石膏可以微溶于水，其软化系数 K_p 为0.2～0.3，是不耐水材料。若石膏制品吸水后受冻，会因孔隙中水分结冻膨胀而破坏。

5）防火性好，但耐火性差

建筑石膏硬化后的主要成分是二水石膏，当遇到火时，结晶水吸收大量热量，并在制品表面形成蒸汽幕，可有效地防止火势的蔓延。但二水石膏脱水后强度下降，因此耐火性差。

6）环境的调节性

建筑石膏是一种无毒无味、不污染环境、对人体无害的建筑材料。由于其制品具有多孔结构，且其热容量较大、吸湿性强、保温隔热性能好，当室内温度、湿度发生变化时，由于制品的“呼吸”作用，可使环境的温度和湿度得到一定的调节。

2.2.5 建筑石膏的应用

1）室内粉刷和抹灰

石膏洁白细腻，用于室内粉刷、抹灰，具有良好的装饰效果。经石膏抹灰后的内墙面、顶棚，还可直接涂刷涂料、粘贴壁纸。粉刷石膏是在建筑石膏中掺加可优化抹灰性能的辅助性材料及外加剂等配制而成的一种新型内墙抹灰材料，该抹灰表面光滑、细腻、洁白，具有防火、吸声、施工方便、黏结牢固等特点。

2）艺术装饰石膏制品

艺术装饰石膏制品以优质建筑石膏粉为基料，配以纤维增强材料、胶黏剂等，与水拌制成均匀的料浆，浇注在具有各种造型、图案、花纹的模具内，经硬化、干燥、脱模而成。

艺术装饰石膏制品主要是根据室内装饰设计的要求而加工制作的。制品主要包括浮雕艺术石膏线角、线板、花角、艺术顶棚、灯圈、灯座、罗马柱、花饰等。

图 2-3 石膏装饰制品

3）建筑石膏制品

建筑石膏制品的种类较多，我国生产的建筑石膏制品主要有纸面石膏板、装饰石膏板、纤维石膏板、吸声穿孔石膏板、石膏砌块等。

纸面石膏板主要用于室内隔断和吊顶，要求环境干燥，不适用于厨房、卫生间以及空气相对湿度大于70%的潮湿环境。

装饰石膏板主要用于建筑物室内墙面和吊顶装饰。

纤维石膏板综合性能优越，除具有纸面石膏板的优点外，还具有质轻、高强、耐水、隔声、韧性好等特点，并可进行加工，施工简便。

吸声穿孔石膏板主要用于室内吊顶和墙体的吸声结构，在潮湿环境中使用或对耐火性能有较高要求时则应采用相应的防潮、耐水或耐火基板。吸声穿孔石膏板除具有一般石膏板的优点外，还能吸声降噪，明显改善建筑物的室内音质、音响效果，改善生活环境和劳动条件。

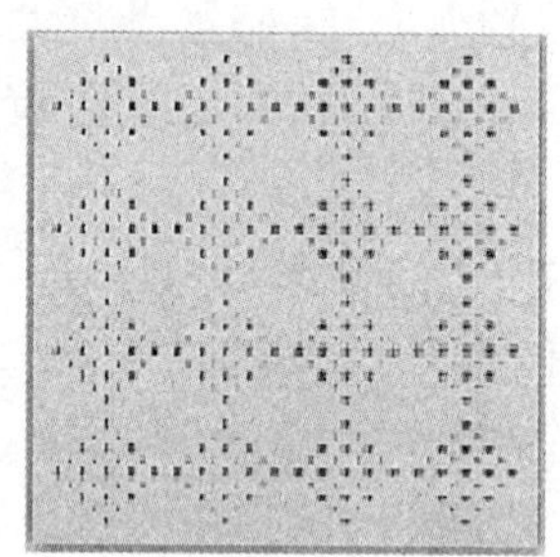

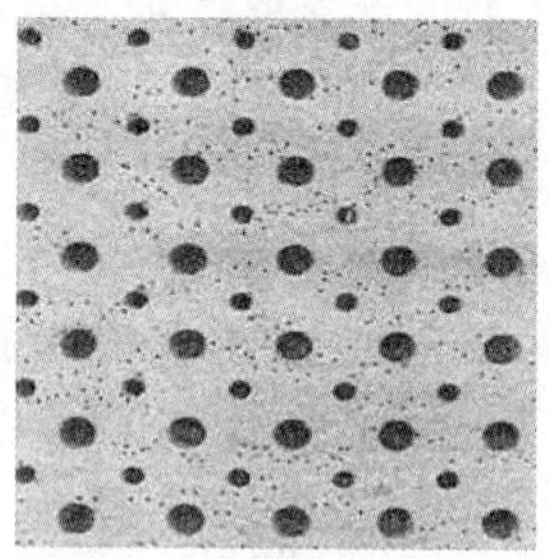

图 2-4 吸声穿孔石膏板

石膏砌块具有石膏制品的各种优点，一般用于房屋的墙体材料，其施工方便，墙面平整，保温、防水性能好。

2.3 水玻璃

水玻璃是由不同比例的碱金属和二氧化硅所组成的一种能溶于水的硅酸盐，俗称泡花碱。最常用的是硅酸钠($Na_2O \cdot nSiO_2$)、硅酸钾($K_2O \cdot nSiO_2$)。水玻璃是一种气硬性胶凝材料，在水中溶解的难易随水玻璃模数 n(SiO_2 与碱金属氧化物之比)的大小而异。n 越大，水玻璃黏度越大，较难溶于水，但较易硬化。建筑上常用的水玻璃的模数为 2.6～2.8。

2.3.1 水玻璃的凝结硬化

水玻璃可吸收空气中的二氧化碳，生成二氧化硅凝胶(又称为硅酸凝胶)，凝胶脱水转变为二氧化硅而硬化：

$$Na_2O \cdot nSiO_2 + CO_2 + mH_2O \longrightarrow Na_2CO_3 + nSiO_2 \cdot mH_2O \qquad (2-6)$$

为加速硬化，促使硅酸凝胶析出，常加入促硬剂(硬化剂)氟硅酸钠，适宜用量为水玻璃质量的 12%～15%。如掺量太少，不但硬化慢、强度低，而且未经反应的水玻璃易溶于水，导致耐水性差；但掺量过多，又会引起凝结过速，使施工困难，而且渗透性增大，强度较低。

2.3.2 水玻璃的技术性能

1) 黏结力强，强度较高

水玻璃具有良好的胶结能力，硬化后强度较高。此外，水玻璃硬化析出的硅酸凝胶还可堵塞毛细孔隙，从而起到防止水渗透的作用。

2）耐酸性强

硬化后的水玻璃，因其主要成分是 SiO_2，所以能抵抗大多数无机酸和有机酸的侵蚀。但水玻璃不耐碱性介质的侵蚀。

3）耐热性高

水玻璃在高温下不分解，强度不降低，甚至有所增加，因而具有良好的耐热性能。

2.3.3 水玻璃的应用

根据水玻璃的特性，在建筑工程中水玻璃的应用主要有以下几个方面：

1）配制耐酸、耐热砂浆或混凝土

水玻璃具有很高的耐酸性和耐热性，以水玻璃为胶结材料，加入促硬剂和耐酸、耐热粗细集料，可配制成耐酸、耐热砂浆或混凝土。

2）加固地基

将液体水玻璃和氯化钙溶液交替灌入地下，两种溶液发生化学反应，析出硅酸凝胶，将土壤包裹并填充其孔隙，使土壤固结，从而大大提高地基的承载能力，而且还可以增强地基的不透水性。

3）作为涂刷或浸渍材料

用于涂刷建筑材料（天然石材、混凝土及硅酸盐制品）表面，可提高材料的密实度、强度和抗风化能力。需注意：水玻璃不能涂刷石膏制品，因为硅酸钠与硫酸钙发生反应生成硫酸钠，并在制品孔隙中结晶，体积会显著膨胀，导致制品破坏。

复习思考题

1. 何谓气硬性胶凝材料？何谓水硬性胶凝材料？它们之间有什么区别？
2. 过火石灰、欠火石灰对石灰的性能有什么影响？如何消除？
3. 简述生石灰和消石灰的主要成分。它们有哪些技术性质？
4. 生石灰块使用前为什么要陈伏？
5. 为什么用不耐水的石灰拌制成的灰土、三合土具有一定的耐水性？
6. 为什么说建筑石膏是一种较好的室内装饰材料？
7. 简述水玻璃的主要性质和用途。

3 水泥

本章提要：熟悉硅酸盐水泥的矿物组成，了解其硬化机理；熟练掌握硅酸盐水泥等几种通用水泥的性能特点、相应的检测方法及使用特点；了解铝酸盐水泥及其他特性水泥和专用水泥的主要性能和使用特点。

水泥呈粉末状，当它加水混合后成为可塑性浆体，经一系列物理化学作用凝结硬化变成坚硬石状体，并能将散粒状材料胶结成为整体。水泥既能在空气中硬化，又能更好的在水中硬化，保持并发展强度，是典型的无机水硬性胶凝材料。

水泥是最主要的建筑材料之一，广泛应用于工业与民用建筑、交通、水利电力、海港和国防工程。水泥可以与骨料及增强材料制成混凝土、钢筋混凝土、预应力混凝土构件，也可配制砌筑砂浆、装饰、抹面、防水砂浆用于建筑物砌筑、抹面和装饰等。

水泥的发展历史可以追溯到18世纪，当时人们开始利用天然的水泥岩（黏土含量为20%～25%的石灰石）煅烧、磨细生产天然水泥，后来利用石灰石和一定量的黏土磨细、煅烧生产水硬性的石灰。直到1824年，英国建筑工人阿斯普丁（Aspdin）申请了生产波特兰水泥（Portland Cement，我国称为硅酸盐水泥）的专利，并于1825—1843年大规模地用于修建泰晤士河的隧道工程中，水泥才得到日益普遍的应用和发展。我国从1876年开始生产水泥，1985年我国水泥产量达到1.5亿吨，跃居世界第一，至今仍一直保持总产量第一的地位。

为满足各种土木工程的需要，水泥的品种发展很快。如今水泥品种繁多，按其性能和用途不同，水泥可分为通用硅酸盐水泥，如硅酸盐水泥、普通硅酸盐水泥、矿渣硅酸盐水泥、火山灰硅酸盐水泥、粉煤灰硅酸盐水泥、复合硅酸盐水泥等；专用水泥，如道路硅酸盐水泥、砌筑水泥、油井水泥等；特性水泥，如快硬硅酸盐水泥、低热水泥、抗硫酸盐水泥、膨胀水泥等。按其主要矿物组成，可分为硅酸盐水泥、铝酸盐水泥、硫铝酸盐水泥、铁铝酸盐水泥、氟铝酸盐水泥等。

水泥的品种虽然很多，但是在常用的水泥中，硅酸盐水泥是最基本的。因此，本章以硅酸盐水泥为主要内容，在其基础上对其他几种常用水泥作简要介绍。

3.1 硅酸盐水泥

凡以适当成分的生料（主要含 CaO、SiO_2、Al_2O_3、Fe_2O_3），按适当比例磨成细粉烧至熔融所得的以硅酸钙为主要成分的矿物称为硅酸盐水泥熟料，由此熟料和适量的石膏、混合材料制成的水硬性胶凝材料，称为通用硅酸盐水泥。通用硅酸盐水泥包括硅酸盐水泥、普通硅酸盐水泥、矿渣硅酸盐水泥、火山灰硅酸盐水泥、粉煤灰硅酸盐水泥和复合硅酸盐水泥，各品种的组分和代号应符合表3-1的规定。

表 3-1 通用硅酸盐水泥的组分应符合的规定

名称	代号	组 成(%)				
		熟料（含石膏）	粒化高炉矿渣	火山灰质混合材料	粉煤灰	石灰石
硅酸盐水泥	P·Ⅰ	100	—	—	—	—
	P·Ⅱ	≥95	≤5	—	—	—
			—	—	—	≤5
普通硅酸盐水泥	P·O	≥80,<95	>5,≤16			—
矿渣硅酸盐水泥	P·S	≥30,<79	>20,≤70	—	—	—
火山灰硅酸盐水泥	P·P	≥60,<79	—	>20,≤50	—	—
粉煤灰硅酸盐水泥	P·F	≥60,<79	—	—	>20,≤40	—
复合硅酸盐水泥	P·C	≥50,<79	>20,≤50			

硅酸盐水泥是硅酸盐类水泥的一个基本品种，其他品种的硅酸盐类水泥都是在它的基础上加入一定量的混合材料或适当改变熟料中的矿物成分的含量而制成的。

根据国家标准《硅酸盐水泥、普通硅酸盐水泥》(GB 175—2007)通用硅酸盐水泥的定义是：以硅酸盐水泥熟料和适量的石膏及规定的混合材料制成的水硬性胶凝材料。硅酸盐水泥分两种类型，不掺加混合材料的称Ⅰ型硅酸盐水泥，代号 P·Ⅰ。在硅酸盐水泥熟料粉磨时掺加不超过水泥质量 5%石灰石或粒化高炉矿渣混合材料的称Ⅱ型硅酸盐水泥，代号 P·Ⅱ。

3.1.1 硅酸盐水泥的生产及成分

硅酸盐水泥的原材料主要是石灰质原料和黏土质原料。石灰质原材料主要提供 CaO，可以采用石灰石、白垩、石灰质凝灰岩和泥灰岩等。黏土质原料主要提供 SiO_2 和 Al_2O_3 及少量的 Fe_2O_3，当 Fe_2O_3 不能满足配合料的成分要求时，需要校正原料铁粉或铁矿石来提供。有时也需要硅质校正原料，如砂岩、粉砂岩等补充 SiO_2。

硅酸盐水泥是以几种原材料按一定比例混合后磨细制成生料，然后将生料送入回转窑或立窑煅烧，煅烧后得到以硅酸钙为主要成分的水泥熟料，再与适量石膏共同磨细，最后得到硅酸盐水泥成品。概括地讲，硅酸盐水泥的主要生产工艺过程为“两磨”(磨细生料、磨细水泥)、“一烧”(生料煅烧成熟料)。

硅酸盐水泥的生产工艺流程如图 3-1 所示。

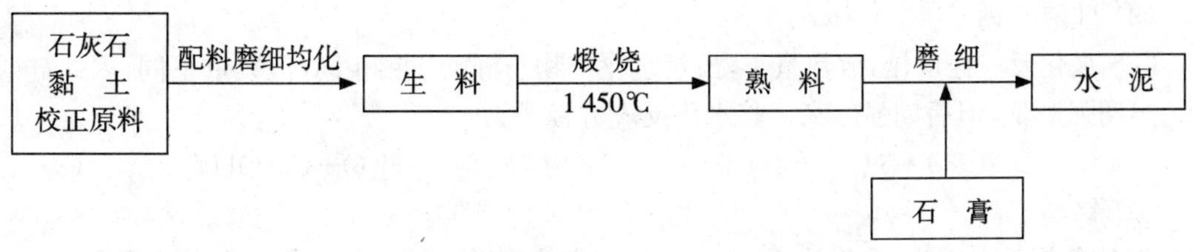

图 3-1 硅酸盐水泥的生产工艺流程

水泥熟料中的主要矿物成分为硅酸三钙($3CaO \cdot SiO_2$,简写为 C_3S)、硅酸二钙($2CaO \cdot SiO_2$,简写为 C_2S)、铝酸三钙($3CaO \cdot Al_2O_3$,简写为 C_3A)和铁铝酸四钙($4CaO \cdot Al_2O_3 \cdot Fe_2O_3$,简写为 C_4AF),以及少量有害的游离氧化钙(CaO)、氧化镁(MgO)、氧化钾(K_2O)、氧化钠(Na_2O)与三氧化硫(SO_3)等成分。硅酸盐水泥熟料中主要矿物组成见表 3-2 所示。

表 3-2 硅酸盐水泥熟料中主要矿物组成

名 称	矿物成分	简 称	含量(%)	密度(g/cm^3)
硅酸三钙	$3CaO \cdot SiO_2$	C_3S	37～60	3.25
硅酸二钙	$2CaO \cdot SiO_2$	C_2S	15～37	3.28
铝酸三钙	$3CaO \cdot Al_2O_3$	C_3A	7～15	3.04
铁铝酸四钙	$4CaO \cdot Al_2O_3 \cdot Fe_2O_3$	C_4AF	10～18	3.77

3.1.2 硅酸盐水泥的水化硬化

水泥加水拌和后形成具有可塑性的水泥浆,经过一定的时间,水泥浆体逐渐变稠失去塑性,但还不具备强度,这一过程称为水泥的凝结。随着时间的延续,强度逐渐增加,形成坚硬的水泥石,这个过程称为水泥的硬化。凝结与硬化是人为划分的两个阶段,实际上它们是水泥浆体中发生的一种连续而复杂的物理化学变化过程。

1) 硅酸盐水泥的水化

熟料矿物与水进行的化学反应简称为水化反应。当水泥颗粒与水接触后,其表面的熟料矿物成分开始发生水化反应,生成水化产物并放出一定热量。

(1) 硅酸三钙

在常温下,C_3S 水化反应可大致用下列方程式表示:

$$2(3CaO \cdot SiO_2)+6H_2O \longrightarrow 3CaO \cdot 2SiO_2 \cdot 3H_2O+3Ca(OH)_2 \quad (3-1)$$

生成的产物水化硅酸钙($3CaO \cdot 2SiO_2 \cdot 3H_2O$)中 CaO/SiO_2(称为钙硅比)的真实比例和结合水量与水化条件及水化龄期等有关。水化硅酸钙几乎不溶于水,而以胶体微粒析出,并逐渐凝聚成为凝胶,通常将这些成分不固定的水化硅酸钙称为 C—S—H 凝胶。

C—S—H 凝胶尺寸很小,具有巨大的内比表面积,凝胶粒子间存在范德华力和化学结合键,由它构成的网状结构具有很高的强度,所以硅酸盐水泥的强度主要是由 C—S—H 凝胶提供的。

水化生成的 $Ca(OH)_2$ 在溶液中的浓度很快达到过饱和,以六方晶体析出。$Ca(OH)_2$ 的强度、耐水性和耐久性都很差。

(2) 硅酸二钙

C_2S 水化反应速度慢,放热量小,虽然水化产物与硅酸三钙相同,但数量不同,因此硅酸二钙早期强度低,但后期强度高。其水化反应方程式为:

$$2(2CaO \cdot SiO_2)+4H_2O \longrightarrow 3CaO \cdot 2SiO_2 \cdot 3H_2O+Ca(OH)_2 \quad (3-2)$$

(3) 铝酸三钙

C_3A 水化反应迅速,水化放热量很大,生成水化铝酸三钙。其水化反应方程式为:

$$3CaO \cdot Al_2O_3+6H_2O \longrightarrow 3CaO \cdot Al_2O_3 \cdot 6H_2O \quad (3-3)$$

水化铝酸三钙为立方晶体。在液相中氢氧化钙浓度达到饱和时，铝酸三钙还发生如下水化反应：

$$3CaO \cdot Al_2O_3 + Ca(OH)_2 + 12H_2O \longrightarrow 4CaO \cdot Al_2O_3 \cdot 13H_2O \quad (3-4)$$

水化铝酸四钙为六方片状晶体。在氢氧化钙浓度达到饱和时，其数量迅速增加，使得水泥浆体加水后迅速凝结，来不及施工。因此，在硅酸盐水泥生产中，通常加入2%～3%的石膏，调节水泥的凝结时间。水泥中的石膏迅速溶解，与水化铝酸钙发生反应，生成针状晶体的高硫型水化硫铝酸钙（$3CaO \cdot Al_2O_3 \cdot 3CaSO_4 \cdot 31H_2O$，又称钙矾石），沉积在水泥颗粒表面，形成了保护膜，延缓了水泥的凝结时间。当石膏耗尽时，铝酸三钙还会与钙矾石反应生成单硫型水化硫铝酸钙（$3CaO \cdot Al_2O_3 \cdot CaSO_4 \cdot 12H_2O$）。

（4）铁铝酸四钙

C_4AF 与水反应，生成立方晶体的水化铝酸三钙和胶体状的水化铁酸一钙。

$$4CaO \cdot Al_2O_3 \cdot Fe_2O_3 + 7H_2O \longrightarrow 3CaO \cdot Al_2O_3 \cdot 6H_2O + GaO \cdot Fe_2O_3 \cdot H_2O \quad (3-5)$$

在有氢氧化钙或石膏存在时，C_4AF 将进一步水化生成水化铝酸钙和水化铁酸钙的固溶体或水化硫铝酸钙和水化硫铁酸钙的固溶体。

水化物中 CaO 与酸性氧化物（如 SiO_2 或 Al_2O_3）的比值称为碱度，一般情况下硅酸盐水泥水化产生的水化物为高碱性水化物。如果忽略一些次要的和少量的成分，硅酸盐水泥与水作用后，生成的主要水化产物是：水化硅酸钙和水化铁酸钙凝胶，氢氧化钙、水化铝酸钙和水化硫铝酸钙晶体。在完全水化的水泥石中，水化硅酸钙约占50%，氢氧化钙约占25%。

2）*硅酸盐水泥的凝结与硬化*

硅酸盐水泥的凝结硬化过程，按照水化放热曲线（或水化反应速度）和水泥浆体结构的变化特征分为以下四个阶段：

（1）初始反应期

硅酸盐水泥加水拌和后，水泥颗粒分散于水中，形成水泥浆，水泥颗粒表面的熟料，特别是 C_3A 迅速水化，在石膏条件下形成钙矾石，并伴随有显著的放热现象，此为水化初始反应期，时间只有5～10min。此时，水化产物不是很多，它们相互之间的引力比较小，水泥浆体具有可塑性。由于各种水化产物的溶解度都很小，不断地沉淀析出，初始阶段水化速度很快，来不及扩散，于是在水泥颗粒周围析出胶体和晶体（水化硫铝酸钙、水化硅酸钙和氢氧化钙等），逐渐围绕着水泥颗粒形成一水化物膜层。

（2）潜伏期

水泥颗粒的水化不断进行，使包裹水泥颗粒表面的水化物膜层逐渐增厚。膜层的存在减缓了外部水分向内渗入和水化产物向外扩散的速度，因而减缓了水泥的水化，水化反应和放热速度减慢。在潜伏期，水泥颗粒间的水分可渗入膜层与内部水泥颗粒进行反应，所产生的水化产物使膜层向内增厚，同时水分渗入膜层内部的速度大于水化产物透过膜层向外扩散的速度，造成膜层内外浓度差，形成了渗通压，最终会导致膜层破裂，水化反应加速，潜伏期结束。因为此段时间水化产物不够，水泥颗粒仍是分散的，水泥的流动性基本不变。此段时间一般持续30～60min。

(3) 凝结期

从硅酸盐水泥的水化放热曲线看,放热速度加快,经过一定的时间后,达到最大放热峰值。膜层破裂以后,周围饱和程度较低的溶液与尚未水化的水泥颗粒内核接触,再次使反应速度加快,直至形成新的膜层。

水泥凝胶体膜层的向外增厚以及随后的破裂、扩展,使水泥颗粒之间原来被水所占的空隙逐渐减小,而包有凝胶体的颗粒则通过凝胶体的扩展而逐渐接近,以至在某些点相接触,并以分子键相连接,构成比较疏松的空间网状的凝聚结构。有外界扰动时(如振动),凝聚结构破坏,撤去外界扰动,结构又能够恢复,这种性质称为水泥的触变性。触变性随水泥的凝聚结构的发展将丧失。凝聚结构的形成使得水泥开始失去塑性,此时为水泥的初凝。初凝时间一般为 1～3h。

随水化的进行和凝聚结构的发展,固态的水化物不断增加,颗粒间的空间逐渐减少,水化物之间相互接触点数量增加,形成结晶体和凝胶体互相贯穿的凝聚——结晶结构,使得水泥完全失去塑性,同时又是强度开始发展的起点,此时为水泥的终凝。终凝时间一般为3～6h。

(4) 硬化期

随着水化的不断进行,水泥颗粒之间的空隙逐渐缩小为毛细孔,由于水泥内核的水化,使水化产物的数量逐渐增多,并向外扩展填充于毛细孔中,凝胶体间的空隙越来越小,浆体进入硬化阶段而逐渐产生强度。在适宜的温度和湿度条件下,水泥强度可以持续地增长(6h至若干年)。

水泥颗粒的水化和凝结硬化是从水泥颗粒表面开始的,随着水化的进行,水泥颗粒内部的水化越来越困难,经过长时间水化后(几年,甚至几十年),多数水泥颗粒仍剩余尚未水化的内核。所以,硬化后的水泥石结构是由水泥凝胶体(胶体与晶体)、未水化的水泥内核以及孔隙组成的,它们在不同时期相对数量的变化决定着水泥石的性质。

水泥石强度发展的规律是:3～7d 内强度增长最快,28d 内强度增长较快,超过 28d 后强度将继续发展,但非常缓慢。因此一般把 3d、28d 作为其强度等级评定的标准龄期。

3) *水泥石的结构*

在水泥水化过程中形成的以水化硅酸钙凝胶为主体,其中分布着氢氧化钙等晶体的结构,通常称为水泥凝胶体。在常温下硬化的水泥石,是由水泥凝胶体、未水化的水泥内核与孔隙所组成。

T·C·鲍威尔认为,凝胶是由尺寸很小($1\times10^{-7}\sim1\times10^{-5}$ cm)的凝胶微粒(胶粒)与位于胶粒之间($1\times10^{-7}\sim3\times10^{-7}$ cm)的凝胶孔(胶孔)所组成的。

胶孔尺寸仅比水分子尺寸大一个数量级,这个尺寸太小以致不能在胶孔中形成晶核和长成微晶体,因而就不能为水化产物所填充,所以胶孔的孔隙率基本上是个常数,其体积约占凝胶体本身体积的 28%,不随水灰比与水化程度的变化而变化。

水泥水化物,特别是 C—S—H 凝胶具有高度分散性,其中又包含大量的微细孔隙,所以水泥石有很大的内比表面积。采用水蒸气吸附法测定的内比表面积约 $2.1\times10^{5}\ m^{2}/kg$,与未水化的水泥相比提高三个数量级。这样,使水泥具有较高的黏结强度,同时胶粒表面可强烈地吸附一部分水分,此水分与填充胶孔的水分合称为凝胶水。凝胶水的数量随着凝胶的增多而增大。

毛细孔的孔径大小不一,一般大于 2×10^{-5} cm。毛细孔中的水分称为毛细水。毛细水的结合力较弱，脱水温度较低，脱水后形成毛细孔。

在水泥浆体硬化过程中，随着水泥水化的进行，水泥石中的水泥凝胶体体积将不断增加，并填充于毛细孔内，使毛细孔体积不断减小，水泥石的结构越来越密实，因而使水泥石的强度不断提高。

拌和水泥浆体时，水与水泥的质量之比称为水灰比。水灰比是影响水泥石结构性质的重要因素。水灰比大时，水化生成的水泥凝胶体不足以堵塞毛细孔，这样不仅会降低水泥石的强度，而且还会降低它的抗渗性和耐久性。如水灰比为 0.4 时，完全水化时水泥石的孔隙率为 29.3%；而水灰比为 0.7 时，则为 50.3%。但对于毛细孔，前者为 2.2%，后者为 31.0%。因此，后者的强度和耐久性均很低。

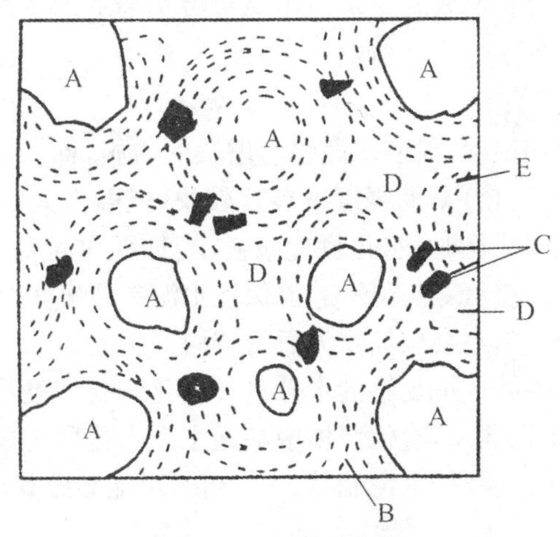

图 3-2　水泥石结构

A—未水化的水泥颗粒；B—胶体粒子（C—S—H 等）；C—晶体粒子[$Ca(OH)_2$ 等]；D—毛细孔；E—凝胶孔

4) 熟料矿物组成对水泥性能的影响

由上所知，不同熟料矿物与水作用时所表现的性能不同，水泥熟料中各种矿物成分的相对含量变化时，水泥的性质也随之改变，由此可以生产出不同性质的水泥。例如，提高 C_3S 的含量，可制成高强度水泥；提高 C_3S 和 C_3A 的总含量，可制得快硬早强水泥；降低 C_3A 和 C_3S 的含量，则可制得低水化热的水泥（如中热水泥等）。表 3-3 列出了各种硅酸盐熟料矿物含量的相对变化参考值。

表 3-3　水泥熟料矿物特性及其在各种硅酸盐水泥中熟料含量变化的参考值

矿物名称	简写	矿物特性					水泥中的含量(%)				
		强度发展		水化热	耐化学腐蚀能力	干缩	普通水泥	低热水泥	早强水泥	超早强水泥	耐硫酸盐水泥
		早期	后期								
$3CaO \cdot SiO_2$	C_3S	大	大	中	中	中	52	41	65	68	57
$2CaO \cdot SiO_2$	C_2S	小	大	小	稍大	小	24	34	10	5	23
$3CaO \cdot Al_2O_3$	C_3A	大	小	大	小	大	9	6	8	9	2
$4CaO \cdot Al_2O_3 \cdot Fe_2O_3$	C_4AF	小	中	小	大	小	9	6	9	8	13

5）影响水泥水化和凝结硬化的主要因素

影响水泥水化和凝结硬化的直接因素是矿物组成。此外，水泥的水化和凝结硬化还与水泥的细度、拌和用水量、养护温湿度和养护龄期等有关。

（1）水泥细度

水泥颗粒的粗细直接影响到水泥的水化和凝结硬化。因为水化是从水泥颗粒表面开始，逐渐深入到内部的。水泥颗粒越细，与水的接触表面积越大，整体水化反应越快，凝结硬化越快。

（2）拌和用水量

为使水泥制品能够成型，水泥浆体应具有一定的塑性和流动性，所加入的水一般要远远超过水化的理论需水量。多余的水在水泥石中形成较多的毛细孔和缺陷，影响水泥的凝结硬化和水泥石的强度。

（3）养护条件

保持适宜的环境温度和湿度，促使水泥强度增长的措施，称为养护。提高环境温度，可以促进水泥水化，加速凝结硬化，早期强度发展比较快，但温度太高（超过 40℃），将对后期强度产生不利的影响。温度降低时，水化反应减慢，当日平均温度低于 5℃时，硬化速度严重降低，必须按照冬季施工进行蓄热养护，才能保证水泥制品强度的正常发展。当水结冰时水化停止，而且由于体积膨胀，还会破坏水泥石的结构。

潮湿环境下的水泥石能够保持足够的水分进行水化和凝结硬化，使水泥石强度不断增长。环境干燥时，水分将很快蒸发，水泥浆体中缺乏水泥水化所需要的水分，水化不能正常进行，强度也不能正常发展。同时，水泥制品失水过快，可能导致其出现收缩裂缝。

（4）养护龄期

水泥的水化和凝结硬化在较长时间内是一个不断进行的过程。早期水化速度快，强度发展也比较快，以后逐渐减慢。

（5）其他因素

在水泥中添加少量物质，能使水泥的某些性质发生显著改变，称为水泥的外加剂。其中一些外加剂能显著改变水泥的凝结硬化性能，如缓凝剂可延缓水泥的凝结时间，速凝剂可加速水泥的凝结，早强剂可提高水泥混凝土的早期强度。一般来说，混合材料的加入使得水泥的早期强度降低，但后期强度提高，凝结时间稍微延长。不同品种水泥的强度发展速度不同。

3.1.3 硅酸盐水泥的主要技术性质

1）细度

细度是指粉体材料的粗细程度，通常用筛分析的方法或比表面积的方法来测定。筛分析法以 80μm 方孔筛的筛余率表示，比表面积法是以 1kg 质量材料所具有的总表面积（m^2/kg）来表示。

水泥颗粒越细，其比表面积越大，与水的接触面越多，水化反应进行得越快、越充分，凝结硬化越快，强度（特别是早期强度）越高。一般认为，粒径小于 40μm 的水泥颗粒才具有较高的活性，大于 100μm 时则几乎接近惰性。因此，水泥的细度对水泥的性质有很大的影响。但水泥越细，越易吸收空气中水分而受潮，不利于储存。此外，提高水泥的细度要增加粉磨能耗，降低粉磨设备的生产率，增加成本。

国家标准(GB 175—2007)规定：硅酸盐水泥比表面积应大于 300m²/kg。

2) 标准稠度及其用水量

在测定水泥的凝结时间、体积安定性等时，为避免出现误差并使结果具有可比性，必须在规定的水泥标准稠度下进行试验。所谓标准稠度，是采用按规定的方法拌制的水泥净浆，在水泥标准稠度测定仪上，当标准试杆沉入净浆并能稳定在距底板(6±1)mm 时。其拌和用水量为水泥的标准稠度用水量，按照此时水与水泥质量的百分比计。

水泥的标准稠度用水量主要与水泥的细度及其矿物成分等有关。硅酸盐水泥的标准稠度用水量一般在 21%～28%。

3) 凝结时间

水泥的凝结时间分为初凝和终凝。初凝时间是指从水泥加水拌和起到水泥浆开始失去塑性所需的时间；终凝时间是指从水泥加水拌和时起到水泥浆完全失去可塑性，并开始具有强度(但还没有强度)的时间。水泥初凝时，凝聚结构形成，水泥浆开始失去塑性，若在水泥初凝后还进行施工，不但由于水泥浆体塑性降低不利于施工成型，而且还将影响水泥内部结构的形成，降低强度。所以，为使混凝土和砂浆有足够的时间进行搅拌、运输、浇注、振捣、成型或砌筑，水泥的初凝时间不能太短；当施工结束以后，则要求混凝土尽快硬化，并具有强度，因此水泥的终凝时间不能太长。

水泥凝结时间的测定，是以标准稠度的水泥净浆，在规定的温度和湿度条件下，用凝结时间测定仪来测定。

国家标准(GB 175—2007)规定：硅酸盐水泥的初凝时间不得早于 45min，终凝时间不得迟于 390min。

4) 体积安定性

水泥体积安定性是指水泥在凝结硬化过程中体积变化是否均匀。如果水泥在硬化过程中产生不均匀的体积变化，即安定性不良。使用安定性不良的水泥，水泥制品表面将鼓包、起层、产生膨胀性的龟裂等，强度降低，甚至引起严重的工程质量事故。

水泥体积安定性不良是由熟料中含有过多的游离氧化钙、游离氧化镁或渗入的石膏过量等原因所造成的。

熟料中所含的游离 CaO 和 MgO 均属过烧，水化速度很慢，在已硬化的水泥石中继续与水反应，体积膨胀，引起不均匀的体积变化，在水泥石中产生膨胀应力，降低了水泥石强度，造成水泥石龟裂、弯曲、崩溃等现象。其反应式为：

$$CaO+H_2O \longrightarrow Ca(OH)_2 \tag{3-6}$$

$$MgO+H_2O \longrightarrow Mg(OH)_2 \tag{3-7}$$

若水泥生产中掺入的石膏过多，在水泥硬化以后，石膏还会继续与水化铝酸钙起反应，生成水化硫铝酸钙，体积约增大 1.5 倍，同样引起水泥石开裂。

国家标准规定用沸煮法来检验水泥的体积安定性。测试方法为雷氏法，也可以用试饼法检验。在有争议时以雷氏法为准。试饼法是用标准稠度的水泥净浆做成试饼，经恒沸 3h 以后用肉眼观察未发现裂纹，用直尺检查没有弯曲，则安定性合格；反之，为不合格。雷氏法是通过测定雷氏夹中的水泥浆经沸煮 3h 后的膨胀值来判断的，当两个试件沸煮后膨胀值的平均值不大于 5.0mm 时，该水泥安定性合格；反之，为不合格。沸煮法起加速氧化钙水化的作用，所以只能检验游离的 CaO 过多引起的水泥体积安定性不良。

游离 MgO 的水化作用比游离 CaO 更加缓慢，必须用压蒸方法才能检验出它是否有危害作用。石膏的危害则需长期浸在常温水中才能发现。

因为 MgO 和石膏的危害作用不便于快速检验，所以国家标准规定：水泥出厂时，硅酸盐水泥中 MgO 的含量不得超过 5.0%，如经压蒸安定性检验合格，允许放宽到 6.0%。硅酸盐水泥中 SO_3 的含量不得超过 3.5%。

5）强度

水泥的强度主要取决于水泥熟料矿物组成和相对含量以及水泥的细度，另外还与用水量、试验方法、养护条件、养护时间有关。

水泥强度一般是指水泥胶砂试件单位面积上所能承受的最大外力，根据外力作用方式的不同，把水泥的强度分为抗压强度、抗折强度、抗拉强度等。这些强度之间既有内在的联系，又有很大的区别。水泥的抗压强度最高，一般是抗拉强度的 8～20 倍，实际建筑结构中主要是利用水泥的抗压强度。

国家标准(GB/T 17671—1999)规定：水泥的强度用胶砂试件检验。将水泥和中国 ISO 标准砂按 1∶3，水灰比为 0.5 的比例，以规定的方法搅拌制成标准试件（尺寸为 40mm×40mm×160mm)，在标准条件下养护至 3d 和 28d，测定两个龄期的抗折强度和抗压强度。根据测定的结果，将硅酸盐水泥分为 42.5、42.5R、52.5、52.5R、62.5、62.5R 六个强度等级（其中带 R 的为早强型水泥）。各强度等级的水泥，各龄期的强度不得低于表 3-4 中的数值。

表 3-4　各强度等级硅酸盐水泥各龄期的强度值

强度等级	抗压强度(MPa)		抗折强度(MPa)	
	3d	28d	3d	28d
42.5	17.0	42.5	3.5	6.5
42.5R	22.0	42.5	4.0	6.5
52.5	23.0	52.5	4.0	7.0
52.5R	27.0	52.5	5.0	7.0
62.5	28.0	62.5	5.0	8.0
62.5R	32.0	62.5	5.5	8.0

6）水化热

水泥的水化是放热反应，放出的热量称为水化热。水泥的放热过程可以持续很长时间，但大部分热量是在早期放出，放热对混凝土结构影响最大的也是在早期，特别是在最初 3d 或 7d 内。硅酸盐水泥水化热很大，当用硅酸盐水泥来浇注大型基础、桥梁墩台、水利工程等大体积混凝土构筑物时，由于混凝土本身是热的不良导体，水化热积蓄在混凝土内部不易发散，使混凝土内部温度急剧上升，内外温差可达到 50～60℃，产生很大的温度应力，导致混凝土开裂，严重影响了混凝土结构的完整性和耐久性。因此，大体积混凝土中一般要严格控制水泥的水化热，有时还应对混凝土结构物采用相应的温控施工措施，如原材料降温、使用冰水、埋冷凝水管及测温和特殊的养护等。

水化热和放热速率与水泥矿物成分及水泥细度有关。各熟料矿物在不同龄期放出的水化热可参见表 3-5。由表中可看出，C_3A 和 C_3S 的水化热最大，放热速率也快；C_4AF 水化热中等；C_2S 水化热最小，放热速度也最慢。由于硅酸盐水泥的水化热很大，因此不能用于大体积混凝土中。

表 3-5　各主要矿物成分在不同龄期放出的水化热(J/g)

矿物名称	凝结硬化时间					完全水化
	3d	7d	28d	90d	180d	
C_3S	406	460	485	519	565	669
C_2S	63	105	167	184	209	331
C_3A	590	661	874	929	1 025	1 063
C_4AF	92	251	377	414	—	569

7）不溶物和烧失量

不溶物是指水泥经酸和碱处理后不能被溶解的残余物，它是水泥中非活性组分的反映，主要由生料、混合材和石膏中的杂质产生。国家标准规定：Ⅰ型硅酸盐水泥中的不溶物不得超过 0.75%，Ⅱ型不得超过 1.50%。

烧失量是指水泥经高温灼烧以后的质量损失率。Ⅰ型硅酸盐水泥中的烧失量不得大于 3.0%，Ⅱ型不得大于 3.5%。

8）碱含量

硅酸盐水泥除含主要矿物成分以外，还含有少量 Na_2O、K_2O 等。水泥中的碱含量按 $Na_2O+0.658K_2O$ 的计算值来表示。当用于混凝土中的水泥碱含量过高，同时骨料具有一定的碱活性时，会发生有害的碱—骨料反应。因此，国家标准规定：若使用活性骨料，用户要求提供低碱水泥时，水泥中碱含量不得大于 0.6%或由供需双方商定。

3.1.4　硅酸盐水泥的腐蚀与防止

硅酸盐水泥硬化以后在通常的使用条件下，其强度在几年甚至几十年中仍有提高，并且有较好的耐久性。但在某些腐蚀性介质作用下，强度下降，起层剥落，严重时会引起整个工程结构的破坏。

引起水泥石腐蚀的原因有很多，下面介绍几种典型的腐蚀。

1）软水腐蚀（溶出性侵蚀）

软水是不含或仅含少量钙、镁可溶性盐的水。如雨水、雪水、蒸馏水以及含重碳酸盐很少的河水和湖水等。当水泥石长期与软水接触时，水泥石中的某些水化物按照溶解度的大小依次缓慢地被溶解。在静止的和无压力的水中，水泥石周围的水很快被溶出的 $Ca(OH)_2$ 所饱和，溶出停止，影响的部位仅限于水泥石的表面部位，对水泥石性能基本无不良影响。但在流动水、压力水中，水流不断地将溶出的 $Ca(OH)_2$ 带走，降低周围 $Ca(OH)_2$ 的浓度。水泥石中水化产物都必须在一定的石灰浓度的液相中才能稳定存在，低于此极限石灰浓度时，水化产物将会逐步发生分解。各主要水化产物稳定存在时所必需的极限石灰(CaO)浓度是：氢氧化钙约为 1.3g/L，水化硅酸三钙稍大于 1.2g/L，水化铁铝酸四钙约为 1.06g/L，水化硫铝酸钙约为 0.045g/L。

各种水化产物与水作用时，$Ca(OH)_2$ 由于溶解度最大，首先被溶出。在水量不多或无水压的情况下，由于周围的水被溶出的 $Ca(OH)_2$ 所饱和，溶出作用很快中止。但在大量水或流动水中，$Ca(OH)_2$ 会不断溶出，特别是当水泥石渗透性较大而又受压力水作用时，水不仅能渗入内部，而且还能产生渗流作用，将 $Ca(OH)_2$ 溶解并摄滤出来，因此不仅减小了水泥石的密实度，影响其强度，而且由于液相中 $Ca(OH)_2$ 的浓度降低，还会使一些高碱性水化产物向低碱性转变或溶解。于是水泥石的结构会相继受到破坏，强度不断降低，裂隙不断扩展，渗漏更加严重，最后可能导致整体破坏。

当环境水的水质较硬，环境水中重碳酸盐能与水泥石中的 $Ca(OH)_2$ 起作用，生成几乎不溶于水的 $CaCO_3$。其反应式为：

$$Ca(OH)_2+Ca(HCO_3)_2 \longrightarrow 2CaCO_3+2H_2O \tag{3-8}$$

生成的碳酸钙积聚在已硬化水泥石的孔隙内，可阻滞外界水的浸入和内部的氢氧化钙向外扩散，所以硬水不会对水泥石产生腐蚀。

2）硫酸盐腐蚀

在一些湖水、海水、沼泽水、地下水以及某些工业污水中，常含钠、钾、铵等的硫酸盐，水泥石将发生硫酸盐腐蚀。以硫酸钠为例，硫酸钠（如10个结晶水的芒硝）与氢氧化钙反应生成二水石膏，即：

$$Na_2SO_4 \cdot 10H_2O+Ca(OH)_2 \longrightarrow CaSO_4 \cdot 2H_2O+2NaOH+8H_2O \tag{3-9}$$

然后二水石膏与水化铝酸钙反应生成高硫型水化硫铝酸钙，即：

$$3CaO \cdot Al_2O_3 \cdot 6H_2O+3(CaSO_4 \cdot 2H_2O)+19H_2O \longrightarrow 3CaO \cdot Al_2O_3 \cdot 3CaSO_4 \cdot 31H_2O \tag{3-10}$$

生成的高硫型水化硫铝酸钙含有大量结晶水，体积增加到1.5倍，由于是在已经硬化的水泥石中发生上述反应，因此对水泥石的破坏作用很大。高硫型水化硫铝酸钙呈针状晶体，俗称“水泥杆菌”。

当水中硫酸盐浓度较高时，硫酸钙会在毛细孔中直接结晶成二水石膏，体积增大，同样会引起水泥石的破坏。

3）镁盐的腐蚀

在海水及地下水中含有大量的镁盐，主要是硫酸镁和氯化镁。它们与水泥石中的氢氧化钙发生如下反应：

$$MgCl_2+Ca(OH)_2 \longrightarrow CaCl_2+Mg(OH)_2 \tag{3-11}$$

$$MgSO_4+Ca(OH)_2+2H_2O \longrightarrow CaSO_4 \cdot 2H_2O+Mg(OH)_2 \tag{3-12}$$

生成的氢氧化镁松软而无胶凝能力，氯化钙易溶于水，生成的二水石膏则引起硫酸盐腐蚀，因此，硫酸镁对水泥石起着镁盐和硫酸盐双重腐蚀的作用。

4）碳酸腐蚀

在工业污水和地下水中常溶解有一定量的二氧化碳，它对水泥石的腐蚀作用如下：

首先弱碳酸与水泥石中的氢氧化钙反应生成碳酸钙：

$$Ca(OH)_2+CO_2+H_2O \longrightarrow CaCO_3+2H_2O \tag{3-13}$$

然后再与弱碳酸作用生成碳酸氢钙（这是一个可逆反应）：

$$CaCO_3+CO_2+H_2O \rightleftharpoons Ca(HCO_3)_2 \tag{3-14}$$

生成的碳酸氢钙易溶于水。当水中含有较多的碳酸，并超过平衡浓度时，反应向右进行。因此，水泥石中固体的氢氧化钙不断地转变为易溶的重碳酸钙而溶失。氢氧化钙浓度的降低还会导致水泥石中其他水泥水化物的分解，使腐蚀作用进一步加剧。

5）一般酸类腐蚀

工业废水、地下水、沼泽水中常含有无机酸和有机酸，工业窑炉的烟气中常含有二氧化硫，遇水后生成亚硫酸。各种酸类对水泥石有不同程度的腐蚀作用，它们与水泥石中的氢氧化钙起中和反应，生成的化合物或者易溶于水，或者体积膨胀，在水泥石中形成孔洞或膨胀压力。腐蚀作用较强的无机酸有盐酸、氢氟酸、硝酸、硫酸，有机酸有醋酸等。

例如，盐酸与水泥石中的氢氧化钙起反应：

$$2HCl+Ca(OH)_2 \longrightarrow CaCl_2+2H_2O \tag{3-15}$$

生成的氯化钙易溶于水。硫酸与水泥石中的氢氧化钙起反应：

$$H_2SO_4+Ca(OH)_2 \longrightarrow CaSO_4 \cdot 2H_2O \tag{3-16}$$

生成的二水石膏能与水泥石中的水化铝酸钙起反应，生成高硫型的水化硫铝酸钙或直接在水泥石孔隙中结晶产生膨胀压力。

6）强碱腐蚀

碱类溶液如果浓度不大时一般认为是无害的，但铝酸盐含量较高的硅酸盐水泥遇到强碱作用后也会破坏。如氢氧化钠可与水泥石中未水化的铝酸钙起反应，生成易溶的铝酸钠：

$$3CaO \cdot Al_2O_3+6NaOH \longrightarrow 3Na_2O \cdot Al_2O_3+3Ca(OH)_2 \tag{3-17}$$

当水泥石被 NaOH 溶液浸透后又在空气中干燥，与空气中的二氧化碳作用生成碳酸钠：

$$CO_2+2NaOH \longrightarrow Na_2CO_3+H_2O \tag{3-18}$$

碳酸钠在水泥石毛细孔中结晶沉淀，可使水泥石胀裂。

7）水泥石腐蚀的根本原因和防止措施

（1）引起水泥石腐蚀的根本原因

① 水泥石中含有氢氧化钙、水化铝酸钙等不耐腐蚀的水化产物。

② 水泥石本身不密实，有很多毛细孔，腐蚀性介质容易通过毛细孔深入到水泥石内部，加速腐蚀的进程。

实际的腐蚀往往是一个极为复杂的过程，可能是几种类型作用同时存在，互相影响。促使腐蚀发展的因素还有较高的温度、较快的水流速、干湿循环等。

（2）防止水泥石腐蚀的措施

① 根据工程所处的环境特点，选择适宜的水泥品种。硅酸盐水泥的水化产物中氢氧化钙和水化铝酸钙含量都较高，因此耐腐蚀性差。在有腐蚀性介质的环境中应优先考虑采用掺混合材料的硅酸盐水泥或特种水泥。

② 提高水泥石的密实程度。水泥石密实度越高，抗渗能力越强，腐蚀介质就越难以进入。有些工程因为混凝土不够密实，在腐蚀的环境中过早破坏。提高水泥石的密实度，可以有效延缓各类腐蚀作用。降低水灰比、掺加减水剂、改进施工方法等可提高水泥石的密实程度。

③ 表面防护处理。在腐蚀作用较强时，可采用表面涂层或表面加保护层的方法。如采用各种防腐涂料、玻璃、陶瓷、塑料、沥青防腐层等。

3.1.5 硅酸盐水泥的应用

水泥在运输和保管期间，不得受潮和混入杂质，不同品种和等级的水泥应分别储运，不得混杂。散装水泥应由专用运输车直接卸入现场贮仓，分别存放。袋装水泥堆放高度一般不超过 10 袋，存放期一般不超过 3 个月，超过 6 个月的水泥必须经过试验才能使用。

(1) 硅酸盐水泥凝结硬化速度快，早期强度与后期强度均高。适用于重要结构的高强混凝土和预应力混凝土工程。

(2) 耐冻性、耐磨性好。适用于冬季施工以及严寒地区遭受反复冻融的工程。

(3) 水化过程放热量大。不宜用于大体积混凝土工程。

(4) 耐腐蚀差。硅酸盐水泥水化产物中，$Ca(OH)_2$ 的含量较多，耐软水腐蚀和耐化学腐蚀性较差，不适用于受流动的或有水压的软水作用的工程，也不适用于受海水及其他腐蚀介质作用的工程。

(5) 耐热性差。硅酸盐水泥石受热达 200～300℃时水化物开始脱水，强度开始下降。当温度达到 500～600℃时氢氧化钙分解，强度明显下降；当温度达到 700～1 000℃时，强度降低更多，甚至完全破坏。因此，硅酸盐水泥不适用于耐热要求较高的工程。

(6) 抗碳化性好、干缩小。水泥中的 $Ca(OH)_2$ 与空气中的 CO_2 的作用称为碳化。由于水泥石中的 $Ca(OH)_2$ 含量多，抗碳化性好，因此，用硅酸盐水泥配制的混凝土对钢筋避免生锈的保护作用强。硅酸盐水泥的干燥收缩小，不易产生干缩裂纹，适用于干燥的环境中。

3.2 掺混合材料的硅酸盐水泥

掺混合材料的硅酸盐水泥是由硅酸盐熟料，掺入适量的混合材料和石膏共同磨细制成的水硬性胶凝材料。掺混合材料的硅酸盐水泥种类较多，主要有普通硅酸盐水泥、矿渣硅酸盐水泥、火山灰质硅酸盐水泥、粉煤灰硅酸盐水泥、复合硅酸盐水泥、石灰石硅酸盐水泥等。

3.2.1 混合材料

在水泥生产过程中，掺入的天然或人工矿物材料，称为水泥混合材料。

加入混合材料，可以在水泥生产过程中增加产量、节约能源、综合利用工业废料、降低成本，同时能够改善水泥的某些性能。

混合材料按其性能可分为非活性混合材料和活性混合材料两大类。

1) 非活性混合材料

常温下不能与氢氧化钙和水发生水化反应或反应很弱，也不能产生凝结硬化的混合材料称为非活性混合材料。非活性混合材料在水泥中主要起填充作用，掺入硅酸盐水泥中主要起调节水泥标号、降低水化热等作用。属于这类的混合材料有磨细石英砂、石灰石、黏土、慢冷矿渣及其他与水泥矿物成分不起反应的工业废渣等。

2) 活性混合材料

常温下能与氢氧化钙和水发生水化反应，生成水硬性的水化物，并能够逐渐凝结硬化产生强度的混合材料称为活性混合材料。常用的活性混合材料有粒化高炉矿渣、火山灰质混合材料和粉煤灰等。

(1) 粒化高炉矿渣

高炉炼铁时,浮在铁水表面的熔融矿渣,经过水淬急冷成粒后即为粒化高炉矿渣。淬冷的目的在于阻止结晶,形成化学不稳定的玻璃体,具有潜在化学能,即潜在活性。如果熔融的矿渣自然缓慢冷却,凝固后成为完全结晶的块状矿渣,活性很低,属于非活性混合材料。

粒化高炉矿渣主要化学成分为 CaO(38%~46%)、SiO_2(26%~42%)和 Al_2O_3(7%~20%),另外还有少量的 MgO、FeO、MnO、TiO_2 等。矿渣中的 CaO 在高温冷却过程中能与 SiO_2 和 Al_2O_3 结合成具有水硬性的硅酸二钙和铝酸钙,对矿渣活性有利。但含量太高,熔体黏度低,则不利于玻璃体的形成,矿渣活性反而降低。SiO_2 属于活性成分,但含量较高时在冷却过程中形成低碱性的硅酸钙,使得矿渣活性降低。Al_2O_3 在矿渣中一般形成铝酸钙或铝硅酸钙,对矿渣活性有利。

一般认为,矿渣中主要的活性组分为玻璃体质的 SiO_2 和 Al_2O_3 以及弱水硬性的硅酸二钙等。

(2) 火山灰质混合材料

火山喷发时,随同熔岩一起喷发的大量的碎屑沉积在地面或水中的松软物质,称为火山灰。由于火山喷出物在空气中急冷,火山灰含有一定量的玻璃体,它的主要成分为 SiO_2 和 Al_2O_3。火山灰质的混合材料是泛指以活性 SiO_2 和活性 Al_2O_3 为主要成分的活性混合材料。它的应用是从火山灰开始的,故而得名,其实并不仅限于火山灰。火山灰质混合材料按照其成因,分为天然的和人工的两大类。天然的有火山灰、凝灰岩、浮石、沸石岩、硅藻土、硅藻石和蛋白石等;人工的有烧页岩、烧黏土、煤渣、煤矸石、硅灰等。

火山灰质混合材料结构上的特点是疏松多孔、内比表面积大、易吸水,但由于品种多,其活性也有较大的差别。

(3) 粉煤灰

粉煤灰是从燃煤火力发电厂的烟道气体中收集的粉尘,又称为飞灰。主要成分为 SiO_2(40%~65%)和 Al_2O_3(15%~40%)。从火山灰质混合材料泛指的定义讲,粉煤灰属于火山灰质混合材,但粉煤灰一般为呈玻璃态的实心或空心的球状颗粒,表面结构致密,性质与其他的火山灰质混合材有所不同,它是一种产量很大的工业废料,所以单独列出。

粉煤灰的颗粒大小与形状对其活性有很大的影响,颗粒越细,密实球体形玻璃体含量越高,活性越高,标准稠度需水量越低。

3) 活性混合材料的水化

粒化高炉矿渣、火山灰质混合材料和粉煤灰属于活性混合材料,它们与水拌和后,不发生水化及凝结硬化(仅粒化高炉矿渣有微弱的水化反应)。但在氢氧化钙饱和溶液中,常温下却发生显著的水化反应:

$$xCa(OH)_2+SiO_2+mH_2O \longrightarrow xCaO \cdot SiO_2 \cdot (x+m)H_2O \tag{3-19}$$

$$yCa(OH)_2+Al_2O_3+nH_2O \longrightarrow yCaO \cdot Al_2O_3 \cdot (y+n)H_2O \tag{3-20}$$

生成的水化硅酸钙和水化铝酸钙是具有水硬性的水化物。式中 x、y 值取决于混合材料的种类,石灰和活性 SiO_2 及活性 Al_2O_3 之间的比例,环境温度以及作用的时间等。对于掺常用混合材料的硅酸盐水泥,x、y 值一般为 1 或稍大于 1,即生成的水化物的碱度降低

(与硅酸盐水泥水化物相比),为低碱性的水化物。

活性 SiO_2 和 $Ca(OH)_2$ 相互作用形成无定型水化硅酸钙,再经过较长一段时间后,逐渐转变为凝胶或微晶体。

活性 Al_2O_3 与 $Ca(OH)_2$ 作用形成水化铝酸钙。当液相中有石膏存在时,水化铝酸钙与石膏反应生成水化硫铝酸钙。

可以看出,氢氧化钙和石膏的存在使活性混合材料的潜在活性得以发挥。它们起着激发水化、促进凝结硬化的作用,故称为活性混合材料的激发剂。常用的激发剂有碱性激发剂(如石灰)和硫酸盐激发剂(如石膏)两类。

掺活性混合材料的水泥与水拌和后,首先是水泥熟料水化,然后是水泥熟料的水化物 $Ca(OH)_2$ 与活性混合材料中的 SiO_2 及 Al_2O_3 进行水化反应(一般称为二次水化反应)。因此,掺混合材料的硅酸盐水泥水化速度减慢,水化热降低,早期强度降低。

3.2.2 普通硅酸盐水泥

1) 定义及组成

凡由硅酸盐水泥熟料、6%～15%混合材料、适量石膏磨细制成的水硬性胶凝材料,称为普通硅酸盐水泥(简称普通水泥,Ordinary Portland Cement),代号 P·O。

掺活性混合材料时,最大掺量不得超过 15%,其中允许用不超过水泥质量 5%的窑灰或不超过水泥质量 10%的非活性混合材料。

掺非活性混合材料时,最大掺量不得超过水泥质量的 10%。

2) 技术要求

国家标准(GB 175—2007)对普通水泥的技术要求如下:

(1) 细度。80μm 方孔筛筛余不得超过 10.0%或 45μm 方孔筛筛余不得超过 30.0%。

(2) 凝结时间。初凝时间不得早于 45min,终凝时间不得迟于 10h。

(3) 强度。强度等级按照 3d 和 28d 龄期的抗压强度和抗折强度来划分,共分为 42.5、42.5R、52.5、52.5R 四个强度等级。各等级水泥的强度不得低于表 3-6 中的数值。

(4) 体积安定性。沸煮法合格。

表 3-6 普通硅酸盐水泥各龄期的强度要求

强度等级	抗压强度(MPa)		抗折强度(MPa)	
	3d	28d	3d	28d
42.5	17.0	42.5	3.5	6.5
42.5R	22.0	42.5	4.0	6.5
52.5	23.0	52.5	4.0	7.0
52.5R	27.0	52.5	5.0	7.0

普通水泥是在硅酸盐水泥熟料的基础上掺入 15%以内的混合材料,虽然掺入的数量不多,但扩大了强度等级范围,对硅酸盐水泥的性能有一定的改善,更利于工程的选用。与硅酸盐水泥相比,早期硬化稍慢,水化热略有降低,强度稍有下降;抗冻性、耐磨性、抗碳化性能略有降低;耐腐蚀性能稍好。普通水泥比硅酸盐水泥应用范围更广,目前是我国最常用的一

种水泥，广泛用于各种工程建设中。

3.2.3 矿渣硅酸盐水泥、火山灰质硅酸盐水泥、粉煤灰硅酸盐水泥

1）定义及组成

（1）矿渣硅酸盐水泥

凡由硅酸盐水泥熟料和粒化高炉矿渣、适量石膏磨细制成的水硬性胶凝材料称为矿渣硅酸盐水泥（简称矿渣水泥，Portland Blastfurnace-slag Cement），代号 P·S。水泥中的粒化高炉矿渣掺加量按照质量百分比计为 20%～70%。允许用石灰石、窑灰、粉煤灰和火山灰质混合材料中的一种材料替代矿渣，代替数量不得超过水泥质量的 8%，替代后的高炉矿渣不得少于 20%。

（2）火山灰质硅酸盐水泥

凡由硅酸盐水泥熟料和火山灰质混合材料、适量石膏磨细制成的水硬性胶凝材料称为火山灰质硅酸盐水泥（简称火山灰水泥，Portland Pozzolana Cement），代号 P·P。水泥中火山灰质混合材料掺量按质量百分比计为 20%～50%。

（3）粉煤灰硅酸盐水泥

凡由硅酸盐水泥熟料和粉煤灰、适量石膏磨细制成的水硬性胶凝材料称为粉煤灰硅酸盐水泥（简称粉煤灰水泥，Portland Fly-Ash Cement），代号 P·F。水泥中粉煤灰的掺量按质量百分比计为 20%～40%。

2）技术要求

（1）氧化镁。熟料中的氧化镁的含量不得超过 5.0%。如果水泥经过压蒸安定性试验合格，则熟料中氧化镁的含量允许放宽到 6.0%。熟料中氧化镁的含量为 5.0%～6.0%时，如矿渣水泥中的混合材料总量不大于 40%或火山灰水泥和粉煤灰水泥混合材料掺加量大于 30%，制成的水泥可不做压蒸试验。

（2）三氧化硫。矿渣水泥的三氧化硫的含量不得超过 4.0%；火山灰水泥和粉煤灰水泥的三氧化硫的含量不得超过 3.5%。

（3）细度、凝结时间、体积安定性、碱含量要求等同普通硅酸盐水泥。

（4）强度。强度等级按规定龄期的抗压强度和抗折强度来划分，共分为 32.5、32.5R、42.5、42.5R、52.5、52.5R 六个强度等级，各强度等级水泥的各龄期抗压强度和抗折强度不得低于表 3-7 中的数值。

表 3-7 矿渣水泥、火山灰水泥、粉煤灰水泥各龄期的强度要求

强度等级	抗压强度（MPa）		抗折强度（MPa）	
	3d	28d	3d	28d
32.5	10.0	32.5	2.5	5.5
32.5R	15.0	32.5	3.5	5.5
42.5	15.0	42.5	3.5	6.5
42.5R	19.0	42.5	4.0	6.5
52.5	21.0	52.5	4.0	7.0

续表 3-7

强度等级	抗压强度(MPa)		抗折强度(MPa)	
	3d	28d	3d	28d
52.5R	23.0	52.5	4.5	7.0

矿渣水泥、火山灰水泥和粉煤灰水泥都是在硅酸盐水泥熟料基础上掺入较多的活性混合材料,再加上适量石膏共同磨细制成的。由于活性混合材料的掺量较多,且活性混合材料的化学成分基本相同(主要是活性氧化硅和活性氧化铝),因此它们的大多数性质和应用相同或相近,即这三种水泥在许多情况下可替代使用。但与硅酸盐水泥或普通水泥相比,有明显的不同。又由于不同混合材料结构上的不同,它们相互之间又具有各自的特性,这些性质决定了它们使用上的特点和应用。

掺混合材料的硅酸盐水泥的组分应符合表 3-8 的规定。

表 3-8　掺混合材料的硅酸盐水泥的组分要求(%)

品　种	代　号	组　分				
		熟料+石膏	料化高炉矿渣	火山灰质混合材料	粉煤灰	石灰石
硅酸盐水泥	P·Ⅰ	100	—	—	—	—
	P·Ⅱ	≥95	≤5	—	—	—
		≥95	—	—	—	≤5
普通硅酸盐水泥	P·O	≥80 且<95	>5 且≤20[a]			—
矿渣硅酸盐水泥	P·S·A	≥50 且<80	>20 且≤50[b]	—	—	—
	P·S·B	≥30 且<50	>50 且≤70[b]	—	—	—
火山灰质硅酸盐水泥	P·P	≥60 且<80	—	>20 且≤40[e]	—	—
粉煤灰硅酸盐水泥	P·F	≥60 且<80	—	—	>20 且≤40[d]	—
复合硅酸盐水泥	P·C	≥50 且<80	>20 且≤50[e]			

[a]本组分材料为符合本标准 5.2.3 的活性混合材料,其中允许用不超过水泥质量 8%且符合本标准 5.2.4 的非活性混合材料或不超过水泥质量 5%且符合本标准 5.2.5 的窑灰代替。

[b]本组分材料为符合 GB/T 203 或 GB/T 18046 的活性混合材料,其中允许用不超过水泥质量 8%且符合本标准第 5.2.3 条的活性混合材料或符合本标准第 5.2.4 条的非活性混合材料或符合本标准第 5.2.5 条窑灰中的任一种材料代替。

[c]本组分材料为符合 GB/T 2847 的活性混合材料。

[d]本组分材料为符合 GB/T 1596 的活性混合材料。

[e]本组分材料为由两种(含)以上符合本标准第 5.2.3 条的活性混合材料或/和符合本标准 5.2.4 条的非活性混合材料组成,其中允许用不超过水泥质量 8%且符合本标准第 5.2.5 条的窑灰代替。掺矿渣时混合材料掺量不得与矿渣硅酸盐水泥重复。

掺混合材料的硅酸盐水泥的化学指标应符合表 3-9 的规定。

表 3-9　掺混合材料的硅酸盐水泥的化学指标规定值(%)

<table>
<tr><th>品　种</th><th>代　号</th><th>不溶物
(质量分数)</th><th>烧失量
(质量分数)</th><th>三氧化硫
(质量分数)</th><th>氧化镁
(质量分数)</th><th>氯离子
(质量分数)</th></tr>
<tr><td rowspan="2">硅酸盐水泥</td><td>P·Ⅰ</td><td>≤0.75</td><td>≤3.0</td><td rowspan="3">≤3.5</td><td rowspan="3">≤5.0[a]</td><td rowspan="8">≤0.06[c]</td></tr>
<tr><td>P·Ⅱ</td><td>≤1.50</td><td>≤3.5</td></tr>
<tr><td>普通硅酸盐水泥</td><td>P·O</td><td>—</td><td>≤5.0</td></tr>
<tr><td rowspan="2">矿渣硅酸盐水泥</td><td>P·S·A</td><td>—</td><td>—</td><td rowspan="2">≤4.0</td><td>≤6.0[b]</td></tr>
<tr><td>P·S·B</td><td>—</td><td>—</td><td>—</td></tr>
<tr><td>火山灰质硅酸盐水泥</td><td>P·P</td><td>—</td><td>—</td><td rowspan="3">≤3.5</td><td rowspan="3">≤6.0[b]</td></tr>
<tr><td>粉煤灰硅酸盐水泥</td><td>P·F</td><td>—</td><td>—</td></tr>
<tr><td>复合硅酸盐水泥</td><td>P·C</td><td>—</td><td>—</td></tr>
</table>

[a] 如果水泥压蒸试验合格,则水泥中氧化镁的含量(质量分数)允许放宽至 6.0%。

[b] 如果水泥中氧化镁的含量(质量分数)大于 6.0%时,需进行水泥压蒸安定性试验并合格。

[c] 当有更低要求时,该指标由买卖双方协商确定。

3.2.4　复合硅酸盐水泥

凡由硅酸盐水泥熟料、两种或两种以上规定的混合材料、适量石膏磨细制成的水硬性胶凝材料称为复合硅酸盐水泥(简称复合水泥,Composite Portland Cement),代号 P·C。水泥中混合材料总掺量按质量百分比计应大于 15%,但不超过 50%。

复合水泥由于掺入了两种或两种以上的混合材料,混合材料的作用会相互补充、取长补短,很好地改善了上述三种掺单一混合材料水泥的性能,其强度发展上接近普通水泥,并且水化热低,耐腐蚀性能、抗渗性和抗冻性较好,是一种综合性能好的水泥。

复合水泥的特性还与混合材料的品种与掺量有关。复合水泥的性能在以矿渣为主要混合材料时,其性能与矿渣水泥接近;而当以火山灰质材料为主要混合材料时,则接近火山灰水泥的性能。因此,在复合水泥包装袋上应标明主要混合材料的名称。

复合水泥有 32.5、32.5R、42.5、42.5R、52.5、52.5R 六个强度等级。各强度等级水泥的各龄期强度不得低于表 3-10 中的数值,其余的技术要求与火山灰水泥相同。

表 3-10　复合水泥各龄期的强度要求

强度等级	抗压强度(MPa)		抗折强度(MPa)	
	3d	28d	3d	28d
32.5	11.0	32.5	2.5	5.5
32.5R	16.0	32.5	3.5	5.5
42.5	16.0	42.5	3.5	6.5
42.5R	21.0	42.5	4.0	6.5
52.5	22.0	52.5	4.0	7.0
52.5R	26.0	52.5	5.0	7.0

为了便于识别，硅酸盐水泥和普通水泥包装袋上要求用红字印刷，矿渣水泥包装袋上要求采用绿字印刷，火山灰水泥、粉煤灰水泥和复合水泥则要求采用黑字印刷。

3.2.5 几种通用水泥的性能特点及应用

硅酸盐水泥、普通水泥、矿渣水泥、火山灰水泥、粉煤灰水泥和复合水泥是建设工程中的通用水泥，它们的主要性能与应用见表 3-11 所示。

表 3-11 几种通用水泥的性能及应用

项目	硅酸盐水泥	普通水泥	矿渣水泥	火山灰水泥	粉煤灰水泥	复合水泥
特性	早期强度高；水化热较大；抗冻性较好；耐蚀性差；干缩较小；抗碳化性好	与硅酸盐水泥类同	早期强度较低，后期强度增长较快；水化热较低；耐热性好；耐蚀性较强；抗冻性差；干缩性较大；抗碳化性差；泌水较多	早期强度较低，后期强度增长较快；水化热较低；耐蚀性较强；抗渗性好；抗冻性差；抗碳化性差；干缩性大	早期强度较低，后期强度增长较快；水化热较低；耐蚀性较强；抗碳化性差；干缩性较小；抗裂性较好；抗冻性差	早期强度较高，后期强度高；水化热较低；耐蚀性较强；抗冻性较好；耐磨性较好；抗碳化性差
适用范围	一般土建工程中钢筋混凝土及预应力混凝土结构；受反复冰冻作用的结构；配制高强混凝土	与硅酸盐水泥基本相同	高温车间和有耐热耐火要求的混凝土结构；大体积混凝土结构；蒸汽养护的构件；有抗硫酸盐侵蚀要求的工程	地下、水中大体积混凝土结构和有抗渗要求的混凝土结构；蒸汽养护的构件；有抗硫酸盐侵蚀要求的工程	地上、地下及水中大体积混凝土结构；蒸汽养护的构件；抗裂性要求较高的构件；有抗硫酸盐侵蚀要求的工程	地上、地下及水中大体积混凝土结构；蒸汽养护的构件；有抗硫酸盐侵蚀要求的工程；早期强度较高的混凝土构件；有抗冻性要求的混凝土；有耐磨性要求的混凝土
不适用范围	大体积混凝土结构；受化学及海水侵蚀的工程	与硅酸盐水泥基本相同	早期强度要求高的工程；掺混合材料的混凝土；低温或冬季施工的混凝土；有抗冻要求的混凝土工程	处在干燥环境中的混凝土工程；其他同矿渣水泥	有抗碳化要求的工程；其他同矿渣水泥	掺混合材料的混凝土；低温或冬季施工的混凝土；抗碳化性要求较高的混凝土

3.3 铝酸盐水泥

凡以铝酸钙为主的铝酸盐水泥熟料，磨细制成的水硬性胶凝材料称为铝酸盐水泥（Aluminate Cements），代号 CA。铝酸盐水泥是一类快硬、高强、耐腐蚀、耐热的水泥，又称高铝水泥。

3.3.1 铝酸盐水泥的分类和矿物组成

铝酸盐水泥生产原材料为铝矾土和石灰石，通过调整原材料的比例，改变水泥的矿物组成和比例，得到不同性质的铝酸盐水泥。铝酸盐水泥按照 Al_2O_3 的含量百分数分为四类：CA—50，50%＜Al_2O_3＜60%；CA—60，60%≤Al_2O_3＜68%；CA—70，68%＜Al_2O_3＜77%；CA—80，77%＜Al_2O_3。

铝酸盐水泥主要熟料矿物成分为铝酸一钙（简写为 CA），二铝酸一钙（简写为 CA_2）和少量的七铝酸十二钙（简写为 $C_{12}A_7$）、硅酸二钙（C_2S）及硅铝酸二钙（C_2AS）等。在铝酸盐水泥中随着 Al_2O_3 含量的提高，即 CaO/Al_2O_3 降低，矿物成分 CA 逐渐降低，CA_2 逐渐提高。CA—50 中 Al_2O_3 含量最低，主要矿物成分为 CA，CA 含量约占水泥质量的 70%；CA—80 中 Al_2O_3 含量最高，主要矿物成分为 CA_2，其含量占水泥质量的 60%～70%。

铝酸一钙（CA）：是低 Al_2O_3 含量的铝酸盐水泥，如 CA—50（原为高铝水泥）的最主要矿物成分，具有很高的水硬活性，特性是凝结正常，硬化速度快，是铝酸盐水泥主要的强度来源。但 CA 含量过高的水泥，强度发展主要在早期，后期强度提高不显著。因此，CA—50 是一种快硬、早强和高强的水泥。

二铝酸一钙（CA_2）：在 Al_2O_3 含量高的水泥中，CA_2 的含量高。CA_2 水化硬化慢，早期强度低，但后期强度不断提高。品质优良的铝酸盐水泥一般以 CA 和 CA_2 为主。铝酸盐水泥随着 CA_2 的提高，耐火性能提高。CA—80 是一种高耐火性的水泥。

3.3.2 铝酸盐水泥的水化和硬化

铝酸盐水泥的水化和硬化主要是铝酸一钙 CA 和二铝酸一钙 CA_2 的水化和水化物结晶。其水化产物随温度的不同而不同。

1）铝酸一钙的水化

当温度低于 20℃时，其主要的反应式为：

$$CaO \cdot Al_2O_3 + 10H_2O \longrightarrow CaO \cdot Al_2O_3 \cdot 10H_2O \quad (3-21)$$

生成物为水化铝酸一钙（简写为 CAH_{10}）。

当温度为 20～30℃时，其主要的反应式为：

$$2(CaO \cdot Al_2O_3) + 11H_2O \longrightarrow 2CaO \cdot Al_2O_3 \cdot 8H_2O + Al_2O_3 \cdot 3H_2O \quad (3-22)$$

生成物为水化铝酸二钙（简写为 C_2AH_8）和氢氧化铝。

当温度高于 30℃时，其主要的反应式为：

$$3(CaO \cdot Al_2O_3) + 12H_2O \longrightarrow 3CaO \cdot Al_2O_3 \cdot 6H_2O + 2(Al_2O_3 \cdot 3H_2O) \quad (3-23)$$

生成物为水化铝酸三钙（简写为 C_3AH_6）和氢氧化铝。

2）二铝酸一钙的水化

当温度低于 20℃时，其主要的反应式为：

$$2(CaO \cdot 2Al_2O_3) + 26H_2O \longrightarrow 2(CaO \cdot Al_2O_3 \cdot 10H_2O) + 2(Al_2O_3 \cdot 3H_2O) \quad (3-24)$$

当温度为 20～30℃时，其主要的反应式为：

$$2(CaO \cdot 2Al_2O_3) + 17H_2O \longrightarrow 2CaO \cdot Al_2O_3 \cdot 8H_2O + 3(Al_2O_3 \cdot 3H_2O) \quad (3-25)$$

当温度高于 30℃时，其主要的反应式为：

$$3(CaO \cdot 2Al_2O_3) + 21H_2O \longrightarrow 3CaO \cdot Al_2O_3 \cdot 6H_2O + 5(Al_2O_3 \cdot 3H_2O) \quad (3-26)$$

水化产物 CAH_{10} 和 C_2AH_8 为针状或板状结晶，能相互交织成坚固的结晶合成体，析出的氢氧化铝凝胶难溶于水，填充于晶体骨架的空隙中，形成致密的结构，使水泥石获得很高的强度。铝酸一钙(CA)水化反应集中在早期，5～7d 后水化物的数量很少增加；二铝酸一钙(CA_2)水化反应集中在后期，使得后期的强度能够增长。

CAH_{10} 和 C_2AH_8 是亚稳定相，随时间增长，会逐渐转化为比较稳定的 C_3AH_6，转化过程随着温度的升高而加快。转化结果使水泥石内析出大量的游离水，增大了孔隙体积，使强度降低。在长期的湿热环境中，水泥石强度明显降低，甚至引起结构的破坏。

3.3.3 铝酸盐水泥的技术要求

1) 化学成分

国家标准《铝酸盐水泥》(GB 201—2000)规定，铝酸盐水泥的化学成分按照水泥的质量百分比计应符合表 3-12 的要求。

表 3-12 铝酸盐水泥的化学成分要求

类 型	Al_2O_3	SiO_2	Fe_2O_3	R_2O (Na_2O+0.658K_2O)	S 全硫	Cl
CA—50	≥50,60<	≤8.0	≤2.5	≤0.40	≤0.10	≤0.10
CA—60	≥60,68<	≤5.0	≤2.0			
CA—70	≥68,77<	≤1.0	≤0.7			
CA—80	≥77	≤0.5	≤0.5			

当用户需要时，生产厂商应提供结果和测定方法。

2) 物理性能

(1) 细度。比表面积不小于 300m^2/kg 或 0.045mm 筛上的筛余不大于 20%，由供需双方商定。

(2) 凝结时间。对于不同类型的铝酸盐水泥，初凝时间不得早于 30min(CA—50，CA—70，CA—80)或 60min(CA—60)，终凝时间不得迟于 6h(CA—50，CA—70，CA—80)或 18h(CA—60)。

(3) 强度。各种类型的铝酸盐水泥各龄期的抗压强度和抗折强度不得低于表 3-13 中的数值。

表 3-13 铝酸盐水泥胶砂强度要求

类 型	抗压强度(MPa)				抗折强度(MPa)			
	6h	1d	3d	28d	6h	1d	3d	28d
CA—50	20	40	50	—	3.0	5.5	6.5	—
CA—60	—	20	45	85	—	2.5	5.0	10.0
CA—70	—	30	40	—	—	5.0	6.0	—
CA—80	—	25	30	—	—	4.0	5.0	—

3.3.4 铝酸盐水泥的性能特点与应用

CA—50 快硬早强，早期强度增长快，24h 即可达到极限强度的 80%左右，故宜用于紧急抢修工程和早期强度要求高的工程。水化热大，且集中在早期放出，因此，适合于冬季施工，不适合于最小断面尺寸超过 45cm 的构件及大体积混凝土的施工，另外，常用于配制膨胀水泥、自应力水泥和化学建材的添加剂等。但 CA—50 铝酸盐水泥后期强度可能会下降，尤其是在高于 30℃的湿热环境下强度下降更快，甚至会引起结构的破坏。因此，结构工程中使用铝酸盐水泥应慎重。

CA—60 水泥熟料一般以 CA 和 CA_2 为主，CA 能够迅速提高早期强度，CA_2 在后期能够保证强度的发展，因此具有较高的早期强度和后期强度。水化热较高，适合于冬季施工和紧急抢修工程以及早期强度要求高的工程。由于含有一定的 CA_2，有较高的耐火性能，也常用于配制耐火混凝土。同样，不能用于湿热环境下的工程。

CA—70 和 CA—80 属于低钙铝酸盐水泥，主要成分为二铝酸一钙，具有良好的耐高温性能，可以用来配制耐火混凝土，广泛用于各种高温炉衬的内衬，特别是用于耐火砖砌筑比较困难的结构炉体。由于游离的 α-Al_2O_3 晶体熔点高（2 040℃），因此规范允许在磨制 Al_2O_3 含量大于 68%的水泥（即 CA—70 和 CA—80 水泥）中掺入适量的 α-Al_2O_3 粉，以提高水泥的耐火性。

另外，铝酸盐水泥具有较好的抗硫酸盐侵蚀能力。这是因为其主要成分为低钙铝酸盐，游离的氧化钙极少，水泥石结构比较致密，故适合于有抗硫酸盐侵蚀要求的工程。

在高温下（1 200～1 300℃），铝酸盐水泥石中脱水产物与磨细耐火骨料发生化学反应，逐渐转变成“陶瓷胶结料”，使得耐火混凝土强度提高，甚至超过加热前所具有的水硬性胶结强度。因此，铝酸盐水泥具有一定的耐高温性能，并且随着 Al_2O_3 含量的提高，这种性能越来越突出。

铝酸盐水泥不耐碱，铝酸盐水泥与碱性溶液接触，甚至混凝土骨料内含有少量碱性化合物时，都会引起不断的侵蚀，故不能用于接触碱溶液的工程。

铝酸盐水泥最适宜的硬化温度为 15℃左右，一般施工时环境温度不得超过 25℃，否则会产生晶型转变，强度降低。铝酸盐水泥水化热集中于早期释放，从硬化开始应立即浇水养护，一般不宜浇筑大体积混凝土。

铝酸盐水泥在使用时还应注意：

（1）在施工过程中，不得与硅酸盐水泥、石灰等能析出氢氧化钙的胶凝物质混合，否则将产生瞬凝，以致无法施工，且强度降低。

（2）铝酸盐水泥混凝土后期强度下降较大，应以最低稳定强度设计。最低稳定强度值以试块脱模后放入（50±2）℃水中养护，取龄期为 7d 和 14d 的强度值低者来确定。

（3）若采用蒸汽养护加速混凝土的硬化，养护温度不高于 50℃。

（4）不能与未硬化的硅酸盐水泥混凝土接触使用；可以与具有脱模强度的硅酸盐水泥混凝土接触使用，但在接茬处不应长期处于潮湿状态。

3.4 其他品种水泥

除上述水泥以外，还有其他品种水泥，有着不同的性能和用途。在国家标准中，定义为专用水泥和特性水泥。

专用水泥是以其主要用途来命名的，特性水泥是以其主要性能来命名的。这两类水泥的品种比较多，本节仅介绍工程中常用的品种。

3.4.1 道路硅酸盐水泥

在各种公路路面建筑中，以水泥混凝土路面最为常见。水泥混凝土路面不易损坏，使用年限长，是沥青路面的好几倍，并且具有路面阻力小、抗油类腐蚀性强、雨天不打滑等优点。道路硅酸盐水泥是为适应我国水泥混凝土路面的需要而发展起来的。随着我国公路建设的迅速发展，道路水泥的需要量与日俱增。

由道路硅酸盐水泥熟料、0～10%活性混合材料和适量石膏磨细制成的水硬性胶凝材料，称为道路硅酸盐水泥(简称道路水泥，Portland Cement for Road)。它是在硅酸盐水泥的基础上，通过合理的配制生料、煅烧等来调整水泥熟料的矿物组成比例，以达到增加抗折强度、抗冲击性能、耐磨性能、抗冻性和疲劳性能等。

国家标准《道路硅酸盐水泥》(GB 13693—2005)有如下要求：

1) 化学成分

(1) 氧化镁。水泥中氧化镁的含量不得超过5.0%。

(2) 三氧化硫。水泥中三氧化硫的含量不得超过3.5%。

(3) 烧失量。水泥中的烧失量不得大于3.0%。

(4) 游离氧化钙。熟料中游离氧化钙的含量，旋窑生产时不得大于1.0%，立窑生产时不得大于1.8%。

(5) 碱含量。用户提出要求时，由供需双方商定。用户要求提供低碱水泥时，水泥中的碱含量不得大于0.6%。

2) 矿物组成

(1) 铝酸三钙。熟料中的铝酸三钙含量不得大于5.0%。

(2) 铁铝酸四钙。熟料中铁铝酸四钙的含量不得小于16.0%。

3) 物理力学性质

(1) 细度。比表面积为300～450m^2/kg。

(2) 凝结时间。初凝时间不得早于1.5h，终凝时间不得迟于10h。

(3) 安定性。沸煮法必须合格。

(4) 干缩性。干缩率不得大于0.10%。

(5) 耐磨性。28d磨耗量应不大于3.00kg/m^2。

(6) 强度。道路水泥按3d、28d抗折强度和抗压强度分为32.5、42.5、52.5三个标号。

道路水泥具有早强和高抗折强度的特性，这对保证道路混凝土达到设计强度提供了一定的条件。另外，道路水泥还具有耐磨性好、干缩小、抗冲击性和抗冻性好，有一定的抗硫酸盐腐蚀性能等优点，适用于道路路面、机场跑道、城市广场等工程。

3.4.2 白色硅酸盐水泥

一般硅酸盐水泥呈灰色或灰褐色，这主要是由于水泥熟料中的氧化铁和其他着色物质（如氧化锰、氧化钛等）所引起的，普通硅酸盐水泥的氧化铁含量为3%～4%。白色硅酸盐水泥则要严格控制氧化铁的含量，一般应低于水泥质量的0.5%。此外，其他有色金属氧化物，如氧化锰、氧化钛、氧化铝的含量也要加以控制。

白色硅酸盐水泥（简称白水泥，White Portland Cement）的生产与硅酸盐水泥基本相同。由于原料中氧化铁的含量少，使得生成硅酸三钙的温度提高，煅烧的温度要提高到1 550℃左右。为了保证白度，煅烧时应采用天然气、煤气或重油作为燃料。粉磨时不能直接用锈钢板和钢球，而应采用白色花岗岩或高强陶瓷衬板，用烧结瓷球等作为研磨体。因此，白水泥的生产成本较高，价格较贵。

白水泥按照3d和28d的抗折强度和抗压强度分为32.5、42.5、52.5三个标号。白度是白色水泥的主要技术指标之一，白度通常以与氧化镁标准版的反射率的比值(%)来表示。白色水泥的白度值不低于87。其他技术要求与普通水泥接近。

白色硅酸盐水泥熟料与适量的石膏和耐碱矿物颜料共同磨细，可制成彩色硅酸盐水泥，简称为彩色水泥（Coloured Portland Cement）。常用的颜料有氧化铁（红、黄、褐、黑色）、二氧化锰（黑、褐色）、氧化铬（绿色）、赭石（褐色）和炭黑（黑色）等。也可将颜料直接与白水泥粉末混合拌匀，配制彩色水泥砂浆和混凝土。后一种方法简便易行，颜色可以调节，但有时色彩不匀，有差异。

白色和彩色水泥与其他天然的和人造的装饰材料相比，具有耐久性好、价格较低和能够使装饰工程机械化等优点。主要用于建筑内外装饰的砂浆和混凝土，如水磨石、水刷石、斩假石、人造大理石等。

3.4.3 快硬硅酸盐水泥

凡以硅酸盐水泥熟料和适量石膏磨细制成的，以3d抗压强度表示标号的水硬性胶凝材料，称为快硬硅酸盐水泥（简称快硬水泥，Rapid Hardening Portland Cement）。

快硬硅酸盐水泥与硅酸盐水泥的主要区别在于提高了熟料中C_3A和C_3S的含量，同时适当增加了石膏的掺量，并提高了水泥的粉磨细度。

快硬水泥的标号以3d的抗压强度表示，分为32.5、37.5、42.5三个标号，28d强度作为供需双方参考指标。

快硬硅酸盐水泥的技术性质应满足国家标准《快硬硅酸盐水泥》(GB 199—90)的规定，细度为0.080mm方孔筛筛余不得超过10%；凝结时间中初凝不得早于45min，终凝不得迟于10h；用沸煮法检验水泥的安定性合格；水泥中SO_3含量不得超过4.0%；熟料中MgO的含量不得超过5.0%，如水泥压蒸安定性检验合格，则熟料中氧化镁的含量允许放宽到6.0%。

快硬水泥的特点是凝结硬化快，早期强度发展快，可用来配制早强、高强度等级的混凝土，适用于紧急抢修工程、低温施工工程和高等级混凝土预制构件等。

快硬水泥易受潮变质，在运输和储存时，必须注意防潮，存放期一般不超过一个月。

3.4.4 膨胀水泥和自应力水泥

一般硅酸盐水泥在空气中凝结和硬化时，体积发生收缩。收缩使水泥石结构产生微裂缝（龟裂）或裂缝，降低水泥制品的密实性，影响结构的抗渗、抗冻、耐腐蚀性和耐久性。

膨胀水泥按照膨胀值的大小分为膨胀水泥和自应力水泥。膨胀水泥的线膨胀率在1%以下，抵消或补偿了水泥的收缩，这种水泥又称为无收缩水泥或补偿收缩水泥。当水泥膨胀率较大时（1%～3%），混凝土受到钢筋的约束压应力，这种压应力是水泥水化产生的体积变化所引起的，所以称为自应力。在凝结硬化过程中，有约束的条件下能够产生一定自应力的水泥，称为自应力水泥。

1）膨胀机理

使水泥石体积产生膨胀的水化反应有：①在水泥中掺入特定的氧化钙；②在水泥中掺入特定的氧化镁；③在水泥浆体中形成钙矾石，产生体积膨胀。前两种方法影响因素较多，膨胀性能不够稳定。实际工程中得到广泛应用的是以钙矾石为膨胀源的各种膨胀水泥。

2）膨胀水泥的种类

膨胀水泥按照水泥的主要矿物成分可分为硅酸盐型、铝酸盐型、硫铝酸盐型等，主要有下面几种：

（1）自应力硅酸盐水泥

以适当比例的硅酸盐水泥或普通硅酸盐水泥、铝酸盐水泥和石膏磨制而成的膨胀性的水硬性胶凝材料，称为自应力硅酸盐水泥。如以69%～73%普通水泥、12%～15%铝酸盐水泥、15%～18%二水石膏可配制成较高自应力硅酸盐水泥。

自应力硅酸盐水泥水化时产生膨胀的原因，主要是铝酸盐水泥中铝酸盐和石膏遇水化合，生成钙矾石。由于生成的钙矾石较多，膨胀对水泥石结构有影响，强度降低，因此还应控制其后期的膨胀量，膨胀稳定期不得迟于28d。同时，28d的自由膨胀率不得大于3%。

由于自应力硅酸盐水泥中含有硅酸盐水泥熟料与铝酸盐水泥，凝结时间加快。因此，要求初凝时间不早于30min，终凝时间不迟于390min。并且规定脱模抗压强度为（12±3）MPa，28d抗压强度不得低于10MPa。水泥比表面积大于340m^2/kg。

（2）明矾石膨胀水泥

凡以硅酸盐水泥熟料为主，天然明矾石、石膏和粒化高炉矿渣（或粉煤灰），按照适当的比例磨细制成的，具有膨胀性能的水硬性胶凝材料，称为明矾石膨胀水泥（Alunite expansive cement）。明矾石的化学式为$K_2SO_4 \cdot Al_2(SO_4)_3 \cdot Al_2O_3 \cdot 6H_2O$。明矾石膨胀水泥是用明矾石代替铝酸盐水泥作为含铝相的硅酸盐水泥型膨胀水泥。

调节明矾石和石膏的掺量，可制得不同膨胀性能的水泥。

根据《明矾石膨胀水泥》（JC/T 311—2004），明矾石膨胀水泥按照3d、7d和28d的抗压强度，抗折强度分为32.5、42.5、52.5三个标号。水泥的比表面积不得低于400m^2/kg；初凝时间不得早于45min，终凝时间不得迟于6h。水泥的限制膨胀率3d应不小于0.015%，28d应不大于0.1%。水泥的3d不透水性应合格（若该水泥不用在防渗工程中可以不做透水性试验）。

(3) 铝酸盐自应力水泥

铝酸盐自应力水泥是以一定量的铝酸盐水泥熟料和石膏粉磨细而成的大膨胀率的胶凝材料。

根据《自应力铝酸盐水泥》(JC 214—91),按照 1∶2标准胶砂 28d 自应力值分为 3.0MPa、4.5MPa 和 6.0MPa 三个级别。水泥的细度为 80μm 筛的筛余量不得大于 10%;初凝时间不早于 30min,终凝时间不迟于 4h。同时,对水泥的自由膨胀率、抗压强度、自应力、三氧化硫含量等作了具体的规定。

(4) 膨胀硫铝酸盐水泥和自应力硫铝酸盐水泥

以适当成分的生料经煅烧所得的,以无水硫铝酸盐和硅酸二钙为主要矿物成分的熟料,加入适量的石膏,磨细可以制成膨胀硫铝酸盐水泥或自应力硫铝酸盐水泥。

膨胀硫铝酸盐水泥要求:水泥净浆 1d 自由膨胀率不得小于 0.10%,28d 不得大于 1.00%;初凝时间不得早于 30min,终凝时间不得迟于 3h;比表面积不得低于 $400m^2/kg$;强度等级为 52.5;应满足 1d、3d 和 28d 的抗压强度、抗折强度的要求。

自应力硫铝酸盐水泥要求:按照 1∶2标准胶砂自由膨胀率 7d 不大于 1.30%,28d 不大于 1.75%,28d 自应力增进率不大于 0.0070MPa/d。按照 28d 的自应力值分为 30 级、40 级、50 级三个级别。水泥的初凝时间不得早于 40min,终凝时间不得迟于 240min;比表面积不得低于 $370m^2/kg$;抗压强度 7d 不小于 32.5MPa,28d 不小于 42.5MPa。

3) 膨胀水泥的应用

膨胀水泥在约束条件下所形成的水泥制品结构致密,所以具有良好的抗渗性和抗冻性。

膨胀水泥可用于配制防水砂浆和防水混凝土,浇灌构件的接缝及管道的接头,堵塞与修补漏洞与裂缝等。自应力水泥主要用于自应力钢筋混凝土结构工程和制造自应力压力管等。

3.4.5 中热硅酸盐水泥、低热硅酸盐水泥和低热矿渣硅酸盐水泥

硅酸盐水泥水化时放出大量的热,不适合大体积混凝土工程的施工。掺活性混合材料的硅酸盐水泥,水化热减小,但没有明确的定量规定,而且掺入较多的活性混合材料以后,有些性能(如抗冻性、耐磨性)变差。

《中热硅酸盐水泥、低热硅酸盐水泥和低热矿渣硅酸盐水泥》(GB 200—2003)对三种水泥的定义如下:

以适当成分的硅酸盐水泥熟料,加入适量的石膏,磨细制成的具有中等水化热的水硬性胶凝材料,称为中热硅酸盐水泥(简称中热水泥,Moderate Heat Portland Cement),代号为P·MH。

以适当成分的硅酸盐水泥熟料,加入适量的石膏,磨细制成的具有低水化热的水硬性胶凝材料,称为低热硅酸盐水泥(简称低热水泥,Low Heat Portland Cement),代号为 P·LH。

以适当成分的硅酸盐水泥熟料,加入 20%~60%粒化高炉矿渣、适量的石膏,磨细制成的具有低水化热的水硬性胶凝材料,称为低热矿渣硅酸盐水泥(简称低热矿渣水泥,Low Heat Portland Slag Cement),代号为 P·SLH。

为了降低水泥的水化热和放热速度,必须降低熟料中 C_3A 和 C_3S 的含量,相应地提高

C_4AF 和 C_2S 的含量。但是，C_3S 也不宜过少，否则水泥强度的发展过慢。因此，应着重减少 C_3A 的含量，相应地提高 C_4AF 的含量。

三种水泥的氧化镁、三氧化硫、安定性、碱含量要求同普通水泥。细度用比表面积表示，其值应不小于 $250m^2/kg$。凝结时间中初凝不得早于 60min，终凝应不迟于 12h。中热水泥和低热水泥的强度等级为 42.5，低热矿渣水泥强度等级为 32.5。

中热水泥水化热较低，抗冻性与耐磨性较高；低热矿渣水泥水化热更低，早期强度低，抗冻性差；低热水泥性能处于两者之间。中热水泥和低热水泥适用于大体积水工建筑物水位变动区的覆面层及大坝溢流面，以及其他要求低水化热、高抗冻性和耐磨性的工程。低热矿渣水泥适用于大体积建筑物或大坝内部要求更低水化热的部位。此外，它们具有一定的抗硫酸盐侵蚀能力，可用于低硫酸盐侵蚀的工程。

3.4.6 抗硫酸盐硅酸盐水泥

抗硫酸盐硅酸盐水泥，主要用于受硫酸盐侵蚀的海港、水利、地下、隧道、引水、道路和桥梁基础等工程。按其抗硫酸盐侵蚀的程度分为中抗硫酸盐硅酸盐水泥和高抗硫酸盐硅酸盐水泥两类。

以适当成分的硅酸盐水泥熟料，加入适量石膏，磨细制成的具有抵抗中等浓度硫酸根离子侵蚀的水硬性胶凝材料，称为中抗硫酸盐硅酸盐水泥（简称中抗硫酸盐水泥，Moderate Sulfate Resistance Portland Cement），代号为 P·MSR。

以适当成分的硅酸盐水泥熟料，加入适量石膏，磨细制成的具有抵抗较高浓度硫酸根离子侵蚀的水硬性胶凝材料，称为高抗硫酸盐硅酸盐水泥（简称高抗硫酸盐水泥，High Sulfate Resistance Portland Cement），代号为 P·HSR。

硅酸盐水泥熟料中最易受硫酸盐腐蚀的成分是 C_3A，其次是 C_3S，因此应控制抗硫酸盐水泥的 C_3A 和 C_3S 的含量，但 C_3S 的含量不能太低，否则会影响水泥强度的发展速度。

抗硫酸盐水泥的氧化镁含量、安定性、凝结时间、碱含量要求等同普通水泥。同时，规定三氧化硫含量不大于 2.5%，比表面积不小于 $280m^2/kg$，烧失量不大于 3.0%，不溶物不大于 1.50%。水泥的标号按照规定龄期的抗压强度和抗折强度划分为 425、525 两个标号。

抗硫酸盐水泥的抗蚀能力以抗硫酸盐腐蚀系数 F 来评定，它是指水泥试件在人工配制的硫酸根离子浓度分别为 2 500mg/L 和 8 000mg/L 的硫酸钠溶液中，浸泡六个月后的强度与同时浸泡在饮用水中的试件强度之比。抗硫酸盐水泥的抗硫酸盐腐蚀系数不得小于 0.8。

复习思考题

1. 生产硅酸盐水泥的主要原料有哪些？
2. 试述硅酸盐水泥的主要矿物成分及其水化特性对水泥性能的影响。
3. 简述硅酸盐水泥的水化过程及其主要水化产物。
4. 水泥石的结构如何？
5. 硅酸盐水泥有哪些主要技术指标？这些技术指标在工程应用上有何意义？
6. 为下列工程选择适宜的水泥品种：

(1) 现浇混凝土梁、板、柱，冬季施工；

(2) 大坝混凝土(具有大体积混凝土特性和抗渗要求);

(3) 海岸防波堤钢筋混凝土工程;

(4) 炼铁炉基础;

(5) 预应力混凝土梁;

(6) 东北某大桥的沉井基础及桥梁墩台。

7. 硅酸盐水泥石腐蚀的类型主要有哪几种?产生腐蚀的主要原因是什么?防止腐蚀的措施有哪些?

8. 什么是活性混合材料和非活性混合材料?掺入硅酸盐水泥中能起到什么作用?

9. 为什么掺较多活性混合材料的硅酸盐水泥早期强度比较低,后期强度发展比较快,长期强度甚至超过同等级的硅酸盐水泥?

10. 与普通水泥相比较,矿渣水泥、火山灰水泥和粉煤灰水泥在性能上有哪些不同?并分析这四种水泥的适用和禁用范围。

11. 试述道路硅酸盐水泥、白色硅酸盐水泥、快硬硅酸盐水泥、中热硅酸盐水泥、抗硫酸盐水泥的熟料成分、特性和应用。

12. 硅酸盐水泥水化过程、硅酸盐膨胀水泥的膨胀过程、水泥石硫酸盐腐蚀过程中都有水化硫铝酸钙生成,其作用在三种条件下有何不同?

13. 铝酸盐水泥有何特点?适用于哪些工程?应用时需要注意哪些问题?

14. 仓库中有三种白色胶凝材料,分别是白水泥、石膏、生石灰粉,有什么简易方法可以辨认?

4 混凝土

本章提要：熟练掌握混凝土各种组成材料各项性质的要求、测定方法及对混凝土性能的影响，混凝土拌和物的性质及其测定和调整方法，硬化混凝土的力学性质、变形性质和耐久性质及其影响因素，普通混凝土的配合比设计方法；掌握普通混凝土组成材料的品种、技术要求及选用(包括砂、石、水泥、水、掺和料及外加剂)；了解其他混凝土的配制原理与性能；了解混凝土技术的新进展、应用及其发展趋势。

混凝土是由胶凝材料、骨料和水按一定比例配制，经搅拌振捣成型，在一定条件下养护而成的人造石材，是当代最主要的土木工程材料之一。

混凝土的种类很多。按胶凝材料不同，可分为水泥混凝土、沥青混凝土、石膏混凝土及聚合物混凝土等；按表观密度不同，可分为重混凝土($\rho_0>2\ 600\text{kg/m}^3$)、普通混凝土($1\ 950\text{kg/m}^3<\rho_0<2\ 600\text{kg/m}^3$)、轻混凝土($\rho_0<1\ 950\text{kg/m}^3$)；按使用功能不同，分为结构用混凝土、道路混凝土、水工混凝土、耐热混凝土、耐酸混凝土、防辐射混凝土等；按施工工艺不同，又分为喷射混凝土、泵送混凝土、振动灌浆混凝土等。

普通混凝土的主要优点如下：

(1) 原材料来源丰富。混凝土中约70%以上的材料是砂石料，属地方性材料，可就地取材，避免远距离运输，因而价格低廉。

(2) 施工方便，工艺简单。混凝土拌和物具有良好的流动性和可塑性，可根据工程需要浇筑成各种形状尺寸的构件及构筑物。既可现场浇筑成型，也可预制。

(3) 性能可根据需要设计调整。通过调整各组成材料的品种和数量，特别是掺入不同外加剂和掺和料，可获得不同施工和易性、强度、耐久性或具有特殊性能的混凝土，满足工程的不同要求。

(4) 抗压强度高。混凝土的抗压强度一般在7.5～60MPa。当掺入高效减水剂和掺和料时，强度可达100MPa以上。而且，混凝土与钢筋具有良好的匹配性，浇筑成钢筋混凝土后，可以有效地改善抗拉强度低的缺陷，使混凝土能够应用于各种结构部位。

(5) 耐久性好。原材料选择正确、配比合理、施工养护良好的混凝土具有优异的抗渗性、抗冻性和耐腐蚀性能，且对钢筋有保护作用，可保持混凝土结构长期使用性能稳定。

普通混凝土存在的主要缺点是：

(1) 自重大。1m^3 混凝土重约2 400kg，故结构物自重较大，导致地基处理费用增加。

(2) 抗拉强度低，抗裂性差。混凝土的抗拉强度一般只有抗压强度的1/10～1/20，易开裂。

(3) 收缩变形大。水泥水化凝结硬化引起的自身收缩和干燥收缩达 $500\times10^{-6}\text{m/m}$ 以上，易产生混凝土收缩裂缝。

随着技术的进步，混凝土材料正向着高新技术方向发展。近年来，各种新的混凝土品种不断出现，拓展了混凝土的应用范围。

4.1 普通混凝土的组成材料

普通混凝土由胶凝材料、粗骨料(石子)和细骨料(砂子)、水所组成。胶凝材料包括硅酸盐系列的水泥和粉煤灰、矿粉等辅助性胶凝材料。为改善混凝土的各种性能,混凝土中还含有不同种类的外加剂。

普通混凝土中,粗、细骨料约占总体积的 70%,水泥石约占 30%。水泥石中,水泥和水约占 10%和 15%,还有大约 5%的气孔(如图 4-1)。

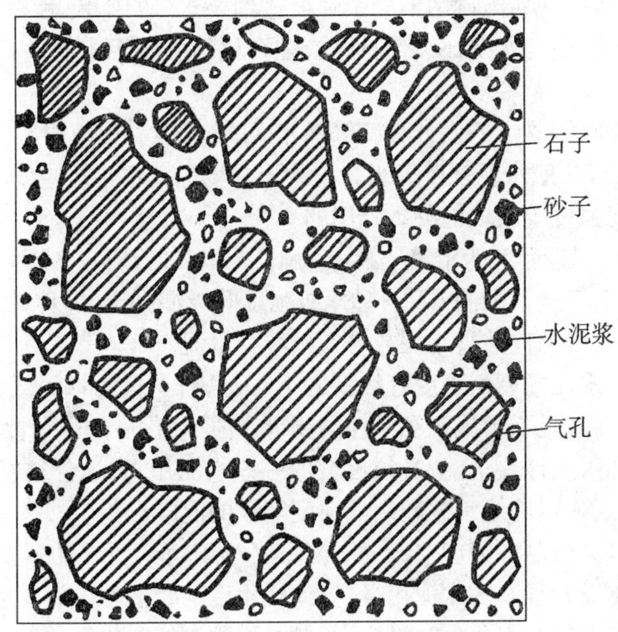

图 4-1　普通混凝土的组成与结构

普通混凝土,各组成材料发挥不同的作用。粗、细骨料起骨架作用,细骨料填充在粗骨料的空隙中。水泥和水组成水泥浆,包裹在粗、细骨料的表面并填充在骨料的空隙中。在混凝土硬化前水泥浆起润滑作用,赋予混凝土拌和物流动性;在混凝土硬化后起胶结作用,把粗、细骨料黏结成一个整体。

在混凝土粗、细骨料与水泥石的胶结面上,会形成大约几十个微米的界面过渡区。它是骨料界面一定范围内的区域,这一区域的结构与性能不同于硬化水泥石本体。界面过渡区具有较高的孔隙率,形成了一个 $Ca(OH)_2$ 晶体定向排列的结构疏松的界面过渡区。

水泥石-骨料的界面过渡区是混凝土中最薄弱环节。界面过渡区结构疏松,在混凝土受力过程中,破坏常常首先发生在界面过渡区;各种原因引起变形所导致的裂缝常常首先从界面过渡区开始,延伸贯通直到破坏;界面及其附近常常成为渗透路径,降低混凝土材料的抗渗性和耐久性、抗冻耐蚀等试验,也常常在界面处首先破坏,造成骨料脱落现象。水泥-骨料界面过渡区的性能常常决定了混凝土材料的性能。

4.1.1 水泥

水泥是最重要的混凝土组成材料，对混凝土质量和工艺性能有重要影响。水泥是影响混凝土性能的重要因素，合理选择水泥品种、强度等级和用量是提高混凝土性能的关键。

1）水泥种类的选择

各种水泥都有各自的特性，质量的差异较大。水泥品种的选择应根据工程性质与特点、工程所处的环境及施工条件来确定。必须根据结构类型、使用地点、气候条件、施工季节、工期长短、施工方法优选出满足工程质量要求、价钱低廉的水泥。常用水泥品种的选用可以参考本书表 3-9。

2）水泥强度等级的选择

选用水泥时，应以能使所配制的混凝土强度达到要求、收缩小、和易性好和节约水泥为原则。普通混凝土的强度与水灰比、骨料性质、配合比等多种因素有关，而关系最大的是水泥的强度。

水泥强度等级要与混凝土的设计强度等级相适应。《混凝土结构工程施工及验收规范》(GB 50204—92)规定，一般水泥强度等级为混凝土强度的 1.5～2.0 倍为宜，而配制高强度等级的混凝土时水泥强度等级取混凝土强度的 0.9～1.5 倍。规范 JTJ 041—89 规定：对于 30 号以下的混凝土水泥标号宜为混凝土标号的 1.2～2.2 倍；对于 30 号以上的混凝土宜为混凝土标号的 1.0～1.5 倍。配制 C50～C80 级强度等级混凝土（简称高强混凝土），应选择强度等级不低于 42.5 级的硅酸盐水泥或普通硅酸盐水泥。

采用高强度等级水泥配制低强度等级混凝土时，只需少量的水泥或较大的水灰比就可满足强度要求，但往往满足不了施工和易性的要求，并且硬化后的耐久性较差。为了满足混凝土拌和物和易性和耐久性要求，就必须再增加一些水泥用量，这样往往产生超强现象，也不经济，因而不宜用高强度等级水泥配制低强度等级的混凝土。

用低强度等级水泥配制高强度等级的混凝土时难以达到要求的强度，为达到强度要求需采用很小的水灰比或者很高的水泥用量，导致硬化后混凝土的干缩变形和徐变大，对混凝土结构不利，易干裂。同时，水化放热量也大，对大体积或较大体积的工程也极为不利，此外经济上也不合理。所以，不宜用低强度等级水泥配制高强度等级的混凝土。

4.1.2 骨料

骨料，又称集料。

按照粒径大小可分为粗骨料（粒径＞4.75mm）和细骨料（粒径＜4.75mm）。卵石、碎石是最常用的粗骨料，砂是最常用的细骨料。

按形成的条件，骨料可以分为天然骨料和人造骨料。天然骨料包括砂、砾石或者用天然岩石加工成的碎石。人造骨料，是用不同原材料和工艺人工制成的，多为轻骨料。

按骨料的容重，可以分为超轻质（＜500kg/m^3）、轻质（500～800kg/m^3）、结构用轻质（650～1 100kg/m^3）、正常重（1 100～1 750kg/m^3）和特重（＞2 100kg/m^3）五种。

粗、细骨料在混凝土中占有的体积为 70%～80%。在混凝土中，粗、细骨料一起形成骨架，水泥浆填充在骨架的空隙间。骨料在混凝土中并不是一种惰性填充料，而是在相当程度上影响着混凝土的强度、体积稳定性和耐久性，有时甚至于起着决定性的作用。

1）细骨料(砂)

（1）细骨料的来源

混凝土用砂分为天然砂和人工砂两种。天然砂是由天然岩石经长期风化等自然条件作用而形成的大小不等、由不同矿物颗粒组成的混合物，为粒径在 4.75mm 以下的岩石颗粒。

天然砂按其产源不同可分为河砂、湖砂、海砂及山砂等几种。河砂、湖砂、海砂是在河流、湖泊及大海等天然水域中形成和堆积的岩石碎屑，它们由于长期受水流的冲刷作用，因而具有颗粒表面比较圆滑而清洁的特点，而且这些砂资源丰富，价格较低。但海砂中常含有贝壳碎片及盐类等有害杂质，使用时应冲洗，氯盐和有机不纯物含量不得超过国家标准的规定，在钢筋混凝土特别是预应力混凝土中应慎用。山砂是岩体风化后在山谷或旧河床等适当地形中堆积下来的岩石碎屑，它具有颗粒多棱角、表面粗糙、含泥量及有机杂质较多的特点，一般情况下，山砂的表面比较粗糙，需水量比河砂、湖砂和海砂高。相比较而言河砂较为适用，故建筑工程中一般都采用河砂作为细骨料。

人工砂是采用机械的方法将天然岩石破碎、磨制而成，它具有颗粒表面棱角多、比较清洁、砂中片状颗粒及细粉含量较多的特点。由于采用机械方法进行加工，因此人工砂的强度较高，一般只有在当地缺天然砂时才采用它作为混凝土的细骨料。

（2）细骨料的技术要求

骨料的细度、级配、颗粒形状、表面状况、含泥量、有害物质含量、坚固性等对混凝土的性能有重要影响。砂按照技术要求分为Ⅰ类、Ⅱ类、Ⅲ类三种类别。

① 砂的细度和颗粒级配

砂的细度是砂颗粒在总体上的大小程度，级配是砂颗粒大小的搭配情况(图 4-2)。砂的细度和级配对混凝土的性能有重要的影响，也会影响混凝土的经济性。

在混凝土中，骨料表面需要包覆一层水泥浆而起润滑作用，骨料的空隙也需要水泥浆填充以达到密实。

骨料粗细不同，包覆的水泥浆数量也不同。骨料粗时，比表面积小，所需包覆的水泥浆就少，可达到节约水泥的目的；骨料细时，比表面积大，所需的水泥浆数量多，水泥用量增多，除了不经济之外，还会导致水化热大、收缩变形大、易开裂等不良影响。

骨料的级配会影响骨料的空隙率。砂级配好时，大小颗粒搭配合理，可以达到最小的空隙率，所需的水泥浆数量就少，混凝土也容易达成密实；反之，如级配不好，空隙率大，则用于填充在空隙中的水泥浆数量就多，如果水泥浆数量有限则不能有效地填充空隙，混凝土就不密实，会影响混凝土的各种性能。

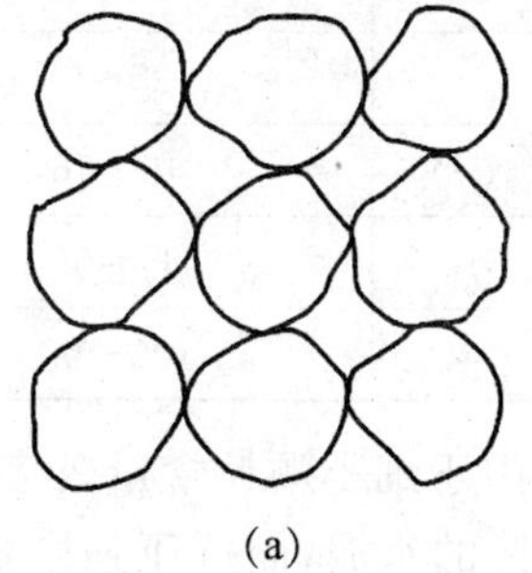
(a)

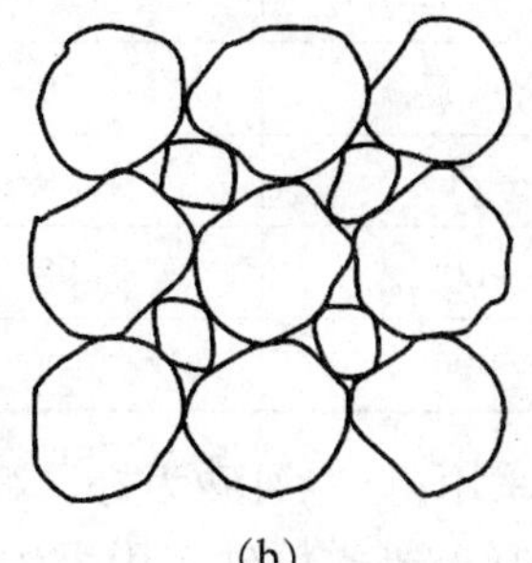
(b)

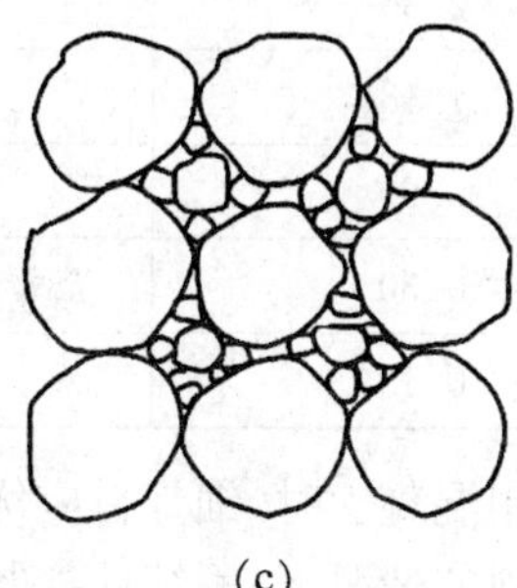
(c)

图 4-2　颗粒级配与空隙率的关系

砂的细度用细度模数表示，颗粒级配用级配曲线表示，两者都可以通过筛分析方法测定。筛分析方法是采用一套标准筛（方孔筛），孔径分别为 9.50mm、4.75mm、2.36mm、1.18mm、0.60mm、0.30mm 和 0.15mm，对一定量的砂子进行依次过筛筛分，按筛孔大小将砂子分为不同的颗粒范围。以每级筛上未通过的砂子质量占砂子总量的百分数为分计筛余（%），以大于或等于某级筛的全部分计筛余之和为该号筛的累计筛余（%），见表 4-1 所示。根据不同筛子的累计筛余，就可以计算出砂子的细度模数，画出级配曲线并判断级配好坏。

表 4-1　累计筛余的计算

筛孔尺寸	分计筛余(%)	累计筛余(%)	筛孔尺寸	分计筛余(%)	累计筛余(%)
4.75	a_1	$A_1=a_1$	0.6	a_4	$A_4=a_1+a_2+a_3+a_4$
2.36	a_2	$A_2=a_1+a_2$	0.3	a_5	$A_5=a_1+a_2+a_3+a_4+a_5$
1.18	a_3	$A_3=a_1+a_2+a_3$	0.15	a_6	$A_6=a_1+a_2+a_3+a_4+a_5+a_6$

设 4.75mm、2.36mm、1.18mm、0.60mm、0.30mm 和 0.15mm 筛的分计筛余分别为 a_1、a_2、a_3、a_4、a_5、a_6，累计筛余为 A_1、A_2、A_3、A_4、A_5、A_6，则细度模数 M_x 可计算如下：

$$M_x=\frac{(A_2+A_3+A_4+A_5+A_6)-5A_1}{100-A_1} \tag{4-1}$$

M_x 越大，砂子越粗；反之则越细。《普通混凝土用砂质量标准及检验方法》确定，砂的粗细程度按细度模数分为粗、中、细三级，其范围为：粗砂：$M_x=3.7\sim3.1$；中砂：$M_x=3.0\sim2.3$；细砂：$M_x=2.2\sim1.6$。

砂按 0.630mm 筛孔的累计筛余量，分为Ⅰ区、Ⅱ区、Ⅲ区三个级配区（见表 4-2）。每一级配区给出了不同筛孔上的累计筛余范围。砂的颗粒级配应处于表中的任何一个区以内。根据筛分析结果，如果各筛上的累计筛余落在某一级配区内，则该砂级配为合格。通常将级配区用图表示，筛分析结果也在图中给出，并依次连成折线，称为级配曲线。如果级配曲线落在某级配区范围内，则该砂级配合格。

表 4-2　砂颗粒级配区

方孔筛径(mm)	累计筛余(%)		
级配区	Ⅰ区	Ⅱ区	Ⅲ区
9.50	0	0	0
4.75	10～0	10～0	10～0
2.36	35～5	25～0	15～0
1.18	65～35	50～10	25～0
0.60	85～71	70～41	40～16
0.30	95～80	92～70	85～55
0.15	100～90	100～90	100～90

配制混凝土时，细骨料应优先采用粗、中河砂为好。细砂由于细小颗粒含量较多，在水灰比相同的情况下，用细砂拌制混凝土要比粗砂多用大约 10%的水泥，而抗压强度却要下降 10%以上，并且抗冻性与抗磨性也较差。而用粗、中砂拌制混凝土可以提高其强度和拌

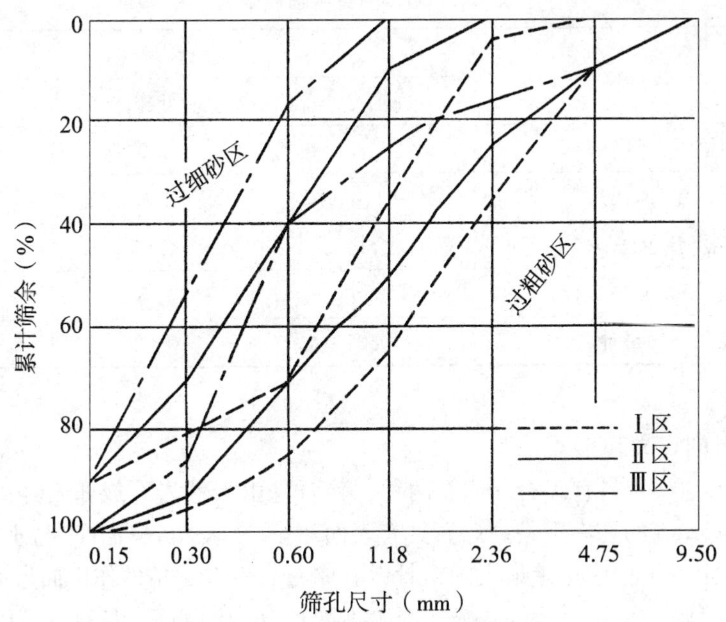

图 4-3 砂的级配区曲线

和物的工作性。

配制混凝土时宜优先选用Ⅱ区砂。当采用Ⅰ区砂时，应提高砂率，并保持足够的水泥用量，以满足混凝土的和易性；当采用Ⅲ区砂时，宜适当降低砂率，以保证混凝土的强度(如图 4-3)。

② 砂的坚固性

坚固性是指砂在气候、环境变化或其他物理因素作用下抵抗破裂的能力。

砂的坚固性用硫酸钠溶液检验，试样经五次循环后其重量损失应符合质量损失的规定。对于有抗疲劳、耐磨、抗冲击要求的混凝土用砂或有腐蚀介质作用或经常处于水位变化区的地下结构混凝土用砂，其坚固性重量损失率应小于 8%。

③ 含泥量和泥块含量

含泥量指砂中粒径小于 0.075mm 颗粒的含量。泥块含量指砂中粒径大于 1.18mm，经水洗、手捏后粒径变成小于 0.600mm 颗粒的含量。

混凝土中的泥或泥块会影响骨料与水泥石的界面黏结，在混凝土中形成薄弱环节，进而影响混凝土的性能。因此，必须限制其在混凝土中的含量。

④ 砂中有害物质

骨料中的有害杂质云母会影响水泥与砂子的黏结，黑云母易于风化，影响混凝土耐久性；黏土、淤泥等有害杂质黏附在骨料的表面，会影响水泥石与骨料的黏结力，降低混凝土的强度，增加混凝土的用水量，从而加大混凝土的收缩，降低混凝土的耐久性；硫化物及硫酸盐对水泥有腐蚀作用；有机杂质易于分解腐烂，析出有机酸，对水泥石有腐蚀作用。

砂中如含有云母、轻物质、有机物、硫化物、硫酸盐和氯化物等有害物质，其含量应符合 GB 14684 的规定。

表 4-3 砂中的有害物质限值

项目	指标		
	Ⅰ类	Ⅱ类	Ⅲ类
云母(质量计,%)<	1.0	2.0	2.0
轻物质(质量计,%)<	1.0	1.0	1.0
有机物(比色法)	合格	合格	合格
硫化物和硫酸盐(按 SO_3 质量计,%)<	0.5	0.5	0.5
氯化物(以氯离子质量计,%)<	0.01	0.02	0.06

2) 粗骨料

(1) 粗骨料的定义和来源

普通混凝土的粗骨料有碎石和卵石两种。碎石是由天然岩石或卵石经破碎、筛分而得的粒径大于 4.75mm 的岩石颗粒。碎石具有表面粗糙、多棱角、较洁净、与水泥浆黏结比较牢固的特点,是土木工程中用量最大的粗骨料。卵石是由自然条件作用而形成的,粒径大于 4.75mm 的岩石颗粒,又称为砾石。按其产源不同可分为河卵石、海卵石及山卵石等几种,其中以河卵石应用较多。卵石中有机杂质含量较多,与碎石相比,卵石具有表面光滑、拌制混凝土时需水量小、拌和物的和易性较好等特点,但卵石与水泥石的胶结力较差,在相同条件下,卵石混凝土的强度较碎石混凝土的低。粗骨料按照技术要求分为Ⅰ类、Ⅱ类、Ⅲ类三种类别。

(2) 粗骨料的技术要求

① 颗粒形状与表面特征

骨料颗粒的形状,最好是近似于球形或立方体的形状,薄片状或细长的骨料本身受力时容易折断,影响混凝土强度,同时会增大混凝土的空隙率,需要更多量的水泥浆才能配制出满足和易性要求的混凝土;有棱角的骨料,在增大空隙率的同时,也增加了骨料之间的摩擦力,也需要有多量的水泥浆才能配制出满足和易性要求的混凝土。

碎石具有棱角,表面粗糙,碎石的内摩擦力大,与水泥黏结较好;碎石表面积比卵石大,与水泥石的黏结性好,有利于配制高强度混凝土。在水泥用量和用水量相同的情况下,碎石拌制的混凝土由于自身的内摩擦力大,拌和物的流动性降低,但碎石与水泥石的黏结较好,因而混凝土的强度较高。相同条件下,碎石混凝土比卵石混凝土强度高 10%左右。在流动性和强度相同的情况下,采用碎石配制的混凝土水泥用量较大。而卵石多为圆形或椭球形,表面光滑,拌制的混凝土的流动性较好,但骨料与水泥的黏结较差,强度较低。当水灰比大于 0.65 时,二者配制的混凝土的强度基本上没有什么差异,然而当水灰比较小时强度相差较大。

② 最大粒径与颗粒级配

骨料公称粒级的上限称为该粒级的最大粒径。粗骨料的最大粒径对混凝土的性能有重要的影响,也会影响混凝土的经济性。粗骨料最大粒径增大时,骨料总表面积减小,因此包裹其表面所需的水泥浆量减少,可节约水泥,并且在一定和易性及水泥用量条件下能减少用水量,提高混凝土强度。水泥用量下降,水化热随之降低,混凝土所产生的收缩裂纹机会降低。但是对于用普通混凝土配合比设计方法配制结构混凝土尤其是高强混凝土时，当粗骨料的最大粒径超过 40mm 时，由于减少用水量获得的强度提高，被较少的黏结面积及大粒径骨料造成不均匀性的不利影响所抵消，因而并没有什么好处。因此，在可能的情况下，粗骨料最大粒径应尽量选用大一些的。

最大粒径的确定，还要受到混凝土结构截面尺寸和配筋间距以及搅拌机和输送管道等条件的限制。《混凝土结构工程施工及验收规范》规定，混凝土用粗骨料的最大粒径不得大于结构截面最小尺寸的 1/4，且不得大于钢筋间最小净距的 3/4。对于混凝土实心板，骨料的最大粒径不宜超过板厚的 1/2，且不得超过 50mm。泵送混凝土用的碎石不应大于输送管内径的 1/3，卵石不应大于输送管内径的 2/5。

骨料级配是指骨料中不同粒径颗粒的搭配情况。骨料级配的好坏与混凝土是否具有良好的和易性、密实性有很大的关系，好的级配可以减少混凝土的需水量、空隙率，提高混凝土的耐久性。粗骨料级配合理良好，其空隙率越小，填充在其间的砂子少，包裹在砂子表面的水泥浆数量减少，单位体积混凝土的水泥砂浆用量降低。良好级配的骨料，不仅所需水泥浆量较少，经济性好，而且还可以提高混凝土的和易性、密实度和强度。

粗骨料的级配有连续级配、间断级配和单粒级之分。

连续级配是将石子按其尺寸大小分级，其分级尺寸是连续的。连续级配的混凝土一般和易性良好，不易发生离析现象，是常用的级配方法。

间断级配是有意剔除中间尺寸的颗粒，使大颗粒与小颗粒间存在断档。按理论计算，当分级增大时，骨料空隙率降低的速率较连续级配快，因而间断级配可较好地发挥骨料的骨架作用而减少水泥用量。但容易产生离析现象，和易性较差。

连续级配及间断级配一般由各种单粒级组合为所要求的级配。单粒级也可与连续级配混合使用，以改善级配或配成较大粒度的连续级配。单粒级不宜用单一的单粒级配制混凝土。如必须单独使用，则应作技术经济分析，并应通过试验证明不会发生离析或影响混凝土的质量。

粗骨料的级配也是采用筛分析方法进行测定，按不同规格粗骨料各号筛的累计筛余情况评定级配是否合格。国家标准规定了不同规格的碎石或卵石的级配，如表 4-4 所示。颗粒级配不符合表中要求时，应采取措施并经试验证实能确保工程质量方允许使用。

表 4-4　碎石或卵石的颗粒级配范围

级配情况	公称粒级(mm)	累计筛余　按质量计(%)											
		筛孔尺寸(圆孔筛)(mm)											
		2.50	5.00	10.0	16.0	20.0	25.0	31.5	40.0	50.0	63.0	80.0	100
连续粒级	5~10	95~100	80~100	0~15	0	—	—	—	—	—	—	—	—
	5~16	95~100	90~100	30~60	0~10	0	—	—	—	—	—	—	—
	5~20	95~100	90~100	40~70	—	0~10	0	—	—	—	—	—	—
	5~25	95~100	90~100	—	30~70	—	0~5	0	—	—	—	—	—
	5~31.5	95~100	90~100	70~90	—	15~45	—	0~5	0	—	—	—	—
	5~40	—	95~100	75~90	—	30~65	—	—	0~5	0	—	—	—

续表 4-4

级配情况	公称粒级(mm)	累计筛余　按质量计(%)											
		筛孔尺寸(圆孔筛)(mm)											
		2.50	5.00	10.0	16.0	20.0	25.0	31.5	40.0	50.0	63.0	80.0	100
单粒级	10～20	—	95～100	85～100	—	0～15	0	—	—	—	—	—	—
	16～31.5	—	95～100	—	85～100	—	—	0～10	0	—	—	—	—
	20～40	—	—	95～100	—	80～100	—	—	0～10	0	—	—	—
	31.5～63	—	—	—	95～100	—	—	75～100	45～75	—	0～10	0	—
	40～80	—	—	—	—	95～100	—	—	70～100	—	30～60	0～10	0

③ 泥、泥块与有害物质

含泥量指粒径小于 0.075mm 的颗粒的含量。泥块含量指骨料中粒径大于 4.75mm，经水洗、手捏后粒径变成小于 2.36mm 的颗粒的含量。

黏土、淤泥、细屑等粉状杂质本身强度极低，且总表面积很大。砂、石中的黏土、淤泥、细屑等粉状杂质含量增多，因包裹其表面所需的水泥浆量增加，造成混凝土的流动性降低。为保证拌和料的流动性，将使混凝土的拌和用水量增大，即 W/C 增大；黏土等粉状物还黏附在骨料的表面，降低水泥石与砂、石间的界面黏结强度，从而导致混凝土的强度和耐久性降低，变形增大；若保持强度不降低，必须增加水泥用量，但这将使混凝土的收缩变形增大，降低混凝土的耐久性。

泥块对混凝土性能的影响与上述粉状物的影响基本相同，但对强度和耐久性的影响程度更大。

一些有机杂质、硫化物及硫酸盐会影响水泥正常水化，引起水泥石腐蚀破坏，发生碱骨料反应，降低混凝土的耐久性。因此，国家标准中规定了碎石或卵石中的硫化物和硫酸盐含量，以及卵石中有机杂质等有害物质含量。另外，如发现有颗粒状硫酸盐或硫化物杂质的碎石或卵石，则要求进行专门检验，确认能满足混凝土耐久性要求时方可采用。

④ 强度与坚固性

混凝土中粗骨料起大的骨架作用。为保证混凝土的强度要求，粗骨料必须质地致密，具有足够的强度，尤其在配制高强混凝土时，避免混凝土受压时粗骨料首先被压碎，导致混凝土强度降低，影响其耐久性。

碎石的强度可用岩石的立方体抗压强度和压碎指标值表示；卵石的强度用压碎指标值表示。岩石的立方体抗压强度直接测定生产碎石的母岩的强度。岩石强度首先应由生产单位提供，混凝土强度等级为 C60 及以上时应进行岩石抗压强度检验，其他情况下如有怀疑或认为有必要时也可进行岩石的抗压强度检验。岩石的抗压强度与混凝土强度等级之比不应小于 1.5，且火成岩强度不宜低于 80MPa，变质岩不宜低于 60MPa，水成岩不宜低于 30MPa。

母岩的立方体抗压强度要从矿山中取样，并进行切、磨加工，测定过程比较复杂。工程中通常采用压碎指标值进行质量控制。压碎指标值通过测定碎石或卵石抵抗压碎的能力，间接反映骨料的强度。国家标准规定将直径在 9.5～19.0mm 的风干试样装入压碎指标测定仪，加荷至 200kN 并稳定 5s，通过 2.36mm 筛的颗粒质量占试样质量的百分数即为压碎指标值(如图 4-4)。

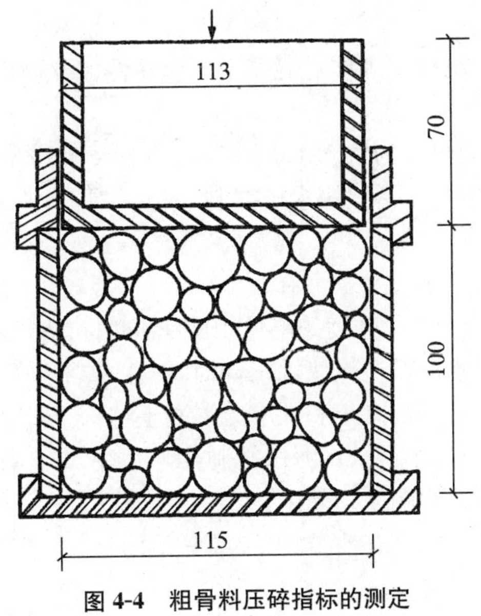

图 4-4　粗骨料压碎指标的测定

骨料的坚固性是指碎石或卵石在气候、环境变化或其他物理因素作用下抵抗碎裂的能力。碎石或卵石的坚固性用硫酸钠溶液法检验，试样经五次循环后，其重量损失应符合规定。

有腐蚀性介质作用或经常处于水位变化区的地下结构或有抗疲劳、耐磨、抗冲击等要求的混凝土用碎石或卵石，其重量损失应不大于 8%。

⑤ 碱骨料反应

砂、石中的活性氧化硅会与水泥或混凝土中的碱产生碱骨料反应。该反应的结果是在骨料表面生成一种复杂的碱-硅酸凝胶，在潮湿条件下由于凝胶吸水而产生很大的体积膨胀，胀裂硬化混凝土的水泥石与骨料界面，使混凝土的强度、耐久性等下降。碱骨料反应往往需要几年、甚至十几年以上才表现出来，但对混凝土的损伤很大，通常称“碱骨料反应”为混凝土的“癌症”，故必须限制砂、石中活性氧化硅的含量。能与水泥或混凝土中的碱发生化学反应的骨料称为碱活性骨料，对重要工程的混凝土所使用的碎石和卵石应进行碱活性检验。

⑥ 骨料的含水状态

砂、石的含水状态可以分为干燥状态、气干状态、饱和面干状态和湿润状态四种，如图 4-5 所示。干燥状态下骨料含水量近似于零；气干状态的骨料含水率与大气湿度平衡；饱和面干状态的骨料内部孔隙吸水饱和而表面干燥；湿润状态的骨料除了内部孔隙吸水饱和外，表面还附着部分自由水。计算普通混凝土初步配合比时要求是以干燥状态为基准。

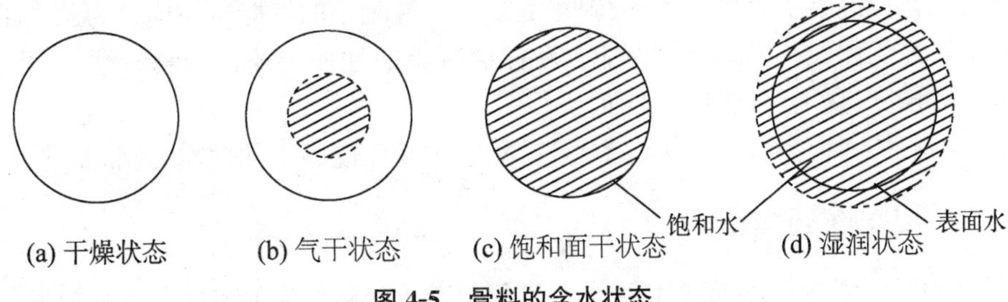

图 4-5　骨料的含水状态

3）拌和及养护用水

水是混凝土重要的组成材料，水质对混凝土的和易性、凝结时间、强度发展、耐久性及表面效果都有影响。

混凝土拌和用水按水源可分为饮用水、地表水、地下水、海水，以及经适当处理或处置后的工业废水。符合国家标准的生活饮用水可拌制各种混凝土；地表水和地下水首次使用前应按标准进行检验。

用海水拌制混凝土时，由于海水中含有较多硫酸盐，混凝土的凝结速度加快，早期强度提高，但28d及后期强度下降(28d强度约降低10%)，同时抗渗性和抗冻性也下降。当硫酸盐的含量较高时，还可能对水泥石造成腐蚀。同时，海水中含有大量氯盐，对混凝土中钢筋有加速锈蚀作用，因此对于钢筋混凝土和预应力混凝土结构不得采用海水拌制混凝土。

对有饰面要求的混凝土也不得采用海水拌制，因为海水中含有大量的氯盐、镁盐和硫酸盐，混凝土表面会产生盐析而影响装饰效果。

用于混凝土中的水，不允许含有油类、糖酸或其他污浊物，否则会影响水泥的正常凝结与硬化，甚至造成质量事故。

《钢筋混凝土工程施工验收规范》要求，混凝土拌和用水宜采用饮用水。用其他水做混凝土拌和水时，其质量必须达到表4-5中的要求。

表4-5　混凝土拌和用水水质要求

项　　目	预应力混凝土	钢筋混凝土	素混凝土
pH	≥5.0	≥4.5	≥4.5
不溶物(mg/L)	≤2 000	≤2 000	≤5 000
可溶物(mg/L)	≤2 000	≤5 000	≤10 000
Cl^-(mg/L)	≤500	≤1 000	≤3 500
SO_4^{2-}(mg/L)	≤600	≤2 000	≤2 700
碱含量(rag/L)	≤1 500	—	≤1 500

4.2　混凝土拌和物的和易性

把组成混凝土的各种材料按比例拌和在一起，形成的混合物称为混凝土拌和物，又称为新拌混凝土。新拌混凝土硬化后，则为硬化混凝土。混凝土的性能也相应分为两个部分，即新拌混凝土的性能和硬化混凝土的性能。新拌混凝土的性能主要是指和易性，硬化混凝土的性能则包括强度、变形、耐久性等方面。

和易性影响拌和物制备及捣实设备和选择，影响硬化混凝土的性质，因而非常重要。

4.2.1　和易性的概念

在混凝土施工时，常发生离析和泌水等现象。离析是新拌混凝土的各个组分发生分离，致使其分布不再均匀的一种现象。离析可以表现为粗骨料颗粒从拌和物中分离出来，也可以表现为水泥浆（水泥加水）从拌和物中分离出来。泌水是混凝土在浇灌捣实以后凝结之前，水从拌和物中分离出来的一种现象，它也是一种离析。混凝土离析和泌水造成混凝土组成不均匀，将严重影响混凝土性能。和易性就是描述混凝土是否便于施工的性能。

混凝土和易性是指混凝土拌和物能保持其组成成分均匀，不发生分层离析、泌水等现象，适于运输、浇筑、捣实成型等施工作业，并能获得质量均匀、密实的混凝土的性能。

和易性包括流动性、黏聚性和保水性三方面的含义。

(1) 流动性是指混凝土拌和物在自重或机械振捣力的作用下能产生流动并均匀密实地充满模型的性能。

(2) 黏聚性是指混凝土拌和物内部组分间具有一定的黏聚力，在运输和浇筑过程中不致发生离析分层现象，而使混凝土能保持整体均匀的性能。

(3) 保水性是指混凝土拌和物具有一定的保持内部水分的能力，在施工过程中不致产生严重的泌水现象的性能。

混凝土拌和物的流动性、黏聚性及保水性，三者之间是互相关联又互相矛盾的。当流动性很大时，往往黏聚性和保水性差；反之亦然。因此，所谓拌和物和易性良好，就是要使这三方面的性质在某种具体条件下统一起来，达到总体上的最优。

4.2.2 和易性的指标与测定

混凝土和易性很复杂，很难找到一个指标加以全面反映。目前评定和易性的方法是定量测定混凝土的流动性，辅以直观地检查黏聚性和保水性。

混凝土拌和物的流动性以坍落度或维勃调度作为指标。

1) 坍落度

坍落度是测试混凝土拌和物在自重作用下产生流动的能力，是使用最悠久和最广泛的测试混凝土和易性的方法(如图 4-6)。坍落度测试采用坍落度筒，为一规定大小的中空截头圆锥，按规定的方法用混凝土将坍落度筒填满，接着垂直地提起来。筒内混凝土坍落的高度即为坍落度，单位为 mm。坍落度值越大，表明流动性越大。

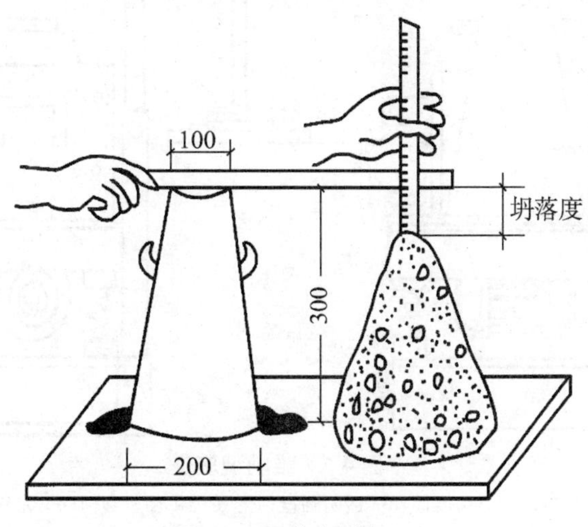

图 4-6　坍落度测定

坍落度测试并没有反映和易性的实质，也就是压实混凝土所需要的能量，不同的混凝土可能会测量得到相同的坍落度；测试主要依靠经验，不同的测试者对同一混凝土的测试也可能有较大差别；它适用于流动性较大的混凝土拌和物，对坍落度很小的干硬性混凝土不适用。尽管如此，坍落度测试还是提供了有用的信息，是一个有价值的质量控制手段。

在用坍落度测试流动性的同时，还要目测检查混凝土的黏聚性与保水性。对于黏聚性，主要观测拌和物各组分相互黏聚情况。评定方法是用捣棒在已坍落的混凝土锥体侧面轻打，如锥体在轻打后逐渐下沉，表示黏聚性良好；如锥体突然倒坍、部分崩溃或发生石子离析现象，即表示黏聚性不好。对于保水性，主要观察水分从拌和物中析出情况。提取坍落度后，如有较多水分、少量水分、没有水分从底部析出，则保水性为差、中、好。

混凝土按坍落度大小可以分为低塑性混凝土（坍落度为 10～40mm）、塑性混凝土（坍落度为 50～90mm）、流动性混凝土（坍落度为 100～150mm）、大流动性混凝土（坍落度为 160mm 及以上）四级。

工程中选择混凝土拌和物的坍落度，主要依据构件截面尺寸大小、配筋疏密和施工捣实方法等来确定。当截面尺寸较小或钢筋较密，或采用人工插捣时，坍落度可选择大些；反之，如构件截面尺寸较大，钢筋较疏，或采用振动器振捣时，坍落度可选择小些。

正确选择混凝土拌和物的坍落度，对于保证混凝土的施工质量及节约水泥有重要意义。在选择坍落度时，原则上应在不妨碍施工操作并能保证振捣密实的条件下，尽可能采用较小的坍落度，以节约水泥并获得质量较高的混凝土。

2）维勃稠度

对于坍落度小于 10mm 的混凝土，用坍落度指标不能有效地表示其流动性，此时应采用维勃稠度指标。维勃稠度用维勃稠度仪进行测定，其基本组成也是一个截头圆锥筒，将其置于一圆筒内，并放置在一个振动台上，在坍落度筒上部设有一透明玻璃圆盘，如图 4-7 所示。试验时先将混凝土拌和物按规定方法装入圆锥筒内，装满后垂直向上提走圆锥筒，再在

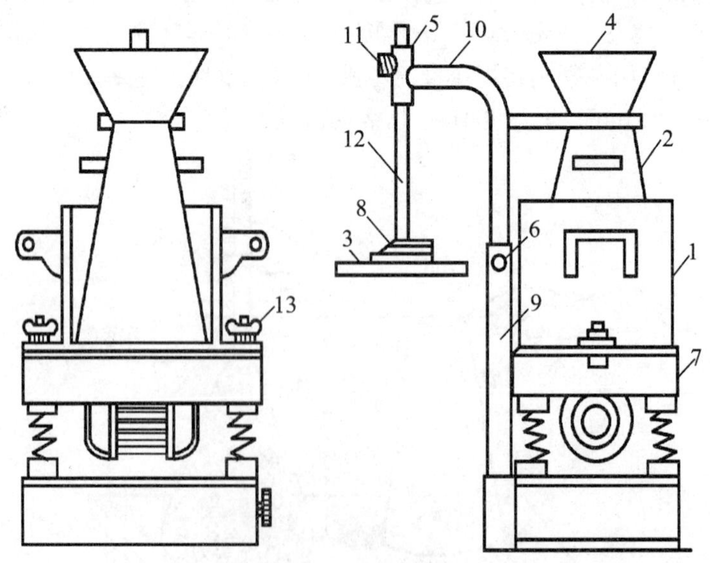

图 4-7　维勃稠度仪

1—容器；2—坍落度筒；3—透明圆盘；4—喂料斗；5—套筒；6—定位螺钉；
7—振动台；8—荷重；9—支柱；10—旋转架；11—测杆螺丝；12—测杆；13—固定螺丝

拌和物顶面盖上透明玻璃圆盘。打开振动台，同时开始计时，记录玻璃圆盘表面布满水泥浆时所用的时间，此时间(单位为 s)即为维勃稠度值。维勃稠度反映的是混凝土拌和物在外力作用下的流动性。

混凝土按维勃稠度值大小可分为超干硬性混凝土(维勃稠度在 31s 及以上)、特干硬性混凝土(维勃稠度在 21～30s)、干硬性混凝土(维勃稠度在 11～20s)、半干硬性混凝土(维勃稠度在 5～10s)四级。

4.2.3 影响和易性的主要因素

混凝土的和易性受到各组成材料的影响，包括水泥特性与用量，细骨料和粗骨料的级配形状、砂率、引气量以及火山灰材料的数量，用水量和外加剂的用量和特性等。这些因素的影响主要有以下几个方面：

1) 水泥浆的数量

水泥浆越多则流动性越大，但水泥浆过多时，拌和料易产生分层、离析，即黏聚性明显变差；水泥浆太少则流动性和黏聚性均较差。

2) 水泥浆的稠度(水灰比)

稠度大则流动性差，但黏聚性和保水性则一般较好；稠度小则流动性大，但黏聚性和保水性较差。

影响混凝土和易性的最主要因素是水的含量。增加水量可以增加混凝土的流动性和密实性。同时，增加水量可能会导致离析和泌水，当然还会影响强度。混凝土拌和物需要一定的水量来达到可塑性。必须有足够的水吸附在颗粒表面，水泥浆要填满颗粒之间的空隙，多余的水分包围在颗粒周围形成一层水膜润滑颗粒。颗粒越细，比表面积越大，需要的水量越多，但没有一定的细小颗粒，混凝土也不可能表现出可塑性。拌和物的用水量与骨料的级配密切相关。越细的骨料需要越多的水。

《普通混凝土配合比设计标准》(JGJ 55—2000)给出了塑性和干硬性混凝土的单位用水量(表 4-6)，当水灰比在 0.4～0.8 时，根据粗骨料品种、粒径和施工坍落度或维勃稠度要求进行选择。对于水灰比在 0.4～0.8 范围外的混凝土以及采用特殊成型工艺的混凝土，通过试验确定用水量。

表 4-6 塑性和干硬性混凝土的单位用水量

项目	指标	卵石最大粒径(mm)				碎石最大粒径(mm)			
		10	20	31.5	40	16	20	31.5	40
坍落度(mm)	10～30	190	170	160	150	200	185	175	165
	35～50	200	180	170	160	210	195	185	175
	55～70	210	190	180	170	220	205	195	185
	75～90	215	195	185	175	230	215	205	195
维勃稠度(s)	16～20	175	160	—	145	180	170	—	155
	11～15	180	165	—	150	185	175	—	160
	5～10	185	170	—	155	190	180	—	165

3）砂率

砂率是混凝土中砂的质量与砂和石总质量之比。砂率的变动，会引起骨料的总表面积和空隙率发生很大的变化，对混凝土拌和物的和易性有显著的影响。

当砂率过大时，骨料的总表面积和空隙率均增大，在混凝土中水泥浆量一定的情况下，拌和物就显得干稠，流动性就变小，如要保持流动性不变，则需增加水泥浆，就要多耗用水泥。反之，若砂率过小，则拌和物中显得石子过多而砂子过少，形成砂浆量不足以包裹石子表面，并不能填满石子间空隙，使混凝土产生粗骨料离析、水泥浆流失，甚至出现溃散等现象。

砂率过大或过小，混凝土的流动性均降低，因此砂率有一个最佳值。合理砂率是指在用水量、水泥用量一定的情况下，能使拌和料具有最大流动性，且能保证拌和料具有良好的黏聚性和保水性的砂率。或是在坍落度一定时，使拌和料具有最小水泥用量的砂率（如图 4-8）。

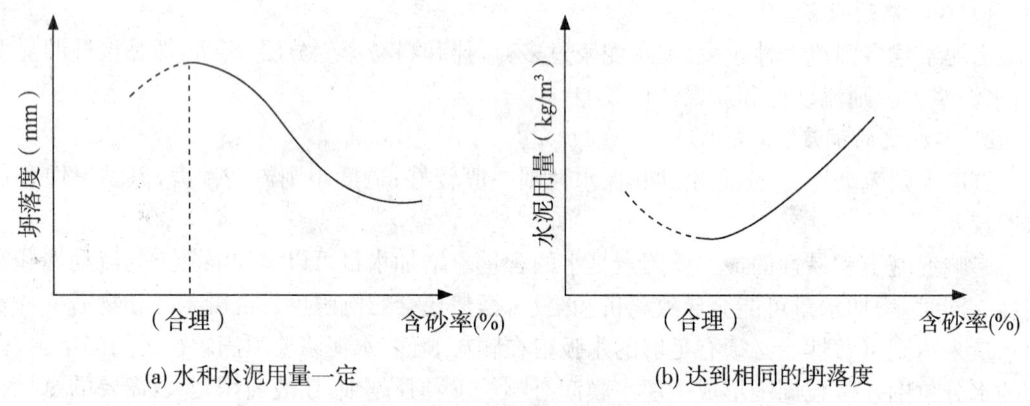

(a) 水和水泥用量一定　　(b) 达到相同的坍落度

图 4-8　合理砂率的试验确定

影响合理砂率的主要因素有砂、石的细度，砂、石的品种与级配，水灰比以及外加剂等（见表 4-7）。石子越大、砂子越细、级配越好、水灰比越小，则合理砂率越小。采用卵石和减水剂、引气剂时，合理砂率较小。

表 4-7　混凝土的砂率（%）

水灰比（W/C）	卵石最大粒径（mm）			碎石最大粒径（mm）		
	10	20	40	16	20	40
0.40	26～32	25～31	24～30	29～34	29～34	27～32
0.50	30～35	29～34	28～33	32～37	32～37	30～35
0.60	33～38	32～37	31～36	35～40	35～40	33～38
0.70	36～41	35～40	34～39	38～43	38～43	36～41

《普通混凝土配合比设计标准》（JGJ 55—2000）规定，对于坍落度在 10～60mm 范围的混凝土，砂率可根据粗骨料品种、粒径及水灰比选取。对于坍落度大于 100mm 的，按坍落度每增大 20mm，砂率增大 1%的幅度调整。对于坍落度大于 60mm 或小于 10mm 的混凝土及掺用外加剂的混凝土，应通过试验确定砂率。

4）其他影响因素

水泥品种、骨料种类、粒形和级配以及外加剂等，都对混凝土拌和物的和易性有一定影响。

骨料的外形和特征影响和易性。一般认为，骨料越接近球形，和易性越好，因为球形颗粒容易在拌和物内滚动，其表面所需的水泥浆数量也少一些。有棱角的颗粒滚动性差，粗骨料中扁平或细长的颗粒也会使和易性变差。光滑的颗粒比粗糙的颗粒和易性好。骨料的孔隙率也会影响和易性。开孔孔隙率大，则骨料吸水性大，可能会使拌和物和易性变差。掺入减水剂、引气剂等外加剂可以显著改善混凝土的和易性。

4.2.4 和易性的调整

在工程实践中要配制出和易性的混凝土，一般可采取以下措施：①尽可能降低砂率，采用合理砂率；②改善砂、石级配，采用良好级配；③尽可能采用粒径较大的砂、石；④采用减水剂、引气剂等合适的外加剂。

如果和易性不能满足要求，可以视具体情况做以下调整：①坍落度小，黏聚性和保水性好时，调整方法为增加水泥浆数量；②坍落度大，黏聚性和保水性好时，调整方法为保持砂率不变，增加骨料用量；③黏聚性和保水性不好时，调整方法为提高砂率。在进行和易性调整时，要注意不能轻易改变混凝土的水灰比，因为水灰比的变化会引起混凝土的强度、耐久性等性能发生变化。

4.3 混凝土的强度

混凝土是粗、细骨料和胶凝材料形成的混合物，在各组成材料之间形成界面。界面是混凝土中最薄弱的地方，普通混凝土破坏是界面破坏。强度是混凝土最主要的力学性质，因为混凝土主要用于承受各种荷载或抵抗各种作用力。混凝土的抗压强度最大，抗拉强度最小，因此混凝土在结构工程中主要承受压力。混凝土强度与混凝土的其他性质关系密切，一般来说，混凝土的强度越高，其刚性、不透水性、抵抗风化等能力也越高，所以强度是混凝土综合质量评定的重要指标。

4.3.1 混凝土的立方体抗压强度与强度等级

以边长为150mm的立方体标准试件，在(20±3)℃的温度和相对湿度在90%以上标准条件的潮湿空气中养护28d，用标准试验方法(试件两端不涂润滑剂，加载速度C30以下为0.3～0.5MPa/sec，C30以上为0.5～0.8MPa/sec)测得的某混凝土的抗压强度，具有95%保证率的抗压强度，称为立方体抗压强度标准值$f_{cu,k}$（N/mm^2 或 MPa）。

由于混凝土是一种很好的抗压材料，在混凝土结构中主要用于承受压力，以混凝土立方体抗压强度作为划分混凝土的主要标准，可以较好地反映混凝土的主要受力特性。同时，混凝土的其他力学性能，如轴心抗压强度和轴心抗拉强度等，都与混凝土立方体抗压强度有一定的关系。另外，立方体抗压试验最简单，结果最稳定。所以《混凝土结构设计规范》GB

50010—2002 以 $f_{cu,k}$作为划分混凝土强度等级(标号)的依据。混凝土强度等级分为 C15、C20、C25、C30、C35、C40、C45、C50、C55、C60、C65、C70、C75、C80 十四级,其中 C50 及以上为高强度等级。

4.3.2 混凝土的轴心抗压强度

混凝土轴心抗压强度 f_{ck},又称棱柱体抗压强度,是采用 150mm×150mm×300mm 棱柱体试块测得的抗压强度,试验条件同立方抗压强度。

混凝土强度与试件的高度与宽度比 h/b 有关,h/b 越大,混凝土的强度越低。但当 $h/b=3\sim4$ 时,测得的混凝土强度趋于稳定,能反映混凝土的实际抗压能力。这是因为在此范围内有足够的高度消除垫板与试件之间摩擦力对抗压强度的影响,使试件的中段形成纯压状态;合适的高度又可消除可能的附加偏心距对试件抗压强度的影响。

轴心抗压强度比较接近实际构件中混凝土的受压情况,对于同一等级的混凝土,棱柱体抗压强度小于立方体抗压强度。换算关系为:

$$f_{ck}=0.88\cdot\alpha_{c1}\cdot\alpha_{c2}\cdot f_{cu,k} \tag{4-2}$$

式中:0.88——鉴于实际构件与试件在制作和养护造成的强度差异的折减系数。

α_{c1}——棱柱体强度与立方体强度之比。当混凝土强度等级≤C50 时,$\alpha_{c1}=0.76$;C80 时,$\alpha_{c1}=0.82$;C50～C80 时,α_{c1}通过线性内插得到。

α_{c2}——考虑混凝土脆性的修正系数。混凝土强度提高,脆性也会明显提高。当混凝土标号≤C40,$\alpha_{c2}=1.00$;C80 的混凝土,$\alpha_{c2}=0.87$,C40～C80 以上等级的混凝土,α_{c2}通过线性内插得到。

美国、日本、欧洲混凝土协会 CEB 等采用圆柱体试件(直径 6 英寸、高 12 英寸的圆柱体试件)测得的抗压强度作为轴心抗压强度的指标。换算关系大致为 $f_c'=0.79f_{cu,k}$。

4.3.3 混凝土的抗拉强度

混凝土在受到拉伸作用时,在变形很小时就会开裂,呈现出脆性破坏。混凝土很少承受拉力,但抗拉强度对减少混凝土裂缝有重要意义。在结构设计中,抗拉强度是确定结构抗裂度的重要指标,有时也用抗拉强度间接衡量混凝土与钢筋的黏结强度。

混凝土抗拉强度可用直接轴心拉伸试验来测定,采用的试件为 100mm×100mm×500mm 的棱柱体,破坏时试件中部产生横向裂缝,破坏截面上的平均拉应力即为轴心抗拉强度 f_t。直接测定抗拉强度时,存在试件内部的不均匀性,安装偏差引起的试件偏心、受扭等问题影响测试结果。所以通常又采用劈裂抗拉试验间接测定抗拉强度的方法。

劈裂试验中采用边长(直径)为 150mm 的立方体标准试件,通过弧形钢垫条施加压力 F,试件中间截面有着均匀分布的拉应力,当拉应力达到混凝土的抗拉强度时试件劈裂成两半。劈裂抗拉强度可按下式计算:

$$f_{t,s}=\frac{2F}{\pi dl} \tag{4-3}$$

混凝土的劈裂抗拉强度略大于直接轴心抗拉强度。

混凝土抗拉强度只有立方抗压强度的 1/17～1/8,平均为 1/10,混凝土强度越高,比值越小。提高混凝土的强度等级对提高抗拉强度的效果不大,对提高抗压强度的作用比较大。

4.3.4 混凝土的抗弯强度

混凝土路面在车辆荷载作用下受到弯曲作用。进行路面设计和施工验收时，采用的是混凝土的抗弯强度。抗弯强度采用标准的小梁进行测试，尺寸为 150mm × 150mm × 550mm。通常采用三分点加载，也可以采用中心加载方式。中心加载测出的强度较三分点加载为高。抗弯强度对尺寸很敏感。加载速率与温度对测试结果的影响与抗压强度相同。

4.3.5 影响混凝土强度的主要因素

普通混凝土中骨料-水泥石界面最薄弱，混凝土的破坏是从界面处开始的。影响混凝土界面的因素也就是影响强度的最主要因素。混凝土中各组成材料对强度都有影响，环境条件和施工方法也都影响强度；另外，测试条件也影响强度测定值。

1）水灰比（W/C）和水泥强度等级

水灰比和水泥强度等级是决定混凝土强度的最主要因素，也是决定性因素。

水灰比不变时水泥的强度等级越高，则硬化水泥石强度越高，对骨料的黏结力越强，混凝土强度也越高。水泥的强度在等级相同的条件下，混凝土强度主要取决于水灰比。从理论上讲，水泥水化时所需要的结合水，一般只占水泥质量的 23%，但拌制混凝土为了保证和易性的要求，常需要多加入一些水。当混凝土硬化后，多余的水分就残留在混凝土中或蒸发后形成气孔或孔道，大大降低了混凝土承受荷载的有效面积，而且孔隙周围引起应力集中。因此在水泥的强度等级相同的情况下水灰比越小，水泥石强度越高，与骨料的黏结力越强，混凝土强度也越高。但是如果水灰比过小，拌和物过于干稠，不能很好地振捣密实，混凝土强度反而会严重下降。

对于满足水灰比法则的混凝土，在不使用引气剂的情况下，C/W 与抗压强度的关系大致可表示如下：

$$f_{cu,k} = \alpha_A f_{ce}(C/W - \alpha_B) \tag{4-4}$$

式中：$f_{cu,k}$——混凝土的强度；

f_{ce}——水泥的强度；

α_A、α_B——与骨料有关的常数（粗骨料为碎石时，$\alpha_A = 0.46$，$\alpha_B = 0.07$；粗骨料为卵石时，$\alpha_A = 0.48$，$\alpha_B = 0.33$）。

对于引气混凝土，C/W 与强度的关系与空气量有关，在某一固定的水灰比情况下，每增加 1%的空气量，抗压强度减少 4%～6%。

式（4-4）称为混凝土的强度公式，它用简洁的形式给出了 W/C 和水泥标号对混凝土强度的影响，同时也考虑到骨料的影响。但这一公式成立的条件是混凝土必须是成型密实的，通常适用于塑性混凝土。若能充分捣实混凝土，强度公式对于低水灰比也是成立的，例如在采用超塑化剂的情形之下，混凝土在低水灰比下就能成型密实，强度公式仍然成立。这个公式的重要意义在于，可以从采用的原材料估计混凝土的强度。在进行配合比设计的时候，采用此公式可以方便地求出对应强度要求的混凝土的水灰比，大大方便了配合比设计。

2）温度和湿度

混凝土的强度极大地受所处的环境条件的影响。一定的温度和湿度条件是混凝土中胶凝材料正常水化的条件，也是混凝土强度发展的必要条件。

混凝土中水泥的水化作用受养护温度的影响极大，养护温度越高，初期的水化作用越快，早期强度也越大。温度降低，则水泥水化减慢，早期强度将明显降低。

当环境温度低于混凝土中水的冰点时，混凝土就会产生冻结。水泥混凝土在－0.5～－2.0℃时冻结。假如冻结，水泥就不发生水化作用。冻结的混凝土，如在适当温度下养护，强度会有某种程度的增长，但与标准养护的混凝土相比，强度明显降低。但是，如果混凝土有某种程度的硬化，冻结后养护充分，也可恢复其强度。当抗压强度达到40MPa时，冻害的影响就不大了。

混凝土在连续不断的湿润养护下，其强度随着龄期的增长而增长。如果混凝土干燥，水泥的水化作用马上就会停滞。刚浇筑后就暴露在室外的试件，龄期为6个月的抗压强度，是连续潮湿养护、同龄期6个月的压强的40％。

由于混凝土的强度受温度和湿度影响很大，在工程中，要特别注意对混凝土进行养护。养护就是在混凝土浇注后给予一定的温度、湿度环境条件，使其正常凝结硬化。许多混凝土质量事故都是由于养护不当所造成的。

按养护的条件不同，混凝土的养护有标准养护、自然养护、蒸汽养护和蒸压养护之分。标准养护是在温度为20±2℃、相对湿度≥95％条件下进行的养护，评定强度等级时需采用该养护条件。

自然养护是指对在自然条件(或气候条件)下的混凝土适当地采取一定的保温、保湿措施，并定时定量地向混凝土浇水，保证混凝土材料强度能正常发展的一种养护方式。

蒸汽养护是将混凝土在温度＜100℃、压力为1atm的水蒸气中进行的一种养护。蒸汽养护可提高混凝土的早期强度，缩短养护时间。蒸汽养护的温度与混凝土所采用的水泥品种有关，对普通水泥为80℃左右，矿渣、火山灰水泥为90℃左右。普通水泥和硅酸盐水泥在蒸汽养护后早期强度提高，但后期强度则较正常养护的混凝土低。

蒸压养护是将混凝土材料在8～16atm下，175～203℃的水蒸气中进行的一种养护。蒸压养护可大大提高混凝土材料的早期强度，后期强度也不降低。

3) 龄期

混凝土的强度随时间推移而增长。初期强度增长速度快，后期增长速度慢并趋于稳定。龄期为4周的强度大致稳定，混凝土的强度通常取28d强度作为代表值。掺有粉煤灰的混凝土等在更长时间内强度才达到稳定，通常采用90d的强度为代表值。在适宜的环境条件下，混凝土强度增长过程往往延续几年，对应于水泥水化的长期过程。在潮湿环境中强度发展往往延续时间更长。

在工程实际中，强度与龄期的关系是很重要的，例如希望尽早知道混凝土能否达到设计强度等级，估计混凝土达到某一强度所需要养护的天数，确定混凝土能否进行拆模、构件起吊、预应力放张等工艺操作等，通常用28d强度作为混凝土的强度值，其他龄期的强度或性能也通常与28d强度联系起来。实践表明，由中等强度等级的普通水泥配制的混凝土，在标准养护条件下，其强度发展大致与龄期的常用对数成正比。可表示如下：

$$\frac{f_n}{f_{28}} = \frac{\lg n}{\lg 28} \tag{4-5}$$

式中：f_n——混凝土nd龄期的抗压强度(MPa)；

f_{28}——混凝土28d龄期的抗压强度(MPa)；

n——养护龄期(d)，$n \geqslant 3$。

为便于混凝土施工操作，还建立了不同水泥品种、不同的养护条件、不同标号的混凝土随龄期变化的强度发展曲线。

4）试验条件对强度测定值的影响

(1) 试验机上下压板的光滑情况影响测定的强度大小

压板下不加润滑剂，测得的值偏高；压板下加润滑剂，测得的值偏低。试件受压时，竖向被压缩，横向要扩张，由于混凝土与压力机垫板的弹性模量与泊松比的差异，压力机压板的横向变形明显小于混凝土试件的横向变形，压板通过接触面上的摩擦力对混凝土试块的横向变形产生约束作用，就好像在上下端加了一个“箍”，故称为“环箍效应”，此效应提高了试件的抗压强度；当混凝土达到极限应力时，在竖向压力和横向水平摩擦力的共同作用下，首先沿斜向面破坏，然后四周脱落，形成两个对顶的“角锥体”破坏面。如果压板上有润滑剂，则使压板与试件的摩擦力大大减小，横向变形几乎不受约束，时间沿着与力的作用方向平行地产生几条裂缝而被破坏，此方法测得的强度会较低。

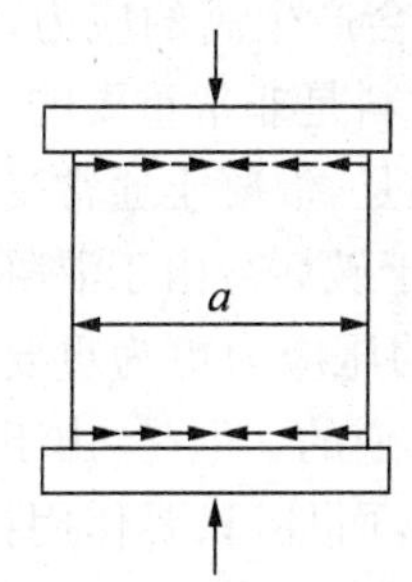

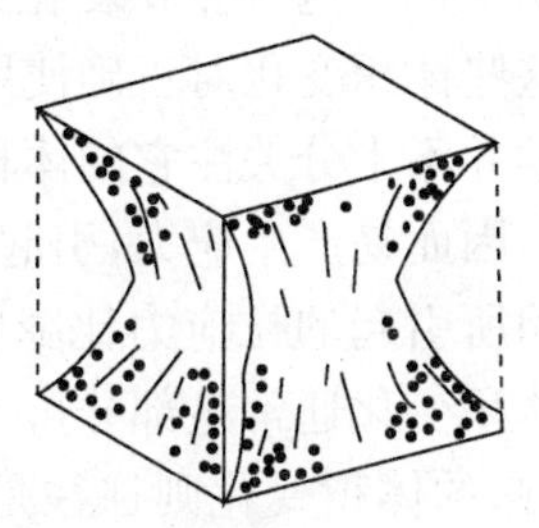

图 4-9 “环箍效应”示意图

(2) 试件的尺寸大小影响混凝土强度测试值

试件尺寸小，测得的强度高；试件较大时，测得的强度较低。原因是：小试件内部有缺陷的概率小、内部与表面硬化的差异小。当采用 200mm×200mm×200mm 和 100mm×100mm×100mm 的非标准试件测定混凝土强度时，实测强度偏低和偏高，换算成标准试件时，要分别乘以系数 1.05 和 0.95。在试验中承压面摩擦力对小试件的影响大，环箍效应作用较强，所以测得的强度高；相反，试件较大时，测得的强度较低。

(3) 加荷速度

加荷速度也影响混凝土强度测试结果：加荷速度快，测得的强度高；反之，加荷速度慢，测得的强度偏低。加载越快，内部缺陷还未来得及反应，所以测得的强度高。

4.3.6 提高混凝土强度的措施

1）采用高标号水泥和快硬早强类水泥

采用高标号水泥，可以提高界面黏结性，配制高强度混凝土。快硬早强类水泥可提高早期强度。

2）采用低水灰比的干硬性混凝土

干硬性混凝土水灰比小，在成型密实的情况下可以提高强度。

3）采用湿热处理

采用蒸汽养护或蒸压养护，可以提高混凝土的强度。

4）采用机械搅拌和振捣

采用机械搅拌和振捣，可比人工拌和更均匀，比人工插捣更密实。在机械搅拌和振捣下，混凝土更容易达到液化，可以在更低的水灰比下达到成型密实，因而可以提高强度。

5）掺用外加剂和掺和料

掺加减水剂，可以降低水灰比，提高强度；采用早强剂，可以提高早期强度；掺入活性掺和料，有利于提高混凝土强度。

4.4 混凝土的变形性能

在硬化前后，混凝土会产生体积变化。这些体积变化如果过大，会产生高的应力，引起开裂，导致混凝土性能劣化。了解这些体积变化对正确使用混凝土材料是非常重要的。

如果混凝土处于自由状态，通常并不十分关注它的体积变化。但是，混凝土通常受到基础、基层、钢筋或邻近的构件所限制，因而易产生应力，引起损伤甚至于破坏。由于混凝土抗拉强度大大低于抗压强度，限制收缩所引起的拉应力比膨胀所引起的压应力更为重要。由于温度、湿度以及外荷载所引起的体积变化通常是部分可逆或完全可逆的。但是，由于不恰当的材料或因化学和机械作用所引起的体积变化则往往是不可逆的，而且，只要作用持续，体积变化还会累积。

通常，混凝土的体积变化可能是因温度和湿度变化或外荷载所引起的，这些体积变化的大小受许多因素影响。弄清影响体积变化大小的因素，并采取适当的措施，就可以制成裂缝相对较少、体积稳定性较好的混凝土。

混凝土的变形有荷载作用变形和非荷载作用变形。荷载作用变形有短期荷载作用下的变形、长期荷载作用下的变形以及反复荷载作用下的变形。非荷载作用变形又有早期变形和后期变形的区别。早期变形一般包括化学收缩、自身收缩、塑性收缩、干缩等；后期变形则有温度变形、碳化收缩等。混凝土在硬化早期，抗拉强度很低，早期收缩会引起混凝土早期开裂。

4.4.1 非荷载作用下的变形

1）化学收缩

水泥在水化过程中，无水的熟料矿物转变为水化物，水化后的固相体积比水化前要大得多。但是，对于水泥-水体系的总体积来说却要缩小，这一体积变化称为化学收缩，又称化学减缩。发生减缩作用的原因是由于水化前后反应物和生成物的平均密度不同。研究结果表明，水泥熟料中四种矿物的减缩作用，无论是绝对值或相对值，铝酸三钙的减缩作用最大，其次是铁铝酸四钙，再其次是硅酸三钙，硅酸二钙减缩作用最小。因此，铝酸三钙或铁铝酸四钙含量较高的水泥化学减缩作用较大，而硅酸盐含量较高的水泥减缩作用较小。

2）塑性收缩

塑性收缩是混凝土在硬化前处于塑性状态时，由于水分从混凝土表面蒸发而产生的体积收缩。

塑性收缩一般发生在混凝土路面或板状结构。这些结构暴露面较大，当表面失水的速率超过了混凝土泌水的上升速率时，会在混凝土中产生毛细管负压，新拌混凝土表面会迅速干燥而产生塑性收缩。此时，若混凝土不足以抵抗因收缩而产生的应力时，混凝土表面就会开裂。这种情况往往在混凝土浇注成型以后的几小时之内就会发生。

当新拌混凝土被底基或模板材料吸水后，也会在其接触面上产生塑性收缩和开裂，也可能会加剧混凝土表面失水所引起的塑性收缩而开裂。

引起混凝土塑性收缩的主要原因是混凝土中水分蒸发速率过大，混凝土因水化温度升高、环境温度高、相对湿度低、风速快都会增加塑性收缩和开裂。

3）自收缩

混凝土自收缩是指混凝土硬化阶段(终凝后几天到几十天)，在恒温并且与外界无水分交换的条件下混凝土宏观体积的减小。

一般认为，混凝土自收缩是混凝土中水泥水化引起毛细管张力造成的。具体过程如下：混凝土初凝后，随着水泥不断水化，混凝土内部水量逐渐减少，孔隙和毛细管中的水也逐步吸收减少，在处于水分难以蒸发、同时也难以渗滤的封闭状态粘弹性固态胶凝材料系统中，由于混凝土内部相对湿度的降低而使孔隙中存在一定的气相，随着水泥水化反应的愈演愈烈，孔内水饱和蒸汽压随之降低，导致毛细管中液面形成弯月面，使毛细管压升高而产生毛细管应力，造成混凝土受负压作用，引起混凝土自收缩。在水灰比较高的情况下，混凝土内部形成的毛细管较粗，产生的毛细管张力小，混凝土的自缩值也很小；但在水灰比较低的情况下，混凝土内形成的毛细管很细，产生的毛细管张力很大，混凝土自收缩值也将很大。同时，在混凝土早期强度较低时，混凝土自收缩的发展速度很快。

自收缩发生于混凝土拌和后的初龄期，一般发生在混凝土初凝后，尤其以初凝到 1d 龄期时最显著。常在模板拆除之前，大部分混凝土自收缩已经产生甚至完成。

影响自收缩的因素很多，水灰比，胶凝材料的品种、细度和活性，温度等环境条件，都会影响自收缩。实际工作中，可以通过选择水泥品种、外加剂种类、矿物掺和料类型及掺量、水灰比等来控制混凝土自收缩。

4）干燥收缩

干燥收缩简称干缩。置于不饱和空气中的混凝土，水从其中蒸发而产生干缩。干缩是部分不可逆的。

受干燥的混凝土的体积变化并不等于失去的水的体积。蒸发的水分，很少引起甚至于不引起收缩。

干缩变形产生的原因是，当饱和水泥浆暴露在低湿度的环境中，水泥浆体中的 C—S—H 凝胶因毛细孔和胶孔中的水分蒸发失去物理吸附水而产生体积收缩。

影响混凝土收缩的因素很多，比较大的有骨料的特性、混凝土的配合比、养护条件与龄期等。骨料对干缩起抑制作用。骨料的弹性模量影响混凝土的弹性模量，而干缩与弹性模量密切相关。用低弹模的骨料配制的混凝土，收缩值比高弹模骨料配制的混凝土大得多。

混凝土配合比中，骨料的体积含量越高，在相同水灰比的情况下收缩降低。混凝土中发生收缩的主要组分是水泥浆体，水泥用量和水化程度都会对混凝土的干缩产生影响。干缩还受水灰比的影响，水灰比越大，干缩也越大。

养护条件对干缩有显著影响。养护环境湿度越高，干缩越小；延长养护时间，可以推迟干缩的发生和发展，但对最终的干缩率没有显著的影响。

水泥的种类、组成和性能等对水泥浆体的收缩有影响，但因骨料的限制，对混凝土干缩影响不大。

在混凝土中掺入外加剂或外掺料，会影响收缩。如掺入 $CaCl_2$ 会增大混凝土收缩；掺入矿渣、火山灰等能使混凝土孔细化的外掺料也会增加混凝土的干缩。

混凝土干缩和自收缩是有区别的。干缩与自收缩一样，都是由于水的迁移引起的。干缩是由于水向外蒸发散失引起的，当混凝土在不饱和空气中失去毛细孔和凝胶孔的吸附水时就会产生干缩。自收缩是混凝土内部水泥水化消耗水分引起毛细管负压产生张力造成的混凝土收缩。干缩通常发生在混凝土表面，而自收缩在混凝土体内相当均匀地发生，而不仅仅在混凝土表面发生。

混凝土干缩值可达 $1\ 000\sim4\ 000\times10^{-6}$，干缩是引起混凝土体积收缩的主要原因。

5）碳化收缩

尽管空气中 CO_2 浓度不高，但已硬化的水泥浆体长期暴露在空气中，会与 CO_2 发生化学反应，此反应伴有不可逆收缩，称为碳化收缩。产生碳化收缩的原因是由于空气中的 CO_2 与水泥石中的水化物，特别是与 $Ca(OH)_2$ 的不断作用，引起水泥石结构的解体所致。

影响混凝土碳化收缩的两个最基本因素是 CO_2 的浓度和湿度。CO_2 浓度越高，碳化反应越迅速，因而碳化收缩也越大。湿度的影响有一最大值，在相对湿度大约为 50%时，碳化收缩达最大值。从化学反应角度来说，碳化反应并非是 CO_2 气体与水化产物直接反应，而是首先 CO_2 溶于水中形成碳酸，真正的反应是碳酸与水化产物的反应。只有在较高的湿度条件下才能形成较多的碳酸，有利于加速反应。因此，湿度越高，碳化反应越快。但是，碳化反应快并不意味着碳化收缩大。碳化反应会释放出水分子，而只有当这些水分子失去时才能造成水泥体积的变化。显然，水分的失去是随着相对湿度的下降而增大的。也就是说，湿度越大，失水越不容易，因此收缩越小。碳化收缩的这两个过程对湿度的要求是相反的，在较低的湿度条件下，碳化反应难以进行，没有水分子形成，当然也就谈不上失水收缩；在较高的相对湿度下，虽然碳化反应较迅速，但生成的水难以失去，因而也不会产生明显的收缩。只有在某一适合的湿度条件下，碳化反应能以较快的速率进行，而且所释放出的水也能迅速失去时，碳化收缩最显著。

碳化通常发生在混凝土表面处，而这里干燥收缩也最大，碳化收缩与干缩叠加后，可能引起严重的收缩裂缝。

6）温度变形

混凝土温度变形是由热胀冷缩引起的。混凝土的温度变形系数为 0.01mm/℃。

温度变形过大，对大体积混凝土和纵长的混凝土结构不利。混凝土是热的不良导体，散热慢，浇注后内外部可能产生很大的温差，造成内胀外缩。内外温差为 50℃时，大约产生 500 个微应变。如混凝土弹模为 20GPa，在约束条件下，产生拉应力 10MPa，混凝土外表会产生很大的拉应力而开裂。在计算钢筋混凝土的伸缩缝和大体积混凝土的温度应力分布时，需要用到混凝土的温度变形系数。

混凝土中，水泥浆体的热膨胀系数大于骨料，因而骨料含量多时，混凝土的温度变形小。而混凝土所采用的骨料种类不同其热膨胀系数也不一样，通常，石英岩最小，依次为砂岩、玄武岩、花岗岩和石灰岩。

一般纵长的钢筋混凝土结构物，每隔一段长度设置伸缩缝，在内部配置温度钢筋，防止因温度变形而带来对结构的危害。

4.4.2 荷载作用下的变形

1）短期荷载作用下的变形

混凝土是一种不均匀的材料，在外力作用下既可产生弹性变形也可产生塑性变形，是一种弹塑性材料。荷载作用下的变形能力大小用变形模量表示。

由于混凝土的 $\sigma-\varepsilon$ 曲线呈非线性关系，混凝土的应变与应力的变化规律为一变量，不同应力阶段的应力与应变关系的材料模量是变化的，统称变形模量，用以下三种方法表示：

(1) 混凝土的弹性模量（原点切线模量）

在混凝土一次加载的棱柱体应力-应变曲线的原点做一切线，其斜率即为混凝土的原点模量（弹性模量）：$E_c=\text{tg}\alpha$。

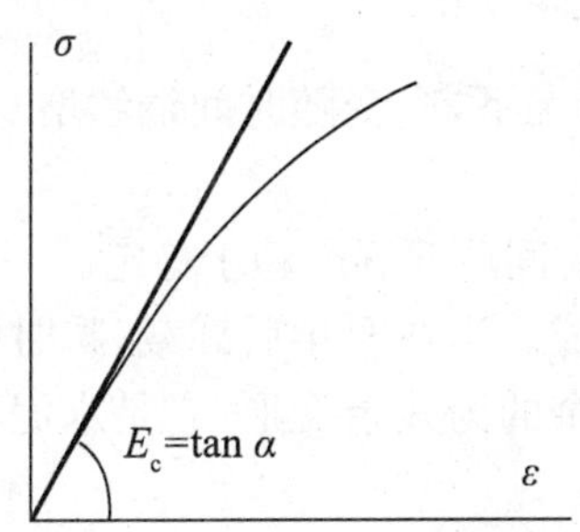

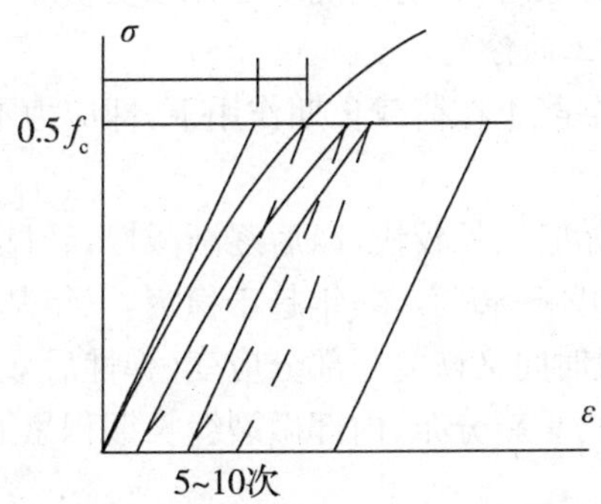

图 4-10 混凝土原点切线模量及测定

由于要在混凝土一次加载应力-应变曲线上做原点的切线，而不容易准确找到原点切线，所以通常的做法是对标准尺寸为 150mm×150mm×300mm 的棱柱体试件，先加载至轴心抗压强度的三分之一，然后卸载到零，反复 5～10 次。由于混凝土不是完全弹性材料，每次卸载存在残余变形，随加载次数的增加，应力-应变曲线渐趋于稳定的直线，该直线的斜率就是混凝土的弹性模量。

(2) 混凝土的变形模量（割线模量或弹塑性模量）

$\sigma-\varepsilon$ 曲线上任意一点与原点连线的斜率，称为任意点的变形模量，如图 4-11。

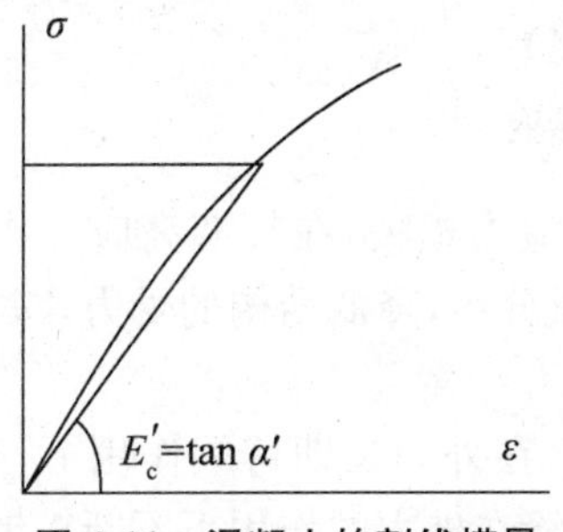

图 4-11 混凝土的割线模量

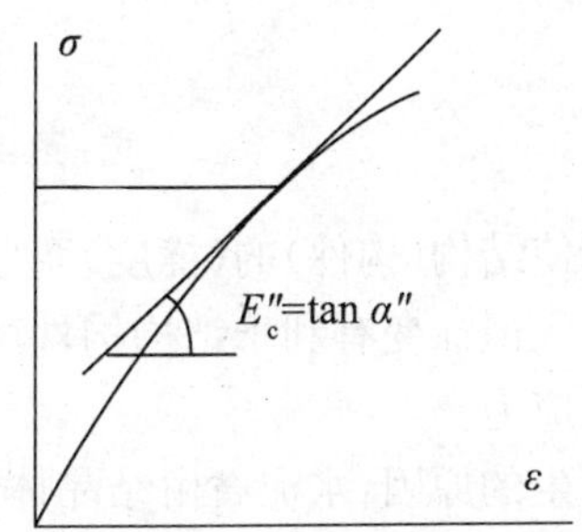

图 4-12 混凝土的切线模量

(3) 混凝土的切线模量

$\sigma-\varepsilon$ 曲线上某一应力的切线的斜率。

由图 4-12 可以看出,混凝土的切线模量是一个变值,它随混凝土的应力增大而减小。

混凝土的弹性模量与其强度之间存在着较密切的关系。通常当混凝土强度等级为 C10～C60 时,弹性模量约为 17.5～36GPa。也可以用下式通过强度估计混凝土的弹性模量:

$$E_c = \frac{10^3}{2.2 + \frac{34.74}{f_a}} (\mathrm{N/mm^2}) \tag{4-6}$$

混凝土的弹性模量在结构设计中计算混凝土的变形、开裂和应力时经常用到。

影响混凝土弹性模量的因素基本上与影响强度的因素相同。弹性模量与混凝土组成成分的弹性模量和数量有关,骨料用量多,水泥浆数量少,弹性模量大;所用的骨料弹性模量大则混凝土的弹性模量也大。弹性模量也与混凝土中含水量、含气量有关。混凝土饱水时的弹性模量比干燥时大,引气混凝土弹性模量降低。

2) 混凝土的徐变

徐变是混凝土在荷载长期作用下,即应力不变情况下,应变随时间继续增长的现象,如图 4-13。

徐变开始时增长较快,以后逐渐减慢,经过较长时间后就逐渐趋于稳定。一般六个月完成大部分(70%～80%),一年趋于稳定,三年基本完成。当在两年后卸载,瞬时恢复部分应变,经过一段时间又恢复一部分应变(弹性后效),剩余的为残余变形,它是水泥凝胶体向水泥结晶体应力重新分布、内部微裂缝长期积累的结果。

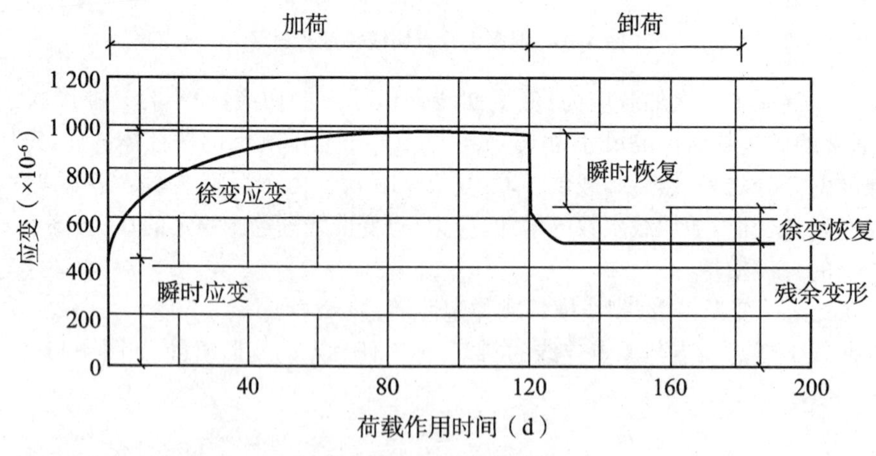

图 4-13 混凝土的徐变

徐变会使结构(构件)的(挠度)变形增大,引起预应力损失,在长期高应力作用下,甚至会导致破坏。但徐变有利于结构构件产生内(应)力重分布,降低结构的受力,减小大体积混凝土的温度应力。

徐变产生的原因:水泥石由结晶体和凝胶体组成,在外力长期持续作用下,凝胶体具有黏性流动的特性,产生持续变形。混凝土内部的微裂缝在外力的作用下不断扩展,也会导致应变的增加。

徐变受很多因素影响：

(1) 应力越大徐变也越大，当应力较小时，徐变与应力成正比，称为线形徐变；应力较大时，徐变变形比应力增长要快，称为非线形徐变。

(2) 加载龄期越早，徐变越大。

(3) 养护时的温度和湿度对徐变有重要影响，养护时温度高、湿度大，水泥水化作用充分，徐变越小；受荷载作用后，环境温度越高，湿度越低，则徐变越大。

(4) 骨料越坚硬，弹性模量越高，对水泥石徐变的约束作用越大，混凝土徐变越小。

(5) 水泥用量越多，徐变越大；水灰比越大，徐变越大。

(6) 大尺寸试件内部失水受到限制，徐变减小。

4.5 混凝土的耐久性

混凝土的耐久性指混凝土在周围自然环境及使用条件等长期作用下经久耐用，能保持强度与外观完整的性能。

耐久性主要包括抗渗性、抗冻性、耐磨性、抗侵蚀性、碳化、碱-骨料反应等。

4.5.1 抗渗性

混凝土的抗渗性是指混凝土抵抗压力作用下水、油等液体渗透的性能。

混凝土的抗渗性主要与混凝土的孔隙率，特别是开口孔隙率以及施工时形成的蜂窝、孔洞有关。

对于充分捣实的匀质混凝土，其渗水的通道有水泥浆中的孔隙、泌水产生的通道以及粗骨料下面的大空隙。这些与水泥品种、骨料级配、水灰比、外加剂以及施工振捣质量、养护条件等有关，因而，混凝土的抗渗性也与这些因素有关。

水灰比是影响混凝土抗渗性的一个主要因素。水灰比减小，则浆体的孔隙率减少，混凝土抗渗性提高。毛细孔的数量对抗渗性影响很大，当水灰比高于 0.42 时，随着水灰比的增加，毛细孔孔隙率急剧增加，抗渗性迅速下降。

粗骨料的最大尺寸越大，在骨料下形成大的空隙的可能性提高，抗渗性会有相当大的降低。

使用减水剂、改善和易性、降低水灰比，可减少泌水通道，提高抗渗性。使用粉煤灰、高炉矿渣粉末等辅助性胶凝材料，填充混凝土的孔隙，同时也由于火山灰反应提高混凝土的密实度，可相应提高抗渗性。

养护不善，特别是早期养护不当，易产生裂缝，降低抗渗性。

混凝土的抗渗性用抗渗标号来表示。抗渗标号是以 28d 龄期的标准试件，在标准试验方法下所能承受的最大水压力。抗渗标号分为 S2、S4、S6、S8、S10、S12 六个等级，它们分别表示能抵抗 0.2MPa、0.4MPa、0.6MPa、0.8MPa、1.0MPa、1.2MPa 的水压力而不渗透。

混凝土的抗渗性对耐久性十分重要。抗渗性控制着水分渗入的速率，这些水中可能含有潜在的腐蚀性物质，在受热或冻结过程中水的移动也主要受抗渗性影响。

4.5.2 抗冻性

混凝土抗冻性是指混凝土在水饱和状态下，能经受多次冻融循环作用而不被破坏，同时也不严重降低强度的性能。

混凝土冻结破坏机理主要有静水压理论和渗透压理论。

静水压理论学认为：冻结时，负温度从混凝土构件的四周侵入，冻结首先在混凝土四周表面上形成，并将混凝土构件封闭起来。由于表层水结冰，冰体积膨胀，将未冻结的水分通过毛细孔道压入饱和度较小的内部。随着温度不断降低，冰体积不断增大，继续压迫未冻水，未冻水被压得无处可走，于是在毛细孔内产生越来越大的压力，从而使水泥石内毛细孔产生拉应力。水压力达到一定程度，水泥石内部的拉应力过高，抗拉强度达到极限时，则毛细孔会遭到破裂，混凝土中即产生微裂纹而受到破坏。

渗透压理论认为：在负温条件下，大孔及毛细孔中的溶液首先有部分冻结成冰，由于在溶液中的水从中冻结出来，使得溶液的浓度变大，从而在毛细孔与凝胶孔内溶液之间存在着浓度差，这引起了从凝胶孔向毛细孔的扩散作用，形成了渗透压，导致混凝土损伤破坏。

混凝土的抗冻性主要取决于混凝土的孔隙率、开口孔隙率和孔隙的水饱和度。

混凝土的抗冻性与水泥品种、标号、混凝土的水灰比等有密切关系。混凝土中掺用引气剂可显著提高其抗冻性。在材料一定的情况下，水灰比的大小是影响混凝土抗冻性的主要因素。水灰比高，混凝土孔隙率大，混凝土强度也较低，抗冻性低。

混凝土的抗冻性一般以抗冻标号表示。抗冻标号是以 28d 龄期在饱水状态下的标准试件，经循环冻融后，同时满足强度损失率不超过 25%、质量损失不超过 5%时所能承受的最大冻融循环的次数。抗冻标号有：D25、D50、D100、D150、D200、D250、D300 七个等级。

4.5.3 耐磨性

交通运输造成的磨损、流水携带的砂砾或其他物质产生的磨损和冲击、大气的侵蚀等，均可导致混凝土表面受磨损侵蚀。混凝土的耐磨性就是抵抗这些磨蚀作用的能力。

大气侵蚀造成的磨损混凝土航道，在水下和严重屈曲不平的条件下，当水高速流过航道时就会离开表面，而在混凝土中形成一个很大的负压区，再由于汽化和水蒸气的作用，使之产生了空洞，这种现象就叫做空气侵蚀。这个空洞由于水的流入和冲刷，使混凝土形成蜂巢状的侵蚀。

道路路面受到车辆荷载的作用，大坝导流面以及其他航道结构物受到含有砂砾的水流作用，其结构的混凝土表面都要受到磨耗侵蚀，这种侵蚀除了与混凝土表面为平行的磨损之外，还有与表面成一定角度的冲击、压碎作用。

磨损的发生是从混凝土结构的灰浆表面开始的，当灰浆被磨耗后，慢慢就露出了骨料。因此，骨料与水泥浆或者砂浆的黏结性、骨料的耐磨性等影响着混凝土的耐磨性。密实的、强度高的骨料配制的混凝土耐磨性好；多棱角的骨料与水泥石的黏结性好，可提高耐磨性。当骨料质量相同时，混凝土的耐磨性主要受配合比、养护、龄期等影响。水灰比越小，强度越高则抗磨性越大；湿润养护充分，会增大耐磨性。对混凝土表面进行抹面和修饰，可以提高耐磨性。

为提高混凝土的耐磨性，混凝土单位用水量和水灰比应尽可能小；配制的混凝土应密实、强度高;骨料本身应有高的强度和耐磨性;要进行表面抹光和充分的湿润养护。

为了防止空气侵蚀,至为重要的是,按水力学原理进行设计,使结构物形状与流水的形状一致,使之不产生空气侵蚀;其次是对混凝土表面进行平滑整修,以消除或减少空气侵蚀的机会。

4.5.4 抗侵蚀性

混凝土在使用过程中会与酸、碱、盐类化学物质接触,这些化学物质会导致水泥石腐蚀,从而降低混凝土的耐久性。有关酸、碱、盐类化学物质对水泥石的腐蚀参见水泥石的腐蚀的内容。

4.5.5 碳化

混凝土碳化作用是碳酸气或含碳酸的水与混凝土中氢氧化钙作用生成碳酸钙的反应。碳化过程是外界环境中的 CO_2 通过混凝土表层的孔隙和毛细孔,不断地向内部扩散的过程。

混凝土的碳化一定要有水分存在。当环境的相对湿度为 50%~60%时碳化的反应最快,但当孔隙全部为水分所充满时,也会妨碍 CO_2 的扩散。CO_2 扩散的深度,通常用来作为评价混凝土抗碳化性能的技术参数。掺混合材料配成的混凝土易产生碳化。混凝土的孔隙率越小、孔径越细,CO_2 的扩散速率变慢,碳化作用也越小。施工中振捣不密实,产生蜂窝麻面以及混凝土表面开裂,均会使碳化大大加快。

碳化作用通常是指 CO_2 气体的作用,它不会直接引起混凝土性能的劣化,经过碳化的水泥混凝土,表面强度、硬度、密度还能有所提高。

碳化又称为混凝土的中性化,混凝土中的钢筋受碱环境保护不易受到腐蚀,但碳化发生后,保护作用消除,钢筋容易产生锈蚀。另外,碳化作用产生碳化收缩,有可能在混凝土表面产生裂缝。

碳化深度通常可用无色酚酞试液来鉴定。用无色酚酞涂在断面上,混凝土表层碳化后不呈现红色,而未碳化的混凝土则会变成红色。

4.5.6 碱-骨料反应

混凝土碱-骨料反应(AAR)主要是由混凝土中的碱与具有碱活性的骨料在适合的外部条件下所发生的膨胀性反应。这种反应引起混凝土明显的体积膨胀和开裂,改变混凝土的微结构,使混凝土的抗压强度、弹性模量等力学性能明显下降,而且 AAR 反应一旦发生,很难阻止,更不易修补和挽救,对混凝土的危害很大。

AAR 主要分为碱-硅酸反应和碱-碳酸盐反应。两种类型的 AAR 都必须同时并存三个必要条件:①混凝土中含有过量的碱;②骨料中含有碱活性矿物;③混凝土处在潮湿环境中。前两个条件是由混凝土的组成材料所决定的,后一个条件是外部条件。

混凝土中碱的主要来源是水泥和外加剂。混凝土是一种多孔材料,来自水泥和外加剂等的碱使孔溶液成为强碱溶液,OH^- 浓度可达 0.7mol/L 甚至更高。

活性骨料含活性氧化硅,主要有含蛋白石、燧石、鳞石英、方石英等矿物的岩石,如流纹岩、安山岩、凝灰岩、蛋白岩等。活性骨料与强碱溶液接触时,强碱中的 OH^- 会使活性骨料中的氧化硅解聚,形成碱硅酸凝胶,在一定湿度条件下,凝胶体积膨胀,造成混凝土损伤破坏。

在工程实际中,AAR 可以通过控制混凝土的碱含量,采用非活性骨料或对骨料碱活性进行检验来加以预防。在混凝土中掺入硅灰、粉煤灰等辅助性胶凝材料可以有效抑制 AAR。

4.5.7 提高混凝土耐久性的措施

提高混凝土耐久性,常见的措施是通过优选原材料和配合比来实现,如:合理选择水泥品种,选用品种良好、级配合格的骨料,掺加外加剂等。同时,还要采取各种措施保证混凝土的施工质量。

由于混凝土的水灰比和水泥用量影响强度和密实性,进而严重影响耐久性,在实际工作中,主要是通过适当控制混凝土的水灰比和水泥用量来保证混凝土的耐久性。表 4-8 是国家标准 GJ 55—2000 对混凝土的最大水灰比和最小水泥用量的要求。在表中规定的环境中,若混凝土的最大水灰比和最小水泥用量超出了规定范围,就有理由认为混凝土存在着耐久性方面的问题。

表 4-8 混凝土的最大水灰比和最小水泥用量的规定

环境条件		结构物类型	最大水灰比			最小水泥用量(kg/m^3)		
			素混凝土	钢筋混凝土	预应力混凝土	素混凝土	钢筋混凝土	预应力混凝土
干燥环境		正常的居住或办公用房屋内部件	不作规定	0.65	0.60	200	260	300
潮湿环境	无冻害	高湿度的室内部件 室外部件 在非侵蚀性土和(或)水中的部件	0.70	0.60	0.60	225	280	300
	有冻害	经受冻害的室外部件 在非侵蚀性土和(或)水中且经受冻害的部件 高湿度且经受冻害的室内部件	0.55	0.55	0.55	250	280	300
有冻害和除冰剂的潮湿环境		经受冻害和有除冰剂作用的室内和室外部件	0.50	0.50	0.50	300	300	300

4.6 混凝土掺和料和外加剂

4.6.1 混凝土掺和料

在混凝土拌和物制备时,为了节约水泥、改善混凝土性能、调节混凝土强度等级而加入的天然的或者人造的矿物材料,统称为混凝土掺和料。用于混凝土中的掺和料可分为非活性掺和料和活性掺和料两大类。

非活性掺和料一般与水泥组分不起化学作用，或化学作用很小，如磨细石英砂、石灰石、硬矿渣之类材料。非活性混合材料可起到改善混凝土和易性、降低混凝土成本等作用。

活性掺和料虽然本身不硬化或硬化速度很慢，但能与水泥水化生成的 $Ca(OH)_2$ 生成具有水硬性的胶凝物质，因此又称为辅助性胶凝材料。活性矿物掺和料按照其来源可分为天然类、人工类和工业废料类。常用的活性混合材料有粒化高炉矿渣、火山灰质材料、粉煤灰、硅灰等。

采用超细微粒矿物质掺和料硅灰、超细粉磨的高炉矿渣、粉煤灰或沸石粉等作为超细微粒混合材，是配制高强、超高强混凝土时行之有效的、比较经济实用的技术途径，是当今国际混凝土技术发展的趋势之一。随着建筑技术的发展，超细微粒混合材料将成为高性能混凝土不可缺少的第五组分。

活性混合材料能够提高混凝土的后期强度，降低水化热，增进混凝土的耐久性，但也会带来副作用，如降低早期强度、增大需水量、增加收缩等，因此不能盲目掺用，应根据具体情况科学使用。

1）粉煤灰

粉煤灰是煤粉燃烧后，由烟气自锅炉中带出的粉状残留物，经静电或机械方式除尘收集到的细粉末，其颗粒多呈球形，表面光滑。粉煤灰有高钙粉煤灰和低钙粉煤灰之分，由褐煤燃烧形成的粉煤灰，其氧化钙含量较高（一般 $CaO>10\%$），呈褐黄色，称为高钙粉煤灰，它具有一定的水硬性；由烟煤和无烟煤燃烧形成的粉煤灰，其氧化钙含量很低（一般 $CaO<10\%$），呈灰色或深灰色，称为低钙粉煤灰，一般具有火山灰活性。

低钙粉煤灰来源比较广泛，是当前国内外用量最大、使用范围最广的混凝土掺和料。用其做掺和料，一般可节约水泥 10%～15%，可改善和提高混凝土的和易性、可泵性和抹面性，降低混凝土水化热，提高混凝土抗硫酸盐性能和抗渗性，抑制碱骨料反应等。

高钙粉煤灰由于其来源不及低钙粉煤灰广泛，有关其品质指标及应用技术规范尚不很完善，目前仍在研究中。

粉煤灰主要成分为 SiO_2、Al_2O_3 及 Fe_2O_3，其总量占粉煤灰的 85%左右，CaO 含量普遍较低，基本上都无自硬性。烧失量的波动范围较大，平均值亦偏高。粉煤灰具有无定型的玻璃体结构，故具有潜在活性。

粉煤灰作为一种对混凝土性能发生重要影响的基本材料，以改善和提高混凝土质量、节省资源和能源为目的。粉煤灰在混凝土中有形态效应、活性效应和微骨料效应三类基本效应。

粉煤灰的形态效应是指粉煤灰粉料由其颗粒的外观形貌、内部结构、表面性质、颗粒级配等物理性状所产生的效应。在高温燃烧过程中形成的粉煤灰颗粒，绝大多数为玻璃微珠，这部分外表比较光滑的类球形颗粒，由硅铝玻璃体组成，尺寸多在几微米到几十微米。由于球形颗粒表面光滑，故掺入混凝土之后能起滚球润滑作用，并能不增加甚至减少混凝土拌和物的用水量，起到减水作用。

粉煤灰的活性效应是指混凝土中粉煤灰的活性成分所产生的化学效应。粉煤灰的活性取决于粉煤灰的火山灰反应能力，即粉煤灰中具有化学活性 SiO_2 和 Al_2O_3 与 $Ca(OH)_2$ 反应，生成类似于水泥水化所产生的水化硅酸钙和水化铝酸钙等反应产物。这些水化产物可作为胶凝材料的一部分起到增强作用。火山灰反应在水泥水化析出的 $Ca(OH)_2$ 吸附到粉煤灰颗粒表面的时候开始，一直可延续到28d以后的相当长时间内。

粉煤灰的微骨料效应是指粉煤灰中的微细颗粒均匀分布在水泥浆内，填充孔隙和毛细孔，改善混凝土孔结构和增大密实度的特性。

粉煤灰的这三个效应是共存于一体且相互影响的，不应该强调某一效应而忽视其他效应。但对于混凝土的某一性能，在某种特定的条件下，可能是某一效应起主导作用，而对于混凝土的另外一种性能，在另外的条件下，则可能是另一效应起主导作用，应根据具体情况作具体分析。

超细粉煤灰的三大效应更为明显，尤其是在与高效减水剂配合使用时更是如此。

粉煤灰可掺到混凝土中用于配制泵送混凝土、大体积混凝土、抗渗结构混凝土、抗硫酸盐和抗软水侵蚀混凝土、蒸养混凝土、轻骨料混凝土、地下工程和水下工程混凝土、压浆和碾压混凝土等。

2）*矿渣*

高炉矿渣是钢铁厂冶炼生铁时产生的废渣，主要有高炉水渣和重矿渣之分。高炉水渣是炼铁高炉排渣时，用水急速冷却而形成的散颗粒状物料，称为粒化高炉矿渣，其活性较高，目前这类矿渣约占矿渣总量的85%，是混凝土中的主要掺和料之一。重矿渣是指在空气中自然冷却或极少量水促其冷却形成容重和块度较大的石质物料。

高炉矿渣的主要成分是由CaO、MgO、Al_2O_3、MgO、SiO_2、MnO、Fe_2O_3等组成的硅酸盐和铝酸盐，矿渣的化学成分与水泥熟料相似，只是CaO含量略低。一般每生产1t生铁，要排出0.3～1.0t废渣，因此它也是一种量大面广的工业废渣。

粒化高炉矿渣是一种具有良好的潜在活性的材料。使用粒化高炉矿渣可以扩大水泥品种，改善水泥性能。高炉矿渣的活性与化学成分有关，但更取决于冷却条件。慢冷的矿渣具有相对均衡的结晶结构，常温下水硬性很差。水淬急冷阻止了矿物结晶，因而形成大量的无定形活性玻璃体结构或网状结构，具有较高的潜在活性。在激发剂的作用下，其活性被激发出来，能起到水化硬化作用而产生强度。

在高性能混凝土中，常采用粒化高炉矿渣粉，它是优质的混凝土掺和料和水泥混合材，是符合GB/T 203—2008标准规定的粒化高炉矿渣经干燥、粉磨（或添加少量石膏一起粉磨）达到相当细度且符合相应活性指数的粉体。

根据7d、25d活性指数，同时结合我国粒化高炉矿渣粉生产和使用现状，将高炉矿渣粉分为S105、S95和S75三级，并规定了各级矿渣粉的技术性质。

3）*火山灰*

火山灰质混合材料是指具有火山灰特性的天然的或人工的矿物质材料。

按成因分为天然火山灰质混合材料和人工火山灰质混合材料两类。天然火山灰质混合材料有：①火山灰，即火山喷发的细粒碎屑的疏松沉积物；②凝灰岩，由火山灰沉积形成的致密岩石；③沸石岩，凝灰岩经环境介质作用而形成的一种以碱或碱土金属的含铝硅酸盐矿物为主的岩石；④浮石，火山喷出的多孔的玻璃质岩石；⑤硅藻土或硅藻石，由极细致的硅藻介质聚集、沉积形成的生物岩石，一般硅藻土呈松土状。

浮石、火山渣浮石、火山渣都是火山喷出的轻质多孔岩石，具有发达的气孔结构。主要化学成分为Fe_2O_3和Al_2O_3，并且多呈玻璃体结构状态。在碱性激发条件下可获得水硬性，是理想的混凝土掺和料。

人工火山灰质混合材料有:①煤矸石,煤层中炭质页岩经自然或煅烧后的产物;②烧页岩,页岩或由母页岩经自燃或煅烧后的产物;③烧黏土,黏土经煅烧后的产物;④煤渣,煤炭燃烧后的残渣;⑤硅质渣,由矾土提取硫酸铝的残渣。

人工火山灰质材料主要成分为 SiO_2 和 Al_2O_3,其次是 Fe_2O_3 及少量 CaO、MgO 等,经过高温煅烧,具有较好的活性。

4) 硅灰

硅灰也叫凝聚硅灰,是硅铁或金属硅生产过程中由矿热炉中的高纯石英、焦炭和木屑还原产生的无定形球状玻璃体颗粒,主要成分是 SiO_2。一般微硅粉的颜色在浅灰和深灰之间,SiO_2 本身是无色的,其颜色主要取决于碳和氧化铁的含量,碳含量越高,颜色越暗,另外增密的硅粉要比自然硅粉颜色暗。硅粉的粒径都小于 1μm,平均粒径为 0.1μm 左右,是水泥颗粒直径的 1/100,具有极大的比表面积。所以硅粉能高度分散于混凝土中,填充在水泥颗粒之间而提高密实度,同时微硅粉具有很高的活性,能更快更全面地与水泥水化产生的氧氢化合物反应。

硅灰的主要成分是活性 SiO_2,其含量越高,微硅粉的性能越好。微硅粉是一种超细粉末物质,它之所以能提高混凝土的强度,关键在于提高了水泥浆体与骨料之间的黏结强度,防止水分在骨料下表面聚集,从而提高界面过渡区的密实度和减小界面过渡区的厚度。微硅粉的粒径比水泥颗粒要小 100 倍,填充于水泥颗粒的空隙之间,其效果如同水泥颗料填充在骨料之间一样,增加混凝土的密实度。

硅灰用于混凝土中填充颗粒空隙,提高体积密度和降低孔隙率。同时,微硅粉在混凝土中具有火山灰反应,微硅粉水化形成的富硅凝胶,强度高于 $Ca(OH)_2$ 晶体,与水泥水化凝胶 C—S—H 共同工作。

微硅粉在混凝土中优良作用的前提条件之一,就是良好地分散在混凝土中。由于硅灰很细,需水量很大,所以硅灰通常要与高效减水剂一起使用。

4.6.2 混凝土外加剂

1) 外加剂的分类与作用

混凝土外加剂是在拌制混凝土过程中加入,用以改善混凝土性能的物质。外加剂的掺量不大于水泥质量的 5%(特殊情况除外)。按照这个定义,混凝土外加剂在混凝土中用量很少,却能有效地改善混凝土的各种性能。外加剂和掺和料共同成为混凝土的第五大组分。

混凝土外加剂种类很多,每种外加剂按其所具有的一种或多种功能给出定义,并根据其对混凝土改性的主要功能命名。凡属于复合性的外加剂常具有数种主要功能,常按其一种以上主要功能命名。

外加剂可按其组成、化学作用或物理化学作用来分类,也可以材料的作用、效果或使用目的为主来分类。通常按其一种或数种主要功能分为以下五类:

(1) 改善新拌混凝土流变性能:减水剂、引气剂、保水剂等。

(2) 调节混凝土凝结、硬化性能:缓凝剂、早强剂、速凝剂等。

(3) 调节混凝土气体含量:引气剂、泡沫剂、消泡剂等。

(4) 改善混凝土耐久性:引气剂、阻锈剂、抗冻剂、抗渗剂等。

(5) 为混凝土提供特殊性能:发气剂、泡沫剂、着色剂、膨胀剂、碱骨料反应抑制剂等。

在混凝土中使用外加剂，是提高混凝土强度、改善混凝土性能、节省生产能源、保护环境的最有效措施。混凝土外加剂的出现比混凝土要迟100多年，但它的发展速度非常快，品种越来越多，应用越来越广，在现代混凝土技术中发挥了极其重要的作用。

2）减水剂

（1）减水剂的种类

减水剂是外加剂中使用最广、使用量最大的一种。减水剂种类很多，按减水量的大小可以分为普通减水剂和高效减水剂。另外，还有更多的品种是复合多功能外加剂。

混凝土工程中采用下列普通减水剂：木质素磺酸盐类、木质素磺酸钙、木质素磺酸钠、木质素磺酸镁及丹宁等。

采用的高效减水剂有：

① 多环芳香族磺酸盐类：萘和萘的同系磺化物与甲醛缩合的盐类、氨基磺酸钴等。

② 水溶性树脂磺酸盐类：磺化三聚氰胺树脂、磺化古码隆树脂等。

③ 脂肪族类：聚羧酸盐类、聚丙烯酸盐类、脂肪族轻甲基磺酸盐高缩聚物等。

④ 其他：改性木质素磺酸钙、改性丹宁等。

（2）减水剂作用机理

外加剂的减水作用主要是由于混凝土对减水剂的吸附和分散作用。水泥在加水搅拌及凝结硬化过程中会产生一些絮凝结构，其中包裹着很多拌和水分，从而减少了水泥水化所需的水量，降低了新拌混凝土的和易性。为了保持和易性，就要增加拌和水量。

外加剂加入后，减水剂的憎水基团定向吸附在水泥质点表面，亲水基团指向水溶液，组成了单分子吸附膜。这种定向吸附使水泥表面上带有相同符号的电荷。在同性电斥力的作用下，水泥-水体系处于相对稳定的悬浮状态，并使水泥在加水初期形成的絮凝结构分散解体，其中包裹的水分释放出来，从而达到了减水的效果。

减水作用还与外加剂的湿润和润滑作用有关。加入外加剂，水泥加水拌和后，水分更易于湿润水泥颗粒，并在水泥颗粒表面形成一层稳定的溶剂化膜，这层膜阻止了水泥颗粒的直接接触，并在颗粒间起润滑作用，使得在保持用水量不变的条件下，混凝土和易性得到改善，或者在和易性保持不变的条件下减少用水量。

（3）常用减水剂

① 木质素磺酸盐类减水剂

木质素磺酸盐类减水剂是使用得最多的普通型减水剂。木质素磺酸盐是亚硫酸法生产化纤浆或纸浆后被分离出来的物质，属于阴离子表面活性剂。

此类减水剂中产量最大的是木质素磺酸钙，简称木钙。此外，还有木质素磺酸镁、木质素磺酸钠等。减水率一般在8%～15%。

木质素磺酸盐类减水剂有较大的引气量，且有一定的缓凝性，浇注后需要较长时间才能形成一定的结构强度，所以在蒸养混凝土中使用时要注意延长静停时间或减小掺量，否则蒸养混凝土会产生微裂缝、表面疏松、起鼓及肿胀等质量问题，因此木质素磺酸盐类减水剂不宜单独使用于蒸养混凝土。同时，温度较低时缓凝、早强低等现象更为突出，在日最低气温高于5℃时较为适用。

木质素磺酸盐类减水剂一般减水率不高，而且缓凝、引气，使用中一定要控制适宜的掺量。一般适宜掺量，单独使用时为0.25%，不超过0.3%。掺量过大，会引起强度下降，或者很长时间不凝结，也不经济。

使用此类减水剂要注意相容性问题。如果水泥采用的是硬石膏或氟石膏作为调凝剂，在掺用木钙时会引起假凝现象，就是在混凝土中掺入减水剂停止搅拌十几分钟后混凝土就开始推动流动性而变硬，但在超过正常的凝结时间以后强度却很低。木钙在使用到复合外加剂中时，与高效减水剂配制成溶液时，也可能产生沉淀。

② 萘系减水剂

萘系减水剂为高效减水剂，化学名称为聚甲基萘磺酸钠，结构中带有磺酸基团，对水泥分散性好，减水率高，减水率在15%左右，高浓型减水率可达20%以上。萘系减水剂含碱量低，对水泥适用性好，不引气，也不产生缓凝作用，是目前国内使用量最大的高效减水剂。

③ 三聚氰胺系减水剂

三聚氰胺是一种高分子聚合物表面活性剂，属阴离子型表面活性剂，为高效减水剂。其性能与萘系减水剂接近。该减水剂在常温稳定状态下浓度为20%左右的无色液体。温度高时或加热时易分解，但低温保存不会析出，也不改变性质。也可以用真空干燥方法制成白色粉末状，但性能会比液态略有降低。

三聚氰胺系减水剂性能与萘系减水剂接近，与萘系一样属于非引气型减水剂，也无缓凝作用，对水泥和蒸汽养护的适应性好，并且坍落度损失小，耐高温性能好。

3）早强剂

早强剂就是能提高混凝土早期强度的外加剂。混凝土工程中采用的早强剂有以下几种：①强电解质无机盐类早强剂：硫酸盐、硫酸复盐、硝酸盐、亚硝酸盐、氯盐等；②水溶性有机化合物：三乙醇胺、甲酸盐、乙酸盐、丙酸盐等；③其他：有机化合物、无机盐复合物。混凝土工程中还可采用由早强剂与减水剂复合而成的早强减水剂。

(1) 无机盐类早强剂

① 氯化钙

氯化钙具有明显的早强作用，在混凝土中掺入氯化钙可加速水泥的水化，早期水化热有明显提高。由于氯化钙能与水泥中的 C_3A 作用，形成水化氯铝酸钙，促进了 C_3S 和 C_2S 的水化，从而起到早强作用。氯化钙在低温情况下，仍然能起到早强作用。

氯化钙掺入混凝土中会增大混凝土收缩，同时，氯离子对钢筋锈蚀有促进作用，因此，在预应力混凝土中禁止使用，在钢筋混凝土中要按相关规范进行使用。

② 硫酸钠

硫酸钠在水泥水化硬化过程中与水泥水化产生的 $Ca(OH)_2$ 发生以下反应：

$$NaSO_4+Ca(OH)_2+2H_2O = CaSO_4\cdot 2H_2O+2NaOH \tag{4-7}$$

所形成的 $CaSO_4\cdot 2H_2O$ 颗粒细小，能比水泥中原有的 $CaSO_4\cdot 2H_2O$ 更快地参加水化反应：

$$CaSO_4\cdot 2H_2O+C_3A+10H_2O = 3CaO\cdot Al_2O_3\cdot CaSO_4\cdot 12H_2O \tag{4-8}$$

水化硫铝酸钙更快地生成，水泥的水化硬化速度加快，从而促进了早强的增长，掺硫酸钠早强剂的混凝土，1d强度提高很明显。

当混凝土中采用掺大量混合材料的水泥或在混凝土中掺有活性掺和料时，水化反应中生成的NaOH会提高体系的碱度，促进早期强度发展。

硫酸钠的掺量有一最佳值，一般为1%～3%。掺量低时，早强作用不明显；掺量高时，虽然早期强度增长快，但是后期强度损失也大；在蒸养混凝土中掺量过多时，由于钙钒石大量快速生成，会使混凝土膨胀开裂。另外，当混凝土中有活性骨料时，容易引起碱骨料反应。

③ 硝酸盐类

硝酸钠、亚硝酸钠、硝酸钙、亚硝酸钙都具有早强作用，尤其是作为低温、负温早强、防冻剂。

亚硝酸钠和硝酸钠对水泥的水化有促进作用，而且可以改善混凝土的孔结构。亚硝酸钙和硝酸钙往往组合使用，它们能促进低温和负温下的水泥水化反应，加速混凝土硬化，增加混凝土的密实性，提高抗渗性和耐久性。

④ 碳酸盐类

碳酸钠、碳酸钾、碳酸锂都能在负温下明显加快混凝土凝结时间，增进混凝土强度。碳酸盐能减小混凝土内部总孔隙率，提高抗渗性。

(2) 有机化合物早强剂

三乙醇胺是最常用的混凝土早强剂，其早强作用是由于它能促进 C_3A 的水化。在 C_3A 的水化过程中，三乙醇胺能加快钙钒石的生成，促进早强；三乙醇胺还能提高水化产物的扩散速率，缩短水泥水化过程的潜伏期，提高早期强度。

三乙醇胺掺量较小，一般为 0.02%～0.05%，低温早强效果明显。当掺量较大时，由于钙钒石的加速形成，会缩短凝结时间。三乙醇胺对 C_3S、C_2S 的水化有一定的抑制作用，后期这些矿物的水化产物得以充分的生长、致密，因而后期强度也能提高。

(3) 复合早强剂

复合早强剂就是两种或多种不同的早强剂组合在一起形成的早强剂。各种早强剂均有其优点和局限性，采用复合的方法可以发挥优点，克服不足，从而大大拓展应用范围。

常用的复合早强剂有含硫酸盐的复合早强剂、含三乙醇胺的复合早强剂、含三异丙醇胺的复合早强剂等。

掺加复合早强剂，常能获得更显著的早强效果，并对混凝土的许多物理力学性能均产生较好的效果。

4) 引气剂

引气剂就是能在混凝土中引入微小空气泡，并在硬化后仍能保留这些气泡的外加剂。混凝土工程中可采用下列引气剂：①松香树脂类：松香热聚物、松香皂类等；②烷基和烷基芳烃磺酸盐类：十二烷基磺酸盐、烷基苯磺酸盐、烷基苯酚聚氧乙烯醚等；③脂肪醇磺酸盐类：脂肪醇聚氧乙烯醚、脂肪醇聚氧乙烯磺酸钠、脂肪醇硫酸钠等；④皂甙类：三萜皂甙等；⑤其他：蛋白质盐、石油磺酸盐等。混凝土工程中可采用由引气剂与减水剂复合而成的引气减水剂。

引气剂大部分是阴离子表面活性剂。含有引气剂的混凝土加水搅拌时，由于引气剂能显著降低水的表面张力和界面能，使水溶液在搅拌过程中极易产生许多微小的封闭气泡，气泡直径大多在 200μm 以下。

引气剂通过物理作用在混凝土中引入稳定的微气泡，可以起到以下作用：

(1) 改善混凝土的和易性。引气剂的掺入使混凝土拌和物内形成大量微小的封闭状气泡，这些微气泡如同滚珠一样，能减少骨料颗粒间的摩擦阻力，增加混凝土拌和物的流动性。若保持流动性不变，就可减少用水量。同时，由于水分均匀分布在大量气泡的表面，这就使能自由移动的水量减少，混凝土的泌水量因此减少，而保水性、黏聚性相应提高。

(2) 降低混凝土的强度。由于大量气泡的存在，减少了干粉砂浆的有效受力面积，使混凝土强度有所降低。但引气剂有一定的减水作用(尤其像引气减水剂，减水作用更为显著)，水灰比的降低使强度得到一定补偿。但引气剂的加入还是会使混凝土的强度下降，特别是抗压强度。因此，引气剂的掺量应严格控制，可以通过测试混凝土的含气量、施工性能和相关强度来确定最佳添加量。此外，由于大量气泡的存在，使混凝土弹性模量有所降低，这有利于提高混凝土的抗裂性。

(3) 提高混凝土的抗渗性、抗冻性

引气剂使混凝土拌和物泌水性减小(一般泌水量可减少 35%～40%)，因此泌水通道的毛细管也相应减少。同时，大量封闭的微气泡的存在，堵塞或隔断了混凝土中毛细管渗水通道，改变了混凝土的孔结构，使混凝土抗渗性得到提高。气泡有较大的弹性变形能力，对由水结冰所产生的膨胀应力有一定的缓冲作用，因而混凝土的抗冻性得到提高，耐久性也随之提高。

引气剂适用于受到冻融等作用和骨料质量差、泌水严重，以及泵送混凝土、防渗混凝土、水工混凝土、港工混凝土和大体积混凝土。但不适用于蒸养混凝土和高强混凝土。

5) 缓凝剂

缓凝剂是一种能延迟水泥的水化反应，从而延缓混凝土凝结，同时对混凝土长期性能影响很小的外加剂。这类外加剂可分为两类：具有减水效果的称为缓凝减水剂；无减水效果仅起缓凝作用的称为缓凝剂。

混凝土工程中可采用下列缓凝剂及缓凝减水剂：①糖类：糖钙、葡萄糖酸盐等；②木质素磺酸盐类：木质素磺酸钙、木质素磺酸钠等；③羟基羧酸及其盐类：柠檬酸、酒石酸钾钠等；④无机盐类：锌盐、磷酸盐等；⑤其他：胺盐及其衍生物、纤维素醚等。还有由缓凝剂与高效减水剂复合而成的缓凝高效减水剂。

水泥的凝结时间与水泥矿物的水化速度、水泥-水体系的凝聚过程和加水量有关。缓凝剂的作用原理就是通过改变水泥矿物水化速度、水泥-水体系的凝聚过程和加水量来发挥缓凝作用的。有机表面活性剂都能吸附于水泥矿物表面，阻止水泥矿物与水的接触，并且表面活性剂的亲水基团能吸附大量水分子，使扩散层水膜增厚，从而起到缓凝作用。有些无机化合物能与水泥水化产物生成复盐，吸附在水泥矿物表面，阻止水泥矿物水化，起到缓凝作用。

缓凝剂在不损害混凝土后期强度及其增长条件下，能延缓混凝土凝结。缓凝的长短与拌和物组成、水泥组成和缓凝剂掺量有关。当缓凝阶段缓凝剂作用完成后，水化反应仍以正常速度进行，有时还可以加快。缓凝减水剂通过减少用水量可提高混凝土强度；有些缓凝剂有分散作用，可增加混凝土的流动性；一些缓凝剂可提高混凝土的耐久性，控制混凝土的收缩而对混凝土和徐变没有什么影响。

缓凝剂、缓凝减水剂及缓凝高效减水剂可用于大体积混凝土、碾压混凝土、炎热气候条件下施工的混凝土、大面积浇筑的混凝土、避免冷缝产生的混凝土、需较长时间停放或长距离运输的混凝土、自流平免振混凝土、滑模施工或拉模施工的混凝土以及其他需要延缓凝结时间的混凝土。缓凝高效减水剂可制备高强高性能混凝土。

6) 速凝剂

速凝剂是一种能增加水泥和水之间反应的初速度，从而促进混凝土迅速凝结硬化的外加剂。与早强剂不同，速凝剂能更快地使水泥凝结。在喷射混凝土工程中可采用的粉状速凝剂，有以铝酸盐、碳酸盐等为主要成分的无机盐混合物等。

速凝剂掺入混凝土后可以使混凝土 5min 达到初凝，10min 达到终凝，1h 就可产生强度，1d 的强度可提高 2～3 倍，但是后期强度会下降。速凝剂常用于采用喷射法施工的喷射混凝土，亦可用于需要速凝的其他混凝土。

7）抗冻剂

抗冻剂又称为防冻剂，是冬期混凝土施工为防止混凝土冻结而使用的外加剂。冬期施工中常将防冻剂和引气剂、减水剂、早强剂等复合使用。

抗冻剂的作用是在负温下确保混凝土中有液相存在，从而保证水泥矿物水化和硬化。抗冻剂的作用机理是：加入混凝土中，降低了孔溶液的冰点，并且生成了溶剂化物，即在被溶解物质与水分子间形成了比较稳定的组分，孔溶液中的水结冰更加困难。

有抗冻剂时生成的冰，结构有缺陷，强度很低，结构呈薄片状，不会对混凝土产生显著的损害。此外，抗冻剂还参加水泥的水化过程，改变熟料矿物的溶解性及水化产物，并且有利于水化产物的稳定。

抗冻剂品种很多，混凝土工程中可采用下列防冻剂：①强电解质无机盐类：以氯盐为防冻组分的外加剂；以氯盐与阻锈组分为防冻组分的外加剂；以亚硝酸盐、硝酸盐等无机盐为防冻组分的外加剂。②水溶性有机化合物类：以某些醇类等有机化合物为防冻组分的外加剂。③有机化合物与无机盐复合类。④复合型防冻剂：以防冻组分复合早强、引气、减水等组分的外加剂。

8）阻锈剂

阻锈剂是能抑制或减轻混凝土中钢筋腐蚀的外加剂。

钢筋锈蚀是一个电化学过程。钢筋在混凝土的碱性环境中，表面会产生一种钝化膜，它起保护钢筋的作用。但在有害离子侵蚀或混凝土碱度降低时，这层钝化膜遭到破坏，形成许多微电池，腐蚀钢筋，导致生锈。钢筋阻锈剂可以阻止微电池腐蚀过程，使钢筋表面的钝化膜得以形成或修复。

阻锈剂按形态可分为水剂型和粉剂型；按材料性质可分为无机阻锈剂和有机阻锈剂；按阻锈作用机理可分为控制阳极阻锈剂、控制阴极阻锈剂、吸附型及渗透迁移阻锈剂。

9）外加剂的选择与使用

几乎各种混凝土都可以掺用外加剂，但必须根据工程需要、施工条件和施工工艺等选择，通过试验及技术经济比较确定合适的外加剂。对一般混凝土主要采用普通减水剂，配早强、高强混凝土时采用高效减水剂；在气温高时，掺用引气性大的减水剂或缓凝减水剂，在气温低时，一般不用单一的引气型减水剂，多用复合早强减水剂；为了提高混凝土的和易性，一般要掺引气减水剂；湿热养护混凝土多用非引气型高效减水剂。北方低温施工的混凝土要采用防冻剂，有防水要求时需采用防水剂、抗渗剂，高层建筑、大体积结构采用泵送混凝土时应使用泵送剂等。根据不同混凝土施工及性能要求选用外加剂种类，各种外加剂有各自的特点，不宜互为代用，如将高效减水剂作普通减水剂用或将普通减水剂当早强减水剂用都是不合适的，也是不经济的。

外加剂存在与水泥相容性、适应性问题。不同品种的水泥，其矿物组成、调凝剂、混合材料及细度等各不相同，若在外加剂和掺量均相同的情况下，则应用结果（减水率、坍落度、泌水离析等)会有差别。在初步选用外加剂品牌后,就要进行水泥与外加剂适应性试验。

外加剂的用量可参照制造商提供的选择,但由于外加剂的准确效果取决于水泥组成、骨料特性、配合比、施工工艺、环境条件等,故需要结合具体的工程由试验确定。

在使用外加剂时,要考虑其对混凝土其他性能可能产生的影响,特别是一些不利的影响。由于外加剂在混凝土中用量很少,准确的计量也是确保外加剂使用效果的一个重要方面。对人体产生危害、对环境产生污染的外加剂严禁使用。

4.7 混凝土的质量控制与强度评定

4.7.1 混凝土质量波动的原因

混凝土的质量包括混凝土拌和物的和易性、混凝土强度和混凝土的耐久性等方面的内容。在混凝土生成过程中,混凝土的质量波动是不可避免的,所以必须对混凝土的质量进行及时的检测和控制,以保证总能得到优质的混凝土。

引起混凝土质量波动的主要因素有:

(1) 原材料的影响。如水泥的品种与强度的改变,砂、石的种类和质量(包括杂质的含量、级配、粒径、粒形等)的变化,尤其是骨料含水率的变化对混凝土质量的影响较大。

(2) 生产过程中施工情况的影响。如组成材料的计量误差,水灰比的波动,搅拌时间长短不一,混凝土拌和物浇捣时密实程度不同,混凝土养护时温度、湿度条件的变化等,都会影响混凝土的质量。

(3) 试验条件的影响。在成型混凝土试件时,取样的方法、成型时密实程度、养护的条件、强度试验时加荷速度的快慢及试验者本身的误差等也都会影响混凝土的质量。

4.7.2 混凝土质量波动的规律

混凝土的抗压强度与混凝土的其他性能有着很紧密的关联,它能较好地反映混凝土的全面质量。一般如果混凝土的强度满足要求,则混凝土的其他性能也能满足要求。因此,在工程实际中,常以混凝土的抗压强度作为混凝土质量控制时采用的指标,同时也作为评定混凝土生产质量水平的依据。

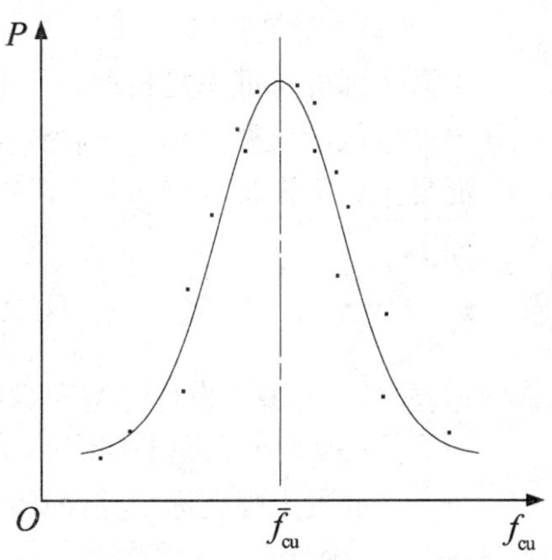

图 4-14 混凝土强度的正态分布曲线

在混凝土生产条件保持连续一致时,混凝土抗压强度的波动规律呈正态分布,即在强度的平均值附近,混凝土强度出现的次数最多,离强度的平均值越远,混凝土强度出现的次数越少。图 4-14 是混凝土强度波动的正态分布曲线图。图中横坐标表示混凝土的强度,纵坐标表示概率密度。混凝土强度正态分布曲线高而窄时,表明混凝土强度值波动范围小,说明混凝土施工质量水平较好;反之,如曲线矮而宽,则表明混凝土强度值波动范围大、离散性大，说明混凝土施工质量水平差。

4.7.3 混凝土质量评定的指标

由于混凝土强度波动呈正态分布规律，可以用数理统计的方法来对混凝土的质量进行评定。常用的评定指标有混凝土的平均强度、强度标准差、变异系数和强度保证率等。

1）混凝土强度平均值($\overline{f}_{cu}$)

$$\overline{f}_{cu} = \frac{1}{n}\sum_{i=1}^{n} f_{cu,i} \tag{4-9}$$

式中：n——混凝土试件组数；

$f_{cu,i}$——混凝土第 i 组试件的抗压强度值。

2）混凝土强度标准差(σ)

标准差又称均方差。混凝土强度标准差越小，说明混凝土强度离散性越小，混凝土质量控制越稳定，混凝土施工水平越高；混凝土强度标准差越大，说明混凝土强度离散性越大，混凝土质量控制越不稳定，混凝土施工水平越低。强度标准差的计算公式如下：

$$\sigma = \sqrt{\frac{\sum_{i=1}^{n} f_{cu,i}^2 - n\overline{f}_{cu}^2}{n-1}} = \sqrt{\frac{\sum_{i=1}^{n} (f_{cu,i} - \overline{f}_{cu})^2}{n-1}} \tag{4-10}$$

3）变异系数(C_v)

变异系数也称离差系数，计算公式为：

$$C_v = \frac{\sigma}{\overline{f}_{cu}} \tag{4-11}$$

由于混凝土强度标准差随混凝土强度的提高而增大，故采用变异系数作为评定混凝土质量均匀性的指标要比采用强度标准差更准确。变异系数越小，表示混凝土质量越稳定，混凝土质量的均匀性越好。比如强度标准差相同的两批混凝土，第一批混凝土的平均强度为20MPa，第二批混凝土的平均强度为 40MPa，很明显变异系数小的第二批混凝土的质量均匀性要好于第一批混凝土。

4）混凝土强度保证率(P)

混凝土强度保证率是指混凝土强度总体分布中大于等于设计强度等级的概率，而低于设计强度等级的概率则称为不合格率。

混凝土强度保证率(P)的计算方法为：先求出概率度 t(也称为强度保证率系数 t)，计算公式如下：

$$t = \frac{\overline{f}_{cu} - f_{cu,k}}{\sigma} \quad \text{或} \quad t = \frac{\overline{f}_{cu} - f_{cu,k}}{C_v\overline{f}_{cu}} \tag{4-12}$$

式中：$f_{cu,k}$——混凝土设计强度等级(MPa)；

f_{cu}——混凝土强度平均值(MPa)；

σ——混凝土强度标准差(MPa)；

C_v——变异系数。

再求 P，计算公式如下：

$$P = \frac{1}{\sqrt{2\pi}}\int_{-t}^{+\infty} e^{-\frac{t^2}{2}}\,dt \tag{4-13}$$

为了方便起见，也可以直接查表求不同的 t 对应的 P 值。

表 4-9　不同的 t 对应的 P 值

t	0.00	0.50	0.80	0.84	1.00	1.04	1.20	1.28	1.40	1.50	1.60
P(%)	50.0	69.2	78.8	80.0	84.1	85.1	88.5	90.0	91.9	93.3	94.5
t	1.645	1.70	1.75	1.81	1.88	1.96	2.00	2.05	2.33	2.50	3.00
P(%)	95.0	95.5	96.0	96.5	97.0	97.5	97.7	98.0	99.0	99.4	99.87

4.7.4　混凝土生产质量水平的评定方法

混凝土生产质量水平，可根据统计周期内混凝土强度标准差和试件强度不低于要求强度等级的百分率 P(%)分为优良、一般、差三个水平，具体划分标准见表 4-10 所示。

表 4-10　混凝土生产质量水平

<table>
<tr><td colspan="3">生产质量水平</td><td colspan="2">优良</td><td colspan="2">一般</td><td colspan="2">差</td></tr>
<tr><td colspan="3">混凝土强度等级</td><td><C20</td><td>≥C20</td><td>< C20</td><td>≥C20</td><td>< C20</td><td>≥C20</td></tr>
<tr><td rowspan="3">评定指标</td><td rowspan="2">混凝土强度标准差</td><td>预拌混凝土厂和预制混凝土构件厂</td><td>≤3.0</td><td>≤3.5</td><td>≤4.0</td><td>≤5.0</td><td>>4.0</td><td>>5.0</td></tr>
<tr><td>骨中搅拌混凝土的施工现场</td><td>≤3.5</td><td>≤4.0</td><td>≤4.5</td><td>≤5.5</td><td>>4.5</td><td>>5.5</td></tr>
<tr><td>强度不低于要求强度等级值的百分率 P(%)</td><td>预拌混凝土厂和预制混凝土构件厂及骨中搅拌混凝土的施工现场</td><td colspan="2">≥95</td><td colspan="2">>85</td><td colspan="2">≤85</td></tr>
</table>

4.7.5　混凝土的质量控制

1) 混凝土质量控制的内容

混凝土质量控制主要包括原材料质量控制和施工过程中的质量控制。

(1) 原材料质量控制

包括审查原材料生产许可证或使用许可证、产品合格证、质量证明书或质量试验报告单是否满足设计要求。在规定的时间内，对进场的原材料按规定的取样方法和检验方法进行复检，审查混凝土配合比通知单，实地查看原材料质量，试拌几盘混凝土(称为开盘鉴定)等。

(2) 施工过程中的质量控制

包括审查计量工具和计量的准确性，确定合适的进料容量和投料顺序，选定合理的搅拌时间，采用正确的运输、浇筑、捣实和养护方法等。

在混凝土生产过程中，通常要进行以下四个方面的检测：

① 测定砂、石的含水率，并依此确定施工配合比，每工作班检查一次。同时，在拌制过程中要检查组成材料的称量偏差，每工作班不应少于一次。

② 混凝土拌和物坍落度的检查。当坍落度的检查在浇筑地点进行时，每一工作班至少检查两次。如混凝土配合比有变动，也应及时检查坍落度。当混凝土在搅拌过程中时，应随

时检查其坍落度。

③ 水灰比的检查。水灰比是决定混凝土强度的最主要因素，如混凝土的和易性满足要求，同时水灰比又能控制好，则混凝土的强度和耐久性就有了很好的保证。采用混凝土水/水泥含量测量仪可快速测定混凝土的水含量和水泥含量，数据的采集、分析和结果的打印均自动完成，结果精确度高。

④ 混凝土强度的检查。混凝土的强度必须要进行抽查，抽查的频次和取样方法必须符合相关标准和规范的规定。混凝土立方体标准抗压强度主要用于施工验收，当确定结构构件的拆模、出池、出厂、放张等时刻的强度时，应采用与结构同条件养护的标准尺寸试件的混凝土强度。

2）混凝土质量控制图

为了便于及时掌握、分析混凝土质量的波动情况，常将质量检测得到的各项指标，如坍落度、水灰比和强度等绘成质量控制图。通过质量控制图可以及时发现问题，采取措施，以保证混凝土质量的稳定性。现以混凝土强度质量控制图(见图 4-15)为例来说明。

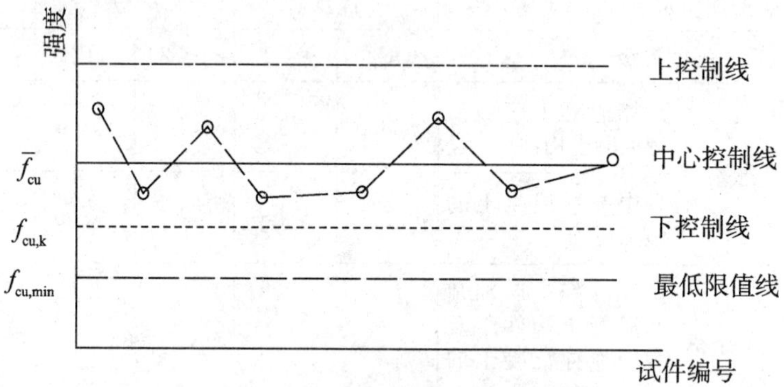

图 4-15　混凝土强度质量控制图

质量控制图纵坐标表示混凝土试件强度的测定值，横坐标表示试件编号和测定日期。中心控制线为强度平均值(即配制强度)，下控制线为混凝土设计强度等级，最低限值线 $f_{cu,min}=f_{cu,k}-0.7\sigma$。

把每次试验结果以点的形式逐日描绘在图上，当描绘出来的点同时满足下述条件时，认为生产过程处于正常稳定状态。

(1) 连续 25 点中没有一个在限外或连续 35 点中最多一点在限外或连续 100 点中最多 2 点在限外。

(2) 控制界限内的点的排列无下述异常现象：

① 连续 7 点及以上在中心线同一侧。

② 连续 7 点及以上有上升或下降趋势。

③ 连续 3 点中至少有 2 点落在二倍标准差与三倍标准差控制界限之间。

④ 点呈周期变化。

发现异常点应立即查明原因并予以纠正，如果强度测定值落在 $f_{cu,min}$ 以下，则混凝土质量有问题，不能验收。

4.8 普通混凝土的配合比设计

混凝土的配合比是指混凝土中各组成材料的质量比例关系，而确定这种比例关系的工作就叫配合比设计。

4.8.1 配合比设计前要准备的资料

混凝土配合比设计是建立在各种基本资料和设计要求的基础上的计算过程，要根据现场的原材料求出满足工程实际要求的配合比，在进行配合比设计前必须准备以下资料：

(1) 设计要求的混凝土强度等级。如有施工单位过去施工的类似混凝土的强度数据资料，则应据此求出混凝土强度标准差。

(2) 工程所处的环境对混凝土的耐久性要求，如对混凝土抗渗等级、抗冻等级的要求等。

(3) 设计要求的混凝土拌和物的坍落度。

(4) 结构截面尺寸和钢筋配置情况，以便确定粗骨料的最大粒径。

(5) 各种原材料的品种和技术指标

① 水泥的品种、实测强度(或强度等级)、密度等。

② 细骨料的品种、表观密度、堆积密度、吸水率及含水率、颗粒级配及粗细程度。

③ 粗骨料的品种、表观密度、堆积密度、吸水率及含水率、颗粒级配及最大粒径。

④ 拌和用水的水质情况。

⑤ 外加剂的品种、名称、特性和最佳掺量。

4.8.2 配合比设计的几个基本知识

1) 混凝土配合比设计要达到的目的

(1) 要使混凝土的强度等级达到设计要求。

(2) 要使混凝土的和易性满足施工要求。

(3) 要使混凝土的耐久性满足规定的要求。

(4) 符合经济原则，尽量节约水泥，降低混凝土的成本。

2) 混凝土配合比设计时要确定的三个基本参数

混凝土配合比设计时必须合理确定水灰比、单位用水量和砂率这三个基本参数。

确定这三个基本参数的原则是：根据混凝土的设计强度等级确定水灰比，并要根据混凝土耐久性要求对水灰比进行校核；根据混凝土拌和物流动性的大小、粗骨料的种类和最大粒径确定单位用水量；以砂填满石子的空隙并略有富余的原则确定砂率。

3) 计算混凝土配合比时的算料基准

所有原材料的用量都以质量计。一般情况下，骨料以干燥状态为计量基准，干燥状态的骨料是指含水率小于0.5%，砂或含水率小于0.2%的石子。混凝土外加剂由于数量少，在计算混凝土体积时，外加剂的体积忽略不计；在计算混凝土的表观密度时，外加剂的质量也忽略不计。

4）混凝土配合比的表示方法

混凝土配合比有两种表示方法：一种方法是以 $1m^3$ 混凝土中各组成材料的用量来表示，单位以千克计；另一种方法是以各组成材料之间的比例关系来表示。

4.8.3 配合比设计的确定步骤

按照《普通混凝土配合比设计规程》(JGJ 55—2000)的规定，普通混凝土配合比设计可分为以下四个步骤：

第一步：根据原材料的技术性质和设计要求通过计算求出混凝土的初步配合比；

第二步：经实验室的试配、调整得出和易性满足要求的基准配合比；

第三步：经混凝土强度、混凝土拌和物表观密度校核后，得出强度和表观密度都满足要求的实验室配合比(也称为设计配合比)；

第四步：根据现场砂石实际含水量进行配合比的调整，得出施工配合比。

1）初步配合比的计算步骤和方法

(1) 确定混凝土的配制强度($f_{cu,o}$)

$$f_{cu,o} = f_{cu,k} + 1.645\sigma \tag{4-14}$$

式中：$f_{cu,o}$——混凝土的配制强度；

$f_{cu,k}$——混凝土的设计强度等级；

σ——混凝土强度标准差。

(2) 求水灰比(W/C)

水灰比可由混凝土强度经验公式求得，计算公式如下：

$$\frac{W}{C} = \frac{Af_{ce}}{f_{cu,o} + ABf_{ce}} \tag{4-15}$$

水灰比求得后，还应进行混凝土耐久性方面的校核，如求得的水灰比大于表 4-8 规定的最大水灰比值时，应取表中规定的最大水灰比值。

(3) 确定单位用水量(W_o)

根据粗骨料的种类、最大粒径和设计要求的塌落度值，查表 4-6 确定。

(4) 求水泥用量(C_o)

$$C_o = \frac{W_o}{W/C} \tag{4-16}$$

水泥用量求得后，还应进行混凝土耐久性方面的校核，如求得的水泥用量小于表 4-8 规定的最小水泥用量时，应取表中规定的最小水泥用量。

(5) 确定合适的砂率值(S_p)

砂率的确定应在保证混凝土黏聚性和保水性的前提下，尽量选用较小的砂率，以减少水泥用量。确定砂率的方法通常有查表法、计算法和试验法。

① 查表法

根据粗骨料的种类、最大粒径和混凝土水灰比值，查表 4-7 确定。如表中没有对应的粗骨料最大粒径值或混凝土水灰比值，则可用插值法求出合适的砂率值。

② 计算法

计算法的基本思想是混凝土的砂率应以细骨料体积填充粗骨料空隙后稍有富余为原则来确定，以保证有足够的砂浆使混凝土拌和物获得必要的和易性。砂率具体的计算公式如下：

$$V'_{os}=V'_{og}P'_{o} \tag{4-17}$$

$$S_p=\beta\frac{S}{S+G}=\beta\frac{\rho'_{os}V'_{os}}{\rho'_{os}V'_{os}+\rho'_{og}V'_{og}}=\beta\frac{\rho'_{os}V'_{og}P'_{o}}{\rho'_{os}V'_{og}P'_{o}+\rho'_{og}V'_{og}}=\beta\frac{\rho'_{os}P'_{o}}{\rho'_{os}P'_{o}+\rho'_{og}} \tag{4-18}$$

式中：V'_{os}，V'_{og}——分别为砂、石的堆积体积（cm^3）；

ρ'_{os}，ρ'_{og}——分别为砂、石的堆积密度（g/cm^3）；

P'_{o}——石子的空隙率（%）；

β——砂浆剩余系数，又称拨开系数，一般取 1.1～1.4。

③ 试验法

对于有特殊性能要求的混凝土或混凝土的用量很大时，为获得更好的技术经济效果，可在查表或计算的基础上，通过试验方法来进一步确定混凝土的砂率。具体做法如下：拌制五组以上不同砂率的混凝土拌和物，各组用水量和水泥用量相同，而砂率值每组相差 2%～3%。试验时应测定每组拌和物的坍落度，并检查黏聚性和保水性。一般砂率过大，拌和物的流动性较小，且黏聚性也不易保证；而砂率过小，因砂浆量不足，也会降低拌和物的流动性，且保水性会较差。因此可绘制出混凝土拌和物的砂率与坍落度的关系曲线图和砂率与水泥用量的关系图，在图中找出对应坍落度最大值时的砂率和对应水泥用量最少时的砂率，确定出合理砂率的范围，在此范围内，再结合查表法和计算法综合确定出合理砂率值。

（6）求砂用量（S_o）和石用量（G_o）

求砂用量和石用量有两种方法，一种方法是体积法，另一种方法是重量法，其中体积法为最基本的方法。

① 体积法

体积法的基本原理是：捣实后的混凝土拌和物的体积等于各组成材料的绝对体积及混凝土拌和物内空气体积之和。据此原理，就有如下公式：

$$\frac{C_o}{\rho_c}+\frac{W_o}{\rho_w}+\frac{S_o}{\rho_{os}}+\frac{G_o}{\rho_{og}}+10\alpha=1\ 000 \tag{4-19}$$

再根据砂率的定义有：

$$\frac{S_o}{S_o+G_o}\times 100\%=S_p \tag{4-20}$$

式中：C_o，W_o，S_o，G_o——分别表示水泥、水、砂、石的用量（kg）；

ρ_c，ρ_w，ρ_{os}，ρ_{og}——分别表示水泥的密度、水的密度、砂的表观密度和石的表观密度（g/cm^3）；

α——混凝土含气量的百分数（%），当不使用引气型外加剂时，可取 1。

将公式（4-19）、（4-20）联立起来，就可求出 S_o 和 G_o。

② 重量法

重量法的基本原理是：当混凝土所用的原材料种类不变时，则捣实后混凝土拌和物的表观密度基本保持不变。据此原理，预先假定出混凝土拌和物的表观密度（ρ_{oc}），就可得到下式：

$$C_o + W_o + S_o + G_o = \rho_{oc} \quad (4-21)$$

式中：ρ_{oc}——假定的混凝土拌和物的表观密度（kg/m^3），可根据本单位积累的资料确定，如缺乏资料，可根据骨料的表观密度、粒径和混凝土强度等级，在 2 400～2 450kg/m^3 范围内选取。

将公式(4-20)、(4-21)联立起来，就可求出 S_o 和 G_o。

(7) 计算外加剂用量(A_o)

外加剂的掺量以占水泥质量的百分数计，所以外加剂的用量等于水泥的质量乘以外加剂的掺量，即：

$$A_o = C_o \cdot r \quad (4-22)$$

式中：r——外加剂掺量(g)。

(8) 正确写出混凝土配合比

2) 配合比的试配和调整

第 1)部分是通过计算来求出混凝土配合比，通常叫初步配合比。由于初步配合比是根据经验公式和经验数据求得的，所以按初步配合比配制出的混凝土拌和物的和易性和混凝土强度等性能还不一定能满足设计要求。由初步配合比到工地现场采用的混凝土施工配合比还需经过不断试配和调整过程。

(1) 和易性的调整(得出基准配合比)

当粗骨料的最大粒径不大于 31.5mm 时，按初步配合比至少试拌 15L 混凝土拌和物，当粗骨料的最大粒径为 37.5mm 时，按初步配合比至少试拌 25L 混凝土拌和物，然后对混凝土拌和物的和易性进行测定。如混凝土拌和物的和易性不满足要求时则应进行调整，直至拌和物的和易性满足要求为止。混凝土拌和物和易性调整的方法如下：

① 当坍落度小于设计要求时，应保持水灰比不变，增加水泥浆的用量。

② 当坍落度大于设计要求时，应保持砂率不变，增加砂、石用量(相当于减少水泥浆的用量)。

③ 当黏聚性和保水性不好时(通常是砂用量偏少)，可适当增加砂用量(即增大砂率)。

④ 当拌和物中砂浆数量显得过多时，可单独加入适量的石子(即降低砂率)。

混凝土拌和物的和易性满足要求后的混凝土配合比就叫基准配合比。

(2) 混凝土拌和物强度、表观密度的校核(得出实验室配合比)

按基准配合比配制的混凝土的强度不一定满足设计要求，为此还必须进行混凝土强度的校核。校核步骤如下：

① 至少成型三组混凝土立方体试件(三个试件为一组)，混凝土立方体试件的边长应不小于 150mm×150mm×150mm。其中第一组试件为基准配合比；第二组试件的水灰比较基准配合比中的水灰比增大 0.05，用水量与基准配合比相同，根据拌和物的和易性，砂率可比基准配合比中砂率增大 1%；第三组试件的水灰比较基准配合比中的水灰比减小 0.05，用水量与基准配合比相同，根据拌和物和易性，砂率可比基准配合比中砂率减小 1%。

② 将三组试件放在标准条件下养护，至 28d 时测定其抗压强度。

③ 用作图法或计算法求出与混凝土配制强度($f_{cu,o}$)相对应的灰水比值，并按下列原则确定 1m^3 混凝土中各组成材料的用量：

用水量——取基准配合比中的用水量；

水泥用量——用水量乘以与配制强度相对应的灰水比而得；

粗、细骨料用量——取基准配合比中的粗、细骨料用量，并按与配制强度相对应的灰水比进行试拌调整。

a. 作图法

以混凝土强度为纵坐标、灰水比为横坐标画一个坐标图，根据每组试件的灰水比值和强度值在坐标图上描绘出三点，通过这三点作直线 L_1（根据混凝土强度经验公式，这三点应在同一条直线上），再在纵坐标上找出与混凝土试配强度相对应的点，然后通过该点引一条与横坐标平行的直线 L_2，直线 L_2 与直线 L_1 的交点对应的灰水比值就是与混凝土配制强度相对应的灰水比值。

b. 计算法

根据混凝土强度经验公式，混凝土的配制强度与灰水比成直线关系，于是可设：

$$f_{cu,o} = A\frac{C}{W} + B \tag{4-23}$$

然后将每组试件的灰水比值和强度值分别代入该公式，可得到三个方程，将这三个方程中的任何两个方程随机组合即可得到三个方程组，由这三个方程组可得到三个 A 值、三个 B 值，取其平均值得到 $\overline{A}$、$\overline{B}$，将 $\overline{A}$、$\overline{B}$ 代入公式(4-23)得到：

$$f_{cu,o} = \overline{A}\frac{C}{W} + \overline{B} \tag{4-24}$$

最后将设计要求的混凝土试配强度代入公式(4-24)并可求得对应的灰水比值。

④ 按初步配合比配制的混凝土拌和物还必须进行表观密度的校核，否则将出现“负方”或“超方”现象，即按初步配合比配制出来的 $1m^3$ 混凝土拌和物，其实际体积少于或多于 $1m^3$。当混凝土表观密度实测值与计算值之差的绝对值不超过计算值的 2%时，则无需进行表观密度的调整。当需要进行表观密度调整时，调整的方法如下：

a. 根据混凝土初步配合比算出混凝土拌和物的表观密度计算值($\rho_{oc,j}$)，即：

$$\rho_{oc,j} = m_c + m_w + m_s + m_g \tag{4-25}$$

式中：m_c、m_w、m_s、m_g——分别表示初步配合比中水泥、水、砂和石的用量。

b. 按初步配合比试配混凝土，测出混凝土拌和物表观密度的实测值($\rho_{oc,s}$)。

c. 算出表观密度校正系数 δ，即：

$$\delta = \frac{\rho_{oc,s}}{\rho_{oc,j}} \tag{4-26}$$

d. 将初步配合比中各组成材料的用量均乘以 δ，这时的配合比即为正式配合比，也叫实验室配合比。

(3) 混凝土施工配合比的确定

混凝土初步配合比、基准配合比和实验室配合比中砂、石材料的用量都是以干燥状态下质量为基准的，但工地现场的骨料通常会含有水分，因此必须将实验室配合比换算为考虑骨料含水量的施工配合比。

设施工配合比中水泥、水、砂、石的用量分别为 m'_c、m'_w、m'_s、m'_g，并设工地现场砂、石含水率分别为 $a\%$、$b\%$，则有：

$$m'_c = m_c \tag{4-27}$$

$$m'_w = m_w - m_s \cdot a\% - m_g \cdot b\% \tag{4-28}$$

$$m'_s = m_s(1 + a\%) \quad (4-29)$$

$$m'_g = m_g(1 + b\%) \quad (4-30)$$

工地现场的骨料由于是露天堆放，其含水率是经常变动的，因此要经常测定砂、石骨料的含水率，并及时调整混凝土施工配合比，避免骨料含水量的变化导致混凝土质量波动。

4.8.4 掺减水剂的混凝土配合比设计

混凝土掺减水剂不需要减水和减水泥时，其配合比设计步骤和不掺减水剂的混凝土相同。当混凝土中掺减水剂既要减水又要减水泥时，其计算步骤如下：

(1) 计算出空白混凝土(即不掺外加剂的混凝土)的计算配合比。

(2) 在空白混凝土的计算配合比基础上进行减水和减水泥，之后再计算出减水和减水泥后混凝土中水和水泥的用量。

(3) 按体积法或重量法求出混凝土中砂、石的用量。

(4) 计算减水剂的用量(以占水泥质量的百分率计)。

(5) 试拌和调整。

4.8.5 配合比设计的例题

【例 4-1】 某框架结构工程现浇钢筋混凝土梁，混凝土设计强度等级为 C30，施工采用机拌机振，混凝土坍落度设计要求为 35～50mm，并根据施工单位历史资料统计，混凝土强度标准差为 5MPa。所用原材料情况如下：

水泥：42.5 级矿渣水泥，水泥密度为 3.00g/cm^3，水泥强度富余系数为 1.08；

砂：中砂，级配合格，表观密度为 2.65g/cm^3；

石：5～31.5mm 碎石，级配合格，表观密度为 2.7g/cm^3；

外加剂：FDN 非引气型高效减水剂，适宜掺量为 0.5%。

试求：(1) 混凝土的计算配合比。

(2) 混凝土中加入高效减水剂后，决定减水 8%，减水泥 5%，求掺减水剂后的混凝土的配合比。

(3) 假定经试配后混凝土的强度和和易性都满足要求，无需作调整，又已知现场砂子的含水率为 3%，石子的含水率为 1%，试计算混凝土的施工配合比。

【解】 (1) 求混凝土的计算配合比

① 确定混凝土配制强度($f_{cu,o}$)

$$f_{cu,o} = f_{cu,k} + 1.645\sigma = 30 + 1.645 \times 5 = 38.23(\text{MPa})$$

② 确定水灰比(W/C)

$$\frac{W}{C} = \frac{0.46 \times 42.5 \times 1.08}{38.23 + 0.46 \times 0.07 \times 42.5 \times 1.08} = 0.53$$

由于框架结构混凝土梁处于干燥环境中，查表对所求的水灰比进行耐久性校核后可知，水灰比为 0.53 时符合要求。

③ 确定单位用水量(W_o)

查表 4-6 可知，应选取 $W_o = 185$kg。

④ 确定水泥用量(C_o)

$$C_o=\frac{W_o}{W/C}=\frac{185}{0.53}\approx349(\text{kg})$$

查表 4-6 对所求的水泥用量进行耐久性校核后可知，水泥用量为 349kg 时符合要求。

⑤ 确定砂率(S_p)

查表 4-7 可知，应选取 $S_p=35\%$(采用插值法求得)。

⑥ 计算砂、石用量(S_o、G_o)

用体积法计算，即有：

$$\frac{349}{3.00}+\frac{185}{1.00}+\frac{S_O}{2.65}+\frac{G_O}{2.70}+10\times1=1\,000 \qquad ①$$

$$\frac{S_o}{S_o+G_o}\times100\%=35\% \qquad ②$$

由公式①、②可求得：$S_o=644$kg，$G_o=1\,198$kg。

⑦ 写出混凝土的计算配合比

1m^3 混凝土中各材料的用量分别为：水泥 349kg；水 185kg；砂 644kg；石 1 198kg。也可表示为：

$C_o:S_o:G_o=1:1.85:3.43 \qquad W/C=0.53$

(2) 计算掺减水剂后混凝土的配合比

设掺减水剂后 1m^3 混凝土中水泥、水、砂、石、减水剂的用量分别为 C、W、S、G、J，则有：

$$C=349\times(1-5\%)\approx332(\text{kg})$$

$$W=185\times(1-8\%)\approx170(\text{kg})$$

$$J=332\times0.5\%\approx1.66(\text{kg})$$

$$\frac{332}{3.00}+\frac{170}{1.00}+\frac{S}{2.65}+\frac{G}{2.70}+10\times1=1\,000 \qquad ③$$

$$\frac{S}{S+G}\times100\%=35\% \qquad ④$$

由公式③、④可求出：$S=664$kg；$G=1\,233$kg。

(3) 换算成施工配合比

设混凝土的施工配合比中水泥、水、砂、石、减水剂的用量分别为 C'、W'、S'、G'、J'，则有：

$$C'=C=332(\text{kg})$$

$$W'=170-664\times3\%-1\,233\times1\%\approx138(\text{kg})$$

$$S'=664\times(1+3\%)\approx684(\text{kg})$$

$$G'=1\,233\times(1+1\%)\approx1\,245(\text{kg})$$

$$J'=J=1.66(\text{kg})$$

4.9 轻混凝土

轻混凝土是指表观密度小于 1 950kg/m^3 的混凝土。轻混凝土的主要特点是：

(1) 表观密度小。结构中使用轻混凝土能显著减小建筑物的自重，从而可以减少地基处理费用,减小柱子的截面尺寸,减少梁板中钢筋的用量,从而节约原材料和降低成本。

(2) 轻混凝土耐火性好。轻混凝土具有热膨胀系数小等特点,遇火时强度损失小,特别适合于耐火等级高的高层建筑。

(3) 轻混凝土具有很好的保温性能。由于轻混凝土的孔隙率较大,所以其导热系数较小,保温性能较好,能降低建筑物的能耗。

(4) 轻混凝土的弹性模量较小,受力时变形较大。轻混凝土的弹性模量只有同强度等级普通混凝土的30%~70%,从而在外力作用下产生的变形要大。这对要求高刚度的结构不利,但较大的变形有利于提高建筑物的抗震能力和抗动荷载能力。

(5) 易于加工。轻混凝土可钉可锯,具有很好的可加工性能。

轻混凝土按表观密度减小的方法不同可分为轻骨料混凝土、多孔混凝土和大孔混凝土。

4.9.1 轻骨料混凝土

用轻粗骨料、轻细骨料(或普通砂)和水泥配制成的干表观密度不大于 1 950kg/m³ 的混凝土,称为轻骨料混凝土。当粗、细骨料均为轻骨料时,称为全轻混凝土;当细骨料为普通砂时,称砂轻混凝土。

1) 轻骨料的种类和技术性质

(1) 轻骨料的种类

凡是粒径大于 4.75mm、干堆积密度小于 1 000kg/m³ 的轻质骨料,称为轻粗骨料;粒径不大于 4.75mm、干堆积密度小于 1 200kg/m³ 的轻质骨料,称为轻细骨料。

轻骨料按来源分为三类:天然轻骨料(如浮石、火山渣和轻砂等);工业废料轻骨料(如粉煤灰陶粒、膨胀矿渣、自然煤矸石等);人造轻骨料(如膨胀珍珠岩、页岩陶粒、黏土陶粒等)。

(2) 轻骨料的技术性质

对轻骨料的技术性质,除了要求其有害物质含量和耐久性符合规定外,主要还有以下几方面的要求:

① 堆积密度。轻骨料按其堆积密度划分密度等级,其指标应该符合 GB/T 17431—1998 的要求。

② 强度。轻骨料的强度的大小直接影响混凝土强度的大小,通常采用"筒压法"测定其筒压强度。但筒压强度不能反映轻骨料在混凝土中的真实强度,这是因为在压筒内骨料间是通过点接触来传递荷载;而在轻骨料混凝土中,骨料受硬化砂浆的约束,同时硬化的砂浆能起拱架作用,这些都有利于骨料强度的提高。因此,有关技术规程中还规定采用强度标号来评定轻粗骨料的强度。

强度标号:将轻粗骨料配制成混凝土,通过测定混凝土的强度,间接求出轻粗骨料在混凝土中的实际强度值,称为轻粗骨料的强度标号,它表示用该轻粗骨料配制混凝土时所得混凝土的合理强度范围。例如,强度标号为 25MPa 的轻粗骨料,适宜于配制强度等级为 CL25 的轻骨料混凝土。对于高强轻粗骨料,除筒压强度外,还必须测定其强度标号,其大小应不低于 GB/T 7431—1998 规定的要求。

③ 吸水率。轻骨料的吸水率比普通砂、石大很多,在进行轻骨料混凝土配合比设计时,要注意拌和用水量包括两部分,即满足混凝土拌和物和易性所需要的用水量和被轻骨料吸收的水量。

轻骨料的吸水率太大，会导致混凝土拌和物流动性损失较大、混凝土中水灰比和强度不稳定、加大混凝土的收缩，因此轻骨料的吸水率不能太大。超轻粗骨料的吸水率不大于15%～30%，普通轻粗骨料吸水率不大于10%～22%，高强轻粗骨料吸水率不大于8%～15%。

④ 最大粒径和颗粒级配。轻粗骨料的最大粒径较大时，轻骨料混凝土达到相同流动性时所需的水泥浆数量减少，可以节约水泥。但是轻粗骨料的粒径过大，其配制的混凝土的强度会下降，因此轻粗骨料的最大粒径不宜过大。轻骨料混凝土用轻粗骨料，其最大粒径不宜大于20mm。

2) 轻骨料混凝土的性质

(1) 轻骨料混凝土的强度等级

按立方体抗压强度标准值(其含义和普通混凝土抗压强度标准值相同)分为CL5.0、CL7.5、CL10、CL15、CL20、CL25、CL30、CL35、CL40、CL45、CL50共11个等级。

(2) 轻骨料混凝土的和易性

由于轻骨料的表观密度小，如轻骨料混凝土拌和物的流动性过大，则会使轻骨料上浮、离析，如流动性过小，则会使捣实困难，所以拌和物适用的流动性范围较窄。轻骨料混凝土拌和物流动性大小也主要取决于用水量，但由于轻骨料吸水率大，加入的用水量包括两部分：一部分是被骨料吸收的水量，它相当于轻骨料一小时的吸水量，这部分水量称为附加用水量；另一部分则是使混凝土拌和物获得要求的流动性和保证水泥正常水化所需的水量，这部分水量称为净用水量。此外，轻骨料混凝土拌和物的和易性也受砂率的影响，尤其是用轻细骨料时，拌和物的和易性随砂率增大而有所改善。所以，轻骨料混凝土的砂率一般比普通混凝土的砂率略大。

(3) 轻骨料混凝土的强度

由于轻骨料自身的强度较低，轻骨料混凝土的强度的决定性因素除了水泥强度和水灰比(净用水量/水泥用量)大小外，还包括轻骨料的强度。与普通混凝土相比，采用轻骨料会使混凝土强度降低，并且轻骨料用量越多，混凝土强度下降越大，混凝土的表观密度越小。由于受轻骨料自身强度的限制，每一种轻骨料配制的混凝土的强度的最大值是有限制的，如要配制强度大于这个最大值的混凝土，即使降低水灰比，混凝土的强度也不会有明显的提高。

(4) 轻骨料混凝土的变形性能

轻混凝土的收缩和徐变较大，当强度相等时，轻骨料混凝土的收缩变形要比普通混凝土大20%～50%，徐变变形要比普通混凝土大30%～69%，但热膨胀系数比普通混凝土小20%左右，这些性质使其应用受到限制。

(5) 轻骨料混凝土具有更好的抗渗性、抗冻性和耐火性

3) 轻骨料混凝土施工时应注意的事项

(1) 对强度低而易破碎的轻骨料，搅拌时要严格控制混凝土的搅拌时间。用膨胀珍珠岩、超轻陶粒等轻骨料配制的混凝土，在搅拌时，会使轻骨料粉碎，这样不仅改变了原骨料的级配、总表面积，而且轻骨料破碎后使原来封闭的空隙变成了开口孔隙，使骨料的吸水率增大，影响混凝土拌和物的和易性及硬化后的性质。

(2) 骨料可用干燥的轻骨料，也可将轻粗骨料预湿至水饱和。采用预湿骨料拌制的混凝土拌和物，和易性和水灰比比较稳定；采用干燥骨料则可省去预湿处理工序，但拌和混凝

土时必须根据骨料的吸水率正确增加用水量。

(3) 掺外加剂时，应先将外加剂溶于拌和用水中并搅拌均匀，在拌和物搅拌一定时间、轻骨料已预湿时，再加溶有外加剂的拌和用水一起搅拌，这样可以避免一部分外加剂被吸入轻骨料内部而失去作用。

(4) 轻骨料混凝土拌和物中轻骨料与其他组成材料之间密度差别较大，在运输、振动过程中容易离析、分层，轻骨料上浮，砂浆下沉，所以要尽量减小拌和物的运输距离，拌和物的振捣时间要适宜。另外，用于轻骨料吸水，拌和物的流动性损失速度比普通混凝土快，所以拌和物应尽快入模，一般从搅拌机卸料起到浇筑入模止不宜超过 45min。

(5) 轻骨料混凝土易产生干缩裂缝，浇筑成型后应及时保湿养护。

4.9.2 多孔混凝土

1) 定义和分类

多孔混凝土是指混凝土中无粗、细骨料，内部充满大量细小封闭气孔(空隙率高达 60%以上)的混凝土。多孔混凝土的质量轻，其表观密度不超过 1 000kg/m^3，通常在 300～800kg/m^3 之间；保温性能优良，导热系数随表观密度的降低而减小，一般为 0.09～0.17W/(m·K)；可加工性好，可锯、可刨、可钉、可钻。按气孔产生方法的不同，多孔混凝土可分为加气混凝土和泡沫混凝土。根据养护方法的不同，多孔混凝土可分为蒸压多孔混凝土和非蒸压(蒸汽或自然养护)多孔混凝土。由于蒸压加气混凝土在生产和性能上有较多的优点，故近年来发展较为迅速。

2) 蒸压加气混凝土

蒸压加气混凝土是用钙质材料(水泥、石灰)、硅质材料(石英砂、尾矿粉、粉煤灰粒状高炉矿渣、页岩等)和适量的加气剂为原料，经过磨细、配料、搅拌、浇注、切割和蒸压养护(在压力为 0.8～1.5MPa 下养护 6～8h)等工序生产而成。

加气剂常用铝粉，它能迅速与钙质材料中的氢氧化钙发生化学反应产生氢气，形成气泡，使料浆形成多孔结构。气化学反应式如下：

$$2Al+3Ca(OH)_2+6H_2O = 3CaO \cdot Al_2O_3 \cdot 6H_2O+3H_2 \qquad (4-31)$$

除铝粉外，还可用双氧水、碳化钙、漂白粉等作加气剂。

表 4-11 列出了不同种类加气混凝土配合比。

表 4-11　几种加气混凝土配合比实例

品种 (干表观密度)	水泥 (%)	矿渣或 石灰(%)	砂或粉 煤灰(%)	铝粉 (%)	水料比	浇注温度 (℃)	外加剂
水泥·矿渣·砂 (500 kg/m^3)	18～20	30～32	48～52	7～8	0.55～0.60	43～45	纯碱、硼砂、水玻璃净洗剂、拉开粉、可溶油等
水泥·矿渣·砂 (700 kg/m^3)	10～15	35～40	50～55	4～5	0.45～0.50	44～46	
水泥·石灰·粉煤灰 (500 kg/m^3)	15～17	15～17	65～70	6～7	0.60～0.65	40～50	石膏、拉开粉、可溶油、废料浆、三乙醇胺、水玻璃等
水泥·石灰·粉煤灰 (700 kg/m^3)	12～15	14～16	70～75	3～4	0.60～0.65	45～52	

续表 4-11

品种（干表观密度）	水泥（%）	矿渣或石灰（%）	砂或粉煤灰（%）	铝粉（%）	水料比	浇注温度（℃）	外加剂
水泥·石灰·砂（500 kg/m³）	10～15	20～30	58～65	7～8	0.62～0.66	38～42	石膏、三乙醇胺、废料浆、拉开粉、可溶性油等
水泥·石灰·砂（700 kg/m³）	10～12	25～30	60～70	4～5	0.50～0.55	38～42	

蒸压加气混凝土通常是在工厂预制成砌块或条板等制品。蒸压加气混凝土砌块按其强度和表观密度划分产品等级，其划分的标准参见《蒸压加气混凝土砌块》（GB/T 11968—2006）。

蒸压加气混凝土砌块适用于承重和非承重的内墙和外墙。加气混凝土条板可用于工业和民用建筑中，作承重和保温合一的屋面板和墙板。条板有配筋，钢筋必须经防锈处理。另外，加气混凝土和普通混凝土预制成复合墙板，用作外墙板。蒸压加气混凝土还可做成各种保温制品，如管道保温壳等。

蒸压加气混凝土的吸水率大，强度较低，其所用砌筑砂浆和抹面砂浆与砌筑砖墙时不同，需专门配制。墙体外表面必须作饰面处理，门窗的固定方法也与砖墙不同。

3）泡沫混凝土

泡沫混凝土是将由水泥等拌制的料浆与由泡沫剂搅拌而形成的泡沫混合搅拌，再经浇注、养护硬化而成的多孔混凝土。

泡沫剂是泡沫混凝土的主要成分，它在机械搅拌下能形成大量稳定的泡沫。通常用松香胶泡沫和水解性血泡沫剂。松香胶泡沫剂系用烧碱加水溶入松香粉，再与溶化的胶液（皮胶或骨胶）搅拌制成浓松香胶液，用时再用温水稀释，用力搅拌即成稳定的泡沫。水解性血泡沫剂系用动物血加苛性钠、盐酸、硫酸亚铁、水等制成，使用时经稀释搅拌成稳定的泡沫。

配制自然养护的泡沫混凝土，水泥强度不宜低于 32.5 级，否则强度太低。在制品生产时，常采用蒸汽养护或压蒸养护，这样可缩短养护时间，提高强度，还能掺用粉煤灰、炉渣或矿渣等工业废渣，节约水泥。甚至可以全部利用工业废渣代替水泥。如以粉煤灰、石灰、石膏等为胶凝材料再经压蒸养护，可制成蒸压泡沫混凝土。

泡沫混凝土的技术性质和应用，与相同表观密度的加气混凝土大体相同，也可在现场直接浇注，用作屋面保温层。

4.9.3 大孔混凝土

大孔混凝土是指无细骨料的混凝土。按其粗骨料的种类，可分为普通无砂大孔混凝土和轻骨料大孔混凝土两类。普通大孔混凝土是用碎石、卵石、重矿渣等配制而成。轻骨料大孔混凝土是用陶粒、浮石、碎砖、煤渣等配制而成。有时为了提高大孔混凝土的强度，也可掺入少量细骨料，这种混凝土称为少砂混凝土。

普通大孔混凝土的表观密度在 1 500～1 900kg/m³，抗压强度为 3.5～10MPa。轻骨料大孔混凝土的表观密度在 500～1 500kg/m³，抗压强度为 1.5～7.5MPa。

大孔混凝土的导热系数小，保温性能好，收缩一般较普通混凝土小 30%～50%，抗冻性优良。

大孔混凝土宜采用单一粒级的粗骨料，如粒级为10～20mm或10～30mm，不允许采用小于5mm和大于40mm的骨料。宜采用32.5级或42.5级的水泥。水灰比(对轻骨料大孔混凝土为净用水量的水灰比)可在0.30～0.40之间取用，应以水泥浆能均匀包裹在骨料表面而不流淌为准。

大孔混凝土适用于制作墙体小型空心砌块、砖和各种板材，也可用于现浇墙体。普通大孔混凝土还可制成滤水管、滤水板等应用于市政工程。

4.10 其他品种混凝土

4.10.1 高强混凝土

高强混凝土是指强度等级等于或大于C60的混凝土，C100以上的混凝土称超高强混凝土。实现混凝土高强的方法有很多，通常是几种方法同时使用。

1) 实现混凝土高强的途径

(1) 采用高强度等级的水泥，应选用质量稳定、强度等级不低于42.5级的硅酸盐水泥或普通水泥。

(2) 大幅度降低水灰比。这是提高混凝土强度最有效的方法。为了保证混凝土拌和物的和易性，这时必须使用高效减水剂。

(3) 掺入优质的掺和料。在混凝土中掺入硅灰、优质粉煤灰、优质磨细矿渣等，也能提高混凝土的强度。

(4) 采用优质的骨料，控制骨料的最大粒径。在混凝土中使用强度高、与水泥石黏结力强的岩石，如花岗岩、辉绿岩和石灰岩等可提高混凝土强度；另外，用颗粒状的水泥熟料作骨料能有效改善骨料与水泥石的界面强度，从而提高混凝土的强度。对强度等级为C60的混凝土，其粗骨料的最大粒径不应大于31.5mm；对强度等级高于C60的混凝土，其粗骨料的最大粒径不应大于25mm。粗骨料中针片状颗粒含量不宜大于5.0%，含泥量不应大于0.5%，泥块含量不宜大于0.2%。粗、细骨料的质量指标还应符合相关标准的规定。

(5) 采用增强材料。比如在混凝土中掺加钢纤维、碳纤维等纤维材料能显著提高混凝土的抗拉强度。

(6) 改变水泥水化产物的性质。如采用蒸压养护混凝土，先将成型的混凝土构件通过常压蒸汽养护，脱模后再入蒸压釜中高温蒸汽养护，这时将产生托贝莫莱石水化产物而使混凝土强度提高。

2) 高强混凝土配合比设计时应注意的问题

(1) 高强混凝土配合比设计方法和步骤与普通混凝土基本相同。

(2) 高强混凝土的水灰比可根据现有的试验资料选取(C60混凝土仍可用鲍罗米公式求得，C60以上混凝土的水灰比一般为0.25～0.30)。

(3) 高强混凝土的用水量可按普通混凝土单位用水量选取。

(4) 高强混凝土的水泥用量不应大于550kg/m^3，水泥和掺和料的总量不应大于600kg/m^3。胶凝材料用量过高会导致水化热高、干燥收缩大，而且当水泥用量超过一定范围后，混凝土的强度不再随水泥用量的增加而提高。

(5) 高强混凝土配合比的试配与调整的步骤同普通混凝土。但当采用三个不同的水灰比进行强度校正时，其中一个为基准配合比中的水灰比，另外两个水灰比宜较基准配合比中的水灰比分别增加和减小 0.02～0.03。

(6) 高强混凝土所用砂率和采用的掺和料、外加剂的品种数量应通过试验确定。

3) 高强混凝土的应用

高强混凝土除了强度高外，由于结构致密，同时具有极高的抗渗性和抗腐蚀性。因此，高强混凝土可应用于高层建筑的基础、梁、柱、楼板，预应力混凝土结构、大跨度结构、海底隧道、海上平台、现浇混凝土桥面板等等。

4.10.2 高性能混凝土

简而言之，高性能混凝土(High Performance Concrete，HPC)是指各方面性能都很优秀的混凝土。具体来说，高性能混凝土应具有高的耐久性、强度满足设计要求、好的体积稳定性(干缩、徐变、温度变形都要小，弹性模量大)、良好的工作性(流动性满足施工要求，黏聚性和保水性要好)。人们通常关注的是高性能混凝土的工作性和耐久性。

1) 高性能混凝土的实现途径

(1) 使用优质的原材料

水泥：水泥可采用硅酸盐水泥或普通硅酸盐水泥。为了提高混凝土的性能和强度，现在人们正在研制和应用球状水泥、调粒水泥和活化水泥等水泥。

骨料：应选用洁净、致密、强度高、表面粗糙、针片状颗粒少、级配优良的骨料，同时控制粗骨料的最大粒径。

掺和料：配制高性能混凝土必须掺入细的或超细的优质活性掺和料，如硅灰、磨细矿渣、优质粉煤灰和沸石粉等。加入到混凝土中的优质掺和料能改善混凝土的孔结构，改善骨料与水泥石的界面结构，提高界面黏结强度。

高效减水剂：配制高性能混凝土必须加入高效减水剂。由于高性能混凝土的水胶比(水的质量与胶凝材料总质量之比)都很小，为保证混凝土有一定的流动性，必须使用高效减水剂。应选用减水效率高、坍落度经时损失小的减水剂，同时应通过试验确定减水剂的合理用量。

(2) 优化混凝土的配合比

严格控制水胶比，水胶比应小于 0.4，目前最低的已达到 0.22～0.25。

控制单位用水量的数量和胶凝材料的总量。单位用水量一般小于 160kg，胶凝材料的总量一般不大于 500kg/m^3，掺和料等量取代水泥量可达 30%～40%。

砂率：应采用合理砂率，通常高性能混凝土的砂率为 34%～44%。

粗骨料的体积含量为 0.4 左右，最大粒径为 10～25mm。

(3) 采用良好的施工工艺

搅拌要均匀、振捣要密实、养护要充分等。

2) 高性能混凝土的特性

自密实性：高性能混凝土掺入了高效减水剂，流动性好，同时配合比得到了优化，拌和物黏聚性好，抗离析能力强，从而拌和物具有较好的自密实性。

体积稳定性：高性能混凝土弹性模量大，收缩和徐变小，温度变形小。

水化热：由于高性能混凝土中掺和料的用量较多，水泥用量相对较少，因而其水化热较低，放热速度也较慢。

耐久性：高性能混凝土的抗冻性、抗渗性、抗化学腐蚀性和抗氯离子渗透性能明显好于普通混凝土。另外，由于高性能混凝土中加入的活性掺和料能抑制碱-骨料反应，其抵抗碱-骨料反应的能力明显强于普通混凝土。

4.10.3 防水混凝土

防水混凝土也称抗渗混凝土，通常指抗渗等级不低于 P6 级的混凝土。按提高混凝土抗渗方法的不同，防水混凝土可分为普通防水混凝土、外加剂防水混凝土、膨胀水泥防水混凝土等。

1）普通防水混凝土

普通防水混凝土是以调整配合比的方法，提高混凝土自身的密实性和抗渗性。

普通防水混凝土的配制主要有以下几种方法：

(1) 水泥强度等级不宜低于 32.5 级，宜选用普通硅酸盐水泥、粉煤灰水泥或火山灰水泥，不宜用硅酸盐水泥和矿渣水泥，适当提高水泥用量，每立方米混凝土中水泥和掺和料总用量不宜少于 320kg。

(2) 砂率宜较大，一般为 35%～40%。

(3) 严格控制水灰比，抗渗混凝土的最大水灰比应符合表 4-12 的规定。

表 4-12　抗渗混凝土的最大水灰比限值

抗渗等级		P6	P8～P12	P12 以上
混凝土强度等级	C20～C30	0.60	0.55	0.50
	C30 以上	0.55	0.50	0.45

(4) 粗、细骨料要干净致密，粗骨料的含泥量不得大于 1%，泥块含量不得大于 0.5%，细骨料的含泥量不得大于 3%，泥块含量不得大于 1%；适当降低粗骨料的最大粒径，同时粗骨料的最大粒径不宜大于 40mm；改善骨料的级配，使骨料本身就能达到最大密实程度的堆积状态，同时为了降低骨料的空隙率，还应加入占骨料总量 5%～8%的粒径小于 0.16mm 的细粉料。

(5) 在混凝土中掺加优质活性掺和料，如优质粉煤灰、矿渣和硅灰等。

2）外加剂防水混凝土

外加剂防水混凝土是在混凝土中加入少量改善混凝土抗渗性的外加剂，如减水剂、引气剂和防水剂等，来提高混凝土的抗渗性。在混凝土中加入合适的外加剂后，能改善混凝土的孔结构，隔断或堵塞混凝土中各种孔隙、裂缝、渗水通道等，从而提高了混凝土的抗渗性。该方法施工简单，造价低廉，质量可靠，被广泛采用。

3）膨胀水泥防水混凝土

膨胀水泥防水混凝土是利用膨胀水泥在水化硬化过程中形成大量体积增大的物质(如钙矾石晶体)来改善混凝土的孔结构，使混凝土的空隙细化、总空隙率降低，从而提高混凝土的抗渗性，同时膨胀后产生的自应力使混凝土处于受压状态，混凝土的抗裂能力得到提高。

但这种防水混凝土的使用温度不应超过80℃，以免钙矾石发生晶型转变，导致抗渗性下降。

4.10.4 泵送混凝土

泵送混凝土是指适于用高压泵通过管道来输送的混凝土拌和物。泵送混凝土能一次完成水平和垂直运输，效率高，劳动强度小，尤其适用于商品混凝土，近年来，它的应用十分广泛。

1）泵送混凝土的技术要求

为了使混凝土拌和物能在管道中顺利输送，泵送混凝土必须具有良好的可泵性。所谓可泵性是指拌和物能顺利通过管道、与管壁的摩阻力小、不离析、不阻塞、黏聚性良好的性能。为此，泵送混凝土的流动性都较大，一般坍落度为100～200mm，不应小于50mm，不宜大于200mm。坍落度太小，输送时摩阻力大，混凝土泵磨损也大，且易发生堵管现象；坍落度太大，输送时易离析，影响可泵性和混凝土的质量。混凝土泵送的距离越远、泵送的高度越高，则其坍落度越大。

2）泵送混凝土配制要点

为了保证泵送混凝土良好的可泵性，泵送混凝土在配制时应注意以下几点：

(1) 粗骨料的最大粒径不应大于输送管道内径的1/3，同时宜用连续继配，同时要尽量降低针状、片状颗粒的含量。

(2) 泵送混凝土要掺用泵送剂或减水剂，同时应掺用优质粉煤灰或其他活性掺和料。泵送剂或高效减水剂能大幅度提高混凝土的流动性，是泵送混凝土必不可少的组分。泵送混凝土中加入优质的粉煤灰后，其流动性能增大，黏聚性和保水性能得到改善，同时能降低混凝土的成本，硬化后混凝土的性能也会得到改善，是一种理想的混凝土掺和料。

(3) 泵送混凝土的砂率值应大些，通常为40%～52%。当泵送混凝土中细骨料充足时，石子被砂浆包裹，石子以悬浮状态存在于砂浆中，混凝土的可泵性好；当砂率偏小时，石子难以在砂浆中形成悬浮体，会使混凝土的可泵性很差。

(4) 泵送混凝土中水泥和掺和料的总量不宜小于280kg/m^3，且不宜用火山灰水泥。

4.10.5 道路混凝土

道路混凝土是指用于浇筑路面用的水泥混凝土。为了抵抗车辆荷载的作用，道路混凝土应具有较高的抗折强度和抗压强度；为了抵抗轮胎的磨损，道路混凝土应具有较好的耐磨性；同时，由于使用环境的恶劣和延长使用寿命，如雨水冲刷、冰雪的冻融及日晒风吹等，道路混凝土还应具有良好的耐久性。道路混凝土用水泥宜选用普通硅酸盐水泥或道路硅酸盐水泥。

道路混凝土主要是以抗折强度作为设计指标，其抗折强度不应低于4.5MPa，抗折弹性模量不应低于3.9×10^4MPa。道路混凝土配合比设计的基本要求是和易性、抗折强度、耐久性（包括耐磨性）和经济性四项指标要符合要求。

4.10.6 纤维混凝土

纤维混凝土也称纤维增强混凝土（简称FRC），它由不连续的短纤维无规则地均匀分散于混凝土中而形成。根据所用的纤维不同，纤维混凝土有金属纤维混凝土、无机非金属纤维混凝土、有机纤维混凝土。

1）常用的纤维材料

（1）金属纤维材料：主要是钢纤维。钢纤维形状有多种，如直条形、波浪形、扭曲形、端钩形、S形等，不同形状的纤维对其所配制的混凝土的力学性能的改善会有不同。

（2）无机非金属纤维材料：主要有玻璃纤维、碳纤维、陶瓷纤维、石棉纤维等。

（3）有机纤维材料：主要有聚丙烯纤维、尼龙纤维、聚乙烯纤维、木纤维等。

2）纤维混凝土的特性

（1）在混凝土中加入纤维后，由于纤维的阻裂、增韧和增强作用，能显著降低混凝土的脆性，提高混凝土的韧性。

（2）混凝土中的纤维能限制混凝土的各种早期收缩，有效地抑制混凝土早期收缩裂纹的产生和发展，可大大增强混凝土抗裂、抗渗能力。

（3）钢纤维、玻璃纤维和碳纤维等高弹性模量的纤维，加入混凝土后，不但能提高混凝土的韧性，还可提高混凝土的抗拉强度、刚度和承受动荷载的能力。像尼龙、聚乙烯纤维和聚丙烯纤维等低弹性模量的纤维，虽不能提高混凝土的强度，但可赋予混凝土较大的变形能力，可提高混凝土的韧性和抗冲击能力。

（4）纤维在混凝土中只有当其取向与荷载一致时才有效。双向配置的纤维增强效果只有50%，而三向任意配置的纤维的增强效果更低。但纤维乱向分别对提高抗剪能力的效果好。

3）纤维混凝土的应用

钢纤维混凝土已广泛应用于各种土木工程中，如公路路面、桥面、机场跑道护面、抗冲磨水工混凝土、抗震结构、抗爆炸结构、抗冲击结构、薄壁结构等等。玻璃纤维增强水泥基复合材料可以用来生产各种结构构件，如薄壁板材或管材、形状复杂的墙体异型板材、装饰构件、卫生器具与容器等等。还有碳纤维增强水泥基复合材料，它具有高抗拉、高抗弯、高断裂能、低干缩率、低热膨胀系数、耐高温、高耐久性、耐大气老化、抗腐蚀等很多优点，有些碳纤维还具有特殊的电学性质，能用来配制智能混凝土。

4.10.7 聚合物混凝土

通常包括聚合物胶结混凝土、聚合物浸渍混凝土及聚合物改性水泥混凝土三种。

1）聚合物胶结混凝土

聚合物胶结混凝土是以液态的聚合物为胶凝材料和粉料及天然砂、石配制而成，我国也称树脂混凝土或塑料混凝土。常用的聚合物有丙烯酸酯、甲基丙烯酸酯和三羟甲基丙烷、三甲基丙烯酸酯单体合成的聚合物，及环氧树脂、呋喃树脂、不饱和聚酯和乙烯基酯树脂等。

2）聚合物浸渍混凝土

聚合物浸渍混凝土是指将已硬化的普通混凝土（基体），经干燥后浸入有机单体中，再用加热或辐射的方法使渗入混凝土孔隙内的单体进行聚合而得到的混凝土。浸渍混凝土具有高强、低渗、耐蚀及高的抗冻、抗冲击和耐磨等特性。混凝土的抗压强度要比浸渍前高2～4倍，一般可达100～150MPa；抗拉强度可达10～12MPa，最高可达24MPa以上；弹性模量明显增大，徐变则会明显减小。

浸渍时对基体最主要的要求是有能被单体渗入的连通孔隙和适当的孔隙率，这对浸渍混凝土的性能和成本有很大的影响。当基体中连通孔隙较多并且孔隙率较大时，则水分从基体中排出及单体渗入基体的速度加快，从而可缩短浸渍时间，同时单体浸渍程度较高时，混凝土的强度大。

浸渍混凝土生产工艺复杂，成本高，主要用于高强度、高耐久性的特殊结构，如高压输气管、高压输液管、高压容器、海洋构筑物等。

3) 聚合物改性水泥混凝土

聚合物改性水泥混凝土是指用聚合物乳液和水泥为胶凝材料配制而成的一种混凝土。常用的聚合物有聚氯乙烯、聚醋酸乙烯和苯乙烯等。

由于聚合物的加入，使得混凝土的密实度有所提高，水泥石和骨料的黏结力有所增大。其强度提高虽不及浸渍混凝土那样显著，但对耐蚀性、耐磨性和耐久性等均有一定程度的改善。聚合物改性混凝土主要用于铺筑无缝地面、路面和修补工程中。

和普通混凝土相比，聚合物混凝土具有以下特点：

(1) 抗渗性比普通混凝土好得多，具有优良的耐水性、耐冻性、耐腐蚀性等耐久性。这是因为聚合物最终会全部固化，聚合物混凝土中没有联通的孔隙。

(2) 聚合物混凝土的强度发展速度比普通混凝土快，可以在常温和低温下固化。一般来说，聚合物混凝土 24h 的强度可达最终强度的 80%。

(3) 和普通混凝土相比，聚合物混凝土的韧性大大提高，脆性大大降低。未增韧的聚合物混凝土的抗弯强度达 14～28MPa 或更高，劈拉强度为 10.3～17.2MPa。

(4) 根据所用聚合物的弹性模量和数量的多少，聚合物混凝土弹性模量的变化范围很宽。比如柔性树脂的弹性模量可小到 4GPa，而刚性树脂的弹性模量可高达 40GPa。

(5) 聚合物混凝土的徐变较大，是水泥混凝土的 2～3 倍，但比徐变(徐变与强度之比)几乎相同。

聚合物混凝土在大多数材料上有很好的黏附性，是一种很好的快速修补材料，可用于路面、桥面和机场跑道的修补。聚合物混凝土也可用于有耐腐蚀、防水要求的场合。由于聚合物混凝土具有优良的减震阻尼性能，因此还可用于铁路轨枕、机床的台座及机架。同时，聚合物混凝土具有很好的绝缘性，可用于电力工程。

复习思考题

1. 普通混凝土的主要组成材料有哪些？这些材料在混凝土中有什么作用？
2. 什么叫骨料的级配？骨料级配良好的标准是什么？
3. 骨料粒径大小和级配好坏对混凝土有什么样的技术经济意义？
4. 什么是混凝土的和易性？它有哪些方面的意义？
5. 简述混凝土坍落度试验的适用条件。
6. 影响混凝土和易性的因素有哪些？
7. 如何调整混凝土和易性？调整和易性时为什么要保持水灰比不变？
8. 什么叫砂率和合理砂率？采用合理砂率配制混凝土有什么意义？
9. 影响混凝土强度的因素有哪些？如何影响？
10. 混凝土从拌制到使用可能会产生哪些变形？这些变形的原因是什么？
11. 减水率减水的机理是什么？常用的减水剂有哪些？

12. 混凝土用砂、石各有哪些质量要求？

13. 常见混凝土耐久性问题有哪些？是什么原因引起这些耐久性问题？在使用混凝土时是如何考虑耐久性问题的？

14. 某混凝土预制构件厂，生产钢筋混凝土大梁需用设计强度等级为C30的混凝土，现场拟用原材料情况如下：水泥：42.5级普通硅酸盐水泥，密度为3.10g/cm^3，水泥强度富余系数为6%；中砂：级配合格，表观密度为2.65g/cm^3，含水率为3%；碎石：公称粒级为5～20mm，级配合格，表观密度为2.7g/cm^3，含水率为1%。已知混凝土要求的坍落度为10～30mm。试求：(1)每立方米混凝土各材料用量；(2)混凝土施工配合比；(3)每拌2包水泥时混凝土各材料的用量(一包水泥重50kg)；(4)如在上述混凝土中掺入0.5%的高效减水剂，减水10%，减水泥5%，求这时每立方米混凝土中各材料的用量。

15. 某实验室试拌混凝土，经调整后各材料用量为：普通水泥4.5kg，水2.7kg，砂9.9kg，碎石18.9kg，又测得拌和物的表观密度为2.38kg/L。试求：(1)每立方米混凝土中各材料的用量；(2)当施工现场砂子含水率为3.5%，石子含水率为1%时，求施工配合比；(3)如果把实验室配合比未经换算成施工配合比就直接用于现场施工，则现场混凝土的实际配合比是怎样的？对混凝土的强度将产生多大影响？

16. 与普通混凝土相比较，轻混凝土在性能和配合比设计方面有什么特点？

17. 如何实现混凝土的高强和高性能化？

18. 纤维混凝土有什么样的特性？

5 建筑砂浆

本章提要：掌握建筑砂浆的基本技术性质及其测定方法；了解各种抹面砂浆的功能及其技术要求，学会砌筑砂浆的配合比设计方法。

建筑砂浆是由胶结料、细集料、掺加料和水按适当比例配制而成的一种复合型建筑材料，又称为无粗集料的混凝土。在砖石结构中，砂浆可以把单块的砖、石块以及砌块胶结起来，构成砌体。砖墙勾缝和大型墙板的接缝也要用砂浆来填充。墙面、地面及梁柱结构的表面都需要用砂浆抹面，起到保护结构和装饰的效果。镶贴大理石、贴面砖、瓷砖、马赛克以及制作水磨石等都要使用砂浆。此外，还有一些绝热、吸声、防水、防腐等特殊用途的砂浆以及专门用于装饰方面的装饰砂浆。

根据砂浆中胶凝材料的不同，可分为水泥砂浆、石灰砂浆、石膏砂浆和混合砂浆。混合砂浆有水泥石灰砂浆、水泥黏土砂浆和石灰黏土砂浆等。根据用途，砂浆可分为砌筑砂浆、抹面砂浆、装饰砂浆及特种砂浆等。

5.1 砌筑砂浆

5.1.1 砌筑砂浆的组成材料

1）胶凝材料

用于砌筑砂浆的胶凝材料有水泥和石灰。

常用品种的水泥都可以用来配制砌筑砂浆。为了合理利用资源、节约原材料，在配制砂浆时要尽量采用强度较低的水泥或砌筑水泥。对于一些特殊用途如配制构件的接头、接缝或用于结构加固、修补裂缝，应采用膨胀水泥。水泥的强度等级一般为砂浆强度等级的4～5 倍，常用强度等级为 32.5、32.5R。

石灰膏或熟石灰应符合各自的质量要求。它们在砂浆中的作用是使砂浆具有良好的保水性，所以也称掺和料。石灰膏的沉入度应控制在 12cm 左右，体积密度为 1 350g/cm^3 左右。

图 5-1

2）细集料

砂浆用细集料主要为天然砂，它在砂浆中起着骨架和填充的作用，要求基本同混凝土细集料的技术性质要求。

由于砂浆层较薄，对砂子最大粒径有所限制。对于毛石砌体用砂宜选用粗砂，其最大粒径应小于砂浆层厚度的 1/4～1/5。对于砖砌体以使用中砂为宜，粒径不得大于 2.5mm。对于光滑的抹面及勾缝的砂浆则应采用细砂。砂的含泥量对砂浆的强度、变形性、稠度及耐久性影响较大。对M5以上的砂浆,砂中含泥量不应大于5%;M5以下的水泥混合砂浆,砂中含泥量可大于5%,但不应超过10%。若采用人工砂、山砂、炉渣等作为集料配制砂浆,应根据经验或经试配而确定其技术指标。

3) 拌和用水

砂浆拌和水的技术要求与混凝土拌和水相同,应选用无杂质的洁净水来拌制砂浆。

4) 掺加料

掺加料是指为了改善砂浆的和易性而加入的无机材料。常用的掺加料有石灰膏、黏土膏、电石膏、粉煤灰以及一些其他工业废料等。为了保证砂浆的质量,需将石灰预先充分"陈伏"熟化制成石灰膏,然后再掺入砂浆中搅拌均匀。如采用生石灰粉或消石灰粉,则可直接掺入砂浆搅拌均匀后使用。当利用其他工业废料或电石膏等作为掺加料时,必须经过砂浆的技术性质检验,在不影响砂浆质量的前提下才能够采用。

5) 外加剂

与混凝土相似,为改善或提高砂浆的某些技术性能,更好地满足施工条件和使用功能的要求,可在砂浆中掺入一定种类的外加剂。对所选择的外加剂品种和掺量必须通过试验来确定。

5.1.2 砌筑砂浆的技术性质

对新拌砂浆主要要求其具有良好的和易性。和易性良好的砂浆容易在粗糙的砖石底面上铺抹成均匀的薄层,而且能够和底面紧密黏结。使用和易性良好的砂浆,既便于施工操作,提高劳动生产率,又能保证工程质量。砂浆和易性包括流动性和保水性两个方面。硬化后的砂浆则应具有所需的强度和对底面的黏结力,并应有适宜的变形性能。

1) 和易性

(1) 流动性

砂浆的流动性(又称稠度)是指在自重或外力作用下能产生流动的性能。流动性采用砂浆稠度测定仪测定,以沉入度(mm)表示。

砂浆的流动性和许多因素有关,胶凝材料的用量、用水量、砂粒粗细、形状、级配、砂浆搅拌时间都会影响砂浆的流动性。

砂浆流动性的选择与砌体材料的种类、施工条件及施工天气情况等有关。对于吸水性强的砌体材料和高温干燥的天气,要求砂浆稠度要大些;反之,对于密实不吸水的砌体材料和湿冷天气,砂浆稠度可以小些。根据《砌筑砂浆配合比设计规程》(GB/T 98—2010)规定,砌筑砂浆的施工稠度要满足表5-1的要求。

表5-1 砌筑砂浆的稠度选择(沉入度)

砌体种类	砂浆稠度(mm)
烧结普通砖砌体、粉煤灰砖砌体	70～90
烧结多孔砖砌体、烧结空心砖砌体、轻集料混凝土小型空心砌块砌体、蒸压加气混凝土砌块砌体	60～80
混凝土砖砌体、普通混凝土小型空心砌块砌体、灰砂砖砌体	50～70
石砌体	30～50

(2) 保水性

新拌砂浆能够保持水分的能力称为保水性。保水性也指砂浆中各项组成材料不易分离的性质。

保水性差的砂浆，在施工过程中很容易泌水、分层、离析，由于水分流失而使流动性变坏，不易铺成均匀的砂浆层。凡是砂浆内胶凝材料充足，尤其是掺入了掺加料的混合砂浆，其保水性好。砂浆中掺入适量的加气剂或塑化剂也能改善砂浆的保水性和流动性。通常可掺入微沫剂以改善新拌砂浆的性质。

砂浆的保水性用分层度表示。将搅拌均匀的砂浆，先测其沉入度，再装入分层度测定仪，静置 30min 后，去掉上部 200mm 厚的砂浆，再测其剩余部分砂浆的沉入度，先后两次沉入度的差值称为分层度。分层度值越小，则保水性越好。砌筑砂浆的分层度以在 30mm 以内为宜。分层度大于 30mm 的砂浆容易产生离析，不便于施工。分层度接近于零的砂浆，容易发生干缩裂缝。

2）硬化砂浆的性质

（1）砂浆的强度

硬化后的砂浆将砖、石黏结成整体性的砌体，并在砌体中起传递荷载的作用。因此，砂浆应具有一定的强度、黏结性及抵抗周围介质的耐久性。试验证明：砂浆的黏结性、耐久性均随抗压强度的提高而增强，即它们之间有一定的相关性。因此，工程上以抗压强度作为砂浆的主要技术性质。

砂浆强度是以 70.7mm×70.7mm×70.7mm 的立方体试块，在温度为(20±3)℃，一定湿度下养护 28d 测得的极限抗压强度。

砂浆按其抗压强度平均值分为 M2.5、M5.0、M7.5、M10、M15、M20 六个强度等级。砂浆的设计强度（即砂浆的抗压强度平均值），用 f_2 表示。在一般工程中，办公楼、教学楼以及多层建筑物宜选用 M5.0～M10 的砂浆，平房、商店等多选用 M2.5～M5.0 的砂浆，仓库、食堂、地下室以及工业厂房等多选用 M2.5～M10 的砂浆，而特别重要的砌体宜选用 M10 以上的砂浆。

砂浆的养护温度对其强度影响较大，温度越高，砂浆强度发展越快，早期强度越高。另外，底面材料的不同，影响砂浆强度的因素也不同。

① 用于砌筑不吸水底材（如密实的石材）的砂浆的强度，与混凝土相似，主要取决于水泥强度和水灰比。计算公式如下：

$$f_{\mathrm{m}} = 0.29 f_{\mathrm{ce}}\left(\frac{m_{\mathrm{c}}}{m_{\mathrm{w}}} - 0.4\right) \tag{5-1}$$

式中：f_{m}——砂浆 28d 抗压强度（MPa）；

f_{ce}——水泥的实测强度（MPa）；

$\frac{m_{\mathrm{c}}}{m_{\mathrm{w}}}$——水灰比。

② 用于砌筑吸水底材（如砖或其他多孔材料）时，即使砂浆用水量不同，但因砂浆具有保水性能，经过底材吸水后，保留在砂浆中的水分几乎是相同的。因此，砂浆强度主要取决于水泥强度及水泥用量，而与砌筑前砂浆中的水灰比没有关系。计算公式如下：

$$f_m = \frac{\alpha \cdot Q_{\mathrm{c}} \cdot f_{\mathrm{ce}}}{1\,000} + \beta \tag{5-2}$$

式中：f_{m}——砂浆 28d 抗压强度（MPa）；

Q_{c}——每立方米砂浆的水泥用量（kg）；

α、β——砂浆的特征系数，可由试验测定或参照表 5-2；

f_{ce}——水泥的实测强度(MPa)。

表 5-2　α、β 系数值

砂浆品种	α	β
水泥砂浆	1.03	3.50
水泥混合砂浆	1.50	−4.25

注：各地区可用本地区试验资料确定 α、β 值，统计用的试验组数不得少于 30 组。

(2) 黏结力

砖石砌体是靠砂浆把块状的砖石材料黏结成为一个坚固整体的，因此要求砂浆对于砖石必须有一定的黏结力。一般情况下，砂浆的抗压强度越高其黏结力也越大。此外，砂浆黏结力的大小与砖石表面状态、清洁程度、湿润情况以及施工养护条件等因素有关。如砌筑烧结砖要事先浇水湿润，表面不沾泥土，就可以提高砂浆与砖之间的黏结力，保证墙体的质量。

5.1.3　砌筑砂浆的配合比设计

根据《砌筑砂浆配合比设计规程》(JGJ98—2010)的规定，砌筑砂浆配合比设计一般按下列步骤进行：

① 计算砂浆试配强度($f_{m,0}$)；

② 计算每立方米砂浆中的水泥用量(Q_c)；

③ 计算每立方米砂浆中石灰膏用量(Q_d)；

④ 确定每立方米砂浆砂用量(Q_s)；

⑤ 按砂浆稠度选每立方米砂浆用水量(Q_w)。

1) 计算砂浆试配强度($f_{m,0}$)

$$f_{m,0} = kf_2 \tag{5-3}$$

式中：$f_{m,0}$——砂浆的试配强度(MPa)，应精确至 0.1MPa；

f_2——砂浆强度等级值(MPa)，应精确至 0.1MPa；

k——系数，按表 5-3 取值。

表 5-3　砂浆强度标准差 σ 及 k 值

施工水平 强度等级	强度标准差 σ(MPa)							k
	M5	M7.5	M10	M15	M20	M25	M30	
优良	1.00	1.50	2.00	3.00	4.00	5.00	6.00	1.15
一般	1.25	1.88	2.50	3.75	5.00	6.25	7.50	1.20
较差	1.50	2.25	3.00	4.50	6.00	7.50	9.00	1.25

2) 砂浆现场强度标准差的确定应符合的规定

(1) 当有统计资料时，应按下式计算：

$$\sigma = \sqrt{\frac{\sum_{i=1}^{n} f_{m,i}^2 - n\mu^2 f_m}{n-1}} \tag{5-4}$$

式中：$f_{m,i}$——统计周期内同一品种砂浆第 i 组试件的强度（MPa）；

μf_m——统计周期内同一品种砂浆 n 组试件强度的平均值（MPa）；

n——统计周期内同一品种砂浆试件的总组数，$n \geqslant 25$。

（2）当无统计资料时，砂浆强度标准差可按表 5-3 取值。

3）计算每立方米砂浆中的水泥用量 Q_c

每立方米砂浆中的水泥用量，应按下式计算：

$$Q_c = 1\,000(f_{m,0} - \beta)/(\alpha \cdot f_{ce}) \tag{5-5}$$

式中：Q_c——每立方米砂浆的水泥用量（kg），应精确至 1kg；

f_{ce}——水泥的实测强度（MPa），应精确至 0.1MPa；

α、β——砂浆的特征系数，其中 α 取 3.03，β 取 −15.09。

在无法取得水泥的实测强度值时，可按下式计算：

$$f_{ce} = \gamma_c \cdot f_{ce,k} \tag{5-6}$$

式中：$f_{ce,k}$——水泥强度等级值（MPa）；

γ_c——水泥强度等级值的富余系数，宜按实际统计资料确定，无统计资料时可取 1.0。

4）计算石灰膏用量 Q_D

$$Q_D = Q_A - Q_C \tag{5-7}$$

式中：Q_D——每立方米砂浆的石灰膏用量（kg），应精确至 1kg，石灰膏使用时的稠度宜为（120±5）mm；

Q_C——每立方米砂浆的水泥用量（kg），应精确至 1kg；

Q_A——每立方米砂浆中水泥和石灰膏总量，应精确至 1kg，可为 50kg。

5）确定每立方米砂浆中砂子的用量 Q_S

每立方米砂浆中的砂用量，应按干燥状态（含水率小于 0.5%）的堆积密度值作为计算值（kg）。

6）确定用水量 Q_W

每立方米砂浆中的用水量，可根据砂浆稠度等要求选用 210～310kg。

注：①混合砂浆中的用水量，不包括石灰膏中的水；②当采用细砂或粗砂时，用水量分别取上限或下限；③稠度小于 70mm 时，用水量可小于下限；④施工现场气候炎热或干燥季节，可酌量增加用水量。

5.2 抹面砂浆

凡以薄层涂抹在建筑物或建筑构件表面的砂浆，可统称为抹面砂浆，也称为抹灰砂浆。它既可以起到保护建筑物的作用，也能起到装饰建筑物的作用。

根据抹面砂浆功能的不同，一般可将抹面砂浆分为普通抹面砂浆、装饰砂浆、防水砂浆和具有某些特殊功能的抹面砂浆（如绝热、耐酸、防射线砂浆）等。

图 5-2

抹面砂浆的组成材料要求与砌筑砂浆基本相同。根据抹面砂浆的使用特点，其主要技术性质的要求是具有良好的和易性和较高的黏结力，使砂浆容易抹成均匀平整的薄层，以便施工，而且砂浆层能与底面黏结牢固。为了防止砂浆层开裂，有时需加入纤维增强材料，如麻刀、纸筋、稻草、玻璃纤维等；为了使其具有某些特殊功能，也需要选用特殊集料或掺加料。

5.2.1 普通抹面砂浆

普通抹面砂浆对建筑物和墙体起保护作用。它可以抵抗风、雨、雪等自然环境对建筑物的侵蚀，提高建筑物的耐久性。此外，经过砂浆抹面的墙面或其他构件的表面又可以达到平整、光洁和美观的效果。

普通抹面砂浆通常分为两层或三层进行施工。各层抹灰要求不同，所以每层所选用的砂浆也不一样。

底层抹灰的作用是使砂浆与底面能牢固地黏结，因此要求砂浆具有良好的和易性及较高的黏结力，其保水性要好，否则水分就容易被底面材料吸掉而影响砂浆的黏结力。底材表面粗糙有利于与砂浆的黏结。用于砖墙的底层抹灰，多用石灰砂浆或石灰炉灰砂浆；用于板条墙或板条顶棚的底层抹灰，多用麻刀石灰砂浆；混凝土墙、梁、柱、顶板等底层抹灰多用混合砂浆。

中层抹灰主要是为了找平，多采用混合砂浆或石灰砂浆。

面层抹灰要达到平整美观的表面效果。面层抹灰多用混合砂浆、麻刀石灰灰浆或纸筋石灰灰浆。在容易碰撞或潮湿的地方，应采用水泥砂浆，如墙裙、踢脚板、地面、雨棚、窗台以及水池、水井等处一般多用1：2.5水泥砂浆。在硅酸盐砌块墙面上做抹面砂浆或粘贴饰面材料时，最好在砂浆层内夹一层事先固定好的钢丝网，以免日后出现剥落现象。普通抹面砂浆的配合比，可参考表5-4。

表5-4 普通抹面砂浆参考配合比

材　料	配合比(体积比)	材　料	配合比(体积比)
水泥：砂	1：2～1：3	石灰：石膏：砂	1：0.4：2～1：2：4
石灰：砂	1：2～1：4	石灰：黏土：砂	1：1.1：4～1：1.1：8
水泥：石灰：砂	1：1.1：6～1：1.2：9	石灰膏：麻刀	100：1.3～100：2.5(质量比)

5.2.2 装饰砂浆

涂抹在建筑物内外墙表面，具有美观和装饰效果的抹面砂浆统称为装饰砂浆。装饰砂浆的底层和中层抹灰与普通抹面砂浆基本相同。面层要选用具有一定颜色的胶凝材料和骨料以及采用某种特殊的施工工艺，使表面呈现出各种不同的色彩、线条与花纹等装饰效果。装饰砂浆所采用的胶凝材料有普通水泥、矿渣水泥、火山灰质水泥和白水泥、彩色水泥，或是在常用水泥中掺加些耐碱矿物颜料配成彩色水泥以及石灰、石膏等。骨料常采用大理石、花岗石等带颜色的细石碴或玻璃、陶瓷碎粒等。

一般外墙面的装饰砂浆有以下常用的工艺做法：

1) 拉毛墙面

先用水泥砂浆做底层，再用水泥石灰混合砂浆做面层，在砂浆尚未凝结之前，用抹刀将表面拍拉成凹凸不平的形状。

2）干粘石

在水泥浆面层的整个表面上，黏结粒径 5mm 以下的彩色石碴、小石子或彩色玻璃碎粒。要求石碴黏结牢固不脱落。干粘石多用于建筑物的外墙装饰，具有一定的质感，经久耐用。干粘石的装饰效果与水刷石相同，但其施工是采用干操作，避免了水刷石的湿操作，施工效率高，污染小，也节约材料。

3）水磨石

用普通水泥、白水泥或彩色水泥拌和各种色彩的大理石石碴做面层，硬化后用机械磨平抛光表面。水磨石多用于地面装饰，可事先设计图案和色彩，抛光后更具有艺术效果。除可用做地面之外，还可预制做成楼梯踏步、窗台板、柱面、台面、踢脚板和地面板等多种建筑构件。

4）水刷石

用颗粒细小（约 5mm）的石碴所拌成的水泥石子浆做面层，在水泥初始凝固时即喷水冲刷表面，使石碴半露而不脱落。水刷石由于施工污染大，费工费时，目前工程中已逐渐被干粘石所取代。

5）斩假石

斩假石又称为剁斧石。它是在水泥浆硬化后，用斧刃将表面剁毛并露出石碴。斩假石表面具有粗面花岗岩的装饰效果。

6）假面砖

将普通砂浆用木条在水平方向压出砖缝印痕，用钢片在竖面方向压出砖印，再涂刷涂料，即可在平面上做出清水砖墙图案效果。

5.2.3 防水砂浆

用作防水层的砂浆叫做防水砂浆。砂浆防水层又叫刚性防水层，仅适用于不受振动和具有一定刚度的混凝土或砖石砌体工程。对于变形较大或可能发生不均匀沉陷的建筑物，不宜采用刚性防水层。

防水砂浆可以使用普通水泥砂浆，并用以下施工方法进行：

(1) 喷浆法。利用高压喷枪将砂浆以每秒约 100m 的速度喷至建筑物表面，砂浆被高压空气强烈压实，密实度大，抗渗性好。

(2) 人工多层抹压法。砂浆分 4～5 层抹压，抹压时，每层厚度约为 5mm，在涂抹前先在润湿清洁的底面上抹纯水泥浆，然后抹一层 5mm 厚的防水砂浆，在初凝前用木抹子压实一遍。第二、三、四层都是同样的操作方法，最后一层要进行压光，抹完后要加强养护。

防水砂浆也可以在水泥砂浆中掺入防水剂来提高抗渗能力。常用防水剂有氯化物金属盐类防水剂和金属皂类防水剂等。氯化物金属盐类防水剂主要有氯化钙、氯化铝，掺入水泥砂浆中，能在凝结硬化过程中生成不透水的复盐，起促进结构密实作用，从而提高砂浆的抗渗性能，一般用于水池和其他地下建筑物。由于氯化物金属盐会引起混凝土中钢筋锈蚀，故采用这类防水剂时应注意钢筋的锈蚀情况。金属皂类防水剂是由硬脂酸、氨水、氢氧化钾（或碳酸钠）和水按一定比例混合加热皂化而成，主要也是起填充微细孔隙和堵塞毛细管的作用。

5.2.4 其他特种砂浆

1）绝热砂浆

采用水泥、石灰、石膏等胶凝材料与膨胀珍珠岩砂、膨胀蛭石或陶粒砂等轻质多孔集料，按一定比例配制的砂浆，称为绝热砂浆。绝热砂浆具有体积密度小、轻质和绝热性能好等优点，其导热系数为0.07～0.10W/(m·K)，可用于屋面绝热层、绝热墙壁以及供热管道绝热层等。

2）吸声砂浆

一般绝热砂浆是由轻质多孔骨料制成的，都具有良好的吸声性能，故也可作吸声砂浆。另外，还可以用水泥、石膏、砂、锯末（其体积比约为1∶1∶3∶5）配制成吸声砂浆，或在石灰、石膏砂浆中掺入玻璃纤维、矿物棉等松软纤维材料也能获得一定的吸声效果。吸声砂浆用于室内墙壁和顶棚的吸声。

3）耐酸砂浆

用水玻璃和氟硅酸钠配制成耐酸涂料，掺入石英岩、花岗岩、铸石等粉状细骨料，可拌制成耐酸砂浆。水玻璃硬化后具有很好的耐酸性能。耐酸砂浆多用作耐酸地面和耐酸容器的内壁防护层。

4）防射线砂浆

在水泥浆中掺入重晶石粉、砂可配制成有防X射线能力的砂浆。其配合比约为水泥∶重晶石粉∶重晶石砂＝1∶0.25∶4.5。如在水泥浆中掺加硼砂、硼酸等可配制有抗中子辐射能力的砂浆。此类防射线砂浆应用于射线防护工程。

5）膨胀砂浆

在水泥砂浆中掺入膨胀剂，或使用膨胀型水泥可配制膨胀砂浆。膨胀砂浆可在修补工程中及大板装配工程中填充缝隙，达到黏结密封的作用。

6）自流平砂浆

在现代施工技术条件下，地坪常采用自流平砂浆，从而使施工迅捷方便、质量优良。自流平砂浆中的关键性技术是掺用合适的化学外加剂，严格控制砂的级配、含泥量、颗粒形态，同时选择合适的水泥品种。良好的自流平砂浆可使地坪平整光洁，强度高，无开裂，技术经济效果良好。

复习思考题

1. 什么是新拌砂浆的和易性？如何评定？怎样才能提高砂浆的保水性？
2. 影响砂浆强度的因素有哪些？写出其强度公式。
3. 简述砌筑砂浆配合比设计的基本步骤。
4. 简述抹面砂浆的主要种类及其功能。

6 墙体材料

本章提要：了解砌墙砖的生产过程；掌握常用的烧结砖和非烧结砖的性能及应用特点；了解砌块的分类、规格；掌握常用砌块的性能及特点；了解墙用板材的性能及特点；了解屋面材料的使用现状和常用屋面材料的性能及特点。

墙体材料是土木工程中十分重要的材料，在房屋建筑材料中占有较大的比重，它不但具有结构、围护功能，而且可以美化环境。因此，合理选用墙体材料对建筑物的功能、安全以及造价等均具有重要意义。目前用于墙体的材料品种较多，总体可归纳为砌墙砖、墙用砌块和墙用板材三大类。

6.1 砌墙砖

砖是砌筑用的人造小型块材。砖的分类方式有多种，按照生产工艺分为烧结砖和非烧结砖，经焙烧制成的砖为烧结砖，经蒸汽(压)养护等硬化而成的砖属于非烧结砖；按照孔洞率的大小，分为实心砖、多孔砖和空心砖；按用途又分为承重砖和非承重砖；按原材料分为黏土砖、粉煤灰砖、煤矸石砖、灰砂砖等多种。下面以生产工艺为主线介绍烧结砖和非烧结砖。

6.1.1 烧结砖

以黏土、页岩、煤矸石、粉煤灰等为主要原材料，经成型、焙烧而成的块状墙体材料称为烧结砖。烧结砖按其孔洞率(砖面上孔洞总面积占砖面积的百分率)的大小分为烧结普通砖(没有孔洞或孔洞率小于15%的砖)、烧结多孔砖(孔洞率大于或等于15%的砖，其中孔的尺寸小而数量多)和烧结空心砖(孔洞率大于或等于35%的砖，其中孔的尺寸大而数量少)。

1) 烧结普通砖

以黏土、页岩、煤矸石、粉煤灰等为主要原料，经焙烧而成的小型块材叫烧结普通砖。按主要原料分为烧结黏土砖(符号为N)、烧结页岩砖(符号为Y)、烧结煤矸石砖(符号为M)和烧结粉煤灰砖(符号为F)等。

以黏土为主要原料，经配料、制坯、干燥、焙烧而成的砖，称为烧结黏土砖。黏土中所含铁的化合物成分，在焙烧过程中氧化成红色的高价氧化铁(Fe_2O_3)，烧成的砖为红色；如果砖坯先在氧化环境中烧成，然后减少窑内空气的供给，同时加入少量水分，使坯体继续在还原气氛中焙烧，此时高价氧化铁还原成青灰色的低价氧化铁(FeO或Fe_3O_4)，即制得青砖。

以页岩为主要成分，经破碎、粉磨、配料、成型、干燥和焙烧等工艺制成的砖，称为烧结页岩砖，这种砖的颜色和性能都与烧结黏土砖相似。

以煤矸石为主要成分，经粉碎后，进行适当配料，可制成烧结煤矸石砖。这种砖焙烧时基本不需用煤，并可节省大量的黏土原料。烧结煤矸石砖比烧结黏土砖稍轻，颜色略淡。

以粉煤灰为主要原料，经配料、成型、干燥、焙烧而制成的砖称为烧结粉煤灰砖。由于粉煤灰塑性差，通常掺适量黏土以增加塑性，配料时粉煤灰的用量可达50%左右。这类烧结砖颜色从淡红至深红，一般可代替烧结黏土砖使用。

(1) 烧结普通砖的生产过程简介

以黏土、页岩、煤矸石、粉煤灰等为原料烧制普通砖，其生产工艺基本相同。基本过程如下：

采土→配料调制→制坯→干燥→焙烧→成品

其中焙烧是最重要的环节，焙烧砖的窑有两种，一种是连续式窑，如轮窑、隧道窑，另一种是间歇式窑，如土窑。目前多采用连续式窑生产，窑内有预热、焙烧、保温和冷却四个温度带。轮窑为环形窑，分成若干窑室，砖坯码在其中不动，而焙烧各温度带沿着窑道循环移动，逐个窑室烧成出窑后，再码入新的砖坯，如此周而复始循环烧成。隧道窑为直线窑，窑内各温度带固定不变，砖坯码在窑车上从一端进入，经预热、焙烧、保温、冷却各温度带后由另一端出窑即为成品。

在焙烧温度范围内生产的砖称为正火砖，未达到焙烧温度范围生产的砖称为欠火砖，而超过焙烧温度范围生产的砖称为过火砖。欠火砖颜色浅，敲击时声音哑，孔隙率高，强度低，耐久性差，工程中不得使用欠火砖。过火砖颜色深，敲击声响亮，强度高，但往往变形大，变形不大的过火砖可用于基础等部位。

(2) 烧结普通砖的主要技术性能指标

《烧结普通砖》(GB/T 5101—2003)规定，强度和抗风化性能合格的砖，根据尺寸偏差、外观质量、泛霜和石灰爆裂等分为优等品(A)、一等品(B)和合格品(C)三个等级。

① 尺寸偏差和外观质量

如图6-1所示，烧结普通砖的公称尺寸是240mm×115mm×53mm，240mm×115mm面称为大面，240mm×53mm面称为条面，115mm×53mm面称为顶面。烧结普通砖的外观质量包括两条面高度差、弯曲、杂质凸出高度、缺棱掉角、裂纹、完整面、颜色等内容，分别应符合表6-1的规定。

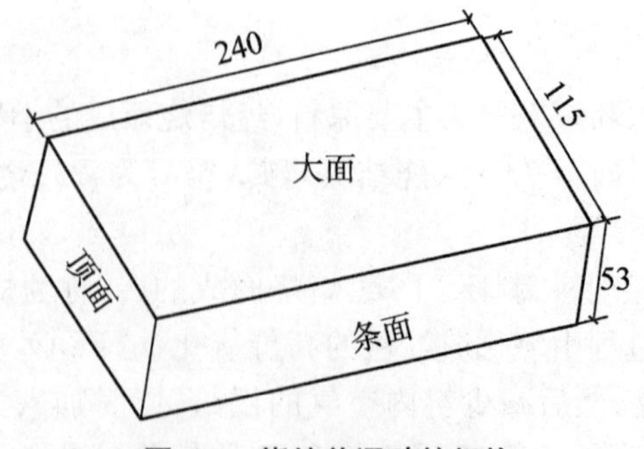

图6-1 烧结普通砖的规格

表 6-1　烧结普通砖的外观质量标准

项　目		优等品	一等品	合　格
两条面高度差≤		2	3	4
弯曲≤		2	3	4
杂质凸出高度≤		2	3	4
缺棱掉角的三个破坏尺寸　不得同时大于		5	20	30
裂纹长度≤	①大面上宽度方向及其延伸至条面的长度	30	60	80
	②大面上长度方向及其延伸至顶面的长度或条顶面上水平裂纹的长度	50	80	100
完整面[a]	不得少于	二条面和二顶面	一条面和一顶面	
颜色		基本一致		

注:为装饰面施加的色差,凹凸纹、拉毛、压花等不算作缺陷。

凡有下列缺陷之一者,不得称为完整面:

(1) 缺损在条面或顶面上造成的破坏面尺寸同时大于 10mm×10mm。

(2) 条面或顶面上裂纹宽度大于 1mm,其长度超过 30mm。

(3) 压陷、粘底、焦花在条面或顶面上的凹陷或凸出超过 2mm,区域尺寸同时大于 10mm×10mm。

② 泛霜和石灰爆裂

泛霜指在新砌筑的砖砌体表面出现的一层白色的可溶性盐类粉状物。这些结晶的粉状物有损于建筑物的外观,而且结晶膨胀也会引起砖表层的疏松甚至剥落。

石灰爆裂是指烧结砖的原料中夹杂着石灰石,焙烧时石灰石被烧成生石灰块,在使用过程中生石灰吸水熟化转变为熟石灰,体积膨胀而引起砖裂缝,使砖砌体强度降低。烧结普通砖的泛霜和石灰爆裂也应符合表 6-1 的规定。

③ 强度

砖根据抗压强度分为 MU30、MU25、MU20、MU15、MU10 五个强度等级,十块砖试样的强度应符合表 6-2 的规定。

表 6-2　烧结普通砖和烧结多孔砖的强度等级

强度等级	抗压强度平均值 $\overline{f}$≥(MPa)	变异系数 δ≤0.21	变异系数 δ>0.21
		强度标准值 f_k≥(MPa)	单块最小抗压强度值 f_{min}≥(MPa)
MU30	30.0	22.0	25.0
MU25	25.0	18.0	22.0
MU20	20.0	14.0	16.0
MU15	15.0	10.0	12.0
MU10	10.0	6.5	7.5

表中抗压强度标准值和变异系数按下式计算:

$$f_k = \overline{f} - 1.8S \tag{6-1}$$

$$S = \sqrt{\frac{1}{9}\sum_{i=1}^{10}(f_i - \overline{f})^2} \tag{6-2}$$

$$\delta = S/\overline{f} \tag{6-3}$$

式中：f_k——抗压强度标准值(MPa)；

f_i——单块砖试件抗压强度测定值(MPa)；

$\overline{f}$——十块砖试件抗压强度平均值(MPa)；

S——十块砖试件抗压强度标准差(MPa)；

δ——砖强度变异系数。

④ 抗风化性能

抗风化性能是指在干湿变化、温度变化、冻融变化等物理因素作用下，材料不变质、不破坏而保持原有性质的能力，它是材料耐久性的重要内容之一。地域不同，材料的风化作用程度就不同，我国按风化指数分为严重风化区和非严重风化区，见表 6-3 所示。风化指数是指日气温从正温降至负温或从负温升至正温的每年平均天数与每年从霜冻之日起至消失霜冻之日止，这一期间降雨总量(以 mm 计)的平均值的乘积，风化指数大于等于 12 700 为严重风化区，小于 12 700 为非严重风化区。

表 6-3　风化区的划分

严重风化区		非严重风化区	
1. 黑龙江省 2. 吉林省 3. 辽宁省 4. 内蒙古自治区 5. 新疆维吾尔自治区 6. 宁夏回族自治区 7. 甘肃省 8. 青海省 9. 陕西省 10. 山西省	11. 河北省 12. 北京市 13. 天津市	1. 山东省 2. 河南省 3. 安徽省 4. 江苏省 5. 湖北省 6. 江西省 7. 浙江省 8. 四川省 9. 贵州省 10. 湖南省	11. 福建省 12. 台湾省 13. 广东省 14. 广西壮族自治区 15. 海南省 16. 云南省 17. 西藏自治区 18. 上海市 19. 重庆市

《烧结普通砖》(GB/T 5101—2003)规定，用于严重风化区中 1～5 地区的砖必须进行冻融试验，其他地区的砖，其吸水率和饱和系数指标若能达到表 6-4 的要求，可认为其抗风化性能合格，不再进行冻融试验。

表 6-4　抗风化能力

砖种类	严重风化区				非严重风化区			
	5h 沸煮吸水率(%)		饱和系数		5h 沸煮吸水率(%)		饱和系数	
	平均值	单块最大值	平均值	单块最大值	平均值	单块最大值	平均值	单块最大值
黏土砖	18	20	0.85	0.87	19	20	0.88	0.90
粉煤灰砖[a]	21	23			23	25		
页岩砖	16	18	0.74	0.77	18	20	0.78	0.80
煤矸石砖								

注[a]：粉煤灰掺入量(体积比)小于 30%时，按黏土砖规定判定。

(3) 烧结普通砖的产品标记

烧结普通砖的产品标记按产品名称、规格、品种、强度等级、质量等级和标准编号的顺序编写，例如规格 240mm×115mm×53mm、强度等级 MU15、一等品的烧结普通砖，其标记为：烧结普通砖 N MU15 B GB/T 5101。

(4) 烧结普通砖的应用

在土木工程中烧结普通砖主要用作墙体材料，其中优等品可用于清水墙和墙体装饰，一等品、合格品可用于混水墙，中等泛霜的砖不能用于潮湿部位，烧结普通砖也可用于砌筑柱、拱、烟囱、基础等。在砌体中配置钢筋或钢丝网成为配筋砌体，可代替钢筋混凝土柱或过梁等。烧结普通砖与轻质混凝土等隔热材料复合使用，中间填以轻质材料还可做成复合墙体。

黏土砖大量毁坏土地，破坏生态环境，是限制发展的产品。

2) 烧结多孔砖和烧结空心砖

烧结多孔砖和烧结空心砖是烧结空心制品的主要品种，具有块体较大、自重较轻、隔热保温性好等特点，与烧结普通砖相比，可节约黏土 20%～30%，节约燃煤 10%～20%，且砖坯焙烧均匀，烧成率高。用于砌筑墙体时，可提高施工效率 20%～50%，节约砂浆 15%～60%，减轻自重 1/3 左右，是烧结普通砖的换代产品。生产烧结多孔砖和烧结空心砖的原料和工艺与烧结普通砖基本相同，只是对原材料的可塑性要求有所提高，制坯时在挤泥机出口处设有成孔芯头，使坯体内形成孔洞。

(1) 烧结多孔砖

烧结多孔砖是以粘土、页岩、煤矸石、粉煤灰为主要原料，经焙烧而成的孔洞率等于或大于 15 %且孔洞小数量多的砖，按原材料分为粘土砖、粉煤灰砖、煤矸石砖等，砖的孔洞垂直于大面，砌筑时要求孔洞方向垂直于承压面，主要用于承重部位，如图 6-2 所示。

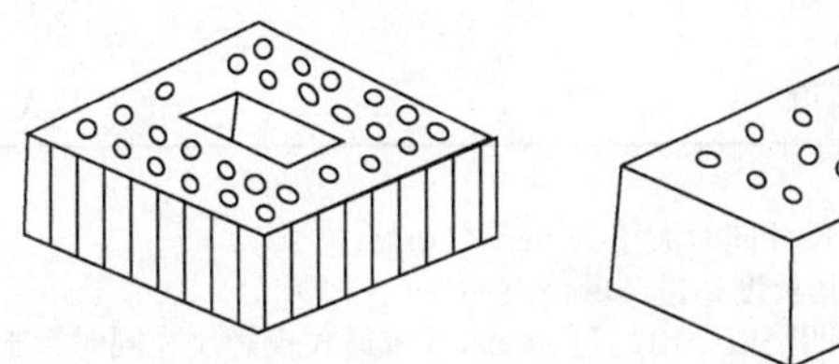

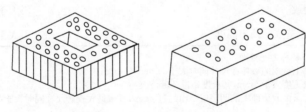

图 6-2 烧结多孔砖的外形

《烧结多孔砖》《烧结多孔砖和多孔砌块》(GB 13544—2011)对多孔砖的主要技术要求有尺寸偏差、外观质量、强度、抗风化性能、泛霜和石灰爆裂等，并规定产品中不允许有欠火砖和酥砖。强度和抗风化性能合格的砖根据尺寸偏差、外观质量、孔型与孔洞排列、泛霜和石灰爆裂等分为优等品(A)、一等品(B)、合格品(C)三个质量等级。

① 规格与孔洞

烧结多孔砖的长度、宽度和高度尺寸应符合下列要求：长 290mm，240mm，190mm；宽 240mm，190mm，180mm，175mm，140mm，115mm；高 90mm。其孔洞尺寸应符合表 6-5 的规定。

表 6-5 烧结多孔砖孔洞尺寸(mm)

圆孔直径	非圆孔内切圆直径	手抓孔	矩形条孔
22	15	30～40，75～85	孔长≤50，孔长≥3 倍孔宽

优等品和一等品的多孔砖应设矩形孔或矩形条孔，且孔洞有序地交错排列，以提高绝热性能；合格品可以设矩形孔或其他孔形，对孔洞排列无要求。

② 尺寸偏差和外观要求

各质量等级多孔砖的尺寸偏差和外观质量要求见表6-6和表6-7。

表6-6 烧结多孔砖的尺寸允许偏差(mm)

尺　寸	样本平均偏差	样本极差≤
＞400	±3.0	10.0
300～400	±2.5	9.0
200～300	±2.5	8.0
100～200	±2.0	7.0
＜100	±1.5	6.0

表6-7 烧结多孔砖的外观质量要求(mm)

项　目		指　标
1. 完整面	不得少于	一条面和一顶面
2. 缺棱掉角的三个破坏尺寸	不得同时大于	30
3. 裂纹长度		
(1) 大面(有孔面)上深入孔壁15mm以上宽度方向及其延伸到条面的长度	不大于	80
(2) 大面(有孔面)上深入孔壁15mm以上长度方向及其延伸到顶面的长度	不大于	100
(3) 条顶面上的水平裂纹	不大于	100
4. 杂质在砖或砌块面上造成的凸出高度	不大于	5

注：凡有下列缺陷之一者，不能称为完整面：

(1) 缺损在条面或顶面上造成的破坏面尺寸同时大于20mm×30mm。

(2) 条面或顶面上裂纹宽度大于1mm，其长度超过70mm。

(3) 压陷、焦花、粘底在条面或顶面上的凹陷或凸出超过2mm，区域最大投影尺寸同时大于20mm×30mm。

③ 强度

烧结多孔砖根据抗压强度分为MU30、MU25、MU20、MU15、MU10五个强度等级，十块砖试样的强度应符合表6-2的规定。

④ 耐久性

烧结多孔砖耐久性要求与烧结普通砖相同。

(2) 烧结空心砖

烧结空心砖是以黏土、页岩、煤矸石为主要原料，经焙烧而成的孔洞率大于35%、孔的尺寸大而数量少的砖。其孔洞垂直于顶面，砌筑时要求孔洞方向与承压面平行。因为它的孔洞大，强度低，所以主要用于砌筑非承重墙体或框架结构的填充墙。

根据《烧结空心砖和空心砌块》(GB 13545—2014)的规定，烧结空心砖的外形为直角六面体，在与砂浆的接合面上应设有增加结合力的深度1～2mm的凹线槽，尺寸有290mm×190mm×90mm和240mm×180mm×115mm两种，如图6-3所示。

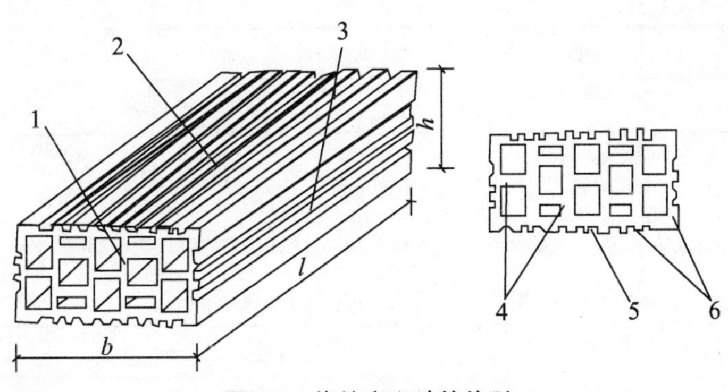

图 6-3 烧结空心砖的外形

1—顶面；2—大面；3—条面；4—肋；5—凹线槽；6—外壁；l—长度；b—宽度；h—高度

烧结空心砖根据毛体积密度分为 800kg/m³、900kg/m³、1 100kg/m³ 三个等级。《烧结空心砖和空心砌块》(GB 13545—2014)对每个密度级的空心砖，根据孔洞及排数、尺寸偏差、外观质量、强度等级和物理性能等，分为优等品(A)、一等品(B)和合格品(C)三个等级，尺寸偏差、外观质量、强度等级的具体要求见表 6-8、表 6-9、表 6-10 所示。耐久性要求与烧结多孔砖基本相同。

表 6-8 尺寸允许偏差(mm)

尺寸	样本平均偏差	样本极差 ≤
>300	±3.0	7.0
>200～300	±2.5	6.0
100～200	±2.0	5.0
<100	±1.7	4.0

表 6-9 外观质量要求(mm)

项 目		指 标
1.弯曲	不大于	4
2.缺棱掉角的三个破坏尺寸	不得同时大于	30
3.垂直度差	不大于	4
4.未贯穿裂纹长度		
(1)大面上宽度方向及其延伸到条面的长度	不大于	100
(2)大面上长度方向或条面上水平面方向的长度	不大于	120
5.贯穿裂纹长度		
(1)大面上宽度方向及其延伸到条面的长度	不大于	40
(2)壁、肋沿长度方向、宽度方向及其水平方向的长度	不大于	40
6.肋、壁残缺长度	不大于	40

续表 6-9

项　　目		指　　标
7. 完整面	不少于	一条面和一大面

注：凡有下列缺陷之一者，不能称为完整面：
（1）缺损在大面、条面上造成的破坏面尺寸同时大于 20mm×30mm。
（2）大面、条面上裂纹宽度大于 1mm，其长度超过 70mm。
（3）压陷、粘底、焦花在大面、条面上的凹陷或凸出超过 2mm，区域尺寸同时大于 20mm×30mm。

表 6-10　烧结空心砖的强度等级

强度等级	抗压强度（MPa）		
	抗压强度平均值 $\bar{f}\geqslant$	变异系数 $\delta\leqslant0.21$	变异系数 $\delta>0.21$
		强度标准值 $f_k\geqslant$	单块最小抗压强度值 $f_{min}\geqslant$
MU10.0	10.0	7.0	8.0
MU7.5	7.5	5.0	5.8
MU5.0	5.0	3.5	4.0
MU3.5	3.5	2.5	2.8

烧结空心砖的产品标记，按产品名称、规格尺寸、密度级别、产品等级和标准编号的顺序编写。例如，尺寸 290mm×190mm×90mm，密度级别 800 级、优等品烧结空心砖，其标记为：空心砖 290×190×90 800 A GB 13545。

6.1.2　非烧结砖

不经焙烧而制成的砖均为非烧结砖，如免烧免蒸砖、蒸汽（压）砖等。目前应用较广的是蒸汽（压）砖，这类砖是以含钙材料（石灰、电石渣等）和含硅材料（砂子、粉煤灰、煤矸石、炉渣等）与水拌和，经压制成型，常压或高压蒸汽养护而成，主要品种有灰砂砖、粉煤灰砖等。

1）*蒸压灰砂砖*

蒸压灰砂砖（简称灰砂砖）是用磨细生石灰和天然砂为主要原料，经坯料制备、压制成型、蒸压养护而成的实心或空心砖。它组织均匀、尺寸准确、外形光洁，多为浅灰色，加入碱性矿物颜料可制成彩色砖。

（1）蒸压灰砂砖的技术要求

按照《蒸压灰砂砖》（GB 11945—1999）的规定，蒸压灰砂砖根据尺寸偏差、外观质量、强度指标及抗冻性分为优等品（A）、一等品（B）和合格品（C）三个质量等级。

① 尺寸偏差和外观质量

蒸压灰砂砖的外形为直角六面体，公称尺寸与烧结普通砖相同。其尺寸偏差和外观质量应符合表 6-11 的规定。

表 6-11　蒸压灰砂砖的尺寸偏差和外观质量(mm)

项　目			指标		
			优等品	一等品	合格品
尺寸允许偏差	长度	l	±2	±2	±3
	宽度	b	±2		
	高度	h	±1		
缺棱掉角	个数,不多于(个)		1	1	2
	最大尺寸不得大于		10	15	20
	最小尺寸不得大于		5	10	10
对应高度差不得大于			1	2	3
裂纹	条数,不多于(条)		1	1	2
	大面上宽度方向及其延伸到条面的长度不得大于		20	50	70
	大面上长度方向及其延伸到顶面上的长度或条、顶面水平裂纹的长度不得大于		30	70	100

② 强度和抗冻性能

蒸压灰砂砖根据抗压及抗折强度分为 MU25、MU20、MU15、MU10 四个强度等级,其指标应符合表 6-12 的要求。

表 6-12　蒸压灰砂砖的强度指标和抗冻性指标

强度等级	抗压强度(MPa)		抗折强度(MPa)		抗冻性指标	
	平均值≥	单块值≥	平均值≥	单块值≥	冻后抗压强度平均值(MPa)≥	单块砖的干质量损失(%)≤
MU25	25.0	20.0	5.0	4.0	20.0	2.0
MU20	20.0	16.0	4.0	3.2	16.0	2.0
MU15	15.0	12.0	3.3	2.6	12.0	2.0
MU10	10.0	8.0	2.5	2.0	8.0	2.0

(2) 蒸压灰砂砖的产品标记

蒸压灰砂砖按产品名称(LSB)、颜色、强度等级、质量等级、标准编号的顺序编写产品标记,例如强度等级 MU20,优等品的彩色灰砂砖,其标记为:LSB Co 20 A GB 11945。

(3) 蒸压灰砂砖的应用

蒸压灰砂砖主要用于工业与民用建筑中,MU15 及其以上的灰砂砖可用于基础及其他建筑部位,MU10 的灰砂砖仅可用于防潮层以上的建筑部位。由于灰砂砖中的某些水化产物不耐酸也不耐热,因此不得用于长期受热 200℃以上、受急冷急热和有酸性介质侵蚀的建筑部位,如砌筑炉衬和烟囱,也不宜用于有流水冲刷的部位。

2) *粉煤灰砖*

粉煤灰砖是以粉煤灰和石灰为主要原料,掺入适量的石膏和骨料,经坯料制备、压制成型、高压或常压蒸汽养护而成的砖。

粉煤灰砖按湿热养护条件不同,分别称为蒸压粉煤灰砖、蒸养粉煤灰砖及自养粉煤灰砖。粉煤灰砖的规格与烧结普通砖相同。《粉煤灰砖》(JC 39—1996)规定了尺寸偏差和外观质量的要求，并按抗压强度和抗折强度将粉煤灰砖分为MU20、MU15、MU10、MU7.5四个等级。

粉煤灰砖的抗冻性要求与灰砂砖相同。粉煤灰砖的干燥收缩值，优等品应不大于0.60mm/m，一等品不大于0.75mm/m，合格品不大于0.85mm/m。粉煤灰砖多为灰色，可用于工业与民用建筑的墙体和基础，但用于基础或易受冻融和干湿交替作用的建筑部位时必须使用一等砖(强度不低于MU10)与优等砖(强度不低于MU15)。不得用于长期受热(200℃以上)、受急冷急热和有酸性介质侵蚀的建筑部位。为提高粉煤灰砖砌体的耐久性，有冻融作用可能的部位，应选择抗冻性合格的砖，并用水泥砂浆在砌体上抹面或采取其他防护措施。粉煤灰砖强度指标和抗冻性指标见表6-13所示。

表6-13　粉煤灰砖强度指标和抗冻性指标

强度等级	抗压强度(MPa)		抗折强度(MPa)		抗冻性指标	
	10块平均值≥	单块值≥	10块平均值≥	单块值≥	冻后抗压强度平均值(MPa)≥	砖的干质量损失单块值(%)≤
MU30	30.0	24.0	6.2	5.0	24.0	2.0
MU25	25.0	20.0	5.0	4.2	20.0	2.0
MU20	20.0	16.0	4.0	3.2	16.0	2.0
MU15	15.0	12.0	3.3	2.6	12.0	2.0
MU10	10.0	8.0	2.5	2.0	8.0	2.0

注：强度级别以蒸汽养护后1d的强度为准。

6.2　砌块及墙用板材

墙体材料除砖以外，还有砌块和墙用板材，后两种是新型墙体材料，可以充分利用地方资源和工业废渣，并可节省黏土资源和改善环境，具有生产工艺简单、原料来源广、适应性强、制作及使用方便灵活、可改善墙体功能等特点，同时能满足建筑结构体系的发展，包括抗震及多功能需求。新型墙体材料正朝着大型化、轻质化、节能化、复合化、装饰化和集约化方向发展。

6.2.1　砌块的定义和分类

砌块是砌筑用的人造块材，形体大于砌墙砖。砌块一般为直角六面体，也有各种异形的，砌块系列中主规格的长度、宽度或高度有一项或一项以上分别大于365mm、240mm或115mm，而且高度不大于长度或宽度的6倍，长度不超过高度的3倍。

砌块的分类方法很多，按用途可分为承重砌块和非承重砌块；按空心率(砌块上孔洞和槽的体积总和与按外廓尺寸算出的体积之比的百分率)可分为实心砌块(无孔洞或空心率小于25%)和空心砌块(空心率等于或大于25%)；按材质又可分为硅酸盐砌块、轻骨料混凝土砌块、普通混凝土砌块；按产品主规格的尺寸可分为大型砌块(高度大于980mm)、中型砌块(高度为380～980mm)和小型砌块(高度为115～380mm)等。

6.2.2 常用砌块的性能及应用

1) 蒸压加气混凝土砌块

蒸压加气混凝土砌块是以钙质材料(水泥、石灰等)和硅质材料(砂、矿渣、粉煤灰等)以及加气剂(粉)等,经配料、搅拌、浇注、发气(由化学反应形成孔隙)、预养切割、蒸汽养护等工艺过程制成的多孔硅酸盐砌块。

按养护方法分为蒸养加气混凝土砌块和蒸压加气混凝土砌块两种。按原材料的种类,蒸压加气混凝土砌块主要有蒸压水泥—石灰—砂加气混凝土砌块、蒸压水泥—石灰—粉煤灰加气混凝土砌块等。

(1) 技术性质

① 尺寸规格

规格有 a 系列和 b 系列。

② 强度等级

强度分为 10、25、35、50、75 五个等级。

③ 体积密度等级

按砌块的干体积密度划分为 B03、B04、B05、B06、B07、B08 六个级别。

④ 质量等级

砌块按尺寸偏差与外观质量、体积密度和抗压强度分为优等品(A)、一等品(B)、合格品(C)三个等级。

⑤ 抗冻性

蒸压加气混凝土砌块的抗冻性、收缩性和导热性应符合标准的规定。

(2) 应用

蒸压加气混凝土砌块具有自重小、绝热性能好、吸声、加工方便和施工效率高等优点,但强度不高,因此主要用于砌筑隔墙等非承重墙体以及作为保温隔热材料等。

在无可靠的防护措施时,该类砌块不得用在处于水中或高湿度和有侵蚀介质的环境中,也不得用于建筑物的基础和温度长期高于 80℃的建筑部位。

2) 蒸养粉煤灰砌块

粉煤灰砌块,是以粉煤灰、石灰、石膏和骨料(炉渣、矿渣)等为原料,经配料、加水搅拌、振动成型、蒸汽养护而制成的密实砌块。其主要规格尺寸有 880mm×380mm×240mm 和 880mm×420mm×240mm 两种。

(1) 技术性质

砌块按立方体试件的抗压强度分为 MU10 和 MU13 两个强度等级;按外观质量、尺寸偏差和干缩性能分为一等品(B)和合格品(C)两个质量等级。

(2) 应用

蒸养粉煤灰砌块属硅酸盐类制品,其干缩值比水泥混凝土大,弹性模量低于同强度的水泥混凝土制品。以炉渣为骨料的粉煤灰砌块,其体积密度为 1 300～1 550kg/m^3,导热系数为 0.465～0.582W/(m·K)。粉煤灰砌块适用于一般工业与民用建筑的墙体和基础。但不宜用于长期受高温(如炼钢车间)和经常受潮湿的承重墙,也不宜用于有酸性介质侵蚀的建筑部位。

3）普通混凝土小型空心砌块

普通混凝土小型空心砌块是以普通混凝土拌和物为原料，经成型、养护而成的空心块体墙材。有承重砌块和非承重砌块两类。为减轻自重，非承重砌块可用炉渣或其他轻质骨料配制。根据外观质量和尺寸偏差，分为优等品(A)、一等品(B)及合格品(C)三个质量等级。其强度等级分为：MU3.5，MU5.0，MU10.0，MU15.0，MU20.0。砌块的主规格尺寸为390mm×190mm×190mm，其他规格尺寸可由供需双方协商。砌块的最小外壁厚应不小于30mm，最小肋厚应不小于25mm，空心率应不小于25%。砌块各部位名称见图6-4所示。

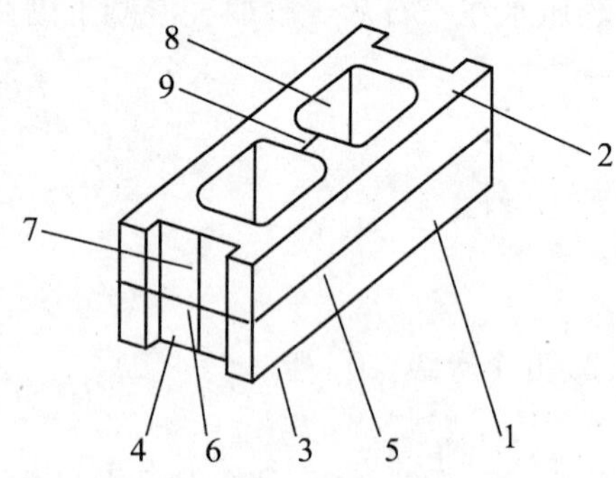

图6-4　砌块各部位名称

1—条面；2—坐浆面(肋厚较小的面)；3—铺浆面(肋厚较大的面)；4—顶面；5—长度；6—宽度；7—高度；8—壁；9—肋

普通混凝土小型空心砌块适用于地震设计烈度为8度以下地区的一般民用与工业建筑物的墙体。对用于承重墙和外墙的砌块，要求其干缩率小于0.5mm/m，非承重或内墙用砌块，其干缩率应小于0.6mm/m。砌块堆放运输及砌筑时应有防雨措施。砌块装卸时，严禁碰撞、扔摔，应轻码轻放，不许翻斗倾卸。砌块应按规格、等级分批分别堆放，不得混杂。

4）混凝土中型空心砌块

混凝土中型空心砌块是以水泥或无熟料水泥，配以一定比例的骨料，制成空心率≥25%的制品。其尺寸规格为：长500mm、600mm、800mm、1000mm，宽 200mm、240mm，高400mm、450mm、800mm、900mm。砌块的构造形式见图6-5所示。

用无熟料水泥配制的砌块属硅酸盐类制品，生产中应通过蒸汽养护或相关的技术措施以提高产品质量。这类砌块的干燥收缩值≤0.8mm/m；经15次冻融循环后其强度损失≤15%，外观无明显疏松、剥落和裂缝；自然碳化系数(1.15×人工碳化系数)≥0.85。

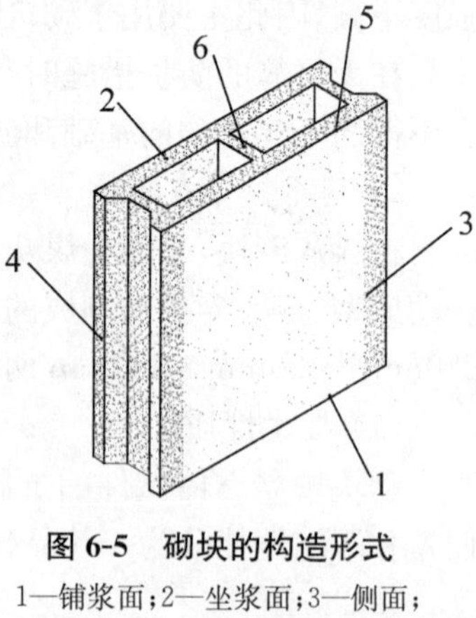

图6-5　砌块的构造形式

1—铺浆面；2—坐浆面；3—侧面；4—端面；5—壁面；6—肋

中型空心砌块具有体积密度小、强度较高、生产简单、施工方便等特点，适用于民用与一般工业建筑物的墙体。

6.2.3　墙用板材

随着装配式大板体系、框架轻板体系等建筑结构体系的改革和大开间多功能框架结构的发展，各种轻质和复合墙用板材也蓬勃兴起。以板材为围护墙体的建筑体系具有质轻、节能、施工方便、快捷、使用面积大、开间布置灵活等特点，墙用板材日益受到重视且具有良好的发展前景。

我国目前可用于墙体的板材品种很多，而且新型板材层出不穷，本节介绍几种具有代表性的板材。

1) 水泥类墙用板材

(1) 蒸压加气混凝土板

蒸压加气混凝土板是由钙质材料(水泥+石灰或水泥+矿渣)、硅质材料(石英砂或粉煤灰)、石膏、铝粉、水和钢筋等制成的轻质材料。蒸压加气混凝土板分外墙板和隔墙板，外墙板的长度为 1 500～6 000mm，厚度为 150mm、170mm、180mm、200mm、240mm、250mm；隔墙板的长度按设计要求，宽度为 500～600mm，厚度为 75mm、100mm、120mm。蒸压加气混凝土板含有大量微小的、非连通的气孔，孔隙率在 70%～80%，因而具有自重轻、绝热性好、隔声、吸声等特性。该种板还具有较好的耐火性与一定的承载能力，可用于单层或多层工业厂房的外墙，也可用于公共建筑及居住建筑的内隔墙和外墙。

(2) 轻集料混凝土墙板

轻集料混凝土配筋墙板是以水泥为胶结材料，陶粒或天然浮石等为粗集料，膨胀珍珠岩、浮石等为细集料，经搅拌、成型、养护而制成的一种轻质墙板。品种有浮石全轻混凝土墙板、粉煤灰陶粒珍珠岩砂混凝土墙板等。以上墙板规格(宽×高×厚)有：3 300mm×2 900mm×32mm 及 4 480mm×2 430mm×22mm 等。该种墙板生产工艺简单、墙厚较小、自重轻、强度高、绝热性能好、耐火、抗震性能优越、施工方便。浮石全轻混凝土墙板适用于装配式民用住宅大板建筑；粉煤灰陶粒珍珠岩混凝土墙板适用于整体预应力装配式板柱结构。

(3) 玻璃纤维增强水泥板(GRC 板)

玻璃纤维增强水泥板是以耐碱玻璃纤维、低碱度水泥、轻集料与水为主要原料制成的。有 GRC 轻质多孔条板和 GRC 平板，图 6-6 为 GRC 轻质多孔隔墙条板外形示意图。

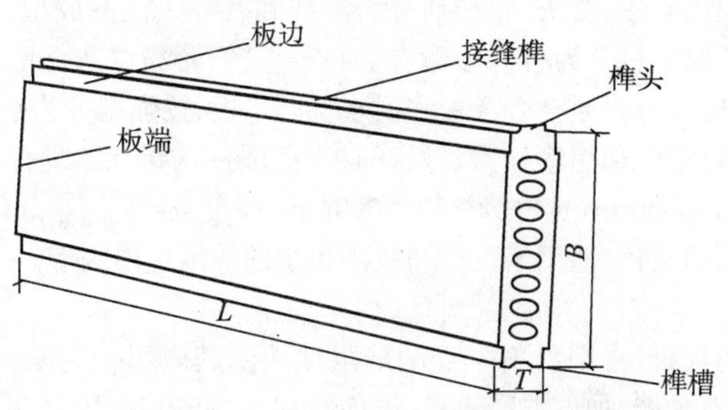

图 6-6 GRC 轻质多孔隔墙条板外形示意图

GRC 轻质多孔条板型号有 60 型、90 型、120 型，各型号规格(长×宽×厚)分别为(2 500mm～2 800mm)×600mm×60mm，(2 500mm～3 000mm)×600mm×90mm，(2 500mm～3 500mm)×600mm×120mm。GRC 平板根据制作工艺不同分为 S-GRC 板和雷诺平板。S-GRC 板规格尺寸：长度为 1 200mm、2 400mm、2 700mm，宽度为 600mm、

900mm、1 200mm，厚度为 10mm、12mm、15mm、20mm；雷诺平板规格尺寸：长度为 1 200mm、1 800mm、2 400mm，宽度为 1 200mm，厚度为 8mm、10mm、12mm、15mm。GRC 多孔板性能较好，安装方便，适用于民用与工业建筑的分室、分户、厨房、厕浴间、阳台等非承重的内外墙体。GRC 平板具有密度低、韧性好、耐水、不燃、易加工等特点，可以作为建筑物的内隔墙与吊顶板，经表面压花，被涂装后，也可用作外墙的装饰面板。

2）石膏类墙用板材

石膏类板材具有轻质、绝热、吸声、防火、尺寸稳定及施工方便等性能，在建筑工程中得到广泛的应用，是一种很有发展前途的新型建筑材料。

(1) 纸面石膏板

纸面石膏板是以建筑石膏为胶凝材料，并掺入适量添加剂和纤维作为板芯，以特制的护面纸作为面层的一种轻质板材。纸面石膏板按其用途分为普通纸面石膏板(P)、耐水纸面石膏板(S)、耐火纸面石膏板(H)。纸面石膏板的规格尺寸：长度为 1 800mm、2 100mm、2 400mm、3 000mm、3 300mm 和 3 600mm，宽度为 900mm、1 200mm，厚度为 9.5mm、15mm、18mm、21mm、25mm。

纸面石膏板主要用于隔墙、内墙等。耐火纸面石膏板主要用于耐火要求高的室内隔墙、吊顶等，使用时须采用龙骨。

(2) 纤维石膏板

纤维石膏板是由建筑石膏、纤维材料(废纸纤维、木纤维或有机纤维)、多种添加剂和水经特殊工艺制成的石膏板。其规格尺寸与纸面石膏板基本相同，强度高于纸面石膏板。此种板材具有较好的尺寸稳定性和防火、防潮、隔声性能以及可钉、可锯、可装饰的二次加工性能，还可调节室内空气湿度。

纤维石膏板可用作工业与民用建筑中的隔墙、吊顶、地板、防火门等，还可用来代替木材制作家具。

(3) 石膏空心条板

石膏空心条板是以建筑石膏为胶凝材料，适量加入各种轻质骨料(膨胀珍珠岩、蛭石等)、改性材料(粉煤灰、矿渣、石灰、外加剂等)，经拌和、浇注、振捣成型、抽芯、脱模、干燥而成。石膏空心条板按原材料分为石膏珍珠岩空心条板、石膏粉煤灰硅酸盐空心条板和石膏空心条板；按防水性能分为普通空心条板和耐水空心条板；按强度分为普通型空心条板和增强型空心条板；按材料结构和用途分为素板、网板、钢埋件网板和木埋件网板。空心石膏条板的长度为 2 100～3 300mm，宽度为 250～600mm，厚度为 60～80mm。该板生产时不用纸、不用胶，安装时不用龙骨，适用于工业与民用建筑的非承重内隔墙。

3）复合墙板

单一材料制成的板材，常因材料本身的局限性而使其应用受到限制。如质量较轻、保温、隔声效果较好的石膏板、加气混凝土板、纸面草板、麦秸板等，因其耐水性差或强度较低等原因，通常只能用于非承重内隔墙，而水泥类板材虽有足够的强度、耐久性，但自重大、隔声、保温性能较差。目前国内外尚没有单一材料既满足建筑节能要求又能满足防水、强度等技术要求。因此，墙体材料常用复合技术生产出各种复合板材来满足墙体多功能的要求，并已取得良好的技术经济效果。常用的复合墙板主要由结构层、保温层及面层组成。

(1) 钢丝网架水泥夹心板

钢丝网架水泥夹心板是以两片钢丝网将聚氨酯、聚苯乙烯、脲醛树脂等泡沫塑料、轻质岩棉或玻璃棉等芯材夹在中间，两片钢丝网间以斜穿过芯材的"之"字形钢丝相互连接，形成稳定的三维结构，经喷抹水泥砂浆后形成的板材。

常用的钢丝网架水泥夹心板品种有多种，其基本结构相似。按所用钢丝直径的不同可分为承重和非承重板材。钢丝直径全部为 2mm 的一般做非承重用；钢丝直径在 2～4mm、插筋直径在 4～6mm 的，可做承重墙板。

钢丝网架水泥夹心板具有质量轻、保温、隔声、抗冻融性能好、抗震能力强和能耗低等优点。为改善这种板材的耐高温性，可以矿棉代替泡沫塑料，制成纯无机材料的复合板材，使其耐火极限达 2.5h 以上，适用于做墙板、屋面板、各种保温板材，适当加筋后具有一定的承载能力，用于屋面，是集保温、防水和承重为一体的多功能材料。

(2) 金属夹心板材

金属夹心板材是以泡沫塑料或人造无机棉为芯材，在两侧粘上金属钢板而成。金属钢板分彩色喷涂铜板、彩色喷涂镀铝锌板、镀锌钢板、不锈钢板、铝板等。金属夹心板具有质量轻、强度高、绝热性好、施工便捷、可拆卸、可变换地点重复安装使用等优点，有较高的耐久性。带有防腐涂层的彩色金属面夹心板，有较高的耐候性和抗腐蚀能力，普遍用于冷库、仓库、工厂车间、仓储式超市、活动房、战地医院、体育场馆及候机楼等的墙体和屋面。

墙用板材除上述所列以外，还有植物纤维类墙用板材如纸面草板、麦秸人造板、竹胶合板及水泥木屑板等，在此不一一述说。

6.3 屋面材料

6.3.1 黏土瓦

黏土瓦是以黏土、页岩为主要原料，经成型、干燥、焙烧而成。其产品分类、规格型号和技术要求国家标准规定如下。

黏土瓦按生产工艺分为：

压制瓦——经过模压成型后焙烧而成的平瓦、脊瓦，称为压制平瓦、压制脊瓦。

挤出瓦——经过挤出成型后焙烧而成的平瓦、脊瓦，称为挤出平瓦、挤出脊瓦。

手工脊瓦——用手工方法成型后焙烧而成的脊瓦，称手工脊瓦。

按用途分为：

黏土平瓦——用于屋面作为防水覆盖材料的瓦，包括压制平瓦和挤出平瓦(简称平瓦)。

黏土脊瓦——用于房屋屋脊作为防水覆盖材料的瓦，包括压制脊瓦、挤出脊瓦和手工脊瓦(简称脊瓦)。

6.3.2 混凝土瓦

混凝土瓦是以水泥、砂或无机硬质骨料为主要原料，经配料混合、加水搅拌、机械滚压或人工揉压成型养护而制成的，用于坡屋面的屋面及其配合使用的配件瓦。混凝土瓦可以是本色的、着色的或表面经过处理的。

根据用途不同,可将混凝土瓦分为:

混凝土屋面瓦——由混凝土制成的,铺设于屋顶坡屋面完成瓦屋面功能的建筑构件。

有筋槽屋面瓦——瓦的正面和背面搭接的侧边带有嵌合边筋和凹槽;可以有,也可以没有顶部的嵌合搭接。

无筋槽屋面瓦——一般是平的,横的或纵向成拱形的屋面瓦,带有规则或不规则的前檐。

混凝土配件瓦——由混凝土制成的,铺设于屋顶特定部位,满足屋顶瓦特殊功能的,配合屋面瓦完成瓦屋面功能的建筑构件。包括脊瓦、封头瓦、排水沟瓦、檐口瓦和弯角瓦、三向脊顶瓦、四向脊顶瓦等。

6.3.3 石棉水泥波形瓦及脊瓦

石棉水泥波形瓦及脊瓦是用温石棉和水泥为基本原料制成的屋面和墙面材料,包括覆盖屋面和装敷墙壁用的石棉水泥大、中、小波形瓦及覆盖屋脊的“人”字形脊瓦。石棉水泥瓦的特点是单张面积大,有效利用面积大,还具有防火、防潮、防腐、耐热、耐寒、质轻等特性,而且施工简便,造价低。适用于仓库、敞棚、厂房等跨度较大的建筑和临时设施的屋面,也可用于围护墙。

6.3.4 钢丝网石棉水泥波形瓦

钢丝网石棉水泥波形瓦(简称加筋石棉瓦)是用短石棉纤维与水泥为原料,经制坯,在两层石棉水泥片中间嵌入一定规格的钢丝网片,再经加压成型。目前生产的有中波、小波两种瓦型。加筋石棉网瓦是高强轻质型的屋面及墙体材料,它具有抗断裂、抗冲击和耐热性能好的优点,承载能力高于普通石棉水泥波形瓦,受弯时呈现开裂到折断的二阶段破坏特征,不同于普通石棉水泥波形瓦那样骤然脆断,因此施工维修安全、简便、速度快、损耗小,可广泛应用于冶金、玻璃、造纸、纺织、矿山、电力、化工等行业以及有耐气体腐蚀和防爆等特殊要求的大中型工业建筑,还适用于火车月台以及与钢架相配套的体育场的顶棚等民用公共建筑。

6.3.5 玻璃纤维氯氧镁水泥波形瓦及其脊瓦

玻璃纤维氯氧镁水泥波形瓦及其脊瓦由菱苦土和氯化镁溶液制成氯氧镁水泥,加入玻璃纤维增强制成。可作一般厂房、仓库、礼堂和工棚等建筑设施的覆盖材料,不宜用于高温、长期有水汽与腐蚀性气体的场所。

6.3.6 聚氯乙烯塑料波形瓦

聚氯乙烯塑料波形瓦(即塑料瓦楞板),是以聚氯乙烯树脂为主体,加入其他配合剂,经过塑化、挤出或压延,通过压波成型而得到的屋面建筑材料,具有质轻、防水、耐化学腐蚀、耐晒、强度高、透光率高、色彩鲜艳等特点。适用于凉棚、果棚、遮阳板以及简易建筑物等屋面。

6.3.7 普通玻璃钢波形瓦

普通玻璃钢波形瓦是采用不饱和聚酯树脂和玻璃纤维为原料,用手糊法制成,具有重量轻、强度高、耐冲击、耐高温、耐腐蚀、介电性能好、不反射雷达波、透光率高、色彩鲜艳等特点，是简易性房屋的良好建筑材料。适用于简易建筑的屋面、遮阳、工业厂房的采光带以及凉棚等，但不能用于接触明火的场合。厚度在 1mm 以下的波形瓦只可用于凉棚遮阳等临时性建筑。

6.3.8 油毡瓦

油毡瓦是以玻璃纤维为胎基，经浸涂石油沥青后，一面覆盖彩色矿物粒料，另一面撒以隔离材料所制成的瓦状屋面防水片材。适用于坡屋面的多层防水层和单层防水层的面层。

6.3.9 聚碳酸酯双层透明板

聚碳酸酯双层透明板是以合成高分子材料聚碳酸酯经挤出成型而成的双层中空板材。适用于火车站、飞机场、码头、公交车站的通道顶棚、农用温室、养鱼棚、厂房仓库的天棚等需要天然采光、隔绝风雨、保持室温的场所，且不需加热即可弯曲，以适应曲面安装使用要求。

6.3.10 彩色钢板和波形钢板

彩色钢板是以冷轧钢板、镀锌板涂以涂料而成，波形钢板则经冷轧成波而成。按表面状态分为涂层板（代号 TC）和印花板（YH）两种；按涂料种类分为外用丙烯酸（WB）、内用丙烯酸（NB）、外用聚酯（WZ）、硅改性聚酯（GZ）、聚氯乙烯有机溶胶（YJ）、聚氯乙烯塑料溶胶（SJ）六种；按基材分为冷轧板（L）、电镀锌板（DX）、热镀锌小锌花光整板（XG）、热镀锌通常锌光整板（ZG）四种；按涂层结构分为上表面一次涂层和下表面不涂（D_1）、上表面一次涂层和下表面下层涂漆（D_2）、上表面一次涂层和下表面一次涂层（D_3）、上表面二次涂层和下表面不涂（S_1）、上表面二次涂层和下表面下层涂漆（S_2）、上表面二次涂层和下表面一次涂层（S_3）、上表面二次涂层和下表面二次涂层（S_4）7 种。可用作屋面、墙板、阳台、面板、百叶窗、汽车库门、屋顶构件、天沟等；也可用于电梯内墙板、通风道、门框、门、自动扶梯和屏风等。

复习思考题

1. 烧结砖主要有哪些种类？它们有何区别？
2. 烧结普通砖的技术要求有哪几项？如何评价烧结普通砖的质量等级？
3. 如何判定烧结普通砖的强度等级？
4. 烧结普通砖抗风化性能的含义是什么？如何进行评定？
5. 烧结多孔砖、烧结空心砖以及砌块与烧结普通砖相比，在使用上有何技术经济意义？
6. 简述常用砌块的特性及应用。
7. 墙用板材在使用中有何优点和缺点？
8. 查资料简述目前屋面材料的发展趋势，熟悉常用屋面材料的主要组成、特性和应用。

7　绝热材料、吸声隔音材料

本章提要：掌握绝热材料和吸声隔音材料的作用原理；了解绝热材料和吸声隔音材料的主要类型及性能特点。

7.1　绝热材料

绝热材料是防止住宅、生产车间、公共建筑及各种热工设备中热量传递的材料，也就是具有保温隔热性能的材料。在土木工程中，绝热材料主要用于墙体和屋顶保温隔热，以及热工设备、采暖和空调管道的保温，在冷藏设备中则大量用作保温。

7.1.1　绝热材料的作用

(1) 提高建筑物的使用效能，更好地满足使用要求。

(2) 减小外墙厚度，减轻屋面体系的自重及整个建筑物的重量。同时，也节约了材料，减少了运输和安装施工的费用，使建筑造价降低。

(3) 在采暖及装有空调的建筑及冷库等特殊建筑中，采用适当的绝热材料可减少能量损失，节约能源。

7.1.2　绝热材料的工作原理

传热的基本形式有热传导、热对流和热辐射三种。通常情况下，三种传热方式是共存的，但因保温隔热性能良好的材料是多孔且封闭的，虽然在材料的孔隙内有空气，起着对流和辐射作用，但与热传导相比，热对流和热辐射所占的比例很小，故在热工计算时通常不予考虑，而主要考虑热传导和导热系数的大小，导热系数越小，保温隔热效果就越好。

7.1.3　影响绝热效果的因素

(1) 显微结构的影响：一般来说，呈晶体结构的材料导热系数最大，微晶结构次之，而玻璃体结构最小。同一种材料结构不同时，其导热系数亦将不同。但多孔绝热材料显微结构对其导热系数的影响并不显著，因为起主要影响作用的是其孔隙率的大小。

(2) 结构特征的影响：是指材料内部的孔隙率、孔隙构造、孔隙分布等对导热系数的影响。孤立孔绝热效果较连通孔更好。

(3) 表观密度：固体物质的导热系数比空气大。一般表观密度小的材料，其导热系数低。

(4) 湿度的影响：水、冰的导热系数比空气大很多。

(5) 温度的影响：当温度升高时，材料中分子的平均运动水平有所提高，同时材料孔隙中空气的导热和孔壁间的辐射作用也有所增加。因此,材料的导热系数将随温度的升高而增大。但当温度在0～50℃范围内时,这种影响不大。

(6) 热流方向的影响:对于各向异性的材料,尤其是纤维质的材料,当热流的方向平行于纤维延伸方向时所受到的阻力最小;而当热流方向垂直于纤维延伸方向时,热流受到的阻力最大。

在上述因素中,表观密度和湿度的影响最大。

7.1.4 常用的绝热材料

无机绝热材料:石棉及其制品,矿物棉及其制品,膨胀蛭石及其制品,膨胀珍珠岩及其制品泡沫玻璃。

有机绝热材料:蜂窝板,轻质钙塑板,软木及其制品,纤维板,泡沫塑料(聚苯乙烯泡沫塑料、聚氨酯泡沫塑料、聚氯乙烯泡沫塑料),硬质泡沫橡胶,窗用隔热薄膜。

7.2 吸声隔音材料

7.2.1 吸声材料

吸声材料是一种能够较大限度地吸收由空气传递的声波能量的建筑材料。用于室内墙面、地面、顶棚等部位,能够改善声波在室内的传播质量,保持良好的音响效果。

当声波遇到材料表面时,一部分被反射,另一部分穿透材料,其余的声能转化为热能而被吸收。材料吸收的声能 E(包括部分穿透材料的声能在内)与原先传递给材料的全部声能 E_0 之比,是评定材料吸声性能好坏的主要指标,称为吸声系数(α)。吸声系数越大,该材料的吸声效果越好。同种材料对不同频率的声波和不同入射方向的声波,其吸声系数也是不一样的,即材料的吸声系数与声波的频率和入射方向有关。通常以在125Hz、250Hz、500Hz、1 000Hz、2 000Hz、4 000Hz这六个特定频率下,声波以各个方向入射时的吸收平均值来表示材料的吸声特性。凡在上述六个频率下的平均吸声系数大于0.2的材料,称为吸声材料。

吸声材料的类型及其结构形式:多孔吸声结构,薄板振动吸声结构,共振吸声结构,穿孔板组合共振吸声结构,柔性吸声结构,悬挂空间吸声结构。

7.2.2 隔音材料

以轻质、疏松、多孔的材料填充空气间层,或以这些多孔材料将密实材料加以分隔,均能有效地提高建筑物(或构件)的隔音能力。隔音结构用于隔绝在空气中传播的声波,阻止声波的入射,尽量减弱从结构背面发射出来的声波(透射波)的强度。

人们要隔绝的声音,按传播途径有空气声(通过空气传播的声音)和固体声(通过固体的撞击或振动传播的声音)两种,两者隔音的原理不同。对空气声的隔绝,主要是依据声学中的"质量定律",即材料的表观密度越大,越不易受声波作用而产生振动,其声波通过材料传递的速度迅速减弱,其隔声效果越好。所以,应选用表观密度大的材料(如钢筋混凝土、实心砖等)作为隔绝空气声的材料。对固体声隔绝的最有效措施是隔断其声波的连续传递。即在产生和传递固体声的结构(如梁、框架、楼板与隔墙以及它们的交接处等)层中加入具有一定弹性的衬垫材料,如软木、橡胶、毛毡、地毯或设置空气隔离层等,以阻止或减弱固体声的继续传播。

复习思考题

1. 什么是绝热材料?影响绝热材料导热性的主要因素有哪些?工程上对绝热材料有哪些要求?

2. 简述吸声材料的基本特征。

3. 什么是隔声材料?隔绝空气声与隔绝固体声的作用原理有何不同?哪些材料适宜用作隔绝空气声或隔绝固体声的材料?

8 建筑钢材

本章提要：了解钢材的冶炼及分类，钢材的硬度概念；掌握建筑钢材力学性能及工艺性能的含义，测定方法及影响因素；理解钢的组织及化学成分对钢材性能的影响；了解钢材的腐蚀与防火；了解常用建筑钢材的分类及其选用原则。

建筑钢材包括钢结构用的各种型钢(圆钢、角钢、槽钢和工字钢)、钢板，钢筋混凝土用的各种钢筋、钢丝和钢绞线，用作门窗和建筑五金的钢材等，具有比强度高、塑性好、韧性好、能承受冲击和振动荷载、加工性好(铸造、锻压、焊接、铆接和切割)等优点，广泛用于大跨度结构、多层及高层建筑、受动力荷载结构和重型工业厂房结构的钢筋混凝土之中，但同时具有易锈蚀、维护费用大、耐火性差、成本高等缺点，在应用时要注意防腐及防火。

8.1 钢材的生产与分类

8.1.1 钢材的生产

1)冶炼

炼铁：铁矿石、焦炭、石灰＝铁水＋矿渣

炼钢：铁水或铸铁、废钢＝钢水＋钢渣

生铁的主要成分是铁，但含有较多的碳以及硫、磷、硅、锰等杂质。杂质使得生铁的性质硬而脆，塑性很差，抗拉强度很低，使用受到很大限制。炼钢的目的就是通过冶炼将生铁中的含碳量降至2.06%以下，其他杂质含量降至一定范围内，以显著改善其技术性能，提高质量。氧气转炉法已成为现代炼钢的主要方法，而平炉法则已基本淘汰。

表 8-1 炼钢方法的特点和应用

炉种	原料	特　点	生产钢种
氧气转炉	铁水、废钢	冶炼速度快，生产效率高，钢质较好	碳素钢、低合金钢
电炉	废钢	容积小，耗电大，控制严格，钢质好，但成本高	合金钢、优质碳素钢
平炉	生铁、废钢	容量大，冶炼时间长，钢质较好且稳定，成本较高	碳素钢、低合金钢

2)铸锭

将钢液注入锭模，冷凝后便形成柱状的钢锭，此过程称为钢的铸锭。在铸锭冷却过程中，由于钢内某些元素在铁的液相中的溶解度大于固相，这些元素便向凝固较迟的钢锭中心集中，导致化学成分在钢锭中分布不均匀，这种现象称为化学偏析，其中以硫、磷偏析最为严重。偏析会严重降低钢材质量。

3）压力加工

为了保证钢的质量并满足工程需要，钢锭需要经过压力加工，轧制成各种型钢和钢筋后才能使用。可分为热加工和冷加工两种。热加工是将钢锭重新加热到一定温度，使其成塑性状态，再施加压力，改变其形状；冷加工是将钢材在常温下进行的压力加工，有冷拉、冷拔、冷轧、冷扭、冲压等。

8.1.2 钢材的分类

1）按化学成分分类

(1) 碳素钢

低碳钢（含碳量＜0.25％）

中碳钢（含碳量为0.25％～0.6％）

高碳钢（含碳量＞0.6％）

(2) 合金钢

低合金钢（合金元素总量＜5％）

中合金钢（合金元素总量为5％～10％）

高合金钢（合金元素总量＞10％）

2）按有害杂质含量分类

普通钢：$S \leqslant 0.050\%$，$P \leqslant 0.045\%$

优质钢：$S \leqslant 0.035\%$，$P \leqslant 0.035\%$。

高级优质钢：$S \leqslant 0.025\%$，$P \leqslant 0.025\%$

特级优质钢：$S \leqslant 0.025\%$，$P \leqslant 0.015\%$。

3）根据冶炼时脱氧程度分类

沸腾钢：炼钢时加入锰铁进行脱氧，脱氧很不完全，故称沸腾钢，代号为F。

镇静钢：炼钢时一般采用硅铁、锰铁和铝锭等作脱氧剂，脱氧充分，这种钢水铸锭时能平静地充满锭模并冷却凝固，基本无CO气泡产生，故称镇静钢，代号为Z（亦可省略不写）。

特殊镇静钢。比镇静钢脱氧程度更充分彻底的钢，其质量最好，代号为TZ（亦可省略不写）。

半镇静钢。脱氧程度介于沸腾钢和镇静钢之间，为质量较好的钢，其代号为b。

4）根据用途分类

结构钢：用作工程结构构件及机械零件的钢。

工具钢：用作各种量具、刀具及模具的钢。

特殊钢：具有特殊物理、化学或机械性能的钢，如不锈钢、耐酸钢、耐热钢。

8.2 钢材的力学性能与工艺性能

在建筑工程中，掌握钢材的性能是合理选用钢材的基础。钢材的性能主要包括：力学性能：抗拉性能、冲击韧性、疲劳强度和硬度等；工艺性能：冷弯性能、冷加工性能、焊接性能和热加工性能等。

8.2.1 力学性能

1) 抗拉性能

抗拉性能是钢材的主要性能，通过拉伸试验可以测得屈服强度、抗拉强度、伸长率等技术指标。钢材(低碳钢)的抗拉过程主要包括弹性阶段、屈服阶段、强化阶段、颈缩阶段四个阶段。

(1) 弹性阶段(OA 段)

应力与应变成正比例关系。弹性阶段的最高点(A 点)所对应的应力称为比例极限或弹性极限，用 σ_p 表示。应力与应变的比值为常数，称为弹性模量，反映钢材的刚度。

(2) 屈服阶段(AB 段)

应力与应变不再成正比例关系，应力的增长滞后于应变的增长，甚至会出现应力减小的情况，这一现象称为屈服。B 上为屈服上限，B 下为屈服下限。因 B 下点较稳定且容易测定，故常以屈服下限作为钢材的屈服强度，称为屈服点。用 σ_s 表示，是结构设计时钢材强度的依据。

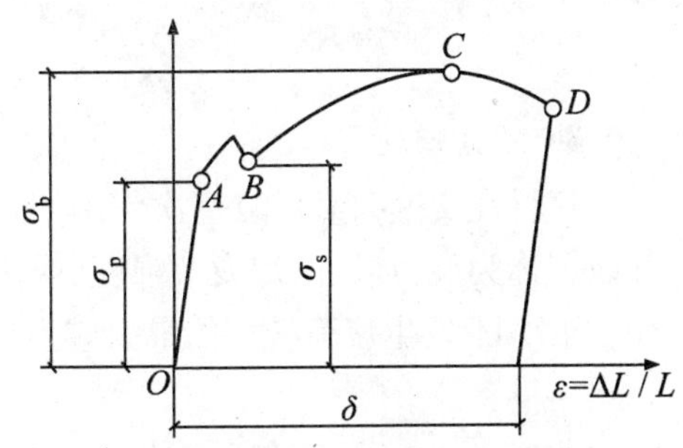

图 8-1　低碳钢受拉时应力-应变图

(3) 强化阶段(BC 段)

当钢材屈服到一定程度后，由于内部晶格扭曲、晶粒破碎等原因，阻止了塑性变形的进一步发展，钢材抵抗外力的能力重新提高，应力-应变图由 B 上升至最高点 C，C 点为极限抗拉强度，用 σ_b 表示。σ_s/σ_b 为屈强比，是评价钢材受力特征的一个参数，反映钢材超过屈服点工作的可靠度、安全度。常用碳素钢的屈强比为 0.58～0.63，合金钢为 0.65～0.75。

(4) 颈缩阶段(CD 段)

过 C 点后，材料变形迅速增大，而应力反而下降。试件在拉断前，于薄弱处截面显著缩小，产生“颈缩现象”，直至断裂。反映了钢材的塑性，用伸长率或断面收缩率表示。

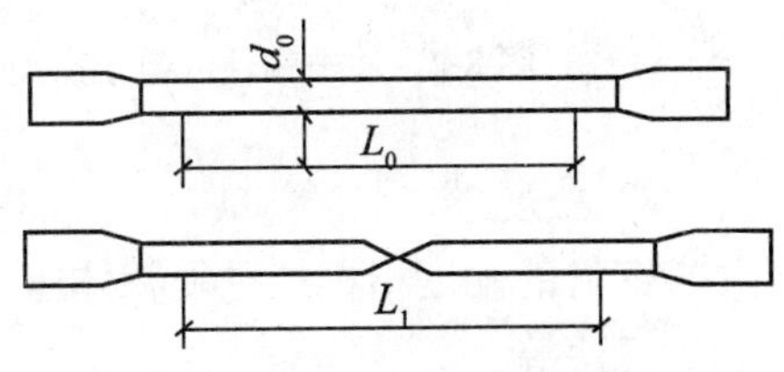

图 8-2　钢材拉断前后的试件

伸长率：量出拉断后标距部分的长度 L_1，标距的伸长值与原始标距 L_0 的百分率称为伸长率。通常以 δ_5 和 δ_{10} 分别表示 $L_0=5d_0$ 和 $L_0=10d_0$(d_0 为试件直径)时的伸长率。对同一种钢材，δ_5 应大于 δ_{10}。

$$\delta=\frac{L_1-L_0}{L_0}\times 100\% \tag{8-1}$$

断面收缩率：测定试件拉断处的截面积(A_1)，试件拉断前后截面积的改变量与原始截面积(A_0)的百分比：

$$\psi=\frac{A_0-A_1}{A_0} \tag{8-2}$$

中碳钢与高碳钢(硬钢)拉伸时的应力-应变曲线与低碳钢不同，无明显屈服现象，伸长率小，断裂时呈脆性破坏，其应力-应变曲线如图 8-3 所示。这类钢材由于不能测定屈服点，规范规定以产生0.2%残余变形时的应力值作为名义屈服点,也称条件屈服点,用$\sigma_{0.2}$表示。

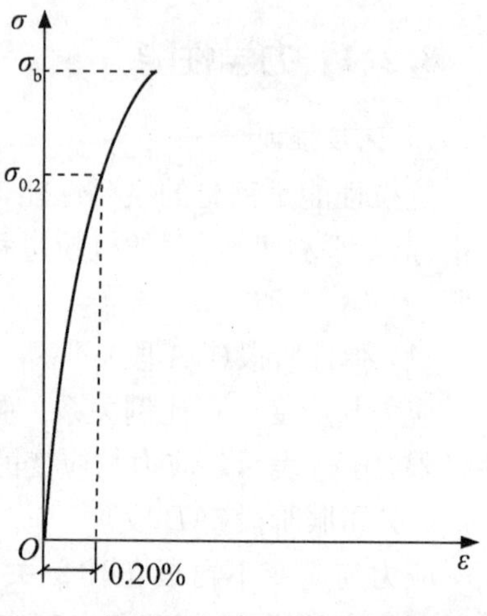

图8-3 中碳钢、高碳钢的应力-应变曲线

2)冲击韧性

冲击韧性是指钢材抵抗冲击荷载的能力,用冲断试件所需能量的多少来表示。冲击韧性试验是采用中部加工有V形或U形缺口的标准弯曲试件,置于冲击机的支架上,试件非切槽的一侧对准冲击摆,如图8-4所示。当冲击摆从一定高度自由落下将试件冲断时,试件吸收的能量等于冲击摆所做的功,所以缺口底部处单位面积上所消耗的功,即为冲击韧性指标α_k。

$$\alpha_k = \frac{A_k}{A} \qquad (8-3)$$

3)疲劳强度

钢材在交变荷载反复多次作用下,可在最大应力远低于屈服强度的情况下突然破坏,这种破坏称为疲劳破坏,用疲劳强度(或称疲劳极限)来表示,它是指试件在交变应力下,作用10^7周次,不发生疲劳破坏的最大应力值。

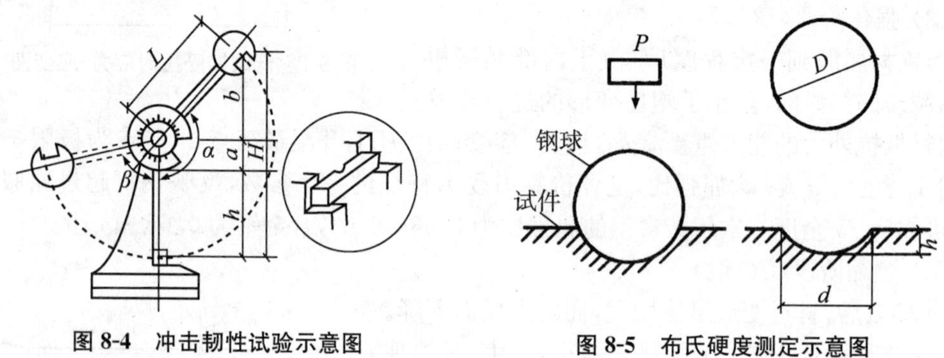

图8-4 冲击韧性试验示意图

图8-5 布氏硬度测定示意图

4)硬度

钢材的硬度指抵抗更硬物体压入时产生局部变形的能力。测定方法有布氏法、洛氏法和维氏法等。

布氏法:直径为D(mm)的淬火钢球,以荷载P(N)将其压入试件表面,经规定的持续时间后卸去荷载,得直径为d(mm)的压痕,以压痕表面积A(mm^2)除荷载P,即得布氏硬度(HB)值。

洛氏法:测定的原理与布氏法相似,但系根据压头压入试件的深度来表示硬度值。

8.2.2 工艺性能

1)冷弯性能

冷弯性能是指钢材在常温下承受弯曲变形的能力。用弯曲角度(α)和弯心直径(d)为指标表示。冷弯试验采用直径(或厚度)为a的试件,选用弯心直径$d=na$的弯头(n为自然数,其大小由试验标准规定),弯曲到规定角度(90°或180°)后,弯曲处若无裂纹、断裂及起层等现象，即认为冷弯试验合格。

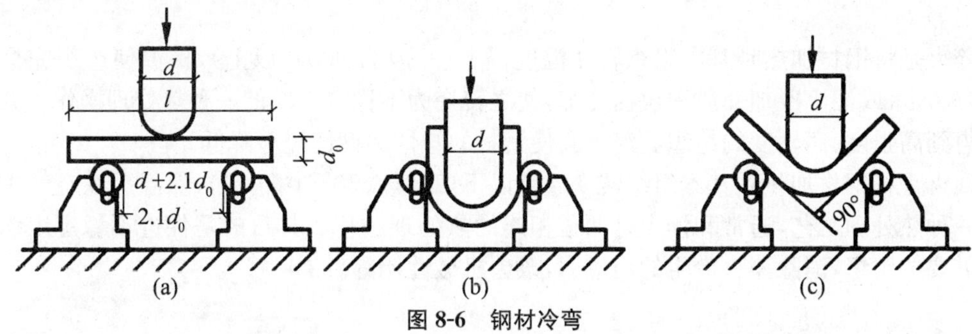

图 8-6　钢材冷弯

2）冷加工性能及时效处理

冷加工强化处理是将钢材于常温下进行冷拉、冷拔或冷轧，使之产生塑性变形，从而提高强度，但钢材的塑性和韧性会降低，这个过程称为冷加工强化处理。常见的冷加工方法有冷拉和冷拔。

冷拉是施工现场可采用的一种冷加工方法。将钢筋一端固定，利用冷拉设备对其另一端进行张拉，使其伸长。经冷拉后，钢材的屈服强度一般可提高 20%～30%，可节约钢筋 10%～20%。冷拔是制构件厂经常采用的一种冷加工方法。将光圆钢筋通过硬质合金拔丝模孔强行拉拔，每次拉拔断面缩小应在 10%以内。钢筋在冷拔过程中不仅受拉，同时还受到挤压作用，因而冷拔的作用比纯冷拉作用强烈。经过一次或多次冷拔后的钢筋，表面光滑，屈服强度可提高 40%～60%，但塑性大大降低，具有硬钢的性质。

时效处理是将经过冷拉的钢筋，于常温下存放 15～20d，或加热到 100～200℃并保持 2～3h 后，则钢筋强度将进一步提高。前者称为自然时效，后者称为人工时效。

如图 8-7 所示，未冷拉到冷拉无时效：屈服强度提高，发生了塑性变形；冷拉无时效到冷拉经时效：屈服强度进一步提高，抗拉强度提高。

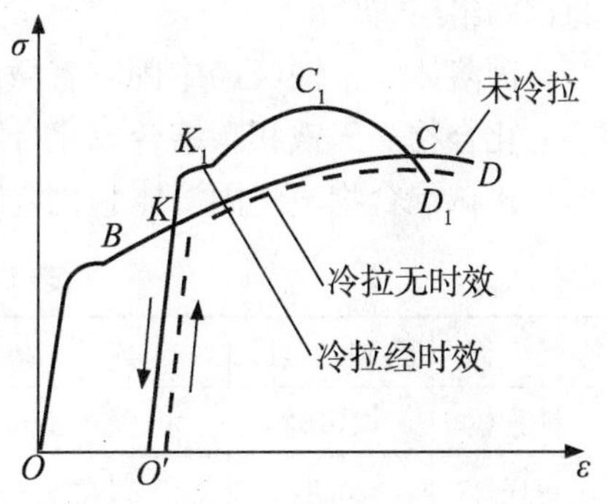

图 8-7　钢筋经冷拉时效后应力-应变图的变化

3）焊接性能

建筑工程中，钢材间的连接 90%以上采用焊接方式，因此，要求钢材应有良好的焊接性能。常见的焊接方式有搭接和对接，要求：焊接处（焊缝及其附近过热区）不产生裂缝及硬脆倾向；焊接处性能与母材一致，即力学性能、工艺性能应合格，特别是强度不低于原钢材强度（拉伸试验、冷弯试验）。钢材的化学成分、冶炼质量、冷加工、焊接工艺及焊条材料等都会影响焊接性能。

4）热加工性能

热加工性能是将钢材在固态范围内按一定规则加热、保温和冷却，以改变其金相组织和显微结构组织，从而获得所需性能的一种工艺过程。土木工程所用钢材一般在生产厂家进行热处理并以热处理状态供应。

退火是将钢材加热到一定温度，保温后缓慢冷却（随炉冷却）的一种热处理工艺。其目的是细化晶粒，改善组织，减少加工中产生的缺陷，减轻晶格畸变，降低硬度，提高塑性，消除内应力，防止变形、开裂。

正火是退火的一种特例。正火在空气中冷却,两者仅冷却速度不同。其目的是消除组织缺陷等。

淬火是将钢材加热到基本组织转变温度以上(一般为900℃以上),保温使组织完全转变,即放入水或油等冷却介质中快速冷却,使之转变为不稳定组织的一种热处理操作。其目的是得到高强度、高硬度的组织。淬火会使钢材的塑性和韧性显著降低。

回火是将钢材加热到基本组织转变温度以下(150～650℃内选定),保温后在空气中冷却的一种热处理工艺,通常和淬火是两道相连的热处理过程。其目的是促进不稳定组织转变为需要的组织,消除淬火产生的内应力,改善机械性能等。

8.3 钢的组织和化学成分对钢材性能的影响

8.3.1 钢的组织对钢材性能的影响

纯铁在不同的温度下有不同的晶体结构。

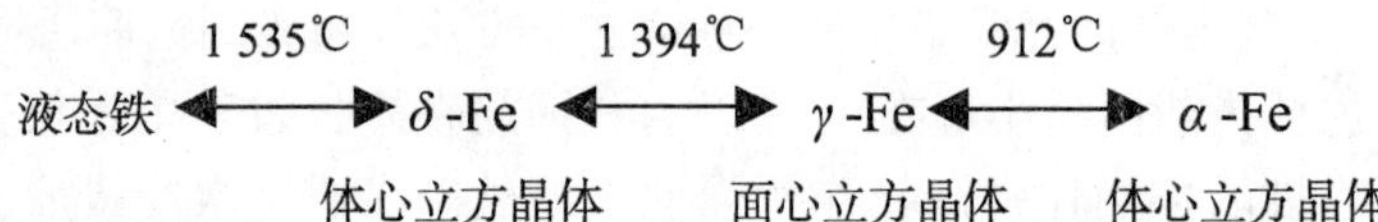

钢材中Fe和C有以下三种结合形式,于一定条件下能形成具有一定形态的聚合体,称为钢的组织。

固溶体——铁(Fe)中固溶着微量的碳(C)。

化合物——铁和碳结合成化合物Fe_3C。

机械混合物——固溶体和化合物的混合物。

表8-2 钢的基本组织及其性能

名　称	含碳量(%)	结构特征	性　能
铁素体	≤0.02	碳在α-Fe中的固溶体	塑性、韧性好,但强度、硬度低
奥氏体	0.8	碳在γ-Fe中的固溶体	强度、硬度不高,但塑性好
渗碳体	6.67	铁、碳化合物Fe_3C	抗拉强度低,塑性差,性脆硬,耐磨
珠光体	0.8	铁素体和渗碳体机械混合物	塑性较好,强度、硬度较高

建筑工程中所用的钢材含碳量均在0.8%以下,所以建筑钢材的基本组织是由铁素体和珠光体组成的,由此决定了建筑钢材既有较高的强度,同时塑性、韧性也较好,从而能很好地满足工程所需的技术性能。

8.3.2 钢的化学成分对钢材性能的影响

碳(C):含碳量小于0.8%时,随含碳量的增加,钢的强度和硬度提高,塑性和韧性降低;含碳量大于1.0%时,随含碳量增加,钢的强度反而下降。含碳量增加,钢的焊接性能变差,尤其是当含碳量大于0.3%时,钢的可焊性显著降低。

硅(Si):含硅量小于1.0%时,可提高钢的强度、疲劳极限、耐腐蚀性及抗氧化性,对塑性和韧性影响不大;含硅量大于1.0%时,显著降低钢材的塑性和韧性,增大冷脆性、时效敏感性,并降低可焊性。硅可作为合金元素,用以提高合金钢的强度。

锰(Mn):炼钢时为脱氧去硫而加入的,含锰量在0.8%~1.0%时,可显著提高钢材的强度、硬度及耐磨性。能消减硫和氧引起的热脆性,改善钢材的热工性能。当含锰量大于1.0%时,可降低钢的塑性、韧性和可焊性。锰可作为合金元素,提高钢材的强度。

磷(P):磷是原材料中带入的,在钢中几乎全部溶于铁素体,使铁素体强化,提高钢的强度和硬度。磷的偏析倾向严重,当铁素体中的磷超过0.1%时,将显著降低钢的塑性和韧性,使钢在室温下变脆(引起钢材的"冷脆性"),但可提高钢材的强度、硬度、耐磨性和耐蚀性。

硫(S):硫是原材料中带入的,在钢中以FeS的形式存在。硫引起钢材的"热脆性",会降低钢材的各种机械性能,使钢材可焊性、冲击韧性、耐疲劳性和抗腐蚀性等均降低。

氧(O):含氧量增加,使钢材的机械强度降低,塑性和韧性降低,促进时效,还能使热脆性增加,焊接性能变差。

氮(N):氮使钢材的强度提高,塑性特别是韧性显著下降。氮会加剧钢的时效敏感性和冷脆性,使可焊性变差。在铝、铌、钒等元素配合下可细化晶粒,改善钢性能,故可作为合金元素。

8.4 建筑钢材的锈蚀与防护

8.4.1 钢材锈蚀机理

根据钢材与环境介质作用的机理,锈蚀可分为化学锈蚀和电化学锈蚀。

1) 化学锈蚀

化学锈蚀是指钢材与周围介质(如氧气、二氧化碳、二氧化硫和水等)发生化学反应,生成疏松的氧化物而产生的锈蚀。一般情况下,是钢材表面FeO保护膜被氧化成黑色的Fe_3O_4。在常温下,钢材表面能形成FeO保护膜,可以防止钢材进一步锈蚀。所以,在干燥环境中化学锈蚀速度缓慢,但在温度较高、湿度较大的情况下,这种锈蚀进展加快。

2) 电化学锈蚀

电化学锈蚀指钢材与电解溶液接触而产生电流,形成原电池而引起的锈蚀。电化学锈蚀是建筑钢材在存放和使用中发生锈蚀的主要形式。钢材由不同的晶体组织构成,并含有杂质,由于这些成分的电极电位不同,因此当有电解质溶液存在时,形成许多微电池。电化学锈蚀过程如下:

阳极:$Fe = Fe^{2+} + 2e$

阴极:$H_2O + 1/2O_2 = 2OH^- - 2e$

总反应式:$Fe^{2+} + 2OH^- = Fe(OH)_2$

$Fe(OH)_2$不溶于水,但易被氧化:$2Fe(OH)_2 + H_2O + 1/2O_2 = 2Fe(OH)_3$(红棕色铁锈),该氧化过程会发生体积膨胀。

8.4.2 钢筋混凝土中钢筋锈蚀

普通混凝土为强碱性环境，pH 为 12.5 左右，使之对埋入其中的钢筋形成碱性保护。但是，普通混凝土制作的钢筋混凝土有时也发生钢筋锈蚀现象。其主要原因：一是混凝土不密实，环境中的水和空气能进入混凝土内部；二是混凝土保护层厚度小或发生了严重的碳化，使混凝土失去了碱性保护作用；三是混凝土内 Cl^- 含量过大，使钢筋表面的保护膜被氧化；四是预应力钢筋存在微裂缝等缺陷，引起应力锈蚀。

8.4.3 钢材锈蚀的防止

1）表面刷漆

表面刷漆是钢结构防止锈蚀的常用方法。刷漆通常有底漆、中间漆和面漆三道。底漆（一道）要求有较好的附着力和防锈能力，常用的有红丹、环氧富锌漆、云母氧化铁和铁红环氧底漆等；中间漆（一道）为防锈漆，常用的有红丹、铁红等；面漆（两道）要求有较好的牢度和耐候性能保护底漆不受损伤或风化，常用的有灰铅、醇酸磁漆和酚醛磁漆等。

2）表面镀金属

用耐腐蚀性好的金属，以电镀或喷镀的方法覆盖在钢材的表面，提高钢材的耐腐蚀能力。常用的方法有镀锌（如白铁皮）、镀锡（如马口铁）、镀铜和镀铬等。

3）采用耐候钢

耐候钢即耐大气腐蚀钢，是在碳素钢和低合金钢中加入少量的铜、铬、镍、钼等合金元素而制成。耐候钢既有致密的表面防腐保护，又有良好的焊接性能，其强度级别与常用碳素钢和低合金钢一致，技术指标相近。

8.4.4 钢材的防火

钢材属于不燃性材料和易熔材料。耐火试验与火灾案例调查表明：以失去支持能力为标准，无保护层时钢柱和钢屋架的耐火极限只有 0.25h，而裸露钢梁的耐火极限仅为 0.15h。温度在 200℃以内，可以认为钢材的性能基本不变；当温度超过 300℃时，钢材的弹性模量、屈服点和极限强度均开始显著下降，而塑性伸长率急剧增大，钢材产生徐变；温度超过 400℃时，强度和弹性模量都急剧降低；到达 600℃时，弹性模量、屈服点和极限强度均接近零，已失去承载能力。所以，没有防火保护层的钢结构是不耐火的。

防火方法以包覆法为主，即以防火涂料、不燃性板材或混凝土和砂浆将钢构件包裹起来。

1）防火涂料包裹法

此方法是采用防火涂料，紧贴钢结构的外露表面，将钢构件包裹起来，是目前最为流行的做法。按施用处不同可分为室内、露天两种；按所用黏结剂不同可分为有机类、无机类；防火涂料按受热时的变化分为膨胀型（薄型）和非膨胀型（厚型）两种。

2）不燃性板材包裹法

常用的不燃性板材有防火板、石膏板、硅酸钙板、蛭石板、珍珠岩板和矿棉板等，可通过黏结剂或钢钉、钢箍等固定在钢构件上，将其包裹起来。

3）实心包裹法

一般采用混凝土，将钢结构浇注在其中。

8.5 建筑钢材的品种与选用

8.5.1 碳素结构钢

1) 牌号及表示方法

碳素结构钢牌号(四个):Q195,Q215,Q235,Q275。

表示方法:屈服点等级-质量等级-脱氧程度。

屈服点等级:Q195,Q215,Q235,Q255,Q275。

质量等级:按冲击韧性划分为 A、B、C、D 四个等级。

A 级——不要求冲击韧性;B 级——要求+20℃冲击韧性;

C 级——要求 0℃冲击韧性;D 级——要求-20℃冲击韧性。

脱氧程度:F 沸腾钢;b 半镇静钢;Z 镇静钢;TZ 特殊镇静钢。

2) 力学性能

表 8-3 碳素结构钢的机械性能

牌号	等级	拉伸试验													冲击试验	
		屈服点(MPa)						抗拉强度(MPa)	伸长率 δ_5(%)						温度(℃)	V形冲击功(纵向)(J)
		钢筋厚度(直径)(mm)							钢筋厚度(直径)(mm)							
		≤16	>16~40	>40~60	>60~100	>100~150	>150		≤16	>16~40	>40~60	>60~100	>100~150	>150		
		≥							≥							≥
Q195	—	(195)	(185)	—	—	—	—	315~430	33	32	—	—	—	—	—	—
Q215	A	215	205	195	185	175	165	335~450	31	30	29	28	27	26	—	—
	B														20	27
Q235	A	235	225	215	205	195	185	375~500	26	25	24	23	22	21	—	—
	B														20	27
	C														0	
	D														-20	
Q255	A	255	245	235	225	215	205	410~550	24	23	22	21	20	19	—	—
	B														20	27
Q275	—	275	265	255	245	235	225	490~630	20	19	18	17	16	15	—	—

3) 特性及应用

Q195 钢强度不高,塑性、韧性、加工性能与焊接性能较好,主要用于轧制薄板和盘条等。Q215 钢用途与 Q195 钢基本相同,由于其强度稍高,还大量用做管坯和螺栓等。Q235 钢既有较高的强度,又有较好的塑性和韧性,可焊性也好,在土木工程中应用最广泛,大量用于制作钢结构用钢、钢筋和钢板等。Q255 钢强度高,塑性和韧性稍差,不易冷弯加工,可焊性较差，主要用于做铆接或栓接结构，以及钢筋混凝土的配筋。Q275 钢强度、硬度较高，耐磨性较好，但塑性、冲击韧性和可焊性差，不宜用于建筑结构，主要用于制作机械零件和工具等。

8.5.2 低合金高强度结构钢

低合金高强度结构钢是一种在碳素结构钢的基础上添加总量不小于 5%合金元素的钢材。所加合金元素主要有锰(Mn)、硅(Si)、钒(V)、钛(Ti)、铌(Nb)、铬(Cr)、镍(Ni)及稀土元素。均为镇静钢。

1）牌号及其表示方法

有 Q295、Q345、Q390、Q420 和 Q460 五个牌号。

表示方法：屈服点等级-质量等级。

屈服点等级：Q295、Q345、Q390、Q420 和 Q460。

质量等级：各牌号按冲击韧性至多划分为 A、B、C、D、E 五个等级。

A 级——不要求冲击韧性；B 级——要求+20℃冲击韧性；

C 级——要求 0℃冲击韧性；D 级——要求−20℃冲击韧性；

E 级——要求−40℃冲击韧性。

2）力学性能

表 8-4 低合金高强度结构钢的力学性能

牌号	质量等级	屈服点(MPa) 厚度(直径,边长)(mm)				抗拉强度(MPa)	伸长率 δ_5(%)	冲击功(纵向)(J)				180°冷弯试验 d=弯心直径 a=试样厚度/直径(mm)	
		≤16	>16~35	>35~50	>50~100			+20℃	0℃	−20℃	−40℃		
		≥					≥					a≤16	a>50~100
Q295	A	295	275	255	235	390~570	23	—	—	—	—	$d=2a$	$d=3a$
	B							34	—	—	—		
Q345	A	345	325	295	275	470~630	21	—	—	—	—		
	B						21	34	—	—	—		
	C						22	—	34	—	—		
	D						22	—	—	34	—		
	E						22	—	—	—	27		
Q390	A	390	370	350	330	490~650	19	—	—	—	—		
	B						19	34	—	—	—		
	C						20	—	34	—	—		
	D						20	—	—	34	—		
	E						20	—	—	—	27		
Q420	A	420	400	380	360	520~680	18	—	—	—	—		
	B						18	34	—	—	—		
	C						19	—	34	—	—		
	D						19	—	—	34	—		
	E						19	—	—	—	27		
Q460	C	460	440	420	400	550~720	17	—	34	—	—		
	D						17	—	—	34	—		
	E						17	—	—	—	27		

3）特性及应用

由于合金元素的细晶强化作用和固溶强化等作用，使低合金高强度结构钢与碳素结构相比，既具有较高的强度，同时又有良好的塑性、低温冲击韧性、可焊性和耐蚀性等特点，是一种综合性能良好的建筑钢材。Q345 级钢是钢结构的常用牌号，Q390 也是推荐使用的牌号。

低合金高强度结构钢广泛应用于钢结构和钢筋混凝土结构中，特别是大型结构、重型结构、大跨度结构、高层建筑、桥梁工程、承受动荷载和冲击荷载的结构。

8.5.3 优质碳素结构钢

优质碳素结构钢划分为 32 个牌号，分为低含锰量（0.25%～0.50%）、普通含锰量（0.35%～0.80%）和较高含锰量（0.70%～1.20%）三组，其表示方法：平均含碳量的万分数-含锰量标识-脱氧程度。

32 个牌号是 08F、10F、15F、08、10、15、20、25、30、35、40、45、50、55、60、65、70、75、80、85、15Mn、20Mn、25Mn、30Mn、35Mn、40Mn、45Mn、50Mn、55Mn、60Mn、65Mn、70Mn。如"10F"表示平均含碳量为 0.10%，低含锰量的沸腾钢；"45"表示平均含碳量为 0.45%，普通含锰量的镇静钢；"30Mn"表示平均含碳量为 0.30%，较高含锰量的镇静钢。在建筑工程中，30～45 号钢主要用于重要结构的钢铸件和高强度螺栓等，45 号钢用于预应力混凝土锚具，65～80 号钢用于生产预应力混凝土用钢丝和钢绞线。

8.6 常用建筑钢材

8.6.1 钢筋

钢筋混凝土结构用的钢筋主要由碳素结构钢、低合金高强度结构钢和优质碳素钢制成。钢筋种类很多，通常按化学成分、生产工艺、轧制外形、供应形式、直径大小，以及在结构中的用途进行分类。

（1）按轧制外形分

① 光面钢筋：I 级钢筋（Q235 钢钢筋）均轧制为光面圆形截面，供应形式有盘圆，直径不大于 10mm，长度为 6～12m。

② 带肋钢筋：有螺旋形、人字形和月牙形三种，一般Ⅱ、Ⅲ级钢筋轧制成人字形，Ⅳ级钢筋轧制成螺旋形及月牙形。

③ 钢线（分低碳钢丝和碳素钢丝两种）和钢绞线。

④ 冷轧扭钢筋：经冷轧并冷扭成型。

（2）按直径大小分

钢丝（直径 3～5mm）、细钢筋（直径 6～10mm）、粗钢筋（直径大于 22mm）。

（3）按力学性能分

Ⅰ级钢筋（235/370 级）；Ⅱ级钢筋（335/510 级）；Ⅲ级钢筋（370/570 级）；Ⅳ级钢筋（540/835 级）。

(4) 按生产工艺分

热轧、冷轧、冷拉的钢筋，还有以Ⅳ级钢筋经热处理而成的热处理钢筋。

(5) 按在结构中的作用分

受压钢筋、受拉钢筋、架立钢筋、分布钢筋、箍筋等。

1) 热轧光圆钢筋

热轧光圆钢筋级别为Ⅰ级，强度等级代号为 R235，“R”表示“热轧”，“235”表示屈服强度要求值(MPa)。其强度低，但塑性和焊接性能好，便于各种冷加工，因而广泛用于小型钢筋混凝土结构中的主要受力钢筋以及各种钢筋混凝土结构中的构造筋。

表 8-5 热轧光圆钢筋力学性能和工艺性能要求

表面形状	钢筋级别	强度等级代号	公称直径(mm)	屈服点(MPa)	抗拉强度(MPa)	伸长率 δ_5(%)	冷弯 d—弯心直径 a—钢筋公称直径
				≥			
光圆	Ⅰ	R235	8～20	235	370	25	180° $d=a$

2) 热轧带肋钢筋

热轧带肋钢筋分为 HRB335、HRB400、HRB500 三个牌号。HRB335 和 HRB400 钢筋的强度较高，塑性和焊接性能较好，广泛用于大、中型钢筋混凝土结构的受力筋。HRB500 钢筋强度高，但塑性和焊接性能较差，可用作预应力钢筋。

表 8-6 热轧带肋钢筋的力学性能和工艺性能要求

表面形状	牌 号	公称直径(mm)	屈服点(MPa)	抗拉强度(MPa)	伸长率 δ_5(%)	冷弯 d—弯心直径 a—钢筋公称直径
			≥			
带 肋	HRB335	6～25 28～50	335	490	16	180° $d=3a$ $d=4a$
	HRB400	6～25 28～50	400	570	14	180° $d=4a$ $d=5a$
	HRB500	6～25 28～50	500	630	12	180° $d=6a$ $d=7a$

3) 低碳钢热轧圆盘条

低碳钢热轧圆盘条是由屈服强度较低的碳素结构钢轧制的盘条，可用作拉丝、建筑、包装及其他用途，是目前用量最大、使用最广的线材，也称普通线材。普通线材大量用于建筑混凝土的配筋、拉制普通低碳钢丝和镀锌低碳钢丝。供拉丝用盘条代号为 L，供建筑和其他用途盘条代号为 J。

4) 冷轧带肋钢筋

冷轧带肋钢筋是采用普通低碳钢或低合金钢热轧的圆盘条，经冷轧或冷拔减径后在其表面冷轧成两面或三面有肋的钢筋，也可经低温回火处理。按抗拉强度最小值分为 CRB550、CRB650、CRB800、CRB970 和 CRB1170 五个牌号，在中、小型预应力混凝土结构构件中和普通混凝土结构构件中得到了越来越广泛的应用。CRB550 为普通钢筋混凝土用钢筋，其他牌号为预应力混凝土用钢筋。

表 8-7 冷轧带肋钢筋的力学性能和工艺性能

级别代号	抗拉强度 σ_b (MPa)≥	伸长率(%)		弯曲试验 180°	反复弯曲次数	松弛率 初始应力 $\sigma_{con}=0.7\sigma_b$	
		δ_{10}	δ_{100}			1 000h 松弛率(%)≤	10h 松弛率(%)≤
CRB550	550	8.0	—	$D=3d$	—	—	—
CRB650	650	—	4.0	—	3	8	5
CRB800	800	—	4.0	—	3	8	5
CRB970	970	—	4.0	—	3	8	5
CRB1170	1 170	—	4.0	—	3	8	5

5) 预应力混凝土用热处理钢筋

预应力混凝土用热处理钢筋是用热轧带钢筋经淬火和回火的调质处理而成的，按外形分为有纵肋(公称直径有 8.2mm、10mm 两种)和无纵肋(公称直径有 6mm、8.2mm 两种)。

牌号的含义依次为:平均含碳量的万分数、合金元素符号、合金元素平均含量(“2”表示含量为 1.5%～2.5%，无数字表示含量小于 1.5%)、脱氧程度(镇静钢，无该项)。如 $40Si_2Mn$ 表示平均含碳量为 0.40%、硅含量为 1.5%～2.5%、锰含量为小于 1.5%的镇静钢。预应力混凝土用热处理钢筋强度高，可代替高强钢丝使用;配筋根数少，节约钢材;锚固性好，不易打滑，预应力值稳定;施工简便，开盘后自然伸直，不需调直及焊接。主要用于预应力钢筋混凝土轨枕，也可用于预应力梁、板结构及吊车梁等。

表 8-8 预应力混凝土用热处理钢筋的力学性能

公称直径(mm)	牌号	屈服强度 $\sigma_{0.2}$ (MPa)	抗拉强度 σ_b (MPa)	伸长率 σ_{10} (%)
		≥		
6	$40Si_2Mn$	1 325	1 470	6
8.2	$48Si_2Mn$			
10	$45Si_2Cr$			

6) 预应力混凝土用钢丝和钢绞线

钢丝用优质碳素结构钢制成。按加工状态分为冷拉钢丝(WCD)和消除应力钢丝两类。消除应力钢丝按松弛性能又分为低松弛级钢丝(WLR)和普通松弛钢丝(WNR)。按外形分为光圆(P)、螺旋肋钢丝(H)和刻痕钢丝(I)。具有强度高，柔性好，无接头，质量稳定可靠，施工方便，不需冷拉、不需焊接等优点。主要用于大跨度屋架及薄腹梁、大跨度吊车梁、桥梁、电杆和轨枕等的预应力钢筋等。

钢绞线是以数根优质碳素结构钢钢丝经绞捻和消除内应力的热处理而制成。根据捻制结构(钢丝的股数)，将其分为 1×2、1×3、1×31、1×7 和(1×7)C 五类。具有强度高、柔韧性好、无接头、质量稳定和施工方便等优点，使用时按要求的长度切割，主要用于大跨度、大负荷的后张法预应力屋架、桥梁和薄腹板等结构的预应力筋。

8.6.2 型钢

1）热轧型钢

钢结构常用型钢有工字钢、H 型钢、T 型钢、Z 型钢、槽钢、等边角钢和不等边角钢等。钢结构用钢的钢种和钢号，应用最多的是碳素钢 Q235-A 以及低合金钢 Q345(16Mn)、Q390(15MnV)，前者适用于一般钢结构工程，后者可用于大跨度、承受动荷载的钢结构工程。

工字钢广泛应用于各种建筑结构和桥梁，主要用于承受横向弯曲（腹板平面内受弯）的杆件，但不宜单独用作轴心受压构件或双向弯曲的构件。H 型钢优化了截面的分布，有翼缘宽、侧向刚度大、抗弯能力强、翼缘两表面相互平行、连接构造方便、省劳力、重量轻、节省钢材等优点，常用于承载力大、截面稳定性好的大型建筑。其中宽翼缘和中翼缘 H 型钢适用于钢柱等轴心受压构件，窄翼缘 H 型钢适用于钢梁等受弯构件。槽钢可用作承受轴向力的杆件、承受横向弯曲的梁以及联系杆件，主要用于建筑结构、车辆制造。角钢主要用作承受轴向力的杆件和支撑杆件，也可作为受力构件之间的连接零件。

2）冷弯薄壁型钢

冷弯薄壁型钢通常用 2～6mm 薄钢板冷弯或模压而成，有角钢、槽钢等开口薄壁型钢及方形、矩形等空心薄壁型钢，可用于轻型钢结构。

3）钢板

钢板有热轧钢板和冷轧钢板之分，按厚度可分为厚板（厚度＞4mm）和薄板（厚度≤4mm）两种。厚板主要用于结构，薄板主要用于屋面板、楼板和墙板等。在钢结构中，单块钢板不能独立工作，必须用几块板组合成工字形、箱形等结构来承受荷载。

4）钢管

按照生产工艺，钢结构所用钢管分为热轧无缝钢管和焊接钢管两大类。热轧无缝钢管主要用于压力管道和一些特定的钢结构；焊接钢管适用于各种结构、输送管道等用途。在土木工程中，钢管多用于制作桁架、塔桅、钢管混凝土等，广泛应用于高层建筑、厂房柱、塔柱、压力管道等工程中。

复习思考题

1. 为何说屈服点、抗拉强度、伸长率是建筑用钢材的重要技术性能指标？
2. 钢材热处理的工艺有哪些？起什么作用？
3. 冷加工和时效对钢材性能有何影响？
4. 钢材的腐蚀与哪些因素有关？钢材如何防腐和防火？
5. 建筑上有哪些牌号的常用低合金钢？

9 建筑塑料

本章提要：熟悉合成高分子化合物的性能特点及主要高分子建筑塑料的品种，了解土木工程中建筑塑料的主要制品及应用。

建筑塑料属于高分子建筑材料。高分子建筑材料是以高分子化合物为基础组成的材料，通常把分子量大于 10^4 的物质称为高分子化合物。一般将高分子材料分为无机高分子材料和有机高分子材料两大类。无机高分子材料如石棉、石墨、金刚石等，有机高分子材料如天然高分子材料及人工合成高分子材料等。有机天然高分子材料包括棉、毛、丝、皮革等，合成高分子材料包括酚醛树脂、氯丁橡胶、环氧树脂等，主要为合成树脂、合成橡胶、合成纤维三大类。

高分子建筑材料是在建筑材料中加入一定的添加剂和填料，在一定温度、压力等条件下制成的有机建筑材料。高分子建筑材料和制品的种类繁多，应用广泛。

9.1 高分子化合物的性能

高分子化合物具有巨大的分子量，加上链间的作用力大，使得高分子材料出现很多低分子材料不具备的特殊性能。

9.1.1 高聚物的力学性能

高聚物的力学特性表现在可变性范围宽，对各种机械压力的反应相差较大。固态高聚物的形变主要包括弹性形变和塑性形变两种，无定形高聚物则具有各向异性或各向同性的力学性能。

(1) 高聚物的应力应变。高分子链排列的不完全规整性、不均匀性及内部结构的缺陷(如位错、界面、空隙、裂纹等)，使应力往往集中在结构的缺陷处，断裂时多表现出高分子链的断裂先于链间的滑移。

(2) 高聚物拉伸力学性质。图 9-1 是等速拉伸过程中高聚物应力-应变关系曲线。在弹性极限 H 前的线性范围内，结晶高聚物单向拉伸的形变服从于虎克定律，高分子材料制品在此区域内尺寸稳定性好，是常用的力学范围。从 H 点到屈服点 γ 区域内，高聚物具有高弹性特征，形变后不能完全复原。γ 点后进入塑性变形区，大分子链间的滑移增多，应力明显下降，材料局部出现细颈现象。

(3) 高聚物的弹性模量。凡是分子量较大、极性较大、取向程度较高、结晶度较大、交联度较高、柔顺性较低的高聚物，其弹性模量较高。

(4) 抗冲击强度。表现为高聚物材料在高速冲击下，其单位断裂面积吸收能量的能力。

提高高分子链段的柔顺性，有利于增加高聚物抗冲击强度。

(5) 韧性。高聚物材料的韧性与高分子的多重转变现象相关，它是高分子不同基团的不同短程运动方式的表现。多重转变的内耗越大，有效吸收外力冲击的能力越大，表现出高分子材料的韧性越大。

(6) 摩擦力。材料的摩擦力是一些复杂因素的总和，它包括由力学阻尼引起的内摩擦，还包括接触表面因剪切作用产生的摩擦作用。

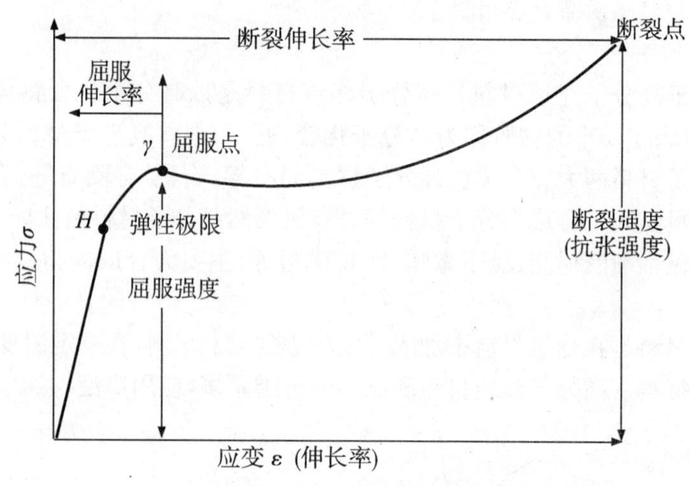

图 9-1　高聚物应力-应变曲线(等速拉伸)

9.1.2　高聚物的电学性能

高分子结构中没有可以自由移动的电子和离子，因此导电能力很低，它们大多数是优良的绝缘材料。高聚物内部夹杂的杂质离子的运动，会引起微量导电现象。

(1) 高聚物的介电性质。高分子电击穿现象包括电击穿和热击穿两种。前者是外加电场作用下，高分子电离生成新的电子积累到某一临界点即出现电击穿现象。热击穿是由于高分子在电场中，由于导电损耗、介质损伤等引起的发热和温度升高，致使介质产生漏导或局部介质碳化，使材料的绝缘性被破坏。

高聚物介电损耗的影响因素：内在因素，如大分子结构、分子极性等；外在因素，如交变电场的频率、温度、电压，增塑剂的极性和杂质等。

(2) 高聚物的电阻率。一般高聚物都属于绝缘体，电阻值很高。但是高聚物也具有自己的导电特点，带有强极性原子或基团的聚合物，由于自身电解，可以产生导电离子；非极性高聚物在合成、加工、使用过程中，加入的催化剂、添加剂、填料及水分、杂质都能提供导电离子；共轭聚合物、聚合物电荷转移的结合物、聚合物的自由基-离子化合物和有机金属聚合物等，都具有导电性能。

(3) 高聚物的介电击穿。高聚物材料的电压达到一定的临界值时大量电能迅速释放，电介质局部被烧毁；电流比电压增加速度大得多，材料突然从介电状态变成导电状态的现象，都称为介电击穿。高聚物的介电击穿主要有三种形式：本征击穿、热击穿、放电击穿。

9.1.3 高聚物的化学转变和老化

高聚物的化学转变主要是指聚合物性能的转变、对天然或合成的高分子化合物进行改性、制备新的高聚物等。高聚物老化的本质是高分子材料在合成、贮存、加工、应用中，高聚物某些部位的一些弱键先发生化学反应，而后引发一系列的化学变化，结果使高分子材料的分子结构发生改变，材料性能降低。

(1) 高聚物的化学转变

主要分为两大化学变化：

① 高聚物功能团的反应。主要发生在高聚物链节侧功能团的化学变化，它只能引起化学成分的改变，而不引起聚合度的根本变化。

② 高聚物的降解和交联反应。降解反应是高分子链的主链断裂，引起聚合物分子量下降；交联反应是大分子链间联结起来，使分子量急剧上升形成网状或体型结构。光、热、高能辐射、机械力和超声波等的作用，都能引起高聚物的降解和交联反应。

(2) 高聚物的老化

高聚物的老化一般认为是其游离基反应的过程。当高分子材料受到大气中氧、光、热、臭氧作用时，使高分子的分子链产生活泼的游离基，这些游离基进一步引发整个大分子链的降解、交联或侧基的变化，最后导致高分子材料老化变质。材料表面外观出现发黏、变软、变硬、变脆、龟裂、变形、斑点和光泽颜色变化等。

9.2 高分子建筑塑料

9.2.1 高分子建筑材料特性

1) 密度低、比强度高

高分子材料的密度一般在 0.9～2.2g/cm³，泡沫塑料的密度可以低到 0.1g/cm³ 以下。由于高分子材料自重轻，因此对高层建筑有利。表 9-1 是金属与塑料强度的比较。

表 9-1 金属与塑料的强度比较

材 料	密度(g/cm³)	拉伸强度(MPa)	比强度(拉伸强度/密度)	弹性模量(MPa)	比刚度(弹性模量/密度)
高强度合金钢	7.85	1280	163	205 800	26 216
铝合金	2.8	410～450	146～161	70 560	25 200
尼龙	1.14	441～800	387～702	4 508	3 954
酚醛木质层压板	1.4	350	250	—	—
玻纤/环氧复合材料	—	—	640	—	24 000
聚偏二氯乙烯	1.7	700	412	—	—

高分子建筑材料有很好的抵抗酸、碱、盐侵蚀的能力，特别适合于化学工业的建筑用材。

高分子建材一般吸水率和透气性很低，对环境水的渗透有很好的防潮防水功用。

2）减振、隔热和吸声功能

高分子建材密度小（如泡沫塑料），可以减少振动，降低噪音。高分子材料的导热性很低，一般导热率为0.024～0.81W/(m·K)，是良好的隔热保温材料，保温隔热性能优于木质和金属制品。

3）可加工性

高分子材料成型温度、压力容易控制，适合不同规模的机械化生产。其可塑性强，可制成各种形状的产品。高分子材料生产能耗小（约为钢材的1/2～1/5、铝材的1/3～1/10）、原料来源广，因而材料成本低。

4）电绝缘性

高分子材料介电损耗小，是较好的绝缘材料，广泛用于电线、电缆、控制开关、电器设备等。

5）装饰效果

高分子材料成型加工方便、工序简单，可以通过电镀、烫金、印刷和压花等方法制备出各种质感和颜色的产品，具有灵活、丰富的装饰性。

6）高分子材料的缺点

高分子的热膨胀系数大，弹性模量低，易老化，易燃，燃烧时会产生有毒烟雾，这些都是高分子材料的缺点，通过对基材和添加剂的改性，高分子材料性能将不断得到改善。

9.2.2 建筑塑料及其制品

塑料：以天然或合成高聚物为基本成分，配以一定量的辅助剂，如填料、增塑剂、稳定剂、着色剂等，经加工塑化成型，它在常温下保持形状不变。塑料可作为结构材料、装饰材料、保温材料和地面材料等使用。

按塑料的热变形行为分为热塑性塑料和热固性塑料。

热塑性塑料：聚乙烯（PE）塑料；聚氯乙烯（PVC）塑料；聚苯乙烯（PS）塑料；聚丙烯（PP）塑料；聚甲基丙烯酸甲酯（PMMA）塑料；聚碳酸酯（PC）塑料等。

热固性塑料：酚醛树脂（PF）塑料；环氧树脂（EP）塑料；聚氨酯（PU）塑料；聚酯树脂（UP）塑料；脲醛树脂（UF）塑料；有机硅树脂（Si）塑料；玻璃纤维增强（GRP）塑料等。

1）热塑性塑料

热塑性塑料是以热塑性树脂为基本成分的塑料，一般具有链状的线型或支链结构。它在变热软化的状态下能受压进行模塑加工，冷却至软化点以下能保持模具形状。其质轻、耐磨、润滑性好、着色力强；但耐热性差、易变形、易老化。

（1）聚乙烯（PE）塑料

聚乙烯由乙烯单体聚合而成，它是塑料工业中产量最高、用途最广的一个品种，目前使用量也最大，它主要制备成管材、板材、薄膜和容器，广泛用于工农业和日常生活。

聚乙烯是不透明或半透明、质轻、无臭、无毒的塑料。它有优良的耐低温性能，电绝缘性、化学稳定性好，能耐大多数酸碱的侵蚀，但不耐热。根据密度不同可分为三类：高密度聚乙烯（HDPE）（俗称硬性软胶，学名高密度聚乙烯、低压聚乙烯）、中密度聚乙烯（MDPE）、低密度聚乙烯（LDPE）（俗称花料或筒料，学名低密度聚乙烯、高压聚乙烯）。

HDPE的优点是耐酸碱，耐有机溶剂，电绝缘性优良，低温时仍能保持一定的韧性，表面硬度、拉伸强度、刚性等机械强度都高于LDPE，接近于PP，比PP韧，但表面光洁度不如PP，缺点是机械性能差，透气差，易变形，易老化，易发脆，脆性低于PP，易应力开裂，表面硬度低，易刮伤，用于给水管材；LDPE的优点是耐酸碱，耐有机溶剂，电绝缘性优良，低温时仍能保持一定的韧性，缺点是机械性能差，透气差，易变形，易老化，易发脆，易应力开裂，表面硬度低，易刮伤，用于软管、各种薄膜等。

高密聚乙烯建筑塑料制品有：给排水管、燃气管、大口径双型波纹管、绝缘材料、防水防潮薄膜、卫生洁具、中空制品、钙塑泡沫装饰板等。

(2) 聚氯乙烯(PVC)塑料

目前PVC的年产量仅次于PE。PVC的单体为氯乙烯，它由乙炔和氯化氢加成生成。其优点是转化率高，设备简单；缺点是耗电高、成本大。

聚氯乙烯是多组分塑料，加入30%～50%增塑剂时形成软质PVC制品，若加入了稳定剂和外润滑剂则形成硬质PVC。硬质PVC力学强度较大，有良好的耐老化和抗腐蚀性能，但使用温度较低。软质PVC质地柔软，它的性能决定于加入增塑剂的品种、数量及其他助剂的情况。

改性的氯化聚氯乙烯(CPVC)，其性能与PVC相近，但耐热性、耐老化、耐腐蚀性有所提高。另外，氯乙烯还能分别与乙烯、丙烯、丁二烯、醋酸乙烯进行共聚改性，特别是引入了醋酸乙烯，使PVC塑性加大，改善了其加工性能，并减少了增塑剂的用量。

软质PVC可挤压或注射成板片、型材、薄膜、管道、地板砖、壁纸等，还可以将PVC树脂磨细成粉悬浮在液态增塑剂中，制成低黏度的增塑溶胶，喷塑或涂于金属构件、建筑物表面作为防腐、防渗材料。软质PVC制成的密封带，其抗腐蚀能力优于金属止水带。

硬质PVC力学强度高，是建筑上常用的塑料建材，它适于制作排水管道、外墙覆面板、天窗、建筑配件等。塑料管道质轻，耐腐蚀，不生锈，不结垢，安装维修简便。

(3) 聚苯乙烯(PS)塑料

聚苯乙烯(PS)包括普通聚苯乙烯(GPPS)、聚苯乙烯、可发性聚苯乙烯(EPS)、高抗冲聚苯乙烯(HIPS)及间规聚苯乙烯(SPS)。普通聚苯乙烯树脂为无毒、无臭、无色的透明颗粒，似玻璃状脆性材料。其制品具有极高的透明度，透光率可达90%以上，电绝缘性能好，易着色，加工流动性好，刚性好，耐化学腐蚀性好等。普通聚苯乙烯的不足之处在于性脆，冲击强度低，易出现应力开裂，耐热性差及不耐沸水等。由于PS具有透明、价廉、刚性大、电绝缘性好、印刷性能好、加工性好等优点，在建筑中适宜于生产管材、薄板、卫生洁具及与门窗配套的小五金等。

为了克服PS脆性大、耐热性差的缺点，开发了一系列改性PS，其中主要有ABS、MBS、AAS、ACS、AS等。例如ABS是由丙烯腈、丁二烯、苯乙烯三种单体组成的热塑性塑料，具有质硬、刚性大、冲击强度高、耐磨性好、电绝缘性高、有一定的化学稳定性、使用温度－40～100℃、应用广泛等特点。AAS是丙烯腈、丙烯酸酯、苯乙烯的三元共聚物，由于不含双键的丙烯酸酯代替了丁二烯，因此AAS的耐候性比ABS高8～10倍。高抗冲聚苯乙烯(HIPS)中加入了合成橡胶，其抗冲强度、拉伸强度都有很大提高。

(4) 聚丙烯(PP)塑料

聚丙烯无毒，无味，密度小，强度、刚度、硬度、耐热性均优于低压聚乙烯，可在100℃左右使用，具有良好的电性能和高频绝缘性，不受湿度影响，但低温时变脆、不耐磨、易老化。适于制作一般机械零件、耐腐蚀零件和绝缘零件。常见的酸、碱有机溶剂对它几乎不起作用，可用于食具。PP是目前发展速度最快的塑料品种，其产量居第四位。用于生产管道、容器、建筑零件、耐腐蚀板、薄膜、纤维等。它是丙烯单体在催化剂($TiCl_3$)作用下聚合，经干燥后处理制成不同结构的PP粉末。

通过添加防老剂，能够改善PP的耐热、耐光、耐老化、耐疲劳性能，提高PP的模量和强度。采用共聚和共混的技术，能改善聚丙烯的低温脆性。加入韧性高的聚酰胺或橡胶，可以提高PP的低温冲击强度。

塑料管材是我国化学建材推广应用的重点产品之一，建设部曾于2001年发出"关于加强共聚聚丙烯(PP-R、PP-B)管材生产管理和推广应用工作的通知"，要求有关部门共同做好从原料、加工、质量以至管材使用、安装等工作，要严格把好PP管材质量关，以利于更好地做好我国PP管材的生产、应用、推广工作。

(5) 聚甲基丙烯酸甲酯(PMMA)塑料

PMMA俗称有机玻璃，是迄今为止合成透明材料中质地最优异，价格又比较适宜的品种。它由甲基丙烯酸甲酯本体聚合而成，透光率达90%～92%。高透明度的无定型热塑性PMMA，透光率比无机玻璃还高，抗冲击强度是无机玻璃的8～10倍，紫外线透过率约73%，使用温度在－40～80℃。

树脂中加入颜料、染料、稳定剂等，能够制成光洁漂亮的制品并用作装饰材料；用定向拉伸改性PMMA，其抗冲强度可提高1.5倍左右；用玻纤增强PMMA，可浇注卫生洁具等。有机玻璃有良好的耐老化性，在热带气候下长期曝晒，其透明度和色泽变化很小，可制作采光天窗、护墙板和广告牌。将PMMA水乳液浸渍或涂刷在木材、水泥制品等多孔材料上，可以形成耐水的保护膜。若用甲基丙烯酸甲酯与甲基丙烯酸、甲基丙烯酸丙烯酯等交联共聚，可以提高PMMA产品的耐热性和表面硬度。

(6) 聚碳酸酯(PC)塑料

聚碳酸酯无色透明，耐热，抗冲击，阻燃BI级，在普通使用温度内都有良好的机械性能，特别是抗冲强度是目前工程塑料中最高的品种之一。同性能接近的聚甲基丙烯酸甲酯相比，聚碳酸酯的耐冲击性能好，折射率高，加工性能好。但是聚甲基丙烯酸甲酯相对聚碳酸酯价格较低，并可通过本体聚合的方法生产大型器件。随着聚碳酸酯生产规模的日益扩大，聚碳酸酯同聚甲基丙烯酸甲酯之间的价格差异在日益缩小。PC不耐强酸，耐磨性差，不耐强碱，改性可以耐酸耐碱。一些用于易磨损的聚碳酸酯器件需要对表面进行特殊处理。

PC耐热性能好，热变形温度为130～140℃，脆化温度－100℃，能长期在－60～110℃环境下应用；PC本身极性小，吸水性低，因此在低温下具有良好的电绝缘性；PC能耐酸、盐水溶液、油、醇，但不耐碱、酯、芳香烃，易溶于卤代烃；PC不易燃，具有自熄性，可制作室外亭、廊、屋顶等的采光装饰材料。

2) 热固性塑料

热固性塑料是以热固性树脂为基本成分的塑料，加工成形后成为不溶不熔状态。一般具有网状体形结构，受热后不再软化，强热会分解破坏。热固性塑料耐热性、刚性、稳定性较好。

(1) 酚醛树脂(PF)塑料

酚醛树脂是酚类化合物和醛类化合物经缩聚反应制备的热固性塑料。热固性和热塑性PF能够相互转化,热固性PF在酸性介质中用苯酚处理后,可转变为热塑性PF;热塑性PF用甲醛处理后,能转变成热固性PF。当苯酚和甲醛以1∶(0.8~0.9)的量在酸性条件下反应,由于醛量不足,得到的是线型PF,当提供多量的甲醛,线型PF发生固化生成体型树脂。

PF机械强度高、性能稳定、坚硬耐腐、耐热、耐燃、耐湿、耐大多数化学溶剂,电绝缘性良好,制品尺寸稳定、价格低廉。PF加入木粉制得的PF塑料通常称为“电木”;将各种片状填料(棉布、玻璃布、石棉布、纸等)浸以热固性PF,可多次叠加热压成各种层压板和玻璃纤维增强塑料;还能制作PF保温绝热材料、胶黏剂和聚合物混凝土等。应用于装饰、护墙板、隔热层、电气件等。

酚醛中的羟基一般难以参加化学反应而容易吸水,造成固化制品电性能、耐碱性和力学性能下降。引入与PF相容性好的成分分隔和包围羟基,从而达到改变固化速度、降低吸水率的目的。例如:聚乙烯醇缩醛改性PF,可以提高树脂对玻璃纤维的黏结力,改善PF的脆性,提高力学强度,降低固化速率,有利于低压成型,成为工业上应用最多的产品。又如用环氧树脂改性PF,能使复合材料具有环氧树脂黏结性好、酚醛树脂良好耐热性的优点;同时又改进了环氧树脂耐热性差、酚醛树脂脆性较大的弱点。

(2) 环氧树脂(EP)塑料

凡分子结构中含有环氧基团的高分子化合物统称为环氧树脂。固化后的环氧树脂具有良好的物理化学性能,它对金属和非金属材料的表面具有优异的黏结强度,介电性能良好,制品尺寸稳定性好,硬度高,柔韧性较好,对碱及大部分溶剂稳定,因而广泛应用于国防、国民经济各部门,用作为浇注、浸渍、层压料、黏结剂、涂料等。环氧树脂的种类很多,主要有以下两类:

① 缩水甘油基型EP,包括双酚A型EP、缩水甘油酯EP、环氧化酚醛、氨基EP等。

② 环氧化烯烃,如环氧化聚丁二烯等。但90%以上是由双酚A和环氧氯丙烷缩聚而成,所得到的EP为线型,属热塑性。能溶于酮类、脂类、芳烃等溶剂,在未加固化剂时可以长期贮存。由于链中含有脂肪类羟基和环氧基,可以与许多物质发生反应,固化反应就是利用这些官能团而生成体型结构。

环氧树脂分子中含有环氧基、羟基、醚键等极性基因,因此对金属、玻璃、陶瓷、木材、织物、混凝土、玻璃钢等多种材料都有很强的黏结力,有“万能胶”之称,它是当前应用得最广泛的胶种之一。EP固化后黏结力大、坚韧、收缩性小、耐水、耐化学腐蚀、电性能优良、易于改性、使用温度范围广、毒性低,但脆性较大,耐热性差。EP主要用作黏合剂、玻璃纤维增强塑料、人造大理石、人造玛瑙等。

(3) 聚氨酯(PU)塑料

大分子链上含有NH—CO链的高聚物,称为聚氨基甲酸酯,简称聚氨酯。由二异氰酸酯与二元醇可制得线型结构的PU,而由二元或多元异氰酸酯与多元醇则制得体型结构的PU,若用含游离羟基的低分子量聚醚或聚酯与二异氰酸酯反应则制得聚醚型或聚酯型PU。

线型PU一般是高熔点结晶聚合物,体型PU的分子结构较复杂。工业上线型PU多用于热塑性弹性体和合成纤维,体型PU广泛用于泡沫塑料、涂料、胶黏剂和橡胶制品等。

聚氨酯橡胶具有很好的耐磨性、耐臭氧、防紫外线和耐油的特性。PU 大量用于装饰、防渗漏、隔离、保温等，广泛用于油田、冷冻、化工、水利等。

目前聚氨酯泡沫塑料应用广泛。软泡沫塑料主要用于家具及交通工具的各种垫材、隔音材料等；硬泡沫塑料主要用于家用电器隔热层、房屋墙面保温防水喷涂泡沫、管道保温材料、建筑板材、冷藏车及冷库隔热材等；半硬泡沫塑料用于汽车仪表板、方向盘等。市场上已有各种规格用途的泡沫塑料组合料（双组分预混料），主要用于（冷熟化）高回弹泡沫塑料、半硬泡沫塑料、浇铸及喷涂硬泡沫塑料等。

(4) 聚酯树脂(UP)塑料

聚酯树脂是不饱和聚酯胶黏剂的简称。不饱和聚酯胶黏剂主要由不饱和聚酯树脂、引发剂、促进剂、填料、触变剂等组成。胶黏剂黏度小、易润湿、工艺性好，固好后的胶层硬度大，透明性好，光亮度高，可室温加压快速固化，耐热性较好，电性能优良。缺点是收缩率大、胶黏强度不高，耐化学介质性和耐水性较差，用于非结构胶黏剂。主要用于胶黏玻璃钢、硬质塑料、混凝土、电气罐封等。

合成聚酯树脂时，若通过化学反应引入一些其他成分，可拥有聚酯树脂原本不具备的性能，以改善和突出某种性能，达到特殊的应用性能要求，目前使用较多的是环氧、丙烯酸、有机硅改性聚酯树脂。

涂料中所用的聚酯树脂一般是低分子量的、无定形、含有支链、可以交联的聚合物。它一般由多元醇和多元酸酯化而成，有纯线型和支化型两种结构。纯线型结构树脂制备的漆膜有较好的柔韧性和加工性能；支化型结构树脂制备的漆膜的硬度和耐候性较突出。通过对聚酯树脂配方的调整，如多元醇过量，可以得到羟基终止的聚酯。如果酸过量，则得到的是以羧基终止的聚酯。涂料行业最常用的饱和聚酯树脂是含端羟基官能团的聚酯树脂，通过与异氰酸酯、氨基树脂等树脂交联固化成膜。

建筑工程上 UP 主要用来制作玻璃纤维增强塑料、装饰板、涂料、管道等。

(5) 脲醛树脂(UF)塑料

UF 是氨基树脂的主要品种之一，它由尿素与甲醛缩聚反应而成。UF 质坚硬、耐刮痕、无色透明、耐电弧、耐油、耐霉菌、无毒、着色性好、黏结强度高、价格低、表面光洁如玉，有“电玉”之称，可制成色泽鲜艳、外观美丽的装饰品、绝缘材料、建筑小五金；UF 经发泡可制成泡沫塑料，是良好的保温、隔声材料；用玻璃丝、布、纸制成的脲醛层压板，可制作建筑装饰板材等，它是木材工业应用最普遍的热固性胶黏剂。

UF 塑料制品经热处理后表面硬度能得到进一步的提高，但抗冲强度和抗拉强度会下降。若用三聚氰胺代替部分脲或以硫脲与脲和甲醛共缩聚，能克服 UF 耐水性差的弱点，并能提高 UF 的耐热性和强度。UF 中含有的甲醛是公认的建筑物中的潜在致癌物，通过改变尿素与甲醛的摩尔比降低胶黏剂中的游离甲醛；通过控制反应过程中的 pH 值和温度，调整 UF 和树脂结构来控制羟甲醛含量，减少树脂中的亚甲醛醚键，从而制备出环保型的脲醛树脂。

(6) 有机硅树脂(Si)塑料

有机硅即有机硅氧烷，聚有机硅氧烷含有无机主链和有机侧链（如甲基、乙基、乙烯基、丙基和苯基等），因此它既有一般天然无机物（如石英、石棉）的耐热性，又具有有机聚合物的韧性、弹性和可塑性。

有机硅树脂的耐高温性能较好，可在200～250℃环境下长期使用；聚有机硅分子对称性好，硅氧链极性不大，其耐寒性好，例如有机硅油的凝固点为−50～−80℃，硅橡胶在−60℃仍保持弹性；聚有机硅不溶于水，吸水性很低，表现出很好的憎水性；聚有机硅分子有对称性和非极性侧基，使它具有很高的电绝缘性；用有机硅树脂和玻璃纤维复合的材料，可耐10%～30%硫酸、10%盐酸、10%～15%氢氧化钠，醇类、脂肪烃、油类对其影响不大。但在浓酸和某些溶剂(四氯化碳、丙酮和甲苯等)中易溶蚀。聚有机硅固化后力学性能不高，若在主链上引入亚苯基，则可提高其刚性、强度和使用温度。有机硅树脂还具有优良的耐候性，可制成耐候、保色、保温涂料，有机硅涂料在很大的温度范围内黏度变化很小，具有良好的流动性，这给涂料施工带来很大的方便。硅树脂的水溶液可作为混凝土表面的防水涂料，增加混凝土的抗水、抗渗和抗冻能力。

有机硅聚合物可分为液态(硅油)、半固态(硅脂)、弹性体(硅橡胶)和树脂状流体(硅树脂)等多种形态。

(7) 玻璃纤维增强(GRP)塑料

玻璃纤维增强塑料又称玻璃钢。玻璃钢是以不饱和聚酯树脂、环氧树脂、酚醛树脂等为基体，以玻璃纤维及其制品(玻璃布、带和毡等)为增强体制成的复合材料。由于基体的材料不同，玻璃钢有很多种类。

玻璃钢的力学性能主要取决于玻璃纤维。聚合物将玻璃纤维黏结成整体，使力在纤维间传递载荷，并使载荷均衡。玻璃钢的拉伸、压缩、剪切、耐热性能与基体材料的性能、玻璃纤维在玻璃钢中的分布状态密切相关。

与传统的金属材料及非金属材料相比，玻璃钢材料及其制品具有强度高、性能好、节约能源、产品设计自由度大以及产品使用适应性广等特点。因此，从一定意义上说，玻璃钢材料是一种应用范围极广、开发前景极大的材料品种之一。目前我国的玻璃钢工业已经具备了一定的规模，在产品的品种数量及产量方面，以及在技术水平方面，均已经取得了巨大的进展，在国民经济建设中发挥了重要的作用。玻璃钢成型性好，制作工艺简单，质轻强度高，透光性好，耐化学腐蚀性强，具有基材和加强材的双重特性，价格低，主要用作装饰材料、屋面及围护材料、防水材料、采光材料、排水管等。

玻璃钢的成型方法主要有手糊法、模压法、喷射法和缠绕法。玻璃钢制品的制作成型方法有很多种，它们的技术水平要求相差很大，对原材料、模具、设备投资等的要求也各不相同，当然，它们所生产产品的批量和质量也不会相同。

复习思考题

1. 高分子化合物的性能与高分子建筑材料的特性。
2. 举例说明热塑性塑料和热固性塑料的区别。

10 沥青材料

本章提要：掌握沥青材料的基本组成，工程性质及测定方法，沥青混合料在工程中的使用要点；了解沥青的改性及主要沥青制品及其用途。

沥青是由极其复杂的高分子的碳氢化合物及其非金属（氧、硫、氮）的衍生物所组成的混合物，是一种褐色或黑褐色的有机胶凝材料，在常温下呈固体、半固体或黏液体。沥青属于憎水性材料，因此广泛应用于土木工程的防水、防潮和防渗。同时，沥青能抵抗一般酸、碱、盐类等侵蚀性液体和气体的侵蚀，具有较好的抗腐蚀能力，往往应用于有防腐要求的表面防腐工程。沥青与矿质混合料有非常好的黏结能力，能紧密黏附于矿质集料表面，是公路路面、机场跑道面重要的材料。同时，沥青还具有一定的塑性，能适应基材的变形，因此沥青在土木工程（如建筑、公路、桥梁和机场等工程）中广泛应用。沥青的分类如下：

- 沥青
  - 地沥青
    - 天然沥青：石油在自然条件下，经受地质作用而形成的产物。
    - 石油沥青：石油在精制加工其他油品后残留物，或将残留物加工后得到的产品。
  - 焦油沥青
    - 煤沥青：由煤焦油蒸馏后的残留物加工而得。
    - 页岩沥青：页岩炼油工业的副产品。

10.1 沥青

10.1.1 石油沥青

1）*石油沥青的组成与结构*

（1）石油沥青的组分

石油沥青是由多种碳氢化合物及其非金属（氧、硫和氮）衍生物组成的混合物。它的组分主要有碳（80%～87%）、氢（10%～15%），其余是非烃元素，如氧、硫、氮等（<3%）。此外尚有一些微量的金属元素，如镍、钡、铁、锰、钙、镁和钠等。石油沥青化学组成十分复杂，对其进行化学成分分析十分困难，同时化学组成还不能反映沥青物理性质的差异。因此从工程使用角度，将沥青中化学成分和物理性质相近，并且具有某些共同特征的部分，划分为若干组，这些组即称为组分。在沥青中各组分含量的多寡与沥青的技术性质有着直接的关系。我国现行《公路工程沥青与沥青混合料试验规程》（JTJ 052—2000）中规定有三组分和四组分两种分析法。

① 三组分分析法。将石油沥青分离为油分、树脂和沥青质三个组分。

油分：油状液体；$\rho<1g/cm^3$；使沥青具有流动性，能降低黏度和软化点；含量适当可增大沥青延度；在一定条件下可以转化为树脂甚至沥青质。

树脂：黏稠状物质(半固体)；略大于 $1g/cm^3$；使沥青具有良好的塑性和黏结性。

沥青质：无定形固体粉末；$\rho>1g/cm^3$；决定沥青的黏性和温度稳定性。

此外，石油沥青中还含有2%～3%的沥青碳和似碳物，它能降低石油沥青的黏结力。

石油沥青中还含有蜡，它会降低石油沥青的黏结性和塑性，同时对温度特别敏感(即温度稳定性差)。

② 四组分分析法。我国现行四组分分析法(JTJ 052—2000 T 0618)是将沥青分离为沥青质、饱和分、芳香分和胶质(见表10-1)。

表10-1　石油沥青四组分分析法的各组分性状

性状 组分	外观特征	平均相对密度(g/cm^3)	平均分子量	主要化学结构
饱和分	无色液体	0.89	625	烷烃、环烷烃
芳香分	黄色至红色液体	0.99	730	芳香烃、含S衍生物
胶　质	棕色黏稠液体	1.09	970	多环结构，含S、O、N衍生物
沥青质	深棕色至黑色固体	1.15	3400	缩合环结构，含S、O、N衍生物

(2) 石油沥青的胶体结构

沥青胶体结构可分为如下三种类型：

① 溶胶型结构。当油分和树脂较多时，胶团外膜较厚，胶团之间相对运动较自由。此类结构流动性和塑性较好，开裂后自行愈合能力较强，而对温度的敏感性强，即对温度的稳定性较差。

② 溶凝胶型结构。当地沥青质不如凝胶型石油沥青中的多，而胶团间靠得又较近，相互间有一定的吸引力，形成一种介于溶胶型和凝胶型两者之间的结构。溶凝胶型石油沥青的性质也介于溶胶型和凝胶型二者之间。修筑现代高等级公路用的沥青，都属于这类胶体结构类型。

③ 凝胶型结构。当油分和树脂含量较少时，胶团外膜较薄，胶团靠近聚集，相互吸引力增大，胶团间相互移动比较困难。此类结构弹性和黏性较高，温度敏感性较小，开裂后自行愈合能力较差，流动性和塑性较低。

溶胶型、溶凝胶型和凝胶型胶体结构的石油沥青如图10-1所示。

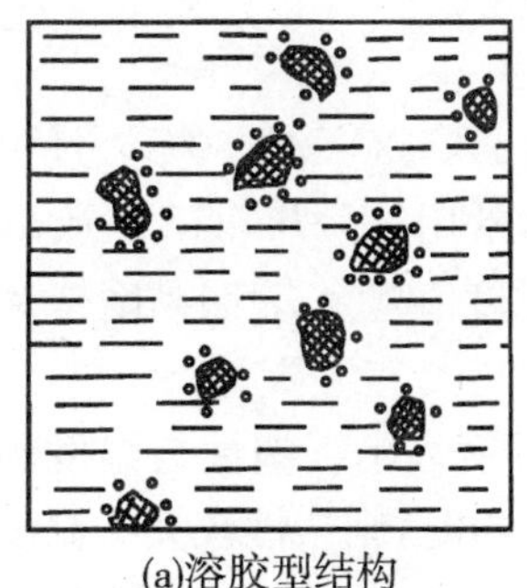

(a)溶胶型结构

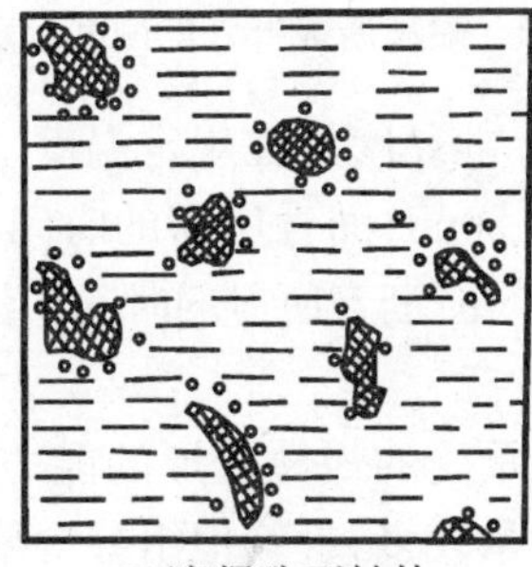

(b)溶凝胶型结构

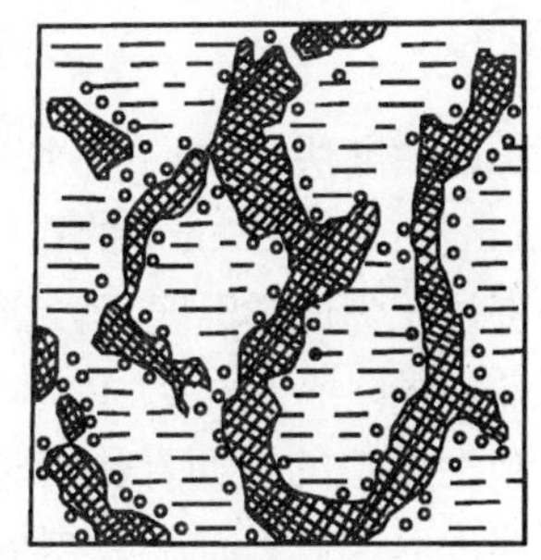

(c)凝胶型结构

图10-1　沥青的胶体结构示意图

(3) 胶体结构类型的判定

沥青的胶体结构与其使用性能有密切关系。工程上通常采用针入度指数(PI)值,按表10-2来划分其胶体结构类型。

表 10-2 沥青的针入度指数和胶体结构类型

沥青的针入度指数(PI)	<-2	-2～+2	>+2
沥青的胶体结构类型	溶胶	溶凝胶	凝胶

2) 石油沥青技术性质

(1) 黏滞性

黏滞性的大小与组分及温度有关。沥青质含量较高,同时又有适量树脂,而油分含量较少时,则黏滞性较大。在一定温度范围内,当温度升高时黏滞性随之降低,反之则随之增大。

测定方法:一类为绝对黏度法,另一类为相对黏度法。工程上常采用相对黏度(条件黏度)来表示。测定沥青相对黏度的主要方法是用标准黏度计和针入度仪。黏稠石油沥青的相对黏度用针入度来表示。液体石油沥青或较稀的石油沥青的相对黏度,可用标准黏度计测定的标准黏度表示。

针入度法:如图 10-2 所示。针入度是反映石油沥青抵抗剪切变形的能力。针入度值越小,表明黏度越大。黏稠石油沥青的针入度是在规定温度 25℃条件下以规定重量 100g 的标准针,经历规定时间 5s 贯入试样中的深度,以 1/10mm 为单位表示,符号为 P(25℃,100g,5s)。

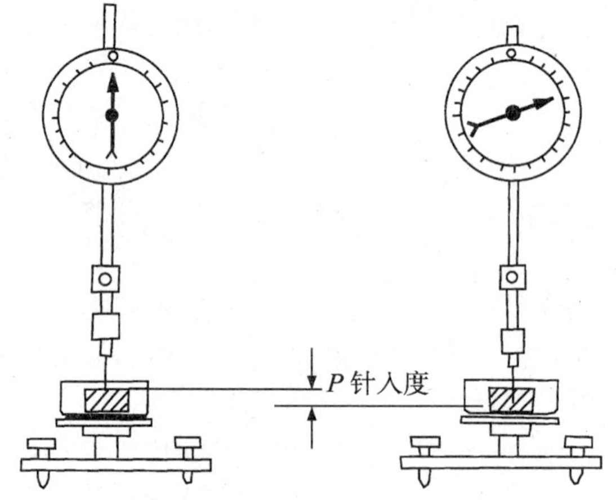

图 10-2 黏稠沥青针入度测试示意图

标准黏度法:如图 10-3 所示。标准黏度是在规定温度(20℃、25℃、30℃或 60℃)、规定直径(3mm、5mm 或 10mm)的孔口流出 50mL 沥青所需的时间秒数,常用符号"CtdT"表示,d 为流孔直径,t 为试样温度,T 为流出 50mL 沥青所需的时间。标准黏度值越大,表明黏度越大。

(2) 塑性

塑性反映的是沥青受力时所能承受的塑性变形的能力,以延度表示。塑性与温度和沥青膜厚度有关。石油沥青中树脂含量较多,且其他组分含量又适当时,则塑性较大。温度升高,则塑性增大,膜层愈厚,则塑性愈高。沥青之所以能用来制造出性能良好的柔性防水材料,很大程度上决定于沥青的塑性。沥青的塑性对冲击振动荷载有一定吸收能力,并能减少摩擦时的噪声,所以沥青是良好的路面材料。

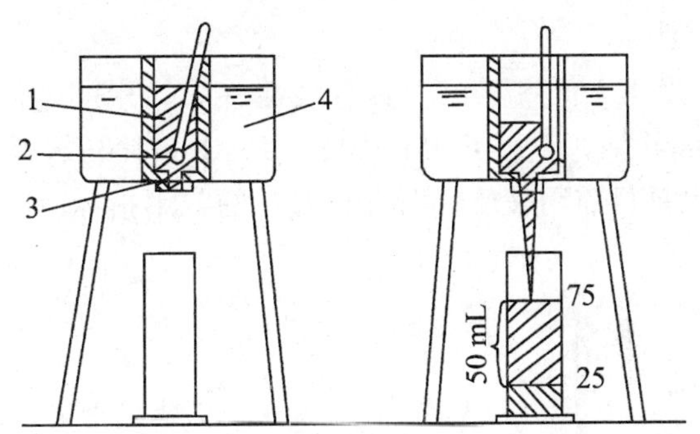

图 10-3　液体沥青标准黏度测定示意图

1—沥青；2—活动球杆；3—流孔；4—水

延度试验：将沥青试样制成∞字形标准试件（最小截面积 $1cm^2$），在规定拉伸速度（5cm/min）和规定温度（25℃或 15℃）下拉断时的长度（以 cm 计）称为延度，如图 10-4 所示。

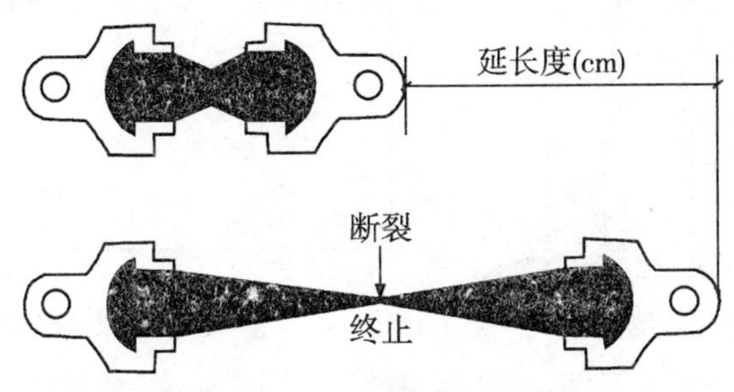

图 10-4　沥青延度测试

（3）温度敏感性

温度敏感性是指石油沥青的黏滞性和塑性随温度升降而变化的性能。土木工程宜选用温度敏感性较小的沥青。地沥青质含量较多，在一定程度上能够减小其温度敏感性。在工程使用时往往加入滑石粉、石灰石粉或其他矿物填料来减小其温度敏感性。沥青中含蜡量较多时则会增大温度敏感性，在温度较低时又易变硬开裂。

评价指标：软化点和针入度指数。

① 软化点：沥青软化点是反映沥青温度敏感性的重要指标。由于沥青材料从固态至液态有一定的变态间隔，故规定其中某一状态作为从固态转黏流态（或某一规定状态）的起点，相应的温度称为沥青软化点。

软化点的数值随采用的仪器不同而异，我国现行试验规程（JTJ 052—2000 T0606）是采用环与球软化点。如图 10-5 所示，黏稠沥青试样注入内径为 18.9mm 的铜环中，环上置一重 3.5g 的钢球，在规定的加热速度（5℃/min）下进行加热，沥青下坠 25.4mm 时温度称为软化点。符号为 TR&B。

软化点不能太低，夏季易融化发软；软化点不能太高，不宜施工，质地硬，冬季易脆裂。仅凭软化点这一性质来反映沥青性能随温度变化的规律并不全面。

② 针入度指数：软化点是沥青性能随温度变化过程中重要的标志点，在软化点之前，沥青主要表现为黏弹态，而在软化点之后主要表现为黏流态；软化点越低，表明沥青在高温下的体积稳定性和承受荷载的能力越差。但仅凭软化点这一性质来反映沥青性能随温度变化

的规律并不全面。

沥青针入度值的对数($\lg P$)与温度(T)具有线性关系(如图 10-6)。可以用斜率来表征沥青的温度敏感性,为使用方便起见,P. Ph. 普费和 F. M. 范杜马尔等人做了些处理,改用针入度指数(PI)表示,这也是目前用来反映沥青感温性的常用指标,针入度指数(PI)值越大,表示沥青的感温性越低。

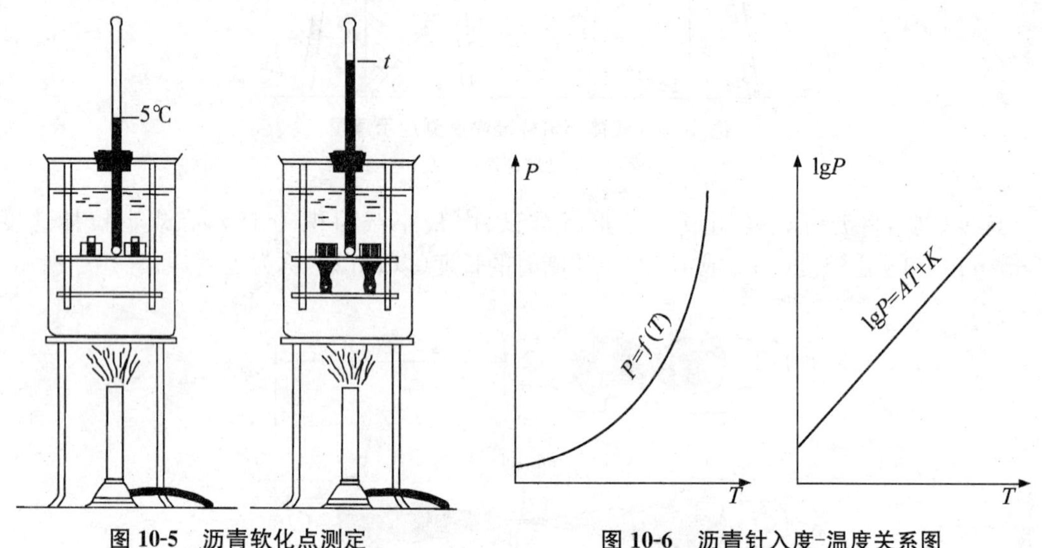

图 10-5　沥青软化点测定　　　　图 10-6　沥青针入度-温度关系图

相应的不同的工程条件也对沥青有不同的 PI 要求:一般路用沥青要求 PI＞－2;沥青用作灌缝材料时,要求－3＜PI＜1;如用作胶黏剂,要求－2＜PI＜2;用作涂料时,要求－2＜PI＜5。

③ 脆点:指沥青从高弹态转到玻璃态过程中的某一规定状态的相应温度,该指标主要反映沥青的低温变形能力。通常采用弗拉斯脆点试验确定。

(4) 大气稳定性

大气稳定性指石油沥青在热、阳光、氧气和潮湿等因素的长期综合作用下抵抗老化的性能。

在阳光、空气和热的综合作用下,沥青各组分会不断递变。低分子化合物将逐步转变成高分子物质,即油分和树脂逐渐减少,而地沥青质逐渐增多。实验发现,树脂转变为地沥青质比油分变为树脂的速度快很多。因此,使石油沥青随着时间的进展而流动性和塑性逐渐减小,硬脆性逐渐增大,直至脆裂,这个过程称为石油沥青的“老化”。

石油沥青的老化性常以蒸发损失百分率、蒸发后针入度比和老化后延度来评定(JTJ 052—2000 T0609)。

测定方法:先测定沥青试样的重量及其针入度,然后将试样置于加热损失试验专用的烘箱中,在 160℃下蒸发 5h,待冷却后再测定其质量及针入度。计算蒸发损失重量占原重量的百分数,称为蒸发损失百分率;计算蒸发后针入度占原针入度的百分数,称为蒸发后针入度比。同时测定老化后的延度。沥青经老化后,蒸发损失百分数越小及蒸发后针入度比和延度越大,则表示大气稳定性越高,即老化越慢。

(5) 黏附性

黏附性是指沥青与其他材料的界面黏结性能和抗剥落性能。评价方法常用水煮法和水浸法(JTJ 052—2000 T0616)。根据沥青混合料的最大粒径决定,大于13.2mm者采用水煮法;小于(或等于)13.2mm者采用水浸法。

水煮法是选取13.2～19mm形状接近正立方体的规则集料五个,经沥青裹覆后,在蒸馏水中沸煮3min,按沥青膜剥落的情况分为五个等级来评价沥青与集料的黏附性。水浸法是选取9.5～13.2mm的集料100g与5.5g的沥青在规定温度条件下拌和,配制成沥青-集料混合料,冷却后浸入80℃的蒸馏水中保持30min,然后按剥落面积百分率来评定沥青与集料的黏附性。

(6) 施工安全性

闪点(也称闪火点)指加热沥青至挥发出的可燃气体和空气的混合物,在规定条件下与火焰接触,初次闪火(有蓝色闪光)时的沥青温度(℃)。燃点或称着火点指加热沥青产生的气体和空气的混合物,与火焰接触能持续燃烧5s以上时,此时沥青的温度即为燃点(℃)。

燃点温度比闪点温度约高10℃。闪点和燃点的高低表明沥青引起火灾或爆炸的可能性的大小,它关系到运输、储存和加热等方面的安全。

(7) 防水性

石油沥青是憎水性材料,具有良好的防水性,广泛用作土木工程防潮、防水材料。

3) *石油沥青的技术标准*

石油沥青按用途分为建筑石油沥青、道路石油沥青和普通石油沥青三种。在土木工程中使用的主要是建筑石油沥青和道路石油沥青。

(1) 建筑石油沥青

建筑石油沥青黏性大,耐热性较好,但塑性较差,多用来制作防水卷材、防水涂料、沥青胶和沥青嵌缝膏,用于建筑屋面和地下防水、沟槽防水防腐以及管道防腐等工程。

屋面防水主要考虑沥青的高温稳定性,选用软化点较高的沥青,地下防水主要考虑沥青的耐久性,选用软化点低的沥青。一般屋面用沥青软化点应比当地屋面可能达到的最高温度高出20～25℃,亦即比当地最高气温高出50℃左右。一般地区可采用30号石油沥青,夏季炎热地区亦采用10号石油沥青。但严寒地区一般不宜使用10号石油沥青,以防冬季脆裂,防水防潮层可选用60号或100号石油沥青。建筑石油沥青的技术要求见表10-3所示。

表10-3 建筑石油沥青技术标准

质量指标	建筑石油沥青(GB/T 494—1998)		
	40号	30号	10号
针入度(25℃,100g,5s),1/10mm	36～50	26～35	10～25
延度(25℃,5cm/min)(cm)不小于	3.5	2.5	1.5
软化点(环球法)(℃)	>60	>75	>95
溶解度(三氯乙烯、四氯化碳或苯)(%)不小于	99.5	99.5	99.5
蒸发损失(160℃,5h)(%)不大于	1	1	1
蒸发后针入度比(%)不大于	65	65	65
闪点(开口)(℃)不低于	230	230	230

(2) 道路石油沥青

道路石油沥青塑性好，黏性较小，主要用于各类道路路面或车间地面等工程，还可以用于地下防水工程。

道路沥青的牌号较多，选用时应根据地区气候条件、施工季节气温、路面类型、施工方法等按有关标准选用。重要交通道路的牌号如高速公路、一级公路、机场道路、快速公路、主干路为 AH-50、AH-70、AH-90、AH-110、AH-1300；中、轻交通道路如二级以下及次干路、支路为 AH-60、AH-100、AH-140、AH-180、AH-200。

(3) 普通石油沥青

普通石油沥青含蜡量较大，>5%，有的甚至高达 20%以上，温度敏感性大，达到液态时的温度与软化点相差很小，并且黏度较小，塑性较差，不宜在建筑工程中直接使用，可用于掺配和改性处理后使用。

(4) 沥青的掺配

某一种牌号的石油沥青往往不能满足工程技术要求，因此需要将不同牌号的沥青进行掺配。

掺配时要注意同源原则：为了不使掺配后的沥青胶体结构破坏，应选用表面张力相近和化学性质相似的沥青。试验证明，同产源的沥青容易保证掺配后的沥青胶体结构的均匀性。所谓同产源是指同属石油沥青，或同属煤沥青(或煤沥青)。

两种沥青掺配的比例可用下式：

$$Q_1 = (T_2 - T)/(T_2 - T_1) \times 100 \tag{10-1}$$

$$Q_2 = 100 - Q_1 \tag{10-2}$$

式中：Q_1——较软沥青用量(%)；

Q_2——较硬沥青用量(%)；

T——掺配后沥青软化点(℃)；

T_1——较软沥青软化点(℃)；

T_2——较硬沥青软化点(℃)。

掺配后如果过稠，可采用石油产品系统的轻质油类，如汽油、煤油、柴油等进行稀释；如果过稀，可加入沥青。

10.1.2 煤沥青

煤焦油是生产焦炭和煤气的副产物，它大部分用于化工，而小部分用于制作建筑防水材料和铺筑道路路面材料。煤沥青是将煤焦油再进行蒸馏，蒸去水分和所有的轻油及部分中油、重油和蒽油后所得的残渣。各种油的分馏温度为在 170℃以下时——轻油；170～270℃时——中油；270～300℃时——重油；300～360℃时——蒽油。有的残渣太硬还可加入蒽油调整其性质，使所生产的煤沥青便于使用。

根据蒸馏温度不同，煤沥青可分为低温煤沥青、中温煤沥青和高温煤沥青。建筑上所采用的煤沥青多为黏稠或半固体的低温煤沥青。

1) 煤沥青的组成

(1) 元素组成——主要为 C、H、O、S 和 N。

(2) 化学组分。按 E.J.狄金松法，煤沥青可分离为油分、树脂 A、树脂 B、游离碳 C_1 和

游离碳 C_2 等组分。

2）煤沥青的技术性质

煤沥青与石油沥青相比，在技术性质上有下列差异：

（1）温度敏感性较低，因含可溶性树脂多，由固态或黏稠态转变为黏流态（或液态）的温度间隔较窄，夏天易软化流淌而冬天易脆裂。

（2）与矿质集料的黏附性较好，在煤沥青组成中含有较多的极性物质，它赋予煤沥青高的表面活性，所以它与矿质集料具有较好的黏附性。

（3）大气稳定性较差，含挥发性成分和化学稳定性差的成分较多，在热、阳光和氧气等长期综合作用下，煤沥青的组成变化较大，易硬脆。

（4）塑性差，含有较多的游离碳，容易变形而开裂。

（5）耐腐蚀性强，因含酚、蒽等有毒物质，防腐蚀能力较强，故适用于木材的防腐处理。又因酚易溶于水，故防水性不及石油沥青。

3）煤沥青与石油沥青简易鉴别

煤沥青与石油沥青掺混时，将发生沉渣变质现象而失去胶凝性，故不宜掺混使用。煤沥青与石油沥青简易鉴别方法见表 10-4 所示。

表 10-4 煤沥青与石油沥青简易鉴别方法

鉴别方法	石油沥青	煤沥青
密度法	近似于 1.0g/cm³	大于 1.10g/cm³
锤击法	声哑，有弹性，韧性感	声脆，韧性差
燃烧法	烟无色，基本无刺激性臭味	烟黄色，有刺激性臭味
溶液比色法	用 30～50 倍汽油或煤油溶解后，将溶液滴于滤纸上，斑点呈棕色	溶解方法同石油沥青，斑点有两圈，内黑外棕

10.1.3 乳化沥青

乳化沥青是将黏稠沥青加热至流动态，经机械力的作用而形成微滴（粒径约为 2～5mm）分散在有乳化剂的水中，由于乳化剂-稳定剂的作用而形成均匀的乳状液。优点：冷态施工，节约能源；施工方便，节约沥青；保护环境，保障健康。

乳化沥青的组成材料由沥青、乳化剂、稳定剂和水等组分，主要用于道路交通和建筑卷材等。

10.1.4 改性沥青

在土木工程中使用的沥青应具有一定的物理性质和黏附性。通常，石油加工厂制备的沥青不一定能全面满足这些要求，为此，常用橡胶、树脂和矿物填料等改性。橡胶、树脂和矿物填料等通称为石油沥青的改性材料。

从广义上划分，根据不同目的所采取的改性沥青可分为：

- 改性沥青
  - 掺加改性剂
    - 改善力学性能（高温稳定性、耐疲劳性、低温抗裂性）——聚合物
      - 橡胶类：SBS、CR、EPDM
      - 热塑性橡胶类：SBS
      - 热塑性树脂类：PE、EVA
    - 改善黏附性——抗剥离剂：金属皂(有机锰等)、有机胺、消石灰等
    - 耐老化性——抗老化剂：受阻酚、受阻胺等
  - 物理改性
    - 矿物填料(炭黑、硫磺、石棉、木质素纤维等)
    - 玻璃纤维格栅、塑料格栅、土工布等
    - 废橡胶粉
  - 调和沥青——掺加天然沥青(湖沥青、岩石沥青、海底沥青)
  - 沥青工艺——半氧化沥青、泡沫沥青等

从狭义来说，改性沥青可分为三类：

(1) 氧化改性沥青

氧化也称吹制，在250～300℃高温下向残留沥青或渣油吹入空气，通过氧化作用和聚合作用使沥青分子变大，提高沥青黏度和软化点，从而改善沥青的性能。

(2) 矿物填料改性沥青

矿物填料的品种大多是粉状的和纤维状的，主要有滑石粉、石灰石粉、硅藻土和石棉等。

沥青中掺入矿物填料后，若能被沥青包裹形成稳定的混合物，一要沥青能润湿矿物填料，二要沥青与矿物填料之间具有较强的吸附力，并不为水所剥离。

(3) 聚合物改性

聚合物同石油沥青具有较好的相溶性，可赋予石油沥青某些橡胶的特性，从而改善石油沥青的性能，机理复杂，一般认为聚合物改变了体系的胶体结构，当聚合物的掺量达到一定的限度，便形成聚合物的网络结构，将沥青胶团包裹。

分类：① 橡胶类：橡胶；氯丁橡胶；丁基橡胶；SBS；再生橡胶等。

② 树脂类：树脂；古马隆树脂；聚乙烯树脂；APP改性沥青。

10.2 沥青混合料

10.2.1 概述

沥青混合料是由将粗集料、细集料和矿粉经人工合理选择级配组成的矿质混合料与沥青经拌和而成的均匀混合料。特点：①是一种弹-塑-黏性材料，具有良好的力学性能和一定的高温稳定性和低温抗裂性，不需要设置施工缝和伸缩缝；②路面平整且具有一定的粗糙度，即使雨天也有较好的抗滑性；③施工方便快速，能及时开放交通；④经济耐久，并可分期改造和再生利用；⑤存在问题：温度敏感性和老化现象。

按材料组成及结构分：连续级配沥青混合料；间断级配沥青混合料。

按矿料级配组成及空隙率分：密级配沥青混合料；半开级配沥青混合料；开级配沥青混合料。

按公称最大粒径的大小分：特粗式沥青混合料；粗粒式沥青混合料；中粒式沥青混合料；细粒式沥青混合料；砂粒式沥青混合料。

按制造工艺分:热拌沥青混合料;冷拌沥青混合料;再生沥青混合料。

按胶凝材料分:石油沥青混合料;煤沥青混合料。

1) 混合料的组成材料

沥青混合料的技术性质取决于组成材料的性质、组成配合的比例和混合料的制备工艺等因素。为了保证沥青混合料的技术性质,首先要正确选择符合质量要求的组成材料。

(1) 沥青

拌制沥青混合料用沥青材料的技术性质,随气候条件、交通性质、沥青混合料的类型和施工条件等因素而异。气温常年较高的南方地区,热稳定性要好,宜采用针入度较小、黏度较高的沥青;北方严寒地区,为防止和减少路面开裂,面层宜采用针入度较大的沥青。

(2) 粗集料

粗集料应洁净,干燥,表面粗糙,接近立方体,无风化,不含杂质,符合一定的级配要求,具有足够的力学性能,与沥青有较好的黏结性。可以采用碎石、破碎砾石和矿渣等。但高速公路和一级公路不得使用筛选砾石和矿渣。

(3) 细集料

用于拌制沥青混合料的细集料,应洁净、干燥、无风化、不含杂质,并有适当级配范围。可采用天然砂、人工砂或石屑。

为保证沥青混合料的强度,应优先选用碱性集料(SiO_2 含量小于 52%)。

(4) 矿粉

矿粉应干燥、洁净,能自由地从矿粉仓流出。起填充作用,又称矿粉填料。在沥青混合料中,矿粉与沥青形成胶浆,对混合料的强度有很大的影响。矿粉也应使用碱性石料,如石灰石、白云石磨细的粉料,也可以用高钙粉煤灰部分替代矿粉,用作填料。

(5) 纤维稳定剂

沥青混合料中掺加的纤维稳定剂宜选用木质素纤维、矿物纤维等。

2) 沥青混合料的组成结构与强度

(1) 沥青混合料组成结构的现代理论

沥青混合料组成结构包括沥青结构、矿物骨架结构及沥青-矿物分散系统结构。

表面理论:沥青混合料是由粗集料、细集料和填料经人工配成密实的级配矿质骨架。此矿质骨架由沥青分布其表面,将它们胶结成为一个具有强度的整体。胶浆理论:沥青混合料是一种分级空间网状胶凝结构的分散系。它是以粗集料为分散相而分散在沥青砂浆介质中的一种粗分散系。综上所述,沥青混合料是由矿质骨架和沥青胶结物所构成的、具有空间网络结构的一种多相分散体系。沥青混合料的力学强度,主要由矿质颗粒之间的内摩阻力和嵌挤力,以及沥青胶结料及其与矿料之间的黏结力所构成。

(2) 沥青混合料的组成结构(见图 10-7)

① 悬浮-密实结构

由连续密级配矿质混合料与沥青组成,由于粗集料的数量较少,细集料的数量较多,较大颗粒被小一档颗粒挤开,使粗集料以悬浮状态存在于细集料之间。特点:密实度和强度较高,且连续级配不宜离析而便于施工,但粗集料不能形成骨架,稳定性较差。

② 骨架-空隙结构

采用连续开级配矿质混合料与沥青组成,粗集料较多,彼此紧密相接,细集料的数量较少，不足以充分填充空隙，形成骨架空隙结构。粗骨架能充分形成骨架，骨架之间的嵌挤力和内摩阻力起重要作用，因此这种沥青混合料受沥青材料性质的变化影响较小，因而热稳定性较好，但沥青与矿料的黏结力较小、空隙率大、耐久性较差。

③ 密实-骨架结构

采用间断型级配矿质混合料与沥青组成，是综合以上两种结构之长的一种结构。既有一定数量的粗骨料形成骨架，又根据粗集料空隙的多少加入细集料，形成较高的密实度。特点：密实度、强度和稳定性都较好，是一种较理想的结构类型。

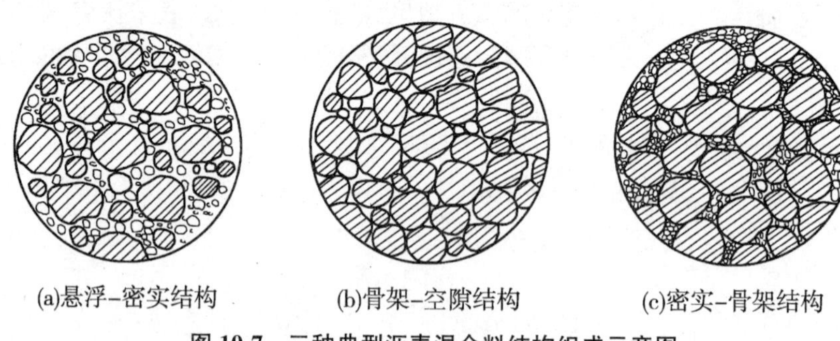

图 10-7　三种典型沥青混合料结构组成示意图

(3) 沥青混合料的强度形成原理及影响沥青混合料强度的因素

沥青混合料在路面结构中产生破坏的情况，主要是发生在高温时由于抗剪强度不足或塑性变形过剩而产生推挤等现象，以及低温时抗拉强度不足或变形能力较差而产生裂缝现象。沥青混合料强度和稳定性理论，主要是要求沥青混合料在高温时必须具有一定的抗剪强度和抵抗变形的能力。

沥青混合料的抗剪强度主要取决于黏结力和内摩擦角两个参数。

沥青混合料的强度由两部分组成：矿料之间的嵌挤力与内摩阻力和沥青与矿料之间的黏结力。

影响沥青混合料强度的内因有沥青的黏度；沥青与矿料化学性质、矿料比面、沥青用量、矿质集料的级配、沥青与初生矿物表面的相互作用、表面活性物质及其作用等。

影响沥青混合料抗剪强度的外因有温度及形变速度。

3) 沥青混合料技术性能

沥青混合料应具有抗高温变形、抗低温脆裂、抗滑、耐久性等技术性质以及施工和易性。

(1) 沥青混合料的技术性质

① 高温稳定性

沥青混合料的高温稳定性是指在高温条件下，沥青混合料承受多次重复荷载作用而不发生过大的累积塑性变形的能力。高温稳定性良好的沥青混合料在车轮引起的垂直力和水平力的综合作用下能抵抗高温的作用，保持稳定而不产生车辙和波浪等破坏现象。其常见的损坏形式主要有以下几点：

a. 推移、壅包、搓板等类损坏主要是由于沥青路面在水平荷载作用下抗剪强度不足所引起的，它大量发生在表面处治、贯入式、路拌等次高级沥青路面的交叉口和变坡路段。

b. 路面在行车荷载的反复作用下，会由于永久变形的累积而导致路表面出现车辙。车辙致使路表过量变形，影响了路面的平整度。轮迹处沥青层厚度减薄，削弱了面层及路面结构的整体强度，从而易于诱发其他病害。

c. 泛油是由于交通荷载作用使沥青混合料内集料不断挤紧，空隙度减小，最终将沥青挤压到道路表面的现象。

我国公路沥青路面施工技术规范(JTG F40—2004)规定，采用马歇尔稳定度试验(包括稳定度、流值、马歇尔模数)来评价沥青混合料高温稳定性；对用于高速公路、一级公路和城市快速路等沥青路面的上面层和下面层的沥青混凝土混合料，在进行配合比设计时应通过车辙试验对抗车辙能力进行检验。

马歇尔稳定度试验通常测定的是马歇尔稳定度和流值，马歇尔稳定度是指标准尺寸试件在规定温度和加荷速度下，在马歇尔仪中的最大破坏荷载(kN)；流值是达到最大破坏荷重时的垂直变形(0.1mm)；马歇尔模数为稳定度除以流值的商，即：

$$T = \frac{MS \times 10}{FL} \tag{10-3}$$

式中：T——马歇尔模数(kN/mm)；

MS——稳定度(kN)；

FL——流值(0.1mm)。

车辙试验测定的是动稳定度，沥青混合料的动稳定度是指标准试件在规定温度下，一定荷载的试验车轮在同一轨迹上，在一定时间内反复行走(形成一定的车辙深度)产生1mm变形所需的行走次数(次/mm)。具体规定见表10-5所示。

表10-5　沥青混合料车辙试验动稳定度技术要求(JTG F40—2004)

<table>
<tr><td colspan="2">气候条件与技术指标</td><td colspan="9">相应于下列气候分区所要求的动稳定度(次/mm)</td><td rowspan="4">试验方法</td></tr>
<tr><td colspan="2" rowspan="3">7月平均最高气温(℃)及气候分区</td><td colspan="4">>30</td><td colspan="4">20～30</td><td><20</td></tr>
<tr><td colspan="4">1. 夏炎热区</td><td colspan="4">2. 夏热区</td><td>3. 夏凉区</td></tr>
<tr><td>1—1</td><td>1—2</td><td>1—3</td><td>1—4</td><td>2—1</td><td>2—2</td><td>2—3</td><td>2—4</td><td>3—2</td></tr>
<tr><td colspan="2">普通沥青混合料 ≥</td><td colspan="2">800</td><td colspan="2">1 000</td><td>600</td><td colspan="3">800</td><td>600</td><td rowspan="4">T 0719</td></tr>
<tr><td colspan="2">改性沥青混合料 ≥</td><td colspan="2">2 400</td><td colspan="2">2 800</td><td>2 000</td><td colspan="3">2 400</td><td>1 800</td></tr>
<tr><td rowspan="2">SMA混合料</td><td>非改性 ≥</td><td colspan="9">1 500</td></tr>
<tr><td>改性 ≥</td><td colspan="9">3 000</td></tr>
<tr><td colspan="2">OGFC混合料</td><td colspan="9">1 500(一般交通量路段)，3 000(重交通量路段)</td><td></td></tr>
</table>

注：① 如果其他月份的平均最高气温高于7月时，可使用该月平均最高气温。

② 在特殊情况下，如钢桥面铺装、重载车特别多或纵坡较大的长距离上坡路段、厂矿专用道路，可酌情提高动稳定度的要求。

③ 对因气候寒冷确需使用针入度很大的沥青(如大于100)，动稳定度难以达到要求，或因采用石灰岩等不很坚硬的石料，改性沥青混合料的动稳定度难以达到要求等特殊情况，可酌情降低要求。

④ 为满足炎热地区及重载车要求，在配合比设计时采取减少最佳沥青用量的技术措施时，可适当提高试验温度或增加试验荷载进行试验，同时增加试件的碾压成型密度和施工压实度要求。

⑤ 车辙试验不得采用二次加热的混合料，试验必须检验其密度是否符合试验规程的要求。

⑥ 如需要对公称最大粒径等于和大于26.5mm的混合料进行车辙试验，可适当增加试件的厚度，但不宜作为评定合格与否的依据。

② 低温抗裂性

沥青混合料的低温抗裂性是沥青混合料在低温下抵抗断裂破坏的能力。

沥青混合料是黏-弹-塑性材料，其物理性质随温度变化会有很大变化。当温度较低时，沥青混合料表现为弹性性质，变形能力大大降低。在外部荷载产生的应力和温度下降引起的材料的收缩应力联合作用下，沥青路面可能发生断裂，产生低温裂缝。沥青混合料的低温开裂是由混合料的低温脆化、低温收缩和温度疲劳引起的。混合料的低温脆化一般用不同温度下的弯拉破坏试验来评定；低温收缩可采用低温收缩试验评定；而温度疲劳则可以用低频疲劳试验来评定。

③ 沥青混合料的耐久性

沥青混合料在路面中，长期受自然因素（阳光、热和水分等）的作用，为使路面具有较长的使用年限，必须具有较好的耐久性。

影响沥青混合料耐久性的因素很多，如沥青的化学性质、矿料的矿物成分、沥青混合料的组成结构（残留空隙和沥青填隙率）。

沥青的化学性质和矿料的矿物成分对耐久性的影响前文已叙述。就大气因素而言，沥青在大气因素作用下，组分会产生转化，油分减少，沥青质增加，使沥青的塑性逐渐减小，脆性增加，路面的使用品质下降。从耐久性角度考虑，沥青混合料应有较高的密实度和较小的空隙率，以防止水的渗入和日光紫外线对沥青的老化作用。但是空隙率过小将影响沥青混合料的高温稳定性，所以沥青混合料均应残留 3%～6%的空隙，以备夏季沥青膨胀。空隙率大，且沥青与矿料黏附性差的混合料，在饱水后石料与沥青黏附力降低，易发生剥落，水能进入沥青薄膜和集料间，阻断沥青与集料表面相互黏结，从而影响沥青混合料的耐久性。

我国现行规范采用空隙率、饱和度（即沥青填隙率）和残留稳定度等指标来表征沥青混合料的耐久性。沥青混合料耐久性常用浸水马歇尔试验或真空饱水马歇尔试验评价。

④ 沥青混合料的抗滑性

随着现代交通车速不断提高，对沥青路面的抗滑性提出了更高的要求。沥青路面的抗滑性能与集料的表面结构（粗糙度）、级配组成、沥青用量等因素有关。为保证抗滑性能，面层集料应选用质地坚硬且具有棱角的碎石，通常采用玄武岩。我国现行规范对抗滑层集料提出磨光值、道瑞磨耗值和冲击值指标。采取适当增大集料粒径、减少沥青用量及控制沥青的含蜡量等措施，均可提高路面的抗滑性。

⑤ 施工和易性

沥青混合料应具备良好的施工和易性，使混合料易于拌和、摊铺和碾压施工。影响施工和易性的因素很多，如气温、施工机械条件及混合料性质等。

从混合料的材料性质看，影响施工和易性的是混合料的级配和沥青用量。如粗、细集粒的颗粒大小相差过大，缺乏中间尺寸的颗粒，混合料容易分层层积；如细集料太少，沥青层不容易均匀地留在粗颗粒表面；如细集料过多，则使拌和困难。如沥青用量过少或矿粉用量过多，混合料容易出现疏松，不易压实；如沥青用量过多或矿粉质量不好，则混合料容易黏结成块，不易摊铺。

（2）沥青混合料技术标准

《公路沥青路面施工技术规范》（JTG F40—2004）对密级配沥青混合料马歇尔试验技术标准做了规定。该标准按交通性质分为以下几点：高速公路、一级公路，其他等级公路，行人道路三个级，对马歇尔试验指标(包括稳定度、流值、空隙率、矿料间隙率、沥青饱和度和残留稳定度等)提出不同要求。同时，按不同气候条件分别提出不同要求。《公路沥青路面施工技术规范》(JTG F40—2004)对 SMA 混合料马歇尔试验技术标准如表 10-6 所示。此外，《公路沥青路面施工技术规范》(JTG F40—2004)还对沥青稳定碎石混合料、OGFC 混合料的马歇尔试验技术标准提出要求，这对我国沥青混合料的生产、应用都具有指导意义。

表 10-6 SMA 混合料马歇尔试验配合比设计技术要求(JTG F40—2004)

试验项目	技术要求		试验方法
	不使用改性沥青	使用改性沥青	
马歇尔试件尺寸(mm)	101.6mm×63.5mm		T 0702
马歇尔试件击实次数[①]	两面击实 50 次		T 0702
空隙率 VV[②](%)	3～4		T 0705
矿料间隙率 VMA[②](%)，≥	17.0		T 0705
粗集料骨架间隙率 VCA_{mix}[③]，≤	VCA_{DRC}		T 0705
沥青饱和度 VFA(%)	75～85		T 0705
稳定度[④](kN)，≥	5.5	6.0	T 0709
流值(mm)	2～5	—	T 0709
谢伦堡沥青析漏试验的结合料损失(%)	≤0.2	≤0.1	T 0732
肯塔堡飞散试验的混合料损失或浸水飞散试验(%)	≤20	≤15	T 0733

注：① 对集料坚硬不易击碎，通行重载交通的路段，也可将击实次数增加为双面 75 次。

② 对高温稳定性要求较高的重交通路段或炎热地区，设计空隙率允许放宽到 4.5%，VMA 允许放宽到 16.5%(SMA-16)或 16%(SMA-19)，VFA 允许放宽到 70%。

③ 试验粗集料骨架间隙率 VCA 的关键性筛孔，对 SMA-19、SMA-16 是指 4.75mm，对 SMA-13、SMA-10 是指 2.36mm。

④ 稳定度难以达到要求时，容许放宽到 5.0kN(非改性)或 5.5kN(改性)，但动稳定度检验必须合格。

复习思考题

1. 石油沥青可划分为几种胶体结构？与其技术性质有何关联？

2. 表征沥青黏滞性的试验方法有哪些？

3. 沥青针入度、延度、软化点试验反映沥青的哪些性能？简述主要试验条件。

4. 沥青混合料按其组成结构可分为哪几种类型？各种结构类型的沥青混合料各有什么优缺点？

5. 简述沥青混合料高温稳定性的评定方法和评定指标。

6. 采用马歇尔法设计沥青混凝土配合比时，为什么由马氏试验确定配合比后还要进行浸水稳定度和车辙试验？

11 木材

本章提要：了解木材的分类及构造；重点掌握木材的性质；掌握木材干燥、防腐、防火处理；了解木材的综合利用。

木材是人类最早应用于建筑与装饰装修的材料之一。由于具有许多不可替代的优良特性，因此木材在国民经济中起着十分重要的作用。木材是高分子有机材料，按树种进行分类，一般分为针叶树材和阔叶树材。针叶树材（如红松、落叶松、云杉、冷杉、杉木、柏木等）一般密度较小，材质较松软，通常又称为软材，主要用于建筑、桥梁、家具、造船、电柱、坑木、桩木等方面；阔叶树材（如桦木、水曲柳、栎木、榉木、椴木、樟木、柚木、紫檀、酸枝、乌木等）种类比针叶树材多得多，大多数阔叶树材密度较大，材质较坚硬，因此又把这种树材称为硬材，在用途上阔叶树材更多地用于家具、室内装修、车辆、造船等。

11.1 木材的构造

木材是能够次级生长的植物（如乔木、灌木）所形成的木质化组织。这些植物在初生生长结束后，根茎中的维管形成层开始活动，向外发展出韧皮，向内发展出木材。

木材主要取自树干，其构造是决定木材性质的主要因素。

11.1.1 木材的宏观构造

木材的宏观构造是指用肉眼或借助 10 倍放大镜所能观察到的木材构造特征。从木材三个不同切面（横切面、径切面、弦切面）观察木材的宏观构造可以看出，树干由树皮、形成层、木质部（即木材）和髓心组成，如图 11-1 所示。从木材的横切面上可看到环绕髓心的年轮。每一年轮一般由两部分组成：色浅的部分称早材，是在季节早期生长的，细胞较大，材质较疏；色深的部分称晚材，是在季节晚期生长的，细胞较小，材质较密。有些木材在树干的中部，颜色较深，称心材；在边部，颜色较浅，称边材。针叶树材主要由管胞、木射线及轴向薄壁组织等组成，排列规则，材质较均匀。阔叶树材主要由导管、木纤维、轴向薄壁组织、木射线等组成，构造较复杂。组成木材的细胞是定向排列的，形成顺纹和横纹的差别。横纹又可区别为与木射线一致的径向以及与木射线垂直的弦向。

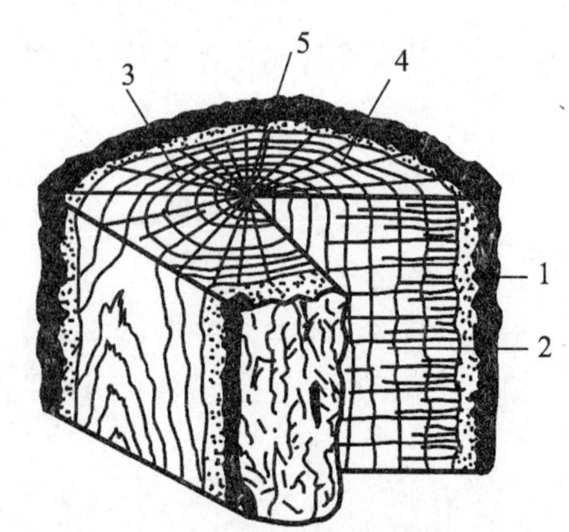

图 11-1 树干的三个切面

1—树皮；2—木质部；3—年轮；4—髓线；5—髓心

针叶树材一般树干高大，纹理通直，易加工，易干燥，开裂和变形较小，适于做结构用材。某些阔叶树材，质地坚硬，纹理色泽美观，适于做装修用材。

11.1.2 木材的微观构造

木材的微观构造是指借助光学显微镜观察的结构。在显微镜下观察，可以看到木材是由无数管状细胞紧密结合而成，它们大部分为纵向排列，少数为横向排列（如髓线），如图11-2所示。每个细胞又由细胞壁和细胞腔两部分组成，细胞壁又是由细纤维组成，所以木材的细胞壁越厚，细胞腔越小，木材越密实，其表观密度和强度也越大，但胀缩变形也大。

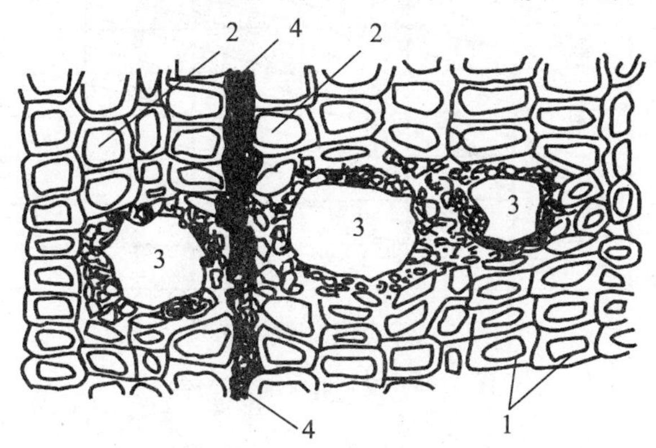

图11-2 显微镜下松木的横切片示意图

1—细胞壁；2—细胞腔；3—树脂流出孔；4—木髓线

11.2 木材的主要性质

11.2.1 木材的物理性质

木材的物理性质主要包含密度、含水率、干缩、湿胀等，其中对木材影响最大的是含水率。

1）密度

单位体积木材的重量称为木材的密度。不同树种的密度相差不大，平均约为1.55g/cm³。木材表观密度的大小随木材的孔隙率、含水量以及其他一些因素的变化而不同。因此确定木材的表观密度时，应在标准含水率情况下进行。

2）含水率

木材的含水率是指木材中水重占烘干木材重的百分数。一般情况下，木材中含有的水分主要自由水、吸附水和化合水三种形态。自由水是指存在于细胞腔和细胞间隙中的水分。自由水的多少主要由孔隙度决定，它对木材重量、燃烧性、渗透性和耐久性具有一定的影响。吸附水是指被吸附在细胞壁细纤维之间的水分。吸附水的多少对木材物理力学性质和木材加工利用有着重要的影响。与细胞壁组成物质化学结合状态的水称为化合水，这部分水分含量极少，而且相对稳定，对日常使用过程中的木材物理性质没有影响。

当吸附水达到饱和但尚无自由水时，称为纤维饱和点。木材的纤维饱和点因树种而有差异，在23%～33%之间。当含水率大于纤维饱和点时，水分对木材性质的影响很小。当含水率自纤维饱和点降低时，木材的物理和力学性质随之变化。

木材在大气中能吸收或蒸发水分，与周围空气的相对湿度和温度相适应而达到恒定的含水率，称为平衡含水率。木材平衡含水率随地区、季节及气候等因素而变化，在10%～18%之间(如图11-3)。

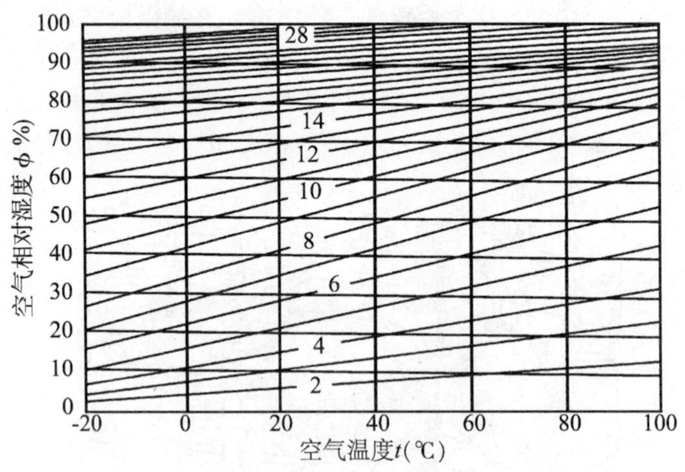

图 11-3 木材的平衡含水率

3）胀缩性

木材细胞壁内吸附水含量的变化会引起木材的变形。木材吸收水分后体积发生膨胀，直到含水率达到纤维饱和点为止，如若继续吸湿，只会导致自由水的增加而体积不再发生变化。相反，对潮湿状态的木材进行干燥达到纤维饱和点时，自由水减少，体积不变；继续干燥，吸附水被蒸发，则发生体积收缩。

木材的胀缩变形会随树种的不同而不同。一般来讲，表观密度大、夏材含量多的木材湿胀变形较大，且由于木材构造的不均匀性，在不同的方向干缩值不同。顺纹方向(纤维方向)干缩值最小，平均为0.1%～0.35%；径向较大，平均为3%～6%；弦向最大，平均为6%～12%(如图11-4)。径向和弦向干缩率的不同是木材产生裂缝和翘曲的主要原因。

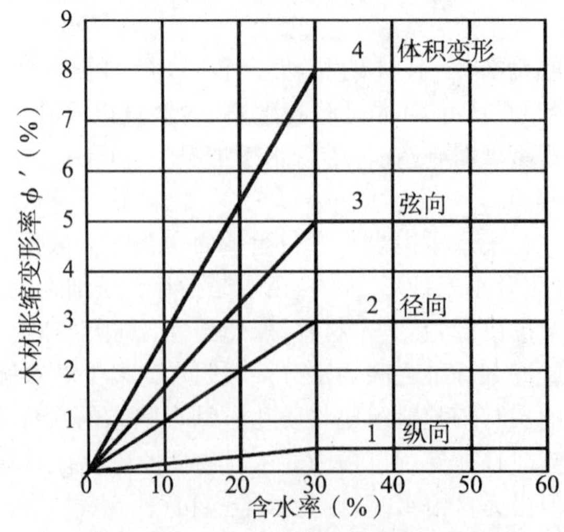

图 11-4 木材含水率与胀缩变形的关系

11.2.2 木材的力学性质

木材的强度检验是采用无疵病的木材制成标准试件，按《木材物理力学试验方法》(GB 1927—1943—91)进行测定。按照受力状态，木材的强度可分为抗压、抗拉、抗剪、抗弯四种。

1) 抗压强度

木材受到外界压力时，抵抗压缩变形破坏的能力，称为抗压强度，单位为 Pa。通常分为顺纹与横纹两种抗压强度。

(1) 顺纹抗压强度：外部机械力与木材纤维方向平行时的抗压强度，称为顺纹抗压强度。由于顺纹抗压强度变化小，容易测定，所以常以顺纹抗压强度来表示木材的力学性质。一般木材顺纹可承受$(30\sim79)\times10^6$ Pa 的压力。其计算公式如下：

$$D_w=\frac{P}{ab} \tag{11-1}$$

式中：D_w——含水率为 $w\%$时，木材的顺纹抗压强度(Pa)；

P——试样最大载荷(N)；

a,b——试样的厚度和宽度(m)。

木材顺纹抗压强度受疵病的影响较小，是木材各种力学性质的基本指标，该强度在土建中应用最广，常用于柱、桩、斜撑等承重构件中。

(2) 横纹抗压强度：外部机械力与木材纤维方向互相垂直时的抗压强度，称为横纹抗压强度。由于木材主要是由许多管状细胞组成，当木材横纹受压时，这些管状细胞很容易被压扁。所以木材的横纹抗压极限强度比顺纹抗压极限强度低，以使用中所限制的变形量来确定，一般取其比例极限作为其指标。其公式如下：

$$D_w=\frac{P}{ab} \tag{11-2}$$

式中：D_w——含水率为 $w\%$时，木材的横纹抗压强度(Pa)；

P——试样最大载荷(N)；

a,b——试样的厚度和宽度(m)。

由于横纹压力测试较困难，所以常以顺纹抗压强度的百分比来估计横纹抗压强度。但树种不同，比例也不同。一般针叶树材横纹抗压极限强度为顺纹的 10%，阔叶树材的横纹抗压极限强度为顺纹的 15%～20%。

2) 抗拉强度

木材受外加拉力时，抵抗拉伸变形破坏的能力，称为抗拉强度。它分为顺纹和横纹两种抗拉强度。

(1) 顺纹抗拉强度：即外部机械拉力与木材纤维方向相互平行时的抗拉强度。木材的顺纹抗拉强度是所有强度中最大的，一般为顺纹抗压强度的 2～3 倍，各种树种平均为 117.6×10^6 Pa。

(2) 横纹抗拉强度：即外部机械拉力与木材纤维方向相互垂直时的抗拉强度。木材横纹抗拉极限强度远较顺纹抗拉极限强度低，一般只有顺纹抗拉强度的 1/10～1/40。这是因为木材纤维之间横向联系脆弱，容易被拉开。

3) 抗剪强度

使木材的相邻两部分产生相对位移的外力，称为剪力。木材抵抗剪力破坏的能力，称为抗剪强度。根据剪力的作用方向不同，可将其分为顺纹剪切、横纹剪切和截纹切断三种。木材的抗剪强度也可以相应地分为顺纹抗剪强度、横纹抗剪强度和截纹抗剪强度三种。

(1) 顺纹抗剪强度：剪力方向和剪切平面均与木材纤维方向平行时的抗剪强度，叫做顺纹抗剪强度。木材在顺纹剪切时，绝大部分纤维本身不被破坏，仅破坏受剪面上的纤维联结部分。所以，木材的顺纹抗剪强度小，一般只有顺纹抗压强度的16%～19%。若木材本身存在裂纹时，则抗剪强度就更低。相反，若受剪区有斜纹或节子等，反而可以增大抗剪强度。

(2) 横纹抗剪强度：剪力方向和剪切平面均与木材纤维方向垂直，而剪切面与木材纤维方向平行时的抗剪强度，叫做横纹抗剪强度。木材的横纹抗剪极限强度很低，只有顺纹抗剪极限强度的一半左右。

(3) 截纹抗剪强度：即剪力方向和剪切面都与木材纤维方向垂直时的抗剪强度。在抗剪强度中，木材的截纹抗剪强度最大，约为顺纹抗剪强度的4～5倍。

在实际应用中，很少出现纯粹的截纹剪断情况。在横纹剪切情况中，也常是木材先受压变形，然后才发生错动。所以，计算横纹抗剪强度的实际意义不大。我们通常所说的木材的抗剪强度是指木材的顺纹抗剪强度。

4) 抗弯强度

木材弯曲时产生较为复杂的应力，在梁的上部受到顺纹抗压，在下部则为顺纹抗拉，而在水平面中则有剪切力，两个端部又承受横纹挤压。木材抵抗上述弯曲变形破坏的能力，称为木材的抗弯强度。木材具有良好的抗弯性能，抗弯强度为顺纹抗压强度的1.5～2倍。因此，在建筑工程中应用很广，如用作木梁、脚手架、桥梁、地板等。

表 11-1　木材各强度数值大小关系

抗压		抗拉		抗弯	抗剪	
顺纹	横纹	顺纹	横纹		顺纹	横纹
1	1/10～1/3	2～3	1/2～1	1.5～2	1/7～2	1/2～1

5) 影响木材强度的因素

木材有很好的力学性质，但木材是有机各向异性材料，顺纹方向与横纹方向的力学性质有很大差别。木材强度还因树种而异，并受含水率、荷载作用时间、环境温度和木材的缺陷等因素的影响，其中以木材缺陷及荷载作用时间两者的影响最大。因木节尺寸和位置不同、受力性质（拉或压）不同，有节木材的强度比无节木材可降低30%～60%。在荷载长期作用下木材的长期强度几乎只有瞬时强度的一半。

(1) 含水率

当含水率在纤维饱和点以上变化时，仅仅是自由水的增减，对木材强度没有影响；当含水率在纤维饱和点以下变化时，随含水率的降低，细胞壁趋于紧密，木材强度增加（如图 11-5）。

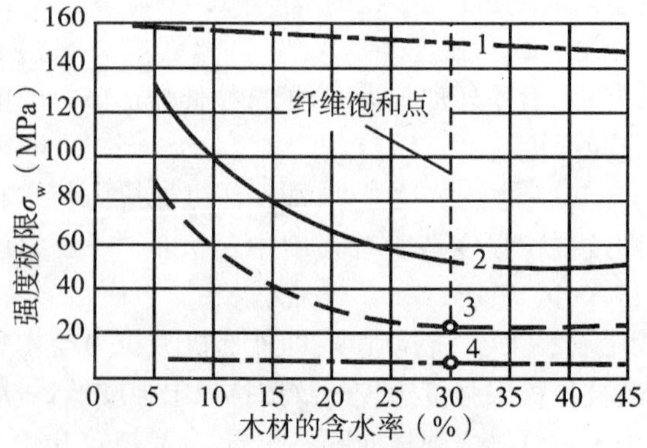

图 11-5　含水率对木材强度的影响

1—顺纹抗拉；2—抗弯；3—顺纹抗压；4—顺纹抗剪

(2) 荷载作用时间

木材在长期荷载作用下,只有当其应力远低于强度极限的某一范围时才可避免木材因长期负荷而破坏。通常我们把木材在长期荷载作用下不致引起破坏的最大强度,称为持久强度(如图 11-6)。木材的持久强度比其极限强度小得多,一般为极限强度的 50%~60%。

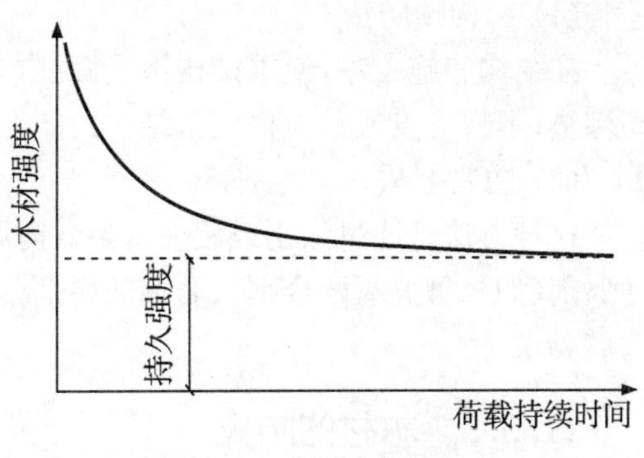

图 11-6　木材持久强度

(3) 环境温度

温度对木材强度有直接影响。当温度由25℃升至 50℃时,将因木材纤维和其间的胶体软化等原因,使木材抗压强度降低 20%~40%,抗拉和抗剪强度降低 12%~20%;当温度在100℃以上时,木材中部分组织会分解、挥发,木材变黑,强度明显下降。因此,长期处于高温环境下的建筑物不宜采用木结构。

(4) 木材的缺陷

① 节子,节子能提高横纹抗压和顺纹抗剪强度。

② 木材受腐朽菌侵蚀后,不仅颜色改变,结构也变得松软、易碎,呈筛孔或粉末状形态。

③ 裂纹会降低木材的强度,特别是顺纹抗剪强度。而且缝内容易积水,加速木材的腐烂。

④ 构造缺陷木纤维排列不正常均会降低木材的强度,特别是抗拉及抗弯强度。

11.3　木材的处理

11.3.1　木材的干燥

为了防止木材的腐朽、裂缝及变形,木材在使用前必须进行一定的干燥处理。常用的干燥方法有自然干燥和人工干燥两种。自然干燥是将木材堆放在通风良好的防雨棚中而不受到日晒雨淋,使水分自然晾干。这种方法无需特殊设备,干燥后的木材质量好,但所需时间长,占用场地大,且只能达到风干状态。人工干燥法是在干燥室内进行,这种方法所需时间短,可控性强,但处理不当会造成收缩不匀而开裂。

11.3.2　木材的防腐

木材的腐朽为真菌侵害所致。真菌分霉菌、变色菌和腐朽菌三种,前两种真菌对木材质量影响较小,但腐朽菌对其影响很大。真菌在木材中生存和繁殖必须具备三个条件,即适当的水分、足够的空气和适宜的温度。

此外,木材还易受到白蚁、天牛等昆虫的蛀蚀,使木材形成很多孔眼或沟道,甚至蛀穴,破坏木质结构的完整性而使强度严重降低。

木材防腐的基本原理在于破坏真菌及虫类的生存和繁殖条件,常用方法有以下两种:

(1) 结构预防法

在结构和施工中，使木结构不受潮湿，要有良好的通风条件；在木材与其他材料之间用防潮垫；不将支点或其他任何木结构封闭在墙内；木地板下设通风洞；木屋架设老虎窗等。

(2) 防腐剂法

这种方法是通过涂刷或浸渍水溶性防腐剂（如氯化钠、氧化锌、氟化钠、硫酸铜）、油溶性防腐剂（如林丹五氯酚合剂）、乳剂防腐剂（如氟化钠、沥青膏）等，使木材成为有毒物质，达到防腐要求。

11.3.3 木材的防火

木材属于易燃材料，达到某一温度时就会着火而燃烧。但由于木材是一种理想的装饰材料并且被广泛应用，因此防火问题尤其重要。所谓"防火"，并非不燃烧，而是用某些阻燃剂或防火涂料对木材进行处理，使之成为难燃材料，以达到遇小火能自熄，遇大火能延缓或阻滞燃烧而赢得灭火时间。常用的阻燃剂有氮—磷系阻燃剂、硼系阻燃剂、卤系阻燃剂、氢氧化物阻燃剂等。

11.4 木材的应用

11.4.1 人造板材

木材经加工成型和制作构件时会留下大量的碎块废屑，将这些废脚料或含有一定纤维量的其他作物作原料，采用一般物理和化学方法加工而成的即为人造板材。这类板材与天然木材相比，板面宽，表面平整光洁，没有节子，不翘曲、开裂，经加工处理后还具有防水、防火、防腐、防酸性能。

常用人造板材有胶合板、纤维板、刨花板。

1) 胶合板

胶合板是用原木旋切成薄片，经干燥处理后，再用胶黏剂按奇数层数，以各层纤维互相垂直的方向黏合热压而成的人造板材。一般为3～13层，建筑工程中常用的有三合板和五合板。一般可分为阔叶树普通胶合板和松木普通胶合板两种。

胶合板厚度为2.4mm、3mm、3.5mm、4mm、5.5mm、6mm，自6mm起按1mm递增。胶合板幅面尺寸见表11-2，其特性及适用范围见表11-3。

表11-2 胶合板的幅面尺寸(mm)

宽度	长　度				
	915	1 220	1 830	2 135	2 440
915	915	1 220	1 830	2 135	—
1 220	—	1 220	1 830	2 135	2 440

表 11-3　胶合板分类、特性及适用范围

种类	分类	名　称	胶　种	特　性	适用范围
阔叶树普通胶合板	Ⅰ类	NQF (耐气候胶合板)	酚醛树脂胶或其他性能相当的胶	耐久、耐煮沸或蒸汽处理、耐热	室外工程
	Ⅱ类	NS (耐水胶合板)	酚醛树脂胶或其他性能相当的胶	耐冷水浸泡及短时间热水浸泡,不耐煮沸	室外工程
	Ⅲ类	NC (耐潮胶合板)	血胶,带有多量填料的脲醛树脂或其他性能相当的胶	耐短期冷水浸泡	室外工程一般常态下使用
	Ⅳ类	BNS (不耐潮胶合板)	豆胶或其他性能相当的胶	有一定胶合强度但不耐水	室内工程一般常态下使用
松木普通胶合板	Ⅰ类	Ⅰ类胶合板	酚醛树脂胶或其他性能相当的合成树脂胶	耐水、抗热、抗真菌	室外长期使用的工程
	Ⅱ类	Ⅱ类胶合板	脱水脲醛树脂胶、改性脲醛树脂胶或其他性能相当的合成树脂胶	耐水、抗真菌	潮湿环境使用的工程
	Ⅲ类	Ⅲ类胶合板	血胶和加少量填料的脲醛胶	耐湿	室内工程
	Ⅳ类	Ⅳ类胶合板	豆胶和加多量填料的脲醛树脂胶	不耐水	室内工程(干燥环境下使用)

2）纤维板

纤维板是以植物纤维为原料经破碎、浸泡、研磨成浆,然后经热压成型、干燥等工序制成的一种人造板材。纤维板所选原料可以是木材采伐或加工的剩余物(如板皮、刨花、树枝),也可以是稻草、麦秸、玉米秆、竹材等。

纤维板按其体积密度分为硬质纤维板(体积密度＞800kg/m^3)、中密度纤维板(体积密度为 500～800kg/m^3)和软质纤维板(体积密度＜500kg/m^3)三种。

(1) 硬质纤维板的强度高、耐磨、不易变形,可代替木板用于墙面、天花板、地板、家具等。

(2) 中密度纤维板表面光滑、材质细密、性能稳定、边缘牢固,且板材表面的再装饰性能好。主要用于隔断、隔墙、地面、高档家具等。

(3) 软质纤维板结构松软,强度较低,但吸音性和保温性好,主要用于吊顶等。

3）刨花板

刨花板是利用木材的边角余料,经切碎、干燥、拌胶(或未施胶)热压而成的一种人造板材。其规格尺寸为:长度 915mm、1 220mm、1 525mm、1 830mm、2 135mm;宽度 915mm、1 000mm、1 220mm;厚度 6mm、8mm、13mm、16mm、19mm、22mm、25mm、30mm 等。

刨花板表观密度小,性质均匀,具有隔声、绝热、防蛀、耐火等优点,但易吸湿,强度不高,可用于保温、隔音、室内装饰材料。

复习思考题

1. 什么是木材的含水率？含水率的变化对其性能有何影响？
2. 什么是木材的纤维饱和点和平衡含水率？
3. 简述影响木材强度的因素。
4. 简述防止木材腐朽的措施。
5. 木材有哪些具体的用途？

12 建筑玻璃、陶瓷

本章提要:了解建筑玻璃和陶瓷的分类;掌握常用的建筑玻璃和陶瓷的技术性能及质量要求,并能将之较熟练地用于建筑工程。

12.1 建筑玻璃

12.1.1 玻璃的生产工艺

玻璃是以石英砂、纯碱、长石和石灰石等为主要原料,在高温下熔融成液态,经拉制或压制而成的非结晶体透明状的无机材料。普通玻璃主要化学组成为 SiO_2、Na_2O 和 CaO 等,特种玻璃还含有其他化学成分。

建筑玻璃一般为平板玻璃,采用的制造工艺一种是引拉法,另一种是浮法。

引拉法是将高温液体玻璃冷至较稠时,从耐火材料制成的槽子中挤出,然后将玻璃液体垂直向上拉起,经石棉辊成形,并截成规则的薄板。这种传统方法制成的平板玻璃容易出现波筋和波纹。

浮法工艺制造的平板玻璃表面平整,光学性能优越,不经过辊子成型,而是将高温液体玻璃经锡槽浮抛,玻璃液回流到锡液表面,在重力及表面张力的作用下摊成玻璃带,向锡槽尾部拉引,经抛光、拉薄、硬化和冷却后退火而成。

12.1.2 玻璃的性质

1) 玻璃是脆性材料

玻璃的密度为 2.45～2.55g/cm^3,其孔隙率接近于零。玻璃没有固定熔点,液态玻璃有极大的黏性,冷却后形成非结晶体,并具有各向同性性质。

普通玻璃的抗压强度一般为 600～1 200MPa,抗拉强度为 40～80MPa。其弹性模量为 $(6～7.5)\times10^4$ MPa,脆性指数(弹性模量与抗拉强度之比)为 1 300～1 500,玻璃是脆性较大的材料。

2) 玻璃的光学性能

玻璃的透光性良好。2～6mm 的普通窗玻璃光透射比为 80%～82%,玻璃光透射比随厚度增加而降低,随入射角增大而减小。

玻璃的折射率为 1.50～1.52。玻璃对光波吸收有选择性,因此,在玻璃内掺入少量着色剂,可使某些波长的光波被吸收而使玻璃着色。

3) 玻璃的热物理性质

玻璃的比热与化学成分有关,在室温至 100℃内,玻璃的比热为 0.33～1.05kJ/(kg·K),导热系数为 0.40～0.82W/(m·K),热膨胀系数为 $(9～15)\times10^6K^{-1}$。玻璃的热稳定性差，原因是玻璃的热膨胀系数虽然不大，但玻璃的导热系数小，弹性模量高。所以，当产生热变形时，在玻璃中产生很大的应力，从而导致炸裂。

4）玻璃的化学性质

玻璃的化学稳定性很强，除氢氟酸外，能抵抗各种介质腐蚀作用。

12.1.3 常用的建筑玻璃

1）平板玻璃

国家标准规定，引拉法玻璃按厚度分为 2mm、3mm、4mm、5mm 四类；浮法玻璃按厚度分为 2mm、3mm、4mm、5mm、6mm、8mm、10mm、12mm、15mm、19mm 十类。并要求单片玻璃的厚度差不大于 0.3mm。标准规定，普通平板玻璃的尺寸不小于 600mm×400mm；浮法玻璃尺寸不小于 1 000mm×1 200mm 且不大于 2 500mm×3 000mm。目前，我国生产的浮法玻璃原板宽度可达 2.4～4.6m，可以满足特殊使用要求。

平板玻璃是建筑玻璃中用量最大的一种，它包括以下几种：

(1) 窗用平板玻璃

窗用平板玻璃也称镜片玻璃，简称玻璃，主要装配于门窗，有透光、挡风雨、保温、隔声等作用。其厚度一般为 2mm、3mm、4mm、5mm、6mm 五种，其中 2～3mm 厚的常用于民用建筑；4～5mm 厚的主要用于工业及高层建筑。

(2) 磨砂玻璃

磨砂玻璃又称毛玻璃，是用机械喷砂、手工研磨或使用氢氟酸溶蚀等方法将普通平板玻璃表面处理为均匀毛面而得。该玻璃表面粗糙，使光线产生漫反射，具有透光不透视的特点，且使室内光线柔和。常用于卫生间、浴室、厕所、办公室、走廊等处的隔断，也可作黑板的板面。

(3) 彩色玻璃

彩色玻璃也称有色玻璃，在原料中加入适当的着色金属氧化剂可生产出透明的彩色玻璃。另外，在平板玻璃的表面镀膜处理后可制成透明的彩色玻璃。适用于公共建筑的内外墙面、门窗装饰以及对采光有特殊要求的部位。

(4) 彩绘玻璃

彩绘玻璃是一种用途广泛的高档装饰玻璃产品。屏幕彩绘技术能将原画逼真地复制到玻璃上。彩绘玻璃可用于家庭、写字楼、商场及娱乐场所的门窗、内外幕墙、顶棚吊顶、灯箱、壁饰、家具、屏风等，利用其不同的图案和画面来达到较高艺术情调的装饰效果。

2）安全玻璃

安全玻璃是为了减少玻璃的脆性，提高强度，改变玻璃碎裂时带尖锐棱角的碎片飞溅，容易伤人的现象，是对普通的平板玻璃进行增强处理，或者和其他材料复合或采用特殊成分制成的。安全玻璃常包括以下品种：

(1) 钢化玻璃(图 12-1)

常见的钢化玻璃是将平板玻璃加热到接近软化温度(600～650℃)后迅速冷却使其骤冷，表面形成均匀的预加应力，从而提高了玻璃的强度、抗冲击性和热稳定性，如图 12-1。

钢化玻璃的抗弯强度比普通玻璃大 3～5 倍，可达 200MPa 以上，抗冲击强度和韧性可提高 5 倍以上，弹性好，热稳定性高，在受急冷急热作用时不易发生炸裂，最大安全工作温度为 288℃，能承受 204℃的温差变化，故可用来制造炉门上的观测窗、辐射式气体加热器、干燥器和弧光灯，也可用于高层建筑的门窗、幕墙、隔墙、屏蔽等。钢化玻璃受损破碎时形成无数带钝角的小块，不易伤人。

(2) 夹层玻璃(图 12-2)

夹层玻璃是将两片或多片平板玻璃之间嵌夹透明塑料薄衬片，经加热、加压、黏合而成的平面或曲面的复合玻璃制品。其层数有 3、5、7 层，最多可达 9 层，这种玻璃也称防弹玻璃。

夹层玻璃的透明度好，抗冲击性能要比平板玻璃高几倍，破碎时只产生裂纹和少量碎玻璃屑，且碎片粘在薄衬上，不致伤人。

夹层玻璃主要用作汽车和飞机的挡风玻璃、防弹玻璃以及有特殊安全要求的建筑门窗、隔墙、工业厂房的天窗和某些水下工程等。

(3) 夹丝玻璃(图 12-3)

夹丝玻璃是在平板玻璃中嵌入金属丝或金属网的玻璃。夹丝玻璃一般采用压延法生产，在玻璃液进入压延辊的同时，将预先编织好的经预热处理的钢丝网压入玻璃中而制成。

夹丝玻璃的耐冲击性和耐热性好，在外力作用或温度剧变时，玻璃裂而不散粘连在金属丝网上，避免碎片飞出伤人，发生火灾时夹丝玻璃即使受热炸裂，仍能固定在金属丝网上，起到隔断火焰和防止火灾蔓延的作用。

夹丝玻璃适用于震动较大的工业厂房门窗、屋面、采光天窗，需要安全防火的仓库、图书馆门窗，公共建筑的阳台、走廊、防火门、楼梯间、电梯井等。

图 12-1　钢化玻璃

图 12-2　夹层玻璃

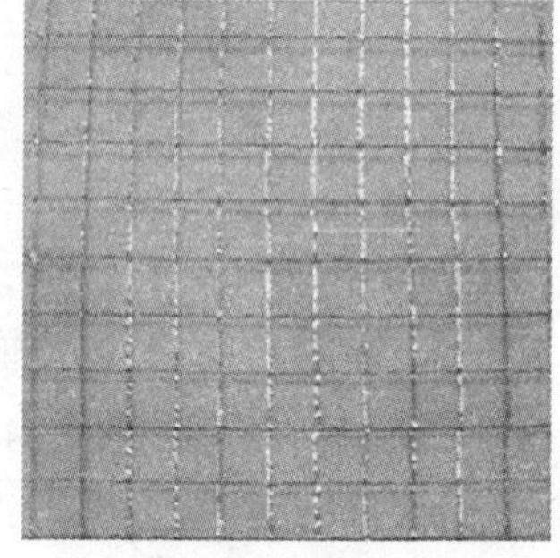

图 12-3　夹丝玻璃

3) 节能玻璃

节能玻璃是兼具采光、调节光线、调节热量进入或散失、防止噪声、改善居住环境、降低空调能耗等多种功能的建筑玻璃。

(1) 吸热玻璃

吸热玻璃是指能大量吸收红外线辐射，又能使可见光透过并保持良好的透视性的玻璃。当太阳光照射在吸热玻璃上时，相当一部分的太阳辐射能被吸热玻璃吸收(可达 70%)，因此可以明显降低夏季室内的温度。常用的吸热玻璃有茶色、灰色、蓝色、绿色、古铜色、青铜色、金色、粉红色、棕色等。

吸热玻璃在建筑工程中广泛应用，凡既需采光又需隔热之处均可使用，尤其适用于炎热地区需避免眩光的建筑物门窗或外墙墙体等，起隔热、防眩的作用。

(2) 热反射玻璃

热反射玻璃是既具有较高的热反射能力又保持平板玻璃良好透光性能的玻璃,又称镀膜玻璃或镜面玻璃。

热反射玻璃具有良好的隔热性能,对太阳辐射热有较高的反射能力,一般反射率都在30%以上,最高可达60%,而普通玻璃对热辐射的反射率为7%~8%。其玻璃本身还能吸收一部分热量,使透过玻璃的总热量更少。热反射玻璃的可见光部分透过率一般在20%~60%,透过热反射玻璃的光线变得较为柔和,能有效地避免眩光,从而改善室内环境,是有效的防太阳辐射玻璃。

热反射玻璃主要用于建筑的门窗或幕墙等部位,不仅能降低能耗,还能增加建筑物的美感,起到装饰作用。

(3) 中空玻璃(图 12-4)

中空玻璃是由两片或多片平板玻璃用边框隔开,中间充以干燥的空气,四周边缘部分用胶接或焊接方法密封,使玻璃层间形成有干燥气体空间的产品。中空玻璃可以根据要求选用各种不同性能和规格的玻璃原片,如浮法玻璃、钢化玻璃、夹层玻璃、夹丝玻璃、压花玻璃、彩色玻璃、热反射玻璃等。原片的厚度通常为3mm、4mm、5mm、6mm,中空玻璃总厚度为12~42mm。

中空玻璃不仅有良好的保温隔热性能,还有良好的隔声效果,可降低室外噪声25~30dB。此外,中空玻璃还可降低表面结露温度。

中空玻璃主要用于需要采暖、空调、防止噪音等的建筑上,如住宅、饭店、宾馆、办公楼、学校、医院、商店等处的门窗、天窗或玻璃幕墙。

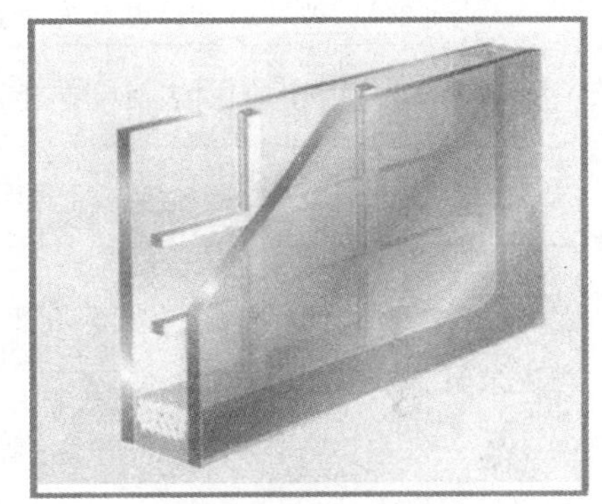

图 12-4 中空玻璃

4) 其他玻璃制品

(1) 釉面玻璃(图 12-5)

釉面玻璃是在玻璃表面涂敷一层易熔性色釉,然后加热到彩釉的熔融温度,使釉层与玻璃牢固地结合在一起,经过热处理制成的装饰材料。所采用的玻璃基体可以是普通平板玻璃,也可以是磨光玻璃或玻璃砖等。如果用上述方法制成的釉面玻璃再经过退火处理,则可进行加工,如同普通玻璃一样,具有可切裁的可加工性。

(2) 玻璃空心砖(图 12-6)

玻璃空心砖一般是由两块压铸成的凹形玻璃,经熔接或胶接成整块的空心砖。砖面可为光平,也可在内、外面压铸各种花纹。砖的腔内可为空气,也可填充玻璃棉等。砖形有方形、长方形、圆形等。玻璃砖具有一系列优良性能,绝热,隔声,透光率达80%,光线柔和优美。玻璃空心砖的砌筑方法基本上与普通砖相同。

(3) 玻璃锦砖(图 12-7)

玻璃锦砖也叫玻璃马赛克,它与陶瓷锦砖在外形和使用方法上有相似之处,但它是乳浊状半透明玻璃质材料,大小一般为20mm×20mm×4mm,背面略凹,四周侧边呈斜面,有利于与基面黏结牢固。玻璃锦砖颜色绚丽,色彩众多,历久常新,是一种很好的外墙装饰材料。

图 12-5　釉面玻璃

图 12-6　玻璃空心砖

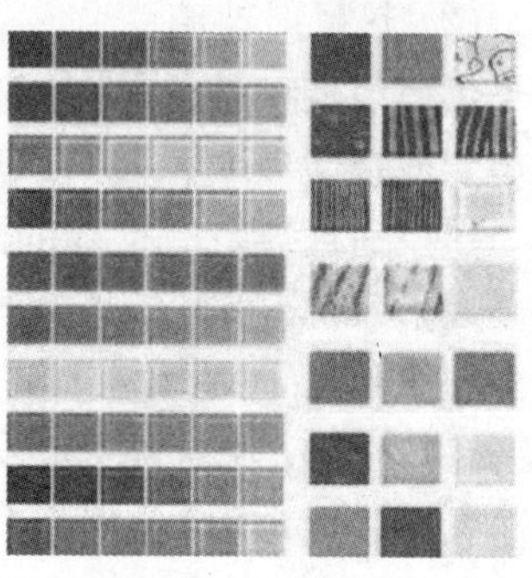
图 12-7　玻璃锦砖

12.1.4　常用玻璃的特性及用途

常用玻璃的特性及用途见表 12-1。

表 12-1　常用玻璃的品种、特点及应用

种　类	主要品种	特　　点	应　　用
平板玻璃	磨光玻璃(镜面玻璃)	5～6mm 玻璃,单面或双面抛光(多以浮法玻璃代替),表面光洁,透光率>83%	高级建筑门、窗,制镜
	磨砂玻璃(毛玻璃)	表面粗糙、毛面,光线柔和呈漫反射,透光不透视	卫生间、浴厕、走廊等隔断
	彩色玻璃	透明或不透明(饰面玻璃)	装饰门、窗及外墙
压花玻璃	普通压花(单、双面)	透光率 60%～70%,透视性依据花纹变化及视觉距离分为几乎透视、稍有透视、几乎不透视、完全不透视;真空镀膜压花纹立体感强,具有一定反光性;彩色镀膜立体感强,配置灯光效果尤佳	适于对透视有不同要求的室内各种场合。应用时注意:花纹面朝向室内侧,透视性考虑花纹形状
	真空玻璃		
	彩色镀膜压花玻璃		
安全玻璃	钢化玻璃	韧性提高约 5 倍,抗弯强度提高 5～6 倍,抗冲击强度提高约 3 倍。碎裂时细粒无棱角不伤人。可制成磨光钢化玻璃、吸热钢化玻璃	建筑门窗、隔墙及公共场所等防震防撞部位
	夹层玻璃	以透明夹层材料粘贴平板或钢化玻璃,可粘贴两层或多层。可用浮法、吸热、彩色、热反射玻璃	高层建筑门、窗和大厦天窗,地下室及橱窗,防震、防撞部位
	夹丝玻璃	热压钢丝网后,表面可进行磨光、压花等处理	屋顶天窗等部位
节能玻璃	吸热玻璃	吸收太阳辐射能又具有透光性。尚有吸收部分可见光、紫外线能力,起防眩光、防紫外线等作用	炎热地区大型公共建筑门、窗、幕墙,商品陈列窗,计算机房等
	热反射玻璃(镀膜玻璃)	具有较高热反射能力,又具有透光性,单向透视、扩展视野、色彩多样	玻璃幕墙、建筑门窗等
玻璃制品	玻璃马赛克	花色品种多样,色调柔和,朴实,典雅,美观大方。有透明、半透明、不透明。体积轻,吸水率小,抗冻性好	宾馆、医院、办公楼、礼堂、住宅等外墙

12.2 建筑陶瓷

建筑陶瓷是用作建筑物墙面、地面以及园林仿古建筑和卫生洁具的陶瓷制品材料，以其坚固耐久、色彩鲜艳、耐水、耐磨、耐化学腐蚀、易清洗、维修费用低等优点，成为现代主要建筑装饰材料之一。

将凡是以黏土等为主要原料，经过粉碎加工、成型、焙烧等过程制成的无机多晶产品均称为陶瓷。陶瓷是陶器和瓷器的总称。陶瓷坯体可按其质地和烧结程度不同分为陶质、炻质和瓷质三种。陶器以陶土为原料，所含杂质较多，烧成温度较低，断面粗糙无光，不透明，吸水率较高。瓷器以纯的高岭土为原料，焙烧温度较高，坯体致密，几乎不吸水，有一定的半透明性。介于陶器和瓷器之间的产品为炻器，也称为石胎瓷、半瓷。炻器坯体比陶器致密，吸水率较低，但与瓷器相比，断面多数带有颜色而无半透明性，吸水率也高于瓷器。陶器、瓷器和介于二者之间的炻器的特征及主要产品见表 12-2。

表 12-2 陶瓷分类、特征及主要产品

产品种类		颜色	质地	烧结程度	吸水率(%)	主要产品
陶器	粗陶	有色	多孔坚硬	较低	>10	砖、瓦、陶管、盆缸
	精陶	白色或象牙色				釉面砖、美术(日用)陶瓷
炻器	粗炻器	有色	密坚硬	较充分	4～8	外墙面砖、地砖
	细炻器	白色			1～3	外墙面砖、地砖、锦砖、陈列品
瓷器		白色半透明	致密坚硬	充分	<1	锦砖、茶具、美术陈列品

常用的建筑陶瓷有釉面内墙砖、墙地砖、陶瓷锦砖、琉璃制品等。

12.2.1 釉面砖

陶瓷制品分有釉和无釉。将覆盖在陶瓷制品表面上的无色或有色的玻璃态薄层称为釉(如图 12-8)。釉是用矿物原料和化工原料配合(或制成熔块)磨细制成釉浆，涂覆坯体上，经煅烧而形成的。釉层可以提高制品的机械强度、化学稳定性和热稳定性，保护坯体不透水、不受污染，并使陶瓷表面光滑、美观，掩饰坯体缺点，提高装饰效果。釉料品种和施釉技法不同，获得的装饰效果亦不同。

釉面砖又称瓷砖、内墙面砖，是以难熔黏土为主要原料，再加入一定量非可塑性掺料和助熔剂，共同研磨成浆体，经榨泥、烘干成为含一定水分的坯料后，通过模具压制成薄片坯体，再经烘干、素烧、施釉、釉烧等工序制成的。

釉面砖正面有釉，背面有凹凸纹，主要为正方形或长方形砖，其颜色和图案丰富，柔和典雅，表面光滑，并具有良好的耐急冷急热、耐腐蚀性、防火、防水、防潮、抗污染及易洁性。

釉面砖主要用于厨房、浴室、卫生间、实验室、精密仪器车间及医院等室内墙面、台面等。通常釉面砖不宜用于室外，因釉面砖为多孔精陶坯体，吸水率较大，吸水后将产生湿胀，而其表面釉层的湿胀性很小,因此会导致釉层发生裂纹或剥落,严重影响建筑物的饰面效果。

12.2.2 墙地砖

墙地砖包括建筑物外墙装饰贴面用砖和室内外地面装饰铺贴用砖,由于目前此类砖常可墙、地两用,故称为墙地砖(如图 12-9)。

墙地砖是以优质陶土为原料,再加入其他材料配成生料,经半干压成型后于 1 100℃左右焙烧而成。墙地砖分为无釉和有釉两种。墙地砖按其正面形状可分为正方形、长方形和异形产品,其表面有光滑、粗糙或凹凸花纹之分,有光泽与无光泽质感之分。其背面为了便于和基层粘贴牢固也制有背纹。

墙地砖的特点是色彩鲜艳、表面平整,可拼成各种图案,有的还可仿天然石材的色泽和质感。墙地砖耐磨耐蚀,防火防水,易清洗,不脱色,耐急冷急热,但造价偏高,工效低。

墙地砖主要用于装饰等级要求较高的建筑内外墙、柱面及室内外通道、走廊、门厅、展厅、浴室、厕所、厨房及人流出入频繁的站台、商场等民用及公共场所的地面,也可用于工作台面及耐腐蚀工程的衬面等。

图 12-8 有纹饰的釉面砖

图 12-9 墙地砖

12.2.3 陶瓷锦砖

陶瓷锦砖是陶瓷什锦砖的简称,俗称马赛克,是用优质瓷土烧成的,由边长不大于 40mm、具有多种色彩和不同形状的小块砖镶拼组成各种花色图案的陶瓷制品(如图 12-10)。陶瓷锦砖采用优质瓷土烧制成方形、长方形、六角形等薄片状小块瓷砖后,再通过铺贴盒将其按设计图案反贴在牛皮纸上,称作一联,每 40 联为一箱。陶瓷锦砖可制成多种色彩或纹点,但大多为白色砖。其表面有无釉和施釉两种,目前国内生产的多为无釉马赛克。

陶瓷锦砖具有色泽多样、图案美观、质地坚实、抗压强度高、耐污染、耐腐蚀、耐磨、耐水、抗火、抗冻、吸水率小、易清洗等特点,主要用于室内地面铺贴,由于砖块小,不易被踩碎,适用于工业建筑的洁净车间、工作间、化验室以及民用建筑的门厅、走廊、餐厅、厨房、盥洗室、浴室等的地面铺装,并可用作高级建筑物的外墙饰面材料。

12.2.4 琉璃制品

琉璃制品是我国陶瓷宝库中的古老珍品,是以难熔黏土制坯成型后,经干燥、素烧、施釉、釉烧而成。琉璃制品质地坚硬、表面光滑、不易污染、经久耐用、色彩绚丽、造型古朴、富有中国传统的民族特色(如图 12-11)。

琉璃制品多用于园林建筑中,故有园林陶瓷之称。其产品有琉璃瓦、琉璃砖、琉璃兽,以及琉璃花窗、栏杆等各种装饰制件,还有陈设用的建筑工艺品,如琉璃桌、绣墩、鱼缸、花盆、花瓶等。其中,琉璃瓦是我国用于古建筑的一种高级屋面材料,但因其价格昂贵且自重大,故主要用于具有民族色彩的宫殿式房屋,以及少数纪念性建筑物;此外,还常用以建造园林中的亭、台、楼阁,以增加园林的景色。

图 12-10 陶瓷锦砖

图 12-11 琉璃瓦

12.2.5 建筑常用瓷砖的种类、性质特点及用途

建筑常用瓷砖的种类、性质特点及用途见表 12-3。

表 12-3 建筑常用瓷砖的种类、性质特点及用途

种类	坯体及釉层	性质特点	主要规格(mm)	主要用途
内墙面砖(釉面砖)	坯体精陶质,釉层色彩稳定,分为单色(含白色)、花色、图案砖	坯体吸水率<18%,与釉层在干湿、冻融下变形不一致,只能用于室内	152×152×(5～6) 152×75×(5～6) 配件有圆边、无圆边、阴(阳)角、角座、腰线砖等	室内浴室、厕所、厨房台面、医院、精密仪器车间、试验室等墙面,亦可镶成壁画
外墙面砖	坯体炻质,质地坚硬、致密。无釉或有釉(彩釉砖)	坯体吸水率≯8%,抗冻性>M25,抗压强度≥100MPa,耐磨,耐蚀,防水耐久,色彩鲜艳	200×100×12 150×75×12 75×75×8 108×108×8 等	外墙面层
地砖	坯体炻质、致密、坚硬,多为无釉,表面光泽差	吸水率<4%,暗红色砖≯8%,强度高,抗冲击,耐磨,耐蚀,耐久性好,色彩为暗红、紫红、红、白、浅黄、深黄	长方形、正方形、六角形等	通道、走廊、门厅、展厅、浴室、厕所、商店等地面
锦砖(马赛克)	瓷质坯体,分有釉、无釉,按砖分单色、拼花两种	密度 2.3～2.4kg/m³,抗压强度 150～200MPa,吸水率<4%,用于 －20～100℃,耐蚀,耐磨,抗渗抗冻,清洁美观	18.5×18.5×4 39×39×(4～5) 39×18.5×4.5 六角 25×(4～5) 每联 1 平方英尺(305.5×305.5)	室内地面、厕所、卫生间的地面,走廊、餐厅、门厅、车间、化验室地面,外墙面高级装修

复习思考题

1. 玻璃有哪些性质？
2. 何为安全玻璃？安全玻璃有哪几种？各有何特点？适用于何处？
3. 节能玻璃有哪些种类？各适用于何处？
4. 建筑陶瓷面砖有哪些种类？各有哪些性能、特点和用途？

13 建筑涂料

本章提要：熟悉涂料的基本知识；掌握外墙涂料、内墙涂料、地面涂料等；了解涂料的技术性质及质量评价。

当你设计外墙装饰时，是贴瓷砖，还是刷涂料呢？以往的建筑物内外装饰和美化，采取的是贴瓷砖的方法。众所周知，瓷砖是高温烧成，且不能制成大型瓷砖，因此不仅装饰作业效率低、成本高，而且装饰的内外墙壁等都有接缝，并且施工质量要求高，因而难以广泛使用。正因为如此，没有接缝、作业效率高、成本低、装饰性好、能够形成连续凹凸花纹的所谓"喷涂瓷砖"的涂装材料在当前得到大量应用。

涂料是指涂敷于物体表面，与基体材料很好地黏结并形成完整而坚韧保护膜的物质。由于在物体表面结成干膜，故又称涂膜或涂层。用于建筑物的装饰和保护的涂料称为建筑涂料。

建筑涂料与其他饰面材料相比具有重量轻、色彩鲜艳、附着力强、施工简便、省工省料、维修方便、质感丰富、价廉质好以及耐水、耐污染、耐老化等特点。如建筑物的外墙采用彩色涂料装饰，它比传统的装饰工程更给人以清新、典雅、明快、富丽的感觉，并能获得较好的艺术效果；常见的浮雕类涂料具有强烈的立体感；用染色石英砂、瓷粒、云母粉等做成的彩砂涂料又具有色泽新颖而且晶莹绚丽的良好效果；使用厚质涂料经喷涂、滚花、拉毛等工序可获得不同质感的花纹；而薄质涂料的质感更细腻、更省料。

我国建筑涂料工业始于20世纪60年代，20世纪70年代中期随着石油化工工业的发展，涂料工业也相应有了较快的发展。特别是近几年来，国家为加速发展新型、高效建筑涂料，先后兴建和引进了一些涂料的生产装置，如北京东方化工厂引建的丙烯酸酯类成套设备，将对涂料工业的发展有很大的推动作用。

目前涂料正朝着低VOC(有机挥发物)、水性化、功能化、复合化、高性能、高档次趋势发展，同时通过在内墙涂料中加入某种特殊材料，从而达到吸收室内有毒有害气体、消除室内异味、净化空气的目的。

13.1 涂料的基本知识

13.1.1 涂料的组成

涂料最早是以天然植物油脂、天然树脂如亚麻子油、桐油、松香、生漆等为主要原料，故以前称为油漆。目前，许多新型涂料已不再使用植物油脂，合成树脂在很大程度上已经取代天然树脂。因此，我国已正式采用涂料这个名称，而油漆仅仅是一类油性涂料而已。按涂料中各组分所起的作用，可将其分为主要成膜物质、次要成膜物质和辅助成膜物质。

1）主要成膜物质

主要成膜物质也称胶黏剂或固化剂。其作用是将涂料中的其他组分黏结成一体，并使涂料附着在被涂基层的表面形成坚韧的保护膜。主要成膜物质一般为高分子化合物或成膜后能形成高分子化合物的有机物质，如合成树脂或天然树脂以及动植物油等。

（1）油料

在涂料工业中，油料（主要为植物油）是一种主要的原料，用来制造各种油类加工产品、清漆、色漆、油改性合成树脂以及作为增塑剂使用。在目前的涂料生产中，含有植物油的品种仍占较大比重。

涂料工业中应用的油类分为干性油、半干性油和不干性油三类。

（2）树脂

涂料用树脂有天然树脂、人造树脂和合成树脂三类。天然树脂是指天然材料经处理制成的树脂，主要有松香、虫胶和沥青等；人造树脂系由有机高分子化合物经加工而制成的树脂，如松香甘油酯（酯胶）、硝化纤维等；合成树脂系由单体经聚合或缩聚而制得的，如醇酸树脂、氨基树脂、丙烯酸酯、环氧树脂、聚氨酯等。其中合成树脂涂料是现代涂料工业中产量最大、品种最多、应用最广的涂料。

2）次要成膜物质

次要成膜物质的主要组分是颜料和填料（有的称为着色颜料和体质颜料），但它不能离开主要成膜物质而单独构成涂膜。

颜料是一种不溶于水、溶剂或涂料基料的一种微细粉末状的有色物质，能均匀地分散在涂料介质中，涂于物体表面形成色层。颜料在建筑涂料中不仅能使涂层具有一定的遮盖能力，增加涂层色彩，而且还能增强涂膜本身的强度。颜料还有防止紫外线穿透的作用，从而可以提高涂层的耐老化性及耐候性。同时，颜料能使涂膜抑制金属腐蚀，具有耐高温等特殊效果。

颜料的品种很多，按化学组成可分为有机颜料和无机颜料两大类；按来源可分为天然颜料和合成颜料；按所起的作用可分为着色颜料、防锈颜料和体质颜料等。

着色颜料的主要作用是着色和遮盖物面，是颜料中品种最多的一类。着色颜料根据它们的色彩可分为红、黄、蓝、白、黑及金属光泽等类。防锈颜料的主要作用是防金属锈蚀，品种有红丹、锌铬黄、氧化铁红、偏硼酸钡、铝粉等。体质颜料又称填料，它们不具有遮盖力和着色力，其主要作用是增加涂膜厚度、加强涂膜体质、提高涂膜耐磨性，这类产品大部分是天然产品和工业上的副产品，如碳酸钙、碳酸钡、滑石粉等。

3）辅助成膜物质

辅助成膜物质不能构成涂膜或不是构成涂膜的主体，但对涂膜的成膜过程有很大影响，或对涂膜的性能起一些辅助作用。辅助成膜物质主要包括溶剂和辅助材料两大类。

（1）溶剂

溶剂又称稀释剂，是液态建筑涂料的主要成分。溶剂是一种能溶解油料、树脂，又易挥发，能使树脂成膜的物质。涂料涂刷到基层上后，溶剂蒸发，涂料逐渐干燥硬化，最终形成均匀、连续的涂膜。它们最后并不留在涂膜中，因此称为辅助成膜物质。溶剂和水与涂膜的形成及其质量、成本等有密切的关系。

配制溶剂型合成树脂涂料选择有机溶剂时，首先应考虑有机溶剂对基料树脂的溶解力；

此外，还应考虑有机溶剂本身的挥发性、易燃性和毒性等对配制涂料的适应性。

常用的有机溶剂有松香水、酒精、汽油、苯、二甲苯、丙酮等。对于乳胶型涂料，是借助具有表面活性的乳化剂，以水为稀释剂，而不采用有机溶剂。

（2）辅助材料

有了成膜物质、颜料和溶剂，就构成了涂料，但为了改善涂膜的性能，诸如涂膜干燥时间、柔韧性、抗氧化性、抗紫外线作用、耐老化性能等，还常在涂料中加入一些辅助材料。辅助材料又称为助剂，它们掺量很少，但作用显著。建筑涂料使用的助剂品种繁多，常用的有以下几种类型：催干剂、固化剂、催化剂、引发剂、增塑剂、紫外光吸收剂、抗氧化剂、防老剂等。某些功能性涂料还需采用具有特殊功能的助剂，如防火涂料用的难燃助剂、膨胀型防火涂料用的发泡剂等。

13.1.2 涂料的作用

建筑涂料具有以下作用：

1）保护作用

建筑涂料通过刷涂、滚涂或喷涂等施工方法，涂敷在建筑物的表面上，形成连续的薄膜，厚度适中，有一定的硬度和韧性，并具有耐磨、耐候、耐化学侵蚀以及抗污染等功能，可以提高建筑物的使用寿命。

2）装饰作用

建筑涂料所形成的涂层能装饰美化建筑物。若在涂料中掺加粗、细骨料，再采用拉毛、喷涂和滚花等方法进行施工，可以获得各种纹理、图案及质感的涂层，使建筑物产生不同凡响的艺术效果，以达到美化环境、装饰建筑的目的。

3）改善建筑的使用功能

建筑涂料能提高室内的亮度，起到吸声和隔热的作用；一些特殊用途的涂料还能使建筑具有防火、防水、防霉、防静电等功能。

在工业建筑、道路设施等构筑物上，涂料还可起到标志作用和色彩调节作用，在美化环境的同时提高了人们的安全意识，改善了心理状况，减少了不必要的损失。

13.1.3 涂料的分类

建筑涂料是当今产量最大、应用最广的建筑装饰材料之一。建筑涂料品种繁多，据统计，我国的涂料已有100余种。

一般按使用部位分为外墙涂料、内墙涂料和地面涂料等。

按主要成膜物质中所包含的树脂可分为油漆类、天然树脂类、醇酸树脂类、丙烯酸树脂类、聚酯树脂类和辅助材料类等共18类。

根据主要成膜物质的化学成分分为有机涂料、无机涂料和复合涂料，其中有机涂料又分为溶剂型、无溶剂型和水溶型或水乳胶型，水溶型和水乳胶型统称为水性涂料。

根据涂膜光泽的强弱又把涂料分为无光、半光（或称平光）和有光等品种。

按形成涂膜的质感可分为薄质涂料、厚质涂料和粒状涂料三种。

建筑涂料的品种繁多，性能各异，按涂料的使用部位可分为外墙涂料、内墙涂料及地面涂料。

13.2 外墙涂料

外墙涂料的主要功能是装饰和保护建筑物的外墙面，使建筑物外貌整洁美观，从而达到美化城市环境的目的，同时能够起到保护建筑物外墙的作用，延长其使用时间。为了获得良好的装饰与保护效果，外墙涂料一般应具有以下特点：

(1) 装饰性好。要求外墙涂料色彩丰富多样，保色性好，能较长时间保持良好的装饰性。

(2) 耐水性好。外墙面暴露在大气中，要经常受到雨水的冲刷，因而作为外墙涂料应具有很好的耐水性能。某些防水型外墙涂料的防水性能更佳，当基层墙面发生小裂缝时，涂层仍有防水的功能。

(3) 耐玷污性好。大气中的灰尘及其他物质玷污涂层后，涂层会失去装饰效能，因而要求外墙装饰层不易被这些物质玷污或玷污后容易清除。

(4) 耐候性好。暴露在大气中的涂层，要经受日光、雨水、风沙、冷热变化等作用。在这类因素反复作用下，一般的涂层会发生开裂、剥落、脱粉、变色等现象，使涂层失去原有的装饰和保护功能。因此，作为外墙装饰的涂层要求在规定的年限内不发生上述破坏现象，即有良好的耐候性。此外，外墙涂料还应有施工及维修方便、价格合理等特点。

13.2.1 溶剂型涂料

溶剂型涂料是以高分子合成树脂为主要成膜物质，有机溶剂为稀释剂，加入一定量的颜料、填料及助剂，经混合、搅拌溶解、研磨而配制成的一种挥发性涂料。涂刷在外墙面以后，随着涂料中所含溶剂的挥发，成膜物质与其他不挥发组分共同形成均匀连续的薄膜，即涂层。

过氯乙烯外墙涂料具有干燥快、施工方便、耐候性好、耐化学腐蚀性强、耐水、耐霉性好等特点，但它的附着力较差，在配制时应选用适当的合成树脂，以增强其附着力。过氯乙烯树脂溶剂释放性差，因而涂膜虽然表干很快，但完全干透很慢，只有到完全干透之后才变硬并很难剥离。

主要成膜物质为过氯乙烯树脂，在涂料中用量为10%左右。常加入醇酸树脂、酚醛树脂、丙烯酸树脂、顺丁烯二酸酐树脂等合成树脂，以改善过氯乙烯外墙涂料的附着力、光泽、耐久性等性能。

在过氯乙烯外墙涂料中常用的增塑剂是邻苯二甲酸二丁酯，其加入量为30%～40%。

过氯乙烯树脂在光和热的作用下容易引起树脂分解，加入稳定剂的目的是为了阻止树脂分解，延长涂膜的寿命。常用的稳定剂是二甲基亚磷酸铅，用量为2%左右，其他稳定剂还有蓖麻油酸钡、低碳酸钡、紫外线吸收剂UV-9等。

常用的颜料及填料有氧化锌、钛白粉、滑石粉等。

由于涂膜较紧密，通常具有较好的硬度、光泽、耐水性、耐酸碱性和良好的耐候性、耐污染性等特点。但由于施工时有大量有机溶剂挥发，所以容易污染环境。涂膜透气性差，又有疏水性，如在潮湿基层上施工，易产生起皮、脱落等现象。由于这些原因，国内外这类外墙涂料的用量低于乳液型外墙涂料。近年来发展起来的溶剂型丙烯酸外墙涂料，其耐候性及装饰性都很突出，耐用年限在10年以上，施工周期也较短，而且可以在较低温度下使用。国外有耐候性、防水性都很好且具有高弹性的聚氨酯外墙涂料，耐用期可达15年以上。

13.2.2 乳液型涂料

以高分子合成树脂乳液为主要成膜物质的外墙涂料称为乳液型外墙涂料。按乳液制造方法不同可以分为两类：一是由单体通过乳液聚合工艺直接合成的乳液；二是由高分子合成树脂通过乳化方法制成的乳液。按涂料的质感又可分为乳胶漆（薄型乳液涂料）、厚质涂料及彩色砂壁状涂料等。

目前，大部分乳液型外墙涂料是由乳液聚合方法生产的乳液作为主要成膜物质的。乳液型外墙涂料的主要特点如下：

(1) 以水为分散介质。涂料中无易燃的有机溶剂，因而不会污染周围环境，不易发生火灾，对人体的毒性小。

(2) 施工方便。可刷涂，也可滚涂或喷涂，施工工具可以用水清洗。

(3) 涂料透气性好。其含有大量水分，因而可在稍湿的基层上施工，非常适宜于建筑工地的应用。

(4) 外用乳液型涂料的耐候性良好。尤其是高质量的丙烯酸酯外墙乳液涂料，其光亮度、耐候性、耐水性及耐久性等各种性能可以与溶剂型丙烯酸酯类外墙涂料媲美。

(5) 乳液型外墙涂料存在的主要问题是其在太低的温度下不能形成优质的涂膜，通常必须在10℃以上施工才能保证质量，因而冬季一般不宜应用。

1) 苯-丙乳液涂料

苯-丙乳液涂料是以苯乙烯-丙烯酸酯共聚乳液（简称苯-丙乳液）为主要成膜物质，加入颜料、填料及助剂等，经分散、混合配制而成的乳液型外墙涂料。

纯丙烯酸酯乳液配制的涂料，具有优良的耐候性和保光、保色性，适于外墙涂装。但由于价格较贵，限制了它的使用。以一部分或全部苯乙烯代替纯丙乳液中的甲基丙烯酸甲酯制成的苯-丙乳液涂料，仍然具有良好的耐候性和保光保色性，而价格却有较大的降低。

苯-丙乳液涂料还具有优良的耐碱、耐水性，外观细腻，色彩艳丽，质感好，很适于外墙涂装。从资源、造价分析，它是适合我国国情的外墙乳液涂料，目前国内生产量较大。用苯-丙乳液配制的各种类型外墙乳液涂料，性能优于乙-丙乳液涂料。用于配制有光涂料，光泽度高于乙-丙乳液涂料，而且由于苯-丙乳液的颜料结合力好，可以配制高颜（填）料体积浓度的内用涂料，性能较好，经济上也是有利的。

2) 乙-丙乳液涂料

乙-丙乳液涂料是以醋酸乙烯-丙烯酸共聚物乳液为主要成膜物质，掺入一定量的粗集料组成的一种厚质外墙涂料。该涂料的装饰效果较好，属于中档建筑外墙涂料，使用年限为8～10年，主要的技术性能见表13-1所示。乙-丙乳液涂料具有涂膜厚实、质感好，耐候、耐水、冻融稳定性好、保色性好、附着力强以及施工速度快、操作简便等优点。

表 13-1 乙-丙乳液涂料的主要技术性能指标

性　能	指　标	性　能	指　标
干燥时间	≤30min	耐碱性(浸饱和 $Ca(OH)_2$ 500h)	无异常
固体含量	≥50%	冻融试验(50 次循环)	无异常
耐水性(浸水 500h)	无异常		

3）彩色砂壁状外墙涂料

彩色砂壁状外墙涂料又称彩砂涂料，是以合成树脂乳液和着色骨料为主体，外加增稠剂及各种助剂配制而成。由于采用高温烧结的彩色砂粒、彩色陶瓷或天然带色石屑作为骨料，使制成的涂层具有丰富的色彩及质感(如图 13-1)，其保色性及耐候性比其他类型的涂料有较大的提高，耐久性为 10 年以上，主要的技术性能指标见表 13-2 所示。

图 13-1 彩色砂壁状外墙涂料

表 13-2 彩色砂壁状外墙涂料的主要技术性能指标

性　能	指　标	性　能	指　标
骨料沉降率	<10%	常温储存稳定性(3 个月)	不变质
干燥时间	≤2h	黏结力	$5kg/cm^2$
低温安定性(−5℃)	不变稠	耐水性(500h)	无异常
耐热性(60℃恒温 8h)	无异常	耐碱性(300h)	无异常
冻融循环(30 次)	无异常	耐酸性(300h)	无异常
耐老化(250h)	无异常		

13.2.3 无机高分子涂料

无机高分子建筑涂料是近年来发展起来的一大类新型建筑涂料，建筑上广泛应用的有碱金属硅酸盐和硅溶胶两类。

有机高分子建筑涂料一般都有耐老化性能较差、耐热性差、表面硬度小等缺点。无机高分子涂料恰好在这些方面性能较好，耐老化、耐高温、耐腐蚀、耐久性等性能好，涂膜硬度大，耐磨性好，若选材合理，耐水性能也好，而且原材料来源广泛，价格便宜，因而近年来受到国内外普遍重视，发展较快。

硅溶胶外墙涂料是以胶体二氧化硅（硅溶胶）为主要成膜物质，有机高分子乳液为辅助成膜物质，加入颜料、填料和助剂等，经搅拌、研磨、调制而成的水分散性涂料，是近年来新开发的性能优良的涂料品种，其主要性能特点如下：

(1) 以水为分散介质，无毒、无臭，不污染环境。

(2) 施工性能好，易于刷涂，也可以喷涂、滚涂和弹涂，用后工具可用水清洗。

(3) 涂料对基层渗透力强，附着性好。

(4) 遮盖力强，涂刷面积大。

(5) 涂膜细腻，颜色均匀明快，装饰效果好。涂膜致密、坚硬，耐磨性好，可用水磨砂纸打磨抛光。

(6) 涂膜不产生静电，不易吸附灰尘，耐污染性好。

(7) 涂膜以硅溶胶为主要成膜物质，具有耐酸、耐碱、耐沸水、耐高温等性能，且不易老化，耐久性好。

(8) 原材料资源丰富，价格较低。

硅溶胶涂料性能优良，价格较低，广泛用于外墙涂装，也可作为耐擦洗内墙涂料。若加入粗填料，则可配制成薄质、厚质、黏砂等多种质感和各种花纹的建筑涂料，具有广阔的应用前景。

13.3 内墙涂料

内墙涂料的主要功能是装饰及保护室内墙面，使其美观整洁，让人们处于舒适的居住环境中。为了获得良好的装饰效果，内墙涂料应具有以下特点：

(1) 色彩丰富，细腻，协调。众所周知，内墙的装饰效果主要由质感、线条和色彩三个因素构成。采用涂料装饰以色彩为主。内墙涂料的颜色一般应突出浅淡和明亮，由于众多居住者对颜色的喜爱不同，因此要求建筑内墙涂料的色彩丰富多彩。

(2) 耐碱性、耐水性、耐粉化性良好，且透气性好。由于墙面基层是碱性的，因而涂料的耐碱性要好。室内湿度一般比室外高，同时为了清洁方便，要求涂层有一定的耐水性及耐刷洗性。透气性不好的墙面材料易结露或挂水，使人产生不适感，因而内墙涂料应有一定的透气性。

(3) 涂刷容易，价格合理。刷浆材料石灰浆、大白粉和可赛银等是我国传统的内墙装饰材料，因常采用排笔涂刷而得名。石灰浆又称石灰水，具有刷白作用，是一种最简便的内墙涂料，其主要缺点是颜色单调，容易泛黄及脱粉。大白粉亦称白垩粉、老粉或白土等，为具有一定细度的碳酸钙粉，在配制浆料时应加入胶黏剂，以防止脱粉。大白粉遮盖力较高，价格便宜，施工及维修方便，是一种常用的低档内墙涂料。可赛银是以碳酸钙和滑石粉等为填料，以酪素为胶黏剂，掺入颜料混合而制成的一种粉末状材料，也称酪素涂料。

内墙涂料的分类如图 13-2 所示。

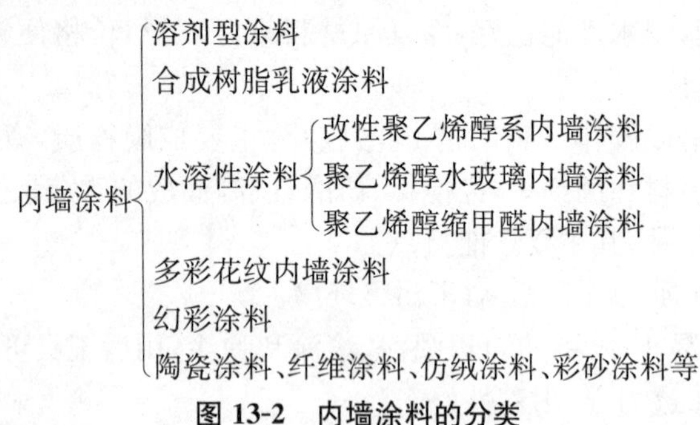

图 13-2　内墙涂料的分类

13.3.1　乳胶漆

前面介绍的乳液型外墙涂料均可作为内墙装饰使用。但常用的建筑内墙乳胶漆以平光漆为主，其主要产品为醋酸乙烯乳胶漆。近年来醋酸乙烯-丙烯酸酯有光内墙乳胶漆也开始应用，但价格较醋酸乙烯乳胶漆贵。

1）醋酸乙烯乳胶漆

醋酸乙烯乳胶漆是由醋酸乙烯乳液加入颜料、填料及各种助剂，经研磨或分散处理而制成的一种乳液涂料。该涂料具有无毒、不燃、涂膜细腻、平滑、透气性好、价格适中等优点，但它的耐水性、耐碱性及耐候性不及其他共聚乳液，故仅适宜涂刷内墙，而不宜作为外墙涂料使用。

2）乙-丙有光乳胶漆

乙-丙有光乳胶漆是以乙-丙共聚乳液为主要成膜物质，掺入适量的颜料、填料及助剂，经过研磨或分散后配制而成的半光或有光内墙涂料。用于建筑内墙装饰，其耐水性、耐碱性、耐久性优于醋酸乙烯乳胶漆，并具有光泽，是一种中高档内墙装饰涂料。

乙-丙有光乳胶漆的特点如下：

(1) 在共聚乳液中引入了丙烯酸丁酯、甲基丙烯酸甲酯、甲基丙烯酸、丙烯酸等单体，从而提高了乳液的光稳定性，使配制的涂料耐候性好，适宜用于室外。

(2) 在共聚物中引进丙烯酸丁酯，能起到增塑作用，提高了涂膜的柔韧性。

(3) 主要原料为醋酸乙烯，国内资源丰富，涂料价格适中。

乙-丙有光乳胶漆主要技术性能指标见表 13-3 所示。

表 13-3 乙-丙有光乳胶漆主要技术性能指标

性　能	技术指标	性　能	技术指标
光泽	≤20%	耐水性	96h 无起泡、掉粉
黏度(涂－4 黏度计)	20～50s	抗冲击性	≥4N·m
固体含量	≥45%	韧性	≥1mm
遮盖力	≤170g/m²	最低成膜温度	≥5℃

3）乳胶漆选购注意事项

(1) 尽可能选用名牌产品和尽可能到其专卖店或总经销商处购买，这样可在价格上得到较多优惠且可避免买到假货。

(2) 检查乳胶漆的生产日期、保质期和防伪标志。

(3) 开桶验看乳胶漆的质量，优质乳胶漆无分层，无异味，且含有一定的乳液，显得较稠。

(4) 可用小木棍挑起一定量的乳胶漆，其挂丝越长越细越好。

(5) 品质优良的乳胶漆用手捻时又细又滑，无粗糙感。

(6) 优质的乳胶漆只有一点点气味而无刺激感。

(7) 购买时应尽可能一次性配足，以免批号不同引起色差。

此外，在施工和使用过程中，还可通过以下方法检查乳胶漆的质量：

(1) 在涂刷墙面时应无流坠刷痕等现象。

(2) 优质的乳胶漆附着力很强，用力擦拭其表面无脱落现象。

(3) 乳胶漆刷上墙壁，干后用毛巾擦拭后应光亮如新。

13.3.2 聚乙烯醇类水溶性内墙涂料

1）聚乙烯醇水玻璃涂料

这是一种在国内普通建筑中广泛使用的内墙涂料，其商品名为“106”。它是以聚乙烯醇树脂的水溶液和水玻璃为胶黏剂，加入一定数量的体质颜料和少量助剂，经搅拌、研磨而成的水溶性涂料。产品质量应符合表 13-4 的要求。

表 13-4 聚乙烯醇水玻璃涂料的技术性能指标

性　能	指　标	性　能	指　标
容器中状态	经搅拌无结块、沉淀或絮凝现象	白度①	不大于 80 度
黏度(涂－4 黏度计)	30～60s	附着力规格	100%
细度(刮板法)	不大于 90μm	耐擦洗性	稍有起粉
涂膜的外观	涂膜平整光滑，色泽均匀	遮盖力	不大于 300g/m²
耐水性(浸水 24h)	无脱落、起泡和皱皮现象		

注：①该项试验项目仅对白色涂料而言。

聚乙烯醇水玻璃涂料的品种有白色、奶白色、湖蓝色、果绿色、蛋青色、天蓝色等。适用于住宅、商店、医院、学校等建筑物的内墙装饰。

2）聚乙烯醇缩甲醛内墙涂料

聚乙烯醇缩甲醛内墙涂料是以聚乙烯醇与甲醛进行不完全缩醛化反应生成的聚乙烯醇缩甲醛水溶液为基料，加入颜料、填料及其他助剂，经混合、搅拌、研磨、过滤等工序制成的一种内墙涂料。聚乙烯醇缩甲醛内墙涂料的生产工艺与聚乙烯醇水玻璃内墙涂料类似，成本相仿，而耐水洗擦性略优于聚乙烯醇水玻璃内墙涂料。

13.4 地面涂料

地面涂料的主要功能是装饰与保护室内地面，使地面清洁美观，与其他装饰材料一同创造优雅的室内环境。为了获得良好的装饰效果，地面涂料应具有以下特点：

(1) 耐碱性好。因为地面涂料主要是涂刷在水泥砂浆基面上，必须有良好的耐碱性且应与水泥砂浆地面有良好的黏结力。

(2) 耐磨性好。人的行走、重物的拖移容易使地面受到磨损，因此地面涂料要有足够的耐磨性，这也是地面涂料的主要性能之一。

(3) 耐水性好。为了保持地面清洁，需要经常用水擦洗，因此地面涂料要有良好的耐水洗刷的性能。

(4) 抗冲击力强。地面易受重物撞击，要求地面涂料的涂层在受到重物冲击时不易开裂或脱落，只允许出现轻微的凹痕。

(5) 施工方便、重涂容易及价格合理。地面涂料主要用于民用住宅的地面装饰，应便于施工，磨损后的重涂性好，价格也应能为人们接受。

以下主要介绍适用于水泥砂浆地面的有关涂料品种。

13.4.1 过氯乙烯水泥地面涂料

过氯乙烯水泥地面涂料属于溶剂型地面涂料。溶剂型地面涂料系以合成树脂为基料，掺入颜料、填料、各种助剂及有机溶剂配制而成的一种地面涂料。该类涂料涂刷在地面上以后，随着有机溶剂挥发而成膜。

过氯乙烯水泥地面涂料是我国将合成树脂用作建筑物室内水泥地面装饰的早期材料之一，它是以过氯乙烯树脂为主要成膜物质，掺用少量其他树脂，并加入一定量的增塑剂、填料、颜料、稳定剂等物质，经捏和、混炼、切粒、溶解、过滤等工艺过程而配制成的一种溶剂型地面涂料。

过氯乙烯水泥地面涂料具有干燥快、施工方便、耐水性好、耐磨性较好、耐化学腐蚀性强等特点。由于含有大量易挥发、易燃的有机溶剂，因而在配制涂料及涂刷施工时应注意防火、防毒。

13.4.2 氯-偏乳液涂料

氯-偏乳液涂料属于水乳型涂料。它是以氯乙烯-偏氯乙烯共聚乳液为主要成膜物质，添加少量其他合成树脂水溶液胶（如聚乙烯醇水溶液等）共聚液体为基料，掺入适量的不同品种的颜料、填料及助剂等配制而成的涂料。氯-偏乳液涂料品种很多,除了地面涂料外,还有内墙涂料、顶棚涂料、门窗涂料等。氯-偏乳液涂料具有无味、无毒、不燃、快干、施工方便、黏结力强,涂层坚牢光洁、不脱粉,有良好的耐水、防潮、耐磨、耐酸、耐碱、耐一般化学药品侵蚀、寿命较长等特点,且产量大,在乳液类中价格较低,故在建筑内外装饰中有着广泛的应用前景。

13.4.3 环氧树脂涂料

环氧树脂涂料是以环氧树脂为主要成膜物质的双组分常温固化型涂料。环氧树脂涂料与基层黏结性能优良,涂膜坚韧、耐磨,具有良好的耐化学腐蚀、耐油、耐水等性能,以及优良的耐老化和耐候性,装饰效果良好,是近几年来国内开发的耐腐蚀地面和高档外墙涂料新品种。其主要技术性能指标见表 13-5 所示。

表 13-5 环氧树脂厚质地面涂料的主要技术性能指标

性能	指标	
	清漆	色漆
色泽外观	浅黄色	各色,涂膜平整
细度	—	≤30μm
黏度(涂-4 黏度计)	14~26s	14~40s
干燥时间(温度 25±2℃,湿度≤65%)	表干:2~4h;实干:24h 全干:7d	表干:2~4h;实干:24h 全干:7d
抗冲击性	5N·m	5N·m
柔韧性	1mm	1mm
硬度(摆杆法)	≥0.5	≥0.5

13.4.4 聚醋酸乙烯水泥地面涂料

聚醋酸乙烯水泥地面涂料是由聚醋酸乙烯水乳液、普通硅酸盐水泥及颜料、填料配制而成的一种地面涂料,可用于新旧水泥地面的装饰,是一种新颖的水性地面涂布材料。

聚醋酸乙烯水泥地面涂料是一种有机、无机复合的水性涂料,其质地细腻,对人体无毒害,施工性能良好,早期强度高,与水泥地面基层的黏结牢固。形成的涂层具有优良的耐磨性、抗冲击性,色彩美观大方,表面有弹性,外观类似塑料地板。原材料来源丰富,价格便宜,涂料配制工艺简单。该涂料适用于民用住宅室内地面的装饰,也可取代塑料地板或水磨石地坪,用于某些试验室、仪器装配车间等地面,涂层耐久性约为 10 年。

13.5 特种涂料

特种涂料对被涂物不仅具有保护和装饰的作用,而且还有其他特殊功能,如防水、防火、发光、防霉、杀虫、隔热、隔声功能等。

13.5.1 防火涂料

防火涂料可以有效延长可燃材料(如木材)的引燃时间,阻止非可燃结构材料(如钢材)表面温度升高而引起的强度急剧丧失,阻止或延缓火焰的蔓延和扩展,使人们争取到灭火和疏散的宝贵时间。

根据防火原理把防火涂料分为非膨胀型防火涂料和膨胀型防火涂料两种。非膨胀型防火涂料是由不燃性或难燃性合成树脂、难燃剂和防火填料组成,其涂层不易燃烧。膨胀型防火涂料是在上述配方基础上加入成碳剂、脱水成碳催化剂、发泡剂等成分制成,在高温和火焰作用下,这些成分迅速膨胀形成比原涂料厚几十倍的泡沫状碳化层,从而阻止高温对基材的传导作用,使基材表面温度降低。

防火涂料可用于钢材、木材、混凝土等材料,常用的阻燃剂有含磷化合物和含卤素化合物等,如氯化石蜡、十溴联苯醚、磷酸三氯乙醛酯等。

裸露的钢结构耐火极限仅为0.25h,在火灾中钢结构温度超过500℃时,其强度明显降低,导致建筑物迅速垮塌。

钢结构必须采用防火涂料进行涂饰,才能使其达到《建筑设计防火规范》的要求。

根据涂层厚度及特点将钢结构防火涂料分为以下两类:

B类:薄涂型钢结构防火涂料,涂层厚度为2~7mm,有一定装饰效果,高温时涂层膨胀增厚耐火隔热,耐火极限可达0.5~1.5h,又称为钢结构膨胀防火涂料。

H类:厚涂型钢结构防火涂料,涂层厚度一般在8~50mm,粒状表面密度较小,热导率低,耐火极限可达0.5~3.0h,又称为钢结构防火隔热涂料。

除钢结构防火涂料外,其他基材也有专用防火涂料品种,如木结构防火涂料、混凝土楼板防火隔热涂料等。

13.5.2 发光涂料

发光涂料是指在夜间能指示标志的一类涂料。发光涂料一般有两种:蓄发性发光涂料和自发性发光涂料。

蓄发性发光涂料由成膜物质、填充剂和荧光颜色等组成,之所以能发光是因为含有荧光颜料的缘故,当荧光颜料(主要是硫化锌等无机颜料)的分子受光的照射后而被激发、释放能量,夜间或白昼都能发光,明显可见。

自发性发光涂料除了蓄发性发光涂料的组成外,还加有极少量的放射性元素。当荧光颜料的蓄光消失后,因放射物质放出的射线的刺激,涂料会继续发光。

13.5.3 防水涂料

防水涂料用于地下工程、卫生间、厨房等场合。早期的防水涂料以熔融沥青及其他沥青加工类产物为主,现在仍在广泛使用。近年来以各种合成树脂为原料的防水涂料逐渐发展起来,按其状态可分为溶剂型、乳液型和反应固化型三类。

溶剂型防水涂料是以各种高分子合成树脂溶于溶剂中制成的防水涂料,快速干燥,可低温操作施工。常用的树脂种类有氯丁橡胶沥青、丁基橡胶沥青、SBS改性沥青、再生橡胶改性沥青等。

乳液型防水涂料是应用最多的涂料，它以水为稀释剂，有效降低了施工污染、毒性和易燃性。主要品种有：改性沥青系防水涂料（各种橡胶改性沥青）、氯偏共聚乳液、丙烯酸乳液防水涂料、改性煤焦油防水涂料、涤纶防水涂料和膨润土沥青防水涂料等。

反应固化型防水涂料是以化学反应型合成树脂（如聚氨酯、环氧树脂等）配以专用固化剂制成的双组分涂料，是具有优异防水性、变形性和耐老化性能的高档防水涂料。

13.5.4 防霉涂料及防虫涂料

在我国南方夏季和地下室、卫生间等潮湿场所，在霉菌作用下，木材、纸张、皮革等有机高分子材料的基材会发霉，有些涂层（如聚醋酸乙烯酯乳胶漆）也会发霉，在涂膜表面生成斑点或凸起，严重时产生穿孔和针眼。底层霉变逐渐向中间和表层发展，会破坏整个涂层直至粉末化。

防霉涂料以不易发霉材料（如硅酸钾水玻璃涂料和氯-偏共聚乳液）为主要成膜物质，加入两种或两种以上的防霉剂（多数为专用杀菌剂）制成。涂层中含有一定量的防霉剂就可以达到预期的防霉效果。它适用于食品厂、卷烟厂、酒厂及地下室等易产生霉变的内墙墙面。

防虫涂料是在以合成树脂为主要成膜物质的基料中加入各种专用杀虫剂、驱虫剂、助剂合成。这种涂料色泽鲜艳，遮盖力强，耐湿擦性能好，对蚊蝇、蟑螂等害虫有很好的速杀作用，适用于城乡住宅、医院、宾馆等居室，也可用于粮库、食品等储藏室的涂饰。

13.6 涂料的技术性能及质量评价

建筑涂料对建筑物的功能主要体现在两个方面：一是装饰功能；二是对建筑物的保护功能。而这两种功能都是通过涂料能形成性能优良的涂膜予以实现的。影响涂膜性能和内在质量的因素主要是涂料的组成成分及涂料的体系特征，因此建筑涂料及其经涂饰施工后所形成的涂膜均应满足一定的技术性能要求。

13.6.1 涂料的主要技术性能要求

涂料的主要技术性能要求有在容器中的状态、黏度、含固量、细度、干燥时间、最低成膜温度等。

1）在容器中的状态

容器中的状态反映涂料体系在储存时的稳定性。各种涂料在容器中储存时均应无硬块，搅拌后应呈均匀状态。

2）黏度

涂料应有一定的黏度，使其在涂饰作业时易于流平而不流挂。建筑涂料的黏度取决于主要成膜物质本身的黏度和含量。

3）含固量

含固量是指涂料中不挥发物质在涂料总量中所占的百分比。含固量的大小不仅影响涂料的黏度，同时也影响到涂膜的强度、硬度、光泽及遮盖力等性能。薄质涂料的含固量通常不小于45%。

4）细度

细度是指涂料中次要成膜物质的颗粒大小，它影响涂膜颜色的均匀性、表面平整性和光泽。薄质涂料的细度一般不大于60μm。

5）干燥时间

涂料的干燥时间分为表干时间和实干时间，它影响到涂饰施工的时间。一般来说，涂料的表干时间不应超过2h，实干时间不应超过24h。

6）最低成膜温度

最低成膜温度是乳液型涂料的一项重要性能。乳液型涂料是通过涂料中分散介质——水分的蒸发，细小颗粒逐渐靠近、凝结而成膜的，这一过程只有在某一最低温度以上才能实现，此温度称为最低成膜温度。乳液型涂料只有在高于这一温度时才能进行涂饰作业。乳液型涂料的最低成膜温度应在10℃以上。

此外，对不同类型的涂料，还有一些不同的特殊要求，如砂壁状涂料的骨料沉降性、合成树脂乳液型涂料的低温稳定性等。

13.6.2 涂膜的主要技术性能要求

涂膜的技术性能包括物理力学性能和化学性能。主要有涂膜颜色、遮盖力、附着力、黏结强度、耐冻融性、耐玷污性、耐候性、耐水性、耐碱性及耐刷洗性等。

1）涂膜颜色

涂膜颜色与标准样品相比，应符合色差范围。

2）遮盖力

遮盖力反映涂膜对基层材料颜色遮盖能力的大小，与涂料中着色颜料的着色力及含量有关，通常用能使规定的黑白格遮盖所需涂料的单位面积质量g/m^2表示。建筑涂料遮盖力范围为$100\sim300g/m^2$。

3）附着力

附着力是表示薄质涂料的涂膜与基层之间黏结牢固程度的性能，通常用画格法测定。

将涂料制成标准的涂膜样本，然后用锋利的刀片，沿长度和宽度方向每隔1mm画线，共切出100个方格，画线时应使刀片切透涂膜；然后用软毛刷沿对角线方向反复刷五次，在放大镜下观察被切出的小方格涂膜有无脱落现象。用未脱落小方格涂膜的百分数表示附着力的大小。质量优良的涂膜其附着力指标应为100%。

4）黏结强度

黏结强度是表示厚质建筑材料涂料和复层建筑涂料的涂膜与基层黏结牢固程度的性能指标。黏结强度高的涂料其涂膜不易脱落，耐久性好。

5）耐冻融性

外墙涂料的涂膜表面毛细管内含有吸收的水分，在冬季可能发生反复冻融，导致涂膜开裂、粉化、起泡或脱落。因此，对外墙涂料的涂膜有一定的耐冻融性要求。涂膜的耐冻融性用涂膜标准样板在－20～23℃之间能承受的冻融循环次数表示，次数越多，表明涂膜的耐冻融性越好。

6）耐玷污性

耐玷污性是指涂料抵抗大气灰尘污染的能力，它是外墙涂料的一项重要性能。暴露在大气环境中的涂料，受到的灰尘污染有三类：第一类是沉积性污染，即灰尘自然沉积在涂料表面，污染程度与涂膜的平整度有关；第二类是侵入性污染，即灰尘、有色物质等随同水分浸入到涂膜的毛细孔中，污染程度与涂膜的致密性有关；第三类是吸附性污染，即由于涂膜表面带有静电或油污而吸引灰尘造成污染。其中以第二类污染对涂膜的影响最为严重。涂料的耐玷污性用涂膜经污染剂反复污染至规定次数后，对光的反射系数下降率的百分数表示。下降率越小，涂料的耐玷污性越好。

7）耐候性

有机涂料的主要成膜物质在光、热、臭氧的长期作用下会发生高分子的降解或交联，使涂料发黏或变脆、变色，失去原有的强度、柔韧性和光泽，最终导致涂膜的破坏，这种现象称为涂料的老化。涂料抵抗老化的能力称为耐候性。它通常用经给定的人工加速老化处理时间后，涂膜粉化、裂化、起鼓、剥落及变色等状态指标来表示涂料的耐候性。

8）耐水性

涂料与水长期接触会产生起泡、掉粉、失光、变色等破坏现象。涂膜抵抗水的这种破坏作用的能力称为涂料的耐水性。涂料的耐水性用浸水试验法测定，即将已经实干的涂膜试件的2/3面积浸入(25±1)℃的蒸馏水或沸水中，达到规定时间后检查涂膜有无上述破坏现象。耐水性差的涂料不得用于潮湿的环境中。

9）耐碱性

大多数建筑涂料是涂饰在水泥混凝土、水泥砂浆等含碱材料的表面上，在碱性介质的作用下涂膜会产生起泡、掉粉、失光和变色等破坏现象。因此，涂料必须具有一定的抵抗碱性介质破坏的能力，即耐碱性。涂料的耐碱性的测定方法为：将涂膜试样浸泡在$Ca(OH)_2$饱和水溶液中一定时间后，检查涂膜表面是否产生上述破坏现象及破坏程度，用以评价涂料的耐碱性。

10）耐刷洗性

耐刷洗性表示涂膜受水长期冲刷而不破坏的性能。涂料耐刷洗性的测定方法为：用浸有规定浓度肥皂水的鬃刷在一定压力下反复擦刷试板的涂膜，刷至规定的次数，观察涂膜是否破损露出试板底色。外墙涂料的耐刷洗次数一般要求达到1 000次以上。

上述对涂膜的各项技术要求并非对所有的涂料都是必需的，如耐冻融性、耐玷污性、耐候性对于外墙涂料是重要的技术性能，但对内墙涂料则往往不做要求。此外，对于不同的涂料，还有一些特殊的技术要求，如对地面涂料要求具有较高的耐磨性，对高层建筑涂料则要求有耐冷热循环性及耐冲击性等。

13.6.3 室内装饰装修材料溶剂型木器涂料中有害物质限量

《室内装饰装修材料溶剂型木器涂料中有害物质限量》(GB 18581—2001)见表13-6。

表 13-6　室内装饰装修材料溶剂型木器涂料中有害物质限量技术要求

项　目		品　种		
		硝基漆类	聚氨酯漆类	醇酸漆类
挥发性有机化合物[①](VOC)/(g/L),≤		750	光泽(60)>80,600 光泽(60)<80,700	550
苯/%,≤		0.5		
甲苯和二甲苯总和[②]/%,≤		45	40	10
游离甲苯二异氰酸酯(TDI)[③]/%,≤		—	0.7	—
重金属(限色漆)/(mg/kg),≤	可溶性铅	90		
	可溶性镉	75		
	可溶性铬	60		
	可溶性汞	60		

注:① 按产品规定的配比和稀释比例混合后测定。如稀释剂的使用量在某一范围时,应按照推荐的最大稀释量稀释后进行测定。

② 如产品规定了稀释比例或产品由双组分或多组分组成时,应分别测定稀释剂和各组分中的含量,再按产品规定的配比计算混合后涂料中的总量。如稀释剂的使用量为某一范围时,应按照推荐的最大稀释量进行计算。

③ 如聚氨酯漆类规定了稀释比例或由双组分或多组分组成时,应先测定固化剂(含甲苯二异氰酸酯预聚物)中的含量,再按产品规定的配比计算混合后涂料中的含量。如稀释剂的使用量为某一范围时,应按照推荐的最小稀释量进行计算。

涂料,包括各种油漆、内外墙涂料等,早已进入了千家万户,人们生活的方方面面都离不开它,如今更成为美化环境、美化家居不可缺少的一类化工材料。在涂料家族中,聚酯涂料(漆)、聚氨酯涂料(漆)性能优异,是近十多年来发展较快的品种,目前在我国家居和装修业中使用量均排在前列。

聚酯漆和聚氨酯漆需配加固化剂才能使用,必要时还要加入稀释剂、胶黏剂。许多消费者已经注意到稀释剂中苯类化合物对人体健康的危害,在购买和使用与油漆配套的稀释剂时都指明要不含苯的。但是,许多消费者至今还不知道固化剂中残留的甲苯二异氰酸酯(TDI)的毒性更大,对人体健康和环境的危害更加严重。

生产固化剂的主要原料是 TDI,其投料量接近总量的四成。TDI 是有毒的化合物,因此用于聚酯漆或聚氨酯漆固化时要先行转化为新的无毒的物质,这便是生产中应用的固化剂。然而,由于生产工艺和设备水平的限制,总是有一部分 TDI 不能转化而残留在固化剂中,因此,固化剂 TDI 残留量的高低决定了固化剂毒性的高低。参照欧洲和美国标准,TDI 残留量低于 2%属无毒级,低于 5%属无害级,我国原化工部化工企业行业标准的规定中,也是以 2%TDI 残留量作为有毒和无毒固化剂的分界线。

事实上,我国目前投放市场的固化剂,其 TDI 残留量普遍在 5%~8%,属于有毒级别,部分极劣质产品甚至高达 10%。用这种有毒级固化剂配制的涂料喷涂家具和装修房子,其有毒物质将会逐渐散发到空气中。

我国从八五计划开始就把无毒固化剂的研制列入攻关项目中，经列入八五、九五计划仍未能完全解决，直至嘉宝莉公司攻克无毒固化剂产品难关，实现工业生产之前，国内仍然没有企业大规模生产无毒固化剂，我国市场上销售和使用的无毒固化剂几乎全部靠进口，这不能不说是一个遗憾。原因一方面固然是生产企业投入不够，另一方面也更为重要的是消费者根本未意识到有毒固化剂的严重后果，没有这方面的强烈要求。因此便出现了只看到装修好的漂亮居室，而看不见残留毒性污染这只无形的"黑手"；只知道病了求医，没想到部分病因就来自居室毒性物质的现象。

复习思考题

1. 简述涂料的组成。
2. 外墙涂料一般应具有哪些特点？
3. 建筑涂料具有哪些功能？
4. 乳液型外墙涂料的特点有哪些？
5. 简述涂膜的主要技术性能要求。

14 建筑装饰材料

本章提要：掌握建筑装饰材料的分类、组成、性质；了解装饰石材的性质及用途；了解装饰玻璃的性质及用途；了解装饰织物的性质及用途。

建筑装饰材料的使用已有几千年的历史了，我们通常把在建筑工程中将主要起到装饰和装修作用的材料称为装饰材料。由于建筑的艺术性发挥是通过建筑材料尤其是通过建筑装饰材料来实现的，因此，了解常用的建筑装饰材料的特点和性能并能够合理地运用显得十分重要。

14.1 建筑装饰材料的分类及性质

14.1.1 建筑装饰材料的分类

建筑装饰材料的分类方法较多，并不断有新的品种出现。常见的分类方法有以下几种：

1）按材料的材质分

无机材料：如石材、陶瓷、玻璃、不锈钢、铝型材、水泥等装饰材料。

有机材料：如木材、塑料、有机涂料等装饰材料。

复合材料：如人造大理石、彩色涂层钢板、铝塑板、真石漆等装饰材料。

2）按材料在建筑物中的装饰部位分

外墙装饰材料：如天然石材、人造石材、建筑陶瓷、玻璃制品、水泥、装饰混凝土、外墙涂料、铝合金蜂窝板、铝塑板、铝合金—石材复合板等。

内墙装饰材料：如石材、内墙涂料、墙纸、墙布、玻璃制品、木制品等。

地面装饰材料：如地毯、塑料地板、陶瓷地砖、石材、木地板、地面涂料、抗静电地板等。

顶棚装饰材料：如石膏板、纸面石膏板、矿棉吸声板、铝合金板、玻璃、塑料装饰板及各类顶棚龙骨材料等。

屋面装饰材料：如聚氨酯防水涂料、玻璃、玻璃砖、陶瓷、彩色涂层钢板、卡普隆阳光板、玻璃钢板等。

14.1.2 建筑装饰材料的组成

材料的组成包括材料的化学组成、矿物组成和相组成。它不仅影响着材料的化学性质，而且也是决定材料物理力学性质的重要因素。

1）化学组成

化学组成是指构成材料的化学元素及化合物的种类和数量。当材料与外界自然环境以及各类物质相接触时，它们之间必然要按化学变化规律发生作用。如材料受到酸、碱、盐类物质的侵蚀作用，材料遇到火焰时的耐燃性能，以及钢材和其他金属材料的锈蚀等，都属于化学作用。

2）矿物组成

将无机非金属材料中具有特定的晶体结构、特定的物理力学性能的组织结构称为矿物。矿物组成是指构成材料的矿物的种类和数量。某些材料如天然石材、无机胶凝材料等，其矿物组成是决定其材料性质的主要因素。

3）相组成

材料中具有相同物理、化学性质的均匀部分称为相。自然界中的物质分为气相、液相和固相。同种物质的温度、压力等条件发生变化时常会转变其存在的状态。如由气相转变为液相或固相。凡由两相或两相以上物质组成的材料称为复合材料。

14.1.3 建筑装饰材料的基本性质

1）材料的装饰特性

材料的装饰特性是指对材料在装饰时所表现出的效果产生影响的材料本身的一些特性，如色彩、光泽、透明度、质地与质感、形状和尺寸等。

（1）色彩

色彩是材料对可见光谱选择吸收后的结果。不同的色彩给人不同的感受：红色、粉色给人的感觉是温暖、热烈，绿色充满了生机，蓝色给人以宁静，黑色给人以稳定感。所以，在装饰时要根据不同的环境选择恰当的颜色。

（2）光泽

光泽是材料表面方向性反射光线的一种特性。光线射到物体上，一部分会被吸收，一部分会被反射。通常我们把分散在各个方向的反射光线称为漫反射。而镜面反射是定向的，也是产生光泽的重要因素。光泽度不同，材料表面的明暗程度也各异。

（3）透明度

透明度是材料与光线有关的一种性质。装饰材料有透明、半透明和不透明之分。利用材料不同的透明度，可以调节光线的明暗程度，改善建筑内部的光环境。

（4）质地与质感

质地反映了材料表面的粗糙程度。如果以布为例，丝绸没有质地而粗花呢却有。质感与质地不同，它是材料由表面组织结构、纹理、颜色、光泽等给人的一种表现物体特质的综合感觉。

（5）形状和尺寸

建筑装饰材料的形状和尺寸对装饰效果的影响很大。改变装饰材料的形状和尺寸，配以一定的立体造型和图案，可以获得不同的装饰效果，最大限度地发挥材料的装饰性。

2）建筑装饰材料的其他特性

除了自身特有的装饰性质外，建筑装饰材料还具备基本的物理化学力学性质，包括密度、强度、硬度、吸水性、耐水性、抗冻性、抗渗性、耐火性、耐磨性、隔音性、吸声性等。

14.2 常用建筑装饰材料

14.2.1 装饰石材

装饰石材在建筑装饰中的应用历史悠久，由于其具有可锯切、抛光等加工性能，因此常用于建筑工程各表面部位的装饰。常用的装饰石材主要有大理石和花岗石，其中大理石有300多个品种，花岗石有100多个品种。

1) *大理石*

大理岩是一种变质岩，呈层状结构，属于中硬石材。它是石灰岩与白云岩在高温、高压作用下变质而成。

(1) 大理岩的矿物成分

大理石通常为白色、浅白色、灰白色。质地纯正的大理石为白色，俗称汉白玉，是大理石中的珍品。该类岩石呈细粒至粗粒变晶结构、块状构造。大理石的主要矿物成分是方解石、白云石；有少量石英、长石等，属于碱性石材。由白云岩变质成的大理石，其性能比由石灰岩变质而成的大理石优良。

(2) 性质特点

① 表观密度大，为2 600～2 700kg/m^3。

② 结构致密，抗压强度高，一般强度可达100～300MPa。

③ 吸水率小，一般小于1%。

④ 质地致密而硬度不大，比花岗岩易于雕琢磨光。

⑤ 抗风化能力较差。大理石板材不宜作建筑外饰面材料，因为大理石的主要成分$CaCO_3$和$MgCO_3$均是呈碱性的盐，而室外的空气环境污染较大，空气中常含有大量的SO_2，遇水生成亚硫酸(H_2SO_3)，以后再变成硫酸(H_2SO_4)，与大理石中的$CaCO_3$反应，生成易溶于水的石膏，使表面失去光泽，变得粗糙多孔，降低建筑装饰效果。

(3) 大理石的用途

大理石主要用于建筑装饰等级要求高的建筑物，如宾馆、展览馆、影剧院、图书馆等建筑物的室内墙面、柱面、地面等的饰面材料，也可加工成工艺品和壁画。

表14-1 部分大理石的品种、花色特征及规格

品 种	花 色 特 征	规 格(mm)
汉白玉	玉白色，微有杂点和脉纹	300×150×20
影晶白	乳白，有微红至深褐色脉纹	300×300×20
风 雪	灰白色，间有深灰色晕带	400×200×20
黄花玉	淡黄，有较多淡黄脉纹	400×400×20
秋 枫	灰红色，底有血红晕脉	1 200×600×20

2) *花岗石*

花岗石是花岗岩的俗称，是一种典型的深成岩。按结晶颗粒大小的不同，可分为细粒、中粒、粗粒及斑状等多种。

(1) 花岗岩的矿物成分

花岗岩是应用历史最久、用途最广、用量最多的岩石，也是地壳中最常见的岩石。其矿物成分主要为长石、石英及少量暗色矿物和云母，其中 SiO_2 含量在 65%以上，属于酸性石材。

(2) 性质特点

① 表观密度大，为 2 600～2 800kg/m³。

② 结构致密，抗压强度高，一般抗压强度可达 120～250MPa。

③ 孔隙率和吸水率很小，孔隙率一般为 0.3%～0.7%，吸水率在 1%以下。

④ 化学稳定性好，不易风化变质，耐酸性很强。

⑤ 装饰性好，加工后花岗岩板材表面平整光滑，色彩斑斓，质感坚实，华丽庄重。

⑥ 耐久性很好，一般耐久年限可达 200 年以上。

⑦ 花岗石耐火性差，因其含大量石英，当温度超过 800℃时，花岗岩中的石英会发生晶态转变，产生体积膨胀，导致石材爆裂而失去强度。

(3) 花岗石的用途

花岗石不易风化变质，外观色泽可保持百年以上，属于高级建筑装饰材料，主要应用于大型公共建筑或装饰等级要求较高的室内外装饰工程。如用于宾馆、饭店、展览馆等的门面、地面、柱面、墙裙、勒脚、楼梯、台阶、外墙的装饰面，还用于服务台、展示台、纪念碑等处。

表 14-2 部分花岗石的品种、花色特征及规格

品　种	花 色 特 征	规　格(mm)
济南青	黑色，有小白点	各种规格
白虎涧	肉粉色带黑斑	各种规格
将军红	黑色、棕红、浅灰间小斑块	各种规格
黑花岗石	黑色，分大、中、小花	600×500×20
芝麻青	白底、黑点	600×400×20

14.2.2 装饰玻璃

随着现代化建筑的发展需要，玻璃制品由过去单纯采光和装饰功能逐步向多品种、多功能、绿色环保方向发展。在建筑工程和室内装饰工程中，玻璃以其特有的透光、耐侵蚀、施工方便和装饰美观等优点已逐步发展成为一种重要的装饰材料。

1) 玻璃的组成和分类

玻璃是由石英砂、纯碱、长石及石灰石等在 1 550～1 600℃高温下熔融后经控制或压制而成。其主要化学成分为二氧化硅(含量在 72%左右)、氧化钠(含量在 15%左右)、氧化钙(含量在 8%左右)，另外还含有少量的氧化铝、氧化镁等，如在玻璃中加入某些金属氧化物、化合物或经过特殊工艺处理后又可制得具有各种不同特性的特种玻璃及制品。因此，玻璃的种类也很多，按化学成分可分为钠玻璃、钾玻璃、铅玻璃、铝镁玻璃、石英玻璃等；按加工工艺可分为平板玻璃、钢化玻璃、夹层玻璃、夹丝玻璃、吸热玻璃、釉面玻璃等。

2）玻璃的基本性质

（1）普通玻璃的密度在 2.45～2.559kg/m³，玻璃内几乎无孔隙，属于致密材料。其密度与化学成分有关，会随着温度的升高而减小。

（2）玻璃具有优良的光学性质。当光线入射玻璃时，表现出反射、吸收和透射三种性质。光线透射玻璃的性质称透射，以透光率表示。光线被玻璃阻挡，按一定角度反射出来称为反射，以反射率表示。光线通过玻璃后，一部分光能量被损失，称为吸收，以吸收率表示。

（3）玻璃的导热性差。玻璃的热导率会随温度的升高而降低，普通玻璃热导率为 0.75～0.92W/(m·K)。

（4）玻璃的力学与其化学成分、制品形状、表面性质和制造工艺有关。玻璃是典型的脆性材料。在建筑中，经常受到弯曲、拉伸、冲击和震动，很少受压，所以抗拉强度和脆性指标是玻璃力学性质的指标。

（5）玻璃具有较高的化学稳定性。通常情况下对水、酸、碱以及化学试剂或气体等具有较强的抵抗能力，能抵抗氢氟酸以外的各种酸类的侵蚀。但如果长期受到侵蚀介质的腐蚀，也会变质和遇到破坏。

3）玻璃的主要品种

（1）普通平板玻璃：它是将熔融的玻璃浆经过引拉、悬浮或辊碾等方法制得，是玻璃家族中生产量最大、使用最多的一种。主要用于一般建筑的门窗，起透光、挡风雨、保温和隔声作用，同时也是深加工为具有特殊功能玻璃的基础材料。

（2）钢化玻璃：它是采用普通平板玻璃、磨光玻璃或吸热玻璃等进行淬火加工而成的，是普通玻璃的二次加工产品。相对普通玻璃而言，钢化玻璃机械强度高，弹性好，热稳定性高，常被用作高层建筑的门、窗、幕墙、桌面玻璃等。

（3）夹层玻璃：是在两片或多片平板玻璃之间夹入有机塑料透明膜，经过加热、加压黏结而制成的玻璃复合制品。它的厚度可为 2mm、3mm、5mm、6mm、8mm。夹层玻璃的层数有 3 层、5 层、7 层。夹层玻璃抗折强度和抗冲击强度高，主要应用于具有防弹或有特殊安全要求的建筑门窗。

（4）夹丝玻璃：是将钢丝网压入软化后的红热玻璃中而成的。与普通平板玻璃相比，它的耐冲击性和耐热性好，在外力作用和温度剧变时破而不散、裂而不散，主要用于防火门、楼梯间、电梯井、天窗等。

（5）吸热玻璃：能吸收大量红外线辐射能并保持较高可见光透过率的平板玻璃。生产吸热玻璃的方法有两种：一种是在普通钠钙硅酸盐玻璃的原料中加入一定量的有吸热性能的着色剂，如氧化铁、氧化镍、氧化钴以及硒等；另一种是在平板玻璃表面喷镀一层或多层金属或金属氧化物薄膜而制成。吸热玻璃具有多种颜色，如灰色、茶色、蓝色、青铜色和金黄色等。厚度也有 2mm、3mm、5mm 和 6mm 四种规格。吸热玻璃能够吸收太阳辐射热的 20%～50%，主要应用于商品陈列窗，也可用做室内各种装饰。

（6）热反射玻璃：又称镀膜玻璃，是采用热解法、真空蒸镀法、阴极溅射等方法在玻璃表面涂以金、银、铜、铝、铬、镍和铁等金属或金属氧化物薄膜，或采用电浮法等离子交换，以金属离子置换玻璃表面原有离子而形成热反射膜。热反射玻璃既具有较高的热反射能力，又保持平板玻璃良好的透光性，对太阳辐射热反射率达 30%以上。热反射玻璃的规格按厚度分为 3mm、4mm、5mm、6mm、8mm、10mm 和 12mm 七种规格，颜色也较多。由于热反射玻璃具有良好的隔热性能，所以在建筑工程中获得广泛应用。

(7) 中空玻璃：中空玻璃是将两片或多片平板玻璃相互间隔 6～12mm，镶于边框中，且四周密封而成。中空玻璃保温性好，因此在建筑物中使用中空玻璃，着眼于控制由于室内外温差而产生的热量传递，造成"暖房"效应以减轻暖气负荷，节约能源。此外，它还具有良好的隔音效果，一般可使噪声下降 30～44dB，对交通噪声可降低 31～38dB。所以，中空玻璃用于建筑物的各主要部位，如门窗、内外墙、透光屋顶、顶棚以及地坪等，是现代建筑的一种围护结构材料。

(8) 空心玻璃砖：玻璃砖有实心和空心两类，它们均具有透光而不透视的特点。空心玻璃砖由两块玻璃热熔接而成，其内侧压有一定的花纹。空心砖具有较好的绝热、隔声效果，在建筑上的应用更广泛，如门厅、通道、淋浴间、酒吧等非承重内外墙、隔断等。

(9) 彩色玻璃：有透明和不透明两种，它是在普通玻璃中加入了着色金属氧化物。彩色玻璃的颜色有红、黄、蓝、黑、绿、灰色等十余种，可用以镶拼成各种图案花纹，并有耐蚀、抗冲刷、易清洗等特点，主要用于建筑物的内外墙、门窗及对光线有特殊要求的部位。有时在玻璃原料中加入乳浊剂(如萤石)可制得乳浊有色玻璃。这类玻璃透光而不透视，具有独特的装饰效果。

(10) 玻璃锦砖：又称玻璃马赛克，是由碎玻璃或玻璃原料烧结而成的。玻璃绵砖化学稳定性好，耐久性强，易洁性好，主要应用于建筑物的外墙面。

(11) 压花玻璃：是将熔融的玻璃液在急冷中通过带图案花纹的辊轴滚压而成的制品。可一面压花，也可两面压花。压花玻璃具有透光不透视的特点，这是由于其表面凹凸不平，当光线通过时产生漫射造成物像模糊不清。由于压花玻璃表面有各种图案花纹，有一定艺术装饰效果，可用于宾馆、饭店、酒吧、浴室、游泳池、卫生间以及办公室、会议室的门窗和隔断等，也可用来加工屏风、台灯等工艺品和日用品。

(12) 磨砂玻璃：又称毛玻璃，是在普通玻璃表面磨毛而成。由于表面磨毛，使其具有透光不透视的特性，且光线柔和，常用于要求透光而不透视的部位，还可用作黑板。安装时应将毛面朝向室内。

(13) 镭射玻璃：是以玻璃为基材的新一代建筑装饰材料，它是经特种工艺处理，使玻璃背面出现全息或其他光栅，在光源照射下，形成物理衍射分光而出现艳丽的七色光，且会随着光线入射角和观察角度的不同而出现色彩变化，使被装饰物显得华贵高雅、富丽堂皇。镭射玻璃的颜色有银白、蓝、灰、紫、红等多种，常用于宾馆、酒店、商业与娱乐建筑的内外墙及屏风、隔断、装饰画、灯饰等。

14.2.3 装饰织物

装饰织物是指起美化装饰作用的实用性纺织品，应用范围广泛，品类繁多，主要包括窗帘、地毯、挂毯、墙布等。这类织物具有色彩丰富、质地柔软、有弹性等特点，可以调整室内在装饰方面的不足，发挥其材料的质感、色彩和纹理的表现力，对现代室内装饰起到锦上添花的作用。

1) 装饰织物的分类

按纤维种类分，装饰织物用纤维有天然纤维、化学纤维和玻璃纤维等。天然纤维包括羊毛、棉、麻、丝等；化学纤维分人造纤维和合成纤维两大类别；玻璃纤维是由熔融玻璃制成的一种纤维材料，直径为数微米至数十微米，可纺织加工成各种布料、带料等，或织成印花墙布。

按功能不同，织物又可分为实用性织物和装饰性织物。实用性织物又称功能性织物，是指既有一定实用价值又有一定美学功能的织物，如窗帘、地毯、灯罩等，它们既是人们日常生活中不可缺少的，具有很强的实用性，还能起到美化空间的作用。装饰性织物是指本身没有实用功能而纯粹作为观赏或为了美观需要的织物，如挂毯、软雕塑，一般性的壁纸、装饰布幔等。它们能在室内创造高雅的艺术气氛，或产生强烈的装饰效果。

2）主要的纤维装饰材料

（1）地毯

地毯是一种高级装饰材料，它不仅保温隔热性能好，还能隔声、吸声、降噪，且弹性好，脚感柔软舒适，所以一直流行至今。

① 地毯的分类

a. 按材质分类，可分为纯羊毛地毯、混纺地毯、化纤地毯、塑料地毯。

b. 按编织工艺分类，可分为手工编织地毯、机织地毯。

c. 按地毯等级分类，可分为轻度家用级、中度家用或轻度专业使用级、一般家用或中度专业使用级、重度家用或一般专业使用级、重度专业使用级。

② 常用地毯

a. 纯毛地毯：即羊毛地毯，分手工编织和机织两种。它弹性大，光泽好，图案优美，舒适柔软，适用于高档宾馆、会堂、舞台、高档公寓及住宅卧室的地面。

b. 化纤地毯：也叫合成纤维地毯。常用的合成纤维材料主要有丙纶或腈纶、锦纶、涤纶等。化纤地毯质轻，富有弹性，耐磨性好，价格远低于纯毛地毯，一般可用于旅馆、饭店等公共建筑及普通家庭的客厅、走廊等。

c. 混纺地毯：以羊毛纤维和合成纤维混纺而成，性能介于羊毛地毯与化纤地毯之间，耐磨性能也较好，适用于一般中低档客房、办公用房、公寓、住宅。

d. 剑麻地毯：是植物纤维地毯的代表。它是采用剑麻纤维为原料制成。剑麻地毯具有耐酸、耐碱、耐磨、无静电现象等特点，经济实用，但弹性较差。一般可用于宾馆、饭店、会议室等公共建筑地面及家庭地面。

e. 塑料地毯：用聚氯乙烯树脂、增塑剂等材料经混炼塑化而成。塑料地毯质地柔软，色彩鲜艳，自熄，可以水洗，价格较低，但耐磨性较差，容易老化，弹性差，易变形。一般可做公共建筑和住宅的铺装材料。

f. 橡胶地毯：是以天然橡胶为原料，用地毯模具在蒸压条件下模压而成。一般是方块地毯，尺寸介于 $0.5\sim1m^2$ 之间，色彩丰富，图案美观，脚感舒适，耐磨，防霉，防滑，耐蚀，防蛀，绝缘，清洗方便，适用于经常淋水或经常擦洗的场合。

（2）装饰壁纸

① 塑料壁纸：以纸为基层，PVC 树脂为涂层，经复合印花、压花、发泡等工序制成。由于其具有花色品种多样、耐磨、耐腐蚀、可擦洗等特点，是目前产量最大、应用最广泛的一种壁纸。适用于各种建筑物的内墙面及顶棚。

② 金属壁纸：以纸为基材，再粘贴一层金属薄膜（如铝箔材料或金属薄膜），经压合、印花而成。由于其具有金属光泽和良好的反光性，且具有不老化、耐擦洗、无毒、无味等特点，

因此适用于公共建筑的内墙面、柱面及局部装饰。

③ 织物复合壁纸：将丝、棉、毛麻等天然纤维复合于纸基上制成。这类壁纸花色多样、色彩柔和幽雅、透气、调湿、吸声、无毒、无味，适用于饭店、酒吧等高级墙面装饰，但价格偏高，不易清洗。

④ 麻草壁纸：属于天然材料面壁纸，它以纸为底层，以编织的麻草为面层，经复合加工而成。它具有阻燃、吸声、散潮、不变形且具有自然古朴的天然质感，适用于酒吧、咖啡厅、舞厅及饭店的客房等。

⑤ 植绒壁纸：在原纸上用高压静电植绒的方法制成。它以绒毛为面料，色泽柔和，手感舒适，非常适用于宾馆客房、卧室等场所。

(3) 墙布

墙布从材料层次上可分为单层和复合两种。它是以天然纤维或人造纤维制成的以布为基料，表面涂上树脂，印刷上图案和色彩制成的，是一种室内常用的建筑装饰材料。

以下列举几类常用的墙布。

① 玻璃纤维墙布：以中碱玻璃纤维布为原料，经拉丝，织成网格状、人字状墙布，将这种墙布贴在墙上后，再涂刷各种色彩的乳胶漆，形成多种色彩和纹理的装饰效果。具有无毒、无味、不褪色、耐擦洗、防火、防潮、不老化等特点，适用于各种建筑物的内墙装饰。

② 锦缎墙布：主要成分为丝，这种墙布纹理细腻、柔软绚丽、高雅华贵，质感厚实温暖，适用于高级宾馆、饭店的软隔断，窗帘或浮挂装饰等；但易变形，遇水会产生斑渍，不易擦洗。

③ 无纺贴墙布：采用天然或人造纤维，经过无纺成型、上树脂、印花而成的一种新型贴墙材料。这种贴墙布的特点是挺括、富有弹性、不易折断、耐老化、色彩鲜艳，粘贴方便，具有一定的透气性和防潮性，适用于各种建筑物的内墙装饰。无纺贴墙布厚度较薄，一般只有0.12～0.18mm，幅宽为850～900mm，每卷长度为30～50m。

④ 化纤墙布：以化纤布为基材，经一定处理后印花而成。具有透气、耐磨、不分层、花纹色彩多样等特点，适用于各类建筑的室内墙。

复习思考题

1. 建筑装饰材料有哪些基本性质？
2. 大理石和花岗石的主要特性有哪些？各适用于什么地方？
3. 常用的建筑玻璃有哪些种类？各有什么特点？
4. 常见的壁纸有哪些类型？各有什么特色？

15 案例分析

本章提要:建筑材料是一门理论与实践相结合的课程,本章通过工程实例,为学生设立了问题背景,目的是通过对工程事故原因的分析,可使学生更好地理解和掌握建筑材料的性能、应用,并且提高其分析和解决问题的能力,以提高学生学习的兴趣和自主探索建筑材料相关知识的积极性。

建筑材料课程的研究对象是广泛应用于建筑和土木工程的各类材料,涉及的知识和门类非常广泛。由于建筑材料课程有很强的工程应用背景,因此本章内容紧密结合工程案例。学生通过对案例的比较、分类、分析、总结,从现象中找到本质,从而提高学生对这门课程实用性的认识。同时,也直接提高学生应用建筑材料的能力。

【案例 15-1】 某办公室的木地板使用一段时间后出现接缝不严现象,后有一次饮水机大量漏水,造成地板积水,晾干后一些木地板出现起拱现象。请分析原因。

【解】 木地板接缝不严的原因是木地板的干燥收缩。若铺设时木板的含水率过大,高于平衡含水率,则日后特别是干燥季节,水分减少,干燥明显,就会出现接缝不严现象。但若原来木材含水率过低或被水浸泡后,木材吸水膨胀,就会出现起拱现象。接缝不严和起拱是一个问题的两个方面,即木地板制作需考虑使用环境的湿度,含水率过低或过高都不行,应控制在适当范围,使用过程中应注意避免水浸。

【案例 15-2】 建筑物内墙使用石灰砂浆,经过一段时间之后,墙面出现开花和麻点(俗称爆花墙),原因是什么?

【解】 出现开花和麻点的现象,在建筑中又叫做墙体开花,其主要原因是抹墙的生石灰没有充分熟化,在抹墙的熟石灰中含有未熟化的过火石灰。过火石灰要经过 15d 甚至更长时间才能充分熟化,因为过火石灰的熟化滞后于石灰的硬化,熟化过程中吸收空气中的水分产生膨胀,就出现了开花和麻点。

【案例 15-3】 某工地购买强度等级为 52.5 的硅酸盐水泥,进行胶砂强度检测:3d 抗折强度为 4.2MPa,抗压强度为 26.4MPa;28d 抗折强度为 6.8MPa,抗压强度为 53.6MPa。强度评级时,定为降级使用品,按 42.5 级使用。请说明理由。

【解】 硅酸盐水泥强度等级的评定,须严格按《通用硅酸盐水泥》(GB 175－2007)规定的 3d 和 28d 的抗折强度、抗压强度分析,只要有一项指标不符合规定都不能按原强度等级使用。本案例查表可知 3d 的抗折强度、抗压强度及 28d 的抗压强度值均满足要求,而 28d 的抗折强度 6.5MPa＜6.8MPa(实测值)＜7.0MPa。由此得出结论,该水泥的强度等级为 42.5,是降级使用品。

【案例 15-4】 某工程队 6 月份在湖北某工地施工,在混凝土中掺入了适量缓凝剂,经使用 3 个月,情况均正常。后因资金问题,该工程暂停 4 个月,随后继续使用原混凝土配合比开工。发觉混凝土的凝结时间明显延长,影响了工程进度。请分析原因并提出解决办法。

【解】 6～8 月气温较高,水泥水化速度快,掺入适量混凝剂是有利的。但到了冬季,气温明显下降,故凝结时间就大为延长。解决办法是将缓凝剂改换为早强剂。

【案例 15-5】 某单位宿舍楼的内墙使用石灰砂浆抹面。数月后,墙面上出现了许多不规则的网状裂纹。同时在个别部位还发现了部分凸出的放射状裂纹。这些裂纹影响了工程的观感效果,成为一种现在建筑工程的质量通病。

【问题】 试分析上述现象产生的原因。

【解】 石灰砂浆抹面的墙面上出现不规则的网状裂纹,引发的原因很多,但最主要的原因是石灰在硬化过程中蒸发大量的游离水而引起体积收缩。墙面上个别部位出现凸出的呈放射状的裂纹,是由于配制石灰砂浆时所用的石灰中混入了过火石灰,这部分过火石灰在消解、陈伏阶段中未完全熟化,以至于在砂浆硬化后,过火石灰吸收空气中的水蒸气继续熟化,造成体积膨胀,从而出现上述现象。

【案例 15-6】 某工程在建造水塔时,原设计用硅酸盐水泥进行滑模施工,在施工过程中由于硅酸盐水泥已用完,施工负责人决定用矿渣硅酸盐水泥代替。但是由于没有注意加强养护及放慢施工速度,结果造成施工中水塔倒塌、人员严重损伤事故。

【问题】 (1) 常见的水泥有哪几种?能否随便代替?

(2) 为什么用矿渣硅酸盐水泥要放慢施工速度?

【解】 (1) 常见的水泥品种有硅酸盐水泥、普通硅酸盐水泥、矿渣硅酸盐水泥、粉煤灰硅酸盐水泥、火山灰硅酸盐水泥、高铝水泥等。根据各水泥成分不同,表现的特性和用途也不同,所以不能随便代替。

(2) 矿渣水泥一般掺有 20%～70%的粒化高炉矿渣,磨细的粒化高炉矿渣有尖锐棱角,所以矿渣水泥的标准稠度需水量较大,但保持水分的能力较差,故使用矿渣水泥的混凝土干缩性较大。因此,使用矿渣水泥的混凝土工程要注意养护,增加养护时间,避免裂纹的产生。

【案例 15-7】 1. 2000 年 10 月 16 日,某市重点工程 S205 一级公路的施工过程中,加工的大型预应力空心梁表面出现裂缝,裂缝成不规则分布,深 1～2mm,长 5～60mm。经检验,该工程使用的水泥安定性不良,在混凝土硬化后产生不均匀的体积膨胀,从而使空心梁产生膨胀性裂缝。

2. 某市一商厦为框架结构,94 年 1 月使用徐州某厂 42.5 号普通水泥,机立窑生产,使用部位为二层现浇板、柱。由于水泥货源紧张,工程进度紧促,刚到的水泥则边送检边使用,待检验结果出来,已使用了 10 吨,检验结果雷氏夹膨胀均值为 18.5mm,判断为废品,工程当即停工,计划返工,估算损失 60 多万。

【问题】 (1) 什么是水泥的体积安定性?

(2) 引起水泥体积安定性的原因有哪些?

(3) 如果水泥体积安定性不合格,应做何处理?

【解】 (1) 水泥的体积安定性,是指水泥在凝结硬化过程中体积均匀变化的性质。假如水泥硬化后产生不均匀的体积变化,即为体积安定性不良,安定性不良会使水泥制品或混凝土构件产生膨胀性裂缝,降低建筑物质量,甚至引起严重事故。

(3) 引起水泥体积安定性不良的原因有很多,主要有以下三种:熟料中所含的游离氧化钙、游离氧化镁过多或掺入的石膏过多。熟料中所含的游离氧化钙或氧化镁均为过烧,熟化很慢,在水泥硬化后才进行熟化,这是一个体积膨胀的化学反应,会引起不均匀的体积变化,使水泥石开裂。当石膏掺量过多时,在水泥硬化后,还会继续与固态水化铝酸钙反应,生成高硫型水化硫铝酸钙，体积约增大 1.5 倍，也会引起水泥石开裂。

(3) 国家标准规定：水泥安定性经沸煮法检验(CaO)必须合格。安定性不合格的水泥应作废品处理，不能用于工程中。但有一些是因为水泥在磨制前后，储存时间太短，残存的游离氧化钙还未完全消解，水泥中还有较多的游离氧化钙，造成水泥体积安定性不良。有些水泥存放了一段时间后，其中的游离氧化钙会慢慢消解，这样，水泥的体积安定性可能就会变为合格了，这时的水泥才可以用于工程中。但在使用前，必须做水泥体积安定性和强度检验。

【案例 15-8】 某车间于 2003 年 10 月开工，当年 12 月 7～9 日浇筑完大梁混凝土，12 月 26～29 日安装完屋盖预制板，接着进行屋面防水层施工；2004 年 1 月 3 日拆完大梁底模板和支撑，1 月 4 日下午房屋全部倒塌并发现大梁受压区混凝土被压碎。经调查分析倒塌原因，发现钢筋混凝土大梁原设计为 C30 混凝土，施工单位疏忽大意，在施工时，使用的是进场已 3 个多月并存放在潮湿地方已有部分硬块的 32.5 号水泥，并用于浇筑混凝土大梁，且采用人工搅拌和振捣，无严格配合比，致使大梁在混凝土浇筑 28d 后(倒塌后)测定的平均抗压强度只有 10MPa 左右。在倒塌的大梁中，还发现有断砖块和拳头大小的石块，大梁纵筋和箍筋的实际配置量少于设计要求。

【问题】 (1) 分析此次倒塌事故的原因。

(2) 水泥的保管应注意哪些方面？过期的水泥应如何处置？

【解】 (1) 本倒塌事故是因施工中大梁混凝土强度过低，在大梁拆除底模后，其压区混凝土被压碎所引发，继而导致整个房屋倒塌。主要原因是施工单位使用过期受潮的水泥，未做处理直接用于工程中；混凝土配比不严格、振捣不实、骨料不符合规定、配筋不足也是重要原因。

(2) 水泥保管应注意以下四个方面：

① 不同品种、不同强度等级、不同批次、不同厂家的水泥要分别存放。

② 注意防潮防水，做到上盖下垫。

③ 堆垛不宜过高，一般不超过 10 袋。

④ 存期不能过长，通常水泥的保存期限不超过 3 个月。

过期的水泥应通过试验按实际强度用于不重要的构件或砌筑砂浆。

【案例 15-9】 某工厂为五层现浇框架结构，预制钢筋混凝土楼板。施工单位在浇筑完首层钢筋混凝土框架及吊装完一层楼板后，继续施工第二层。在开始吊装第二层预制板时，为加快施工进度，将第一层大梁下的立柱拆除(大梁的养护只有三天)，以便在底层同时进行装修。结果在吊装第二层预制板将近完成时发生倒塌，当场压死多人，造成重大事故。

【问题】 试分析倒塌事故原因。

【解】 倒塌的主要原因是底层大梁立柱及模板拆除过早。在吊装第二层预制板时，梁的养护只有三天，强度还很低，不能形成整体框架传力，因而第二层框架及预制板的重量及施工荷载由第二层大梁的立柱直接传给首层大梁，而这时首层大梁的强度尚未完全达到设计的强度 C30(经测定只有 C21)，首层大梁承受不了二层结构自重及结构荷载而引起倒塌。

【案例 15-10】 某港口油库平台的钢筋混凝土柱，设计采用 C25 混凝土。检查中发现，其中有四根柱的混凝土实际强度为 8MPa、8MPa、10MPa 和 12MPa。发现这一情况后，施工采取加强养护措施来补救。经过两星期养护后，混凝土强度仍未见有明显增长。通过对材料质量的检查发现，砂子含泥量高达9%，针片状的石子含量过高，而且浇筑质量低劣。

【问题】 (1) 混凝土用砂、石含泥量过高对工程有什么不利影响？

(2) 用针片状含量高的石子配置混凝土易产生什么样的质量问题？

【解】 (1) 泥块、黏土、淤泥、细屑等杂质本身强度极低，且总表面积很大，因此包裹其表面所需的水泥浆量增加，造成混凝土的流动性降低。为保证拌和料的流动性，将使混凝土的拌和用水量(W)增大，即W/C增大。泥块等杂质还降低水泥石与砂、石之间的界面黏结强度，从而导致混凝土的强度和耐久性降低，变形增大。若保持强度不降低，必须增加水泥用量，但这将使混凝土的变形增大。

(2) 理想的混凝土粗骨料的形状应是球形或接近于正方体的石子，而以针状或片状为差。当粗骨料中针状、片状颗粒含量超过一定界限时，石子空隙率增加，不仅有损于混凝土拌和物的和易性，而且会不同程度地危害混凝土的强度和耐久性。

【案例15-11】 某钢铁厂原材料仓库钢结构廊道，1969年6月建成并交付使用，同年11月倒塌。事故发生后，对钢结构的设计、安装施工资料进行分析，查出廊道倒塌的主要原因是桁架钢材质量低劣，碳、磷偏析很明显，在较低的工作环境温度下，钢材发生冷脆性。

1951年1月31日，加拿大魁北克钢桥突然发生断裂，其中三跨坠入河中。发生断裂时没有明显征兆，时值当地气温为－36℃。后对钢材进行检验，发现这是由于钢材中磷含量偏高而发生的冷脆断裂破坏。

【问题】 (1) 什么是钢材的冷脆性？

(2) 什么因素导致钢材的冷脆性？

【解】 (1) 钢材的冲击韧性随环境温度的降低而下降，当达到某一温度时，其冲击韧性值显著降低的现象称为钢材的冷脆性。

(2) 碳、磷含量增加，钢材的强度、硬度提高，塑性和韧性显著下降，特别是温度越低对塑性和韧性的影响越大，导致钢材的冷脆性。

【案例15-12】 1993年2月13日中午，驻四平市某部队的一座砖筒水塔突然倒塌。经检测，该砖筒身使用的砖平均抗压强度只有3.6MPa，而设计却要求使用不得低于7.35MPa的砖，部分砖表面泛霜现象严重。同年12月11日鸡西市某高校的砖筒水塔也突然倒塌，分析事故原因，发现水塔筒身使用的砖较大部分为欠火砖，其强度只有4.9MPa，而设计要求不得低于7.35MPa。故这两座水塔倒塌的原因之一就是所使用的砖的强度不符合设计要求。

【问题】 (1) 砖泛霜是什么原因？使用泛霜的砖会导致什么样的质量事故？

(2) 什么是欠火砖？欠火砖对砌体的质量有何影响？

【解】 (1) 泛霜是指黏土原料中的可溶性盐类(如硫酸钠等)随着砖内水分蒸发而在砖表面产生的盐析现象，一般为白色粉末，常在砖表面形成絮团状斑点。泛霜的砖用于建筑中的潮湿部位时，由于大量盐类的析出和结晶膨胀会造成砖砌体表面粉化及剥落，内部孔隙率增大，抗冻性显著下降。

(2) 在焙烧温度低于烧结范围，得到的色浅、敲击时音哑、孔隙率大、耐久性差的砖，称为欠火砖。使用欠火砖，不仅降低了砌体抗压强度，而且因孔隙率大、吸水率大，在大气中经长期反复冻融作用，将使砌体表面易于风化，逐层酥松、剥落，使砌体截面大大削弱，应力增大，最终导致砌体强度不够，产生破坏。

【案例 15-13】 某工地运来两种外观相似的沥青，已知其中有一种是煤沥青，另一种为石油沥青。为了不造成错用，请用两种以上方法进行鉴别。

【解】 煤沥青与石油沥青可用以下方法进行鉴别：

(1) 测定密度。大于 1.1 者为煤沥青。

(2) 燃烧试验。烟气呈黄色，并有刺激性臭味者为煤沥青。

(3) 敲击块状沥青，呈脆性(韧性差)、音清脆者为煤沥青，有弹性、音哑者为石油沥青。

(4) 用汽油或煤油溶解沥青。将溶液滴于滤纸上，呈内黑外棕色明显两圈斑点者为煤沥青，呈棕色均匀散开斑点者为石油沥青。

【案例 15-14】 我国古代很多建筑都是木结构。唐代最宏伟的木结构当推武则天所建的“明堂”。文献记载其平面为方形，约合 98m 见方，高度达 86m，是一座高三层，顶部为圆形的高层楼阁。辽代遗留至今的两处最著名的古建筑，一处是天津蓟县独乐寺山门、观音阁，另一处是山西应县佛宫寺释迦塔。前者是现存木结构楼阁的精品，后者是现存年代最早而且是唯一的楼阁式木塔……进入现代工业社会，一种全新的现代木结构技术出现，并科学地应用到我们的日常生活中。现代木结构房屋完全区别于中式传统的穿斗榫木结构框架房屋，是一种符合现代生活需求，功能齐全、安全舒适、节能环保的木结构建筑。

【问题】 试阐述木结构的优缺点。

【解】 (1) 优点

① 工期短，施工对气候的适应能力较强。木结构还适应低温作业，因此冬季施工不受限制。

② 节能、环保。木材是唯一可再生的主要建筑材料，在能耗、温室气体、空气和水污染以及生态资源开采方面，木结构的环保性远优于砖混结构和钢结构，是公认的绿色建筑。

③ 舒适度高。由于木结构优异的保温特性，人们可以享受到木结构住宅的冬暖夏凉。另外，木材为天然材料，绿色无污染，不会对人体造成伤害，材料透气性好，可保持室内空气清新及湿度均衡。

④ 结构稳定性高。木材相对其他材料有极强的韧性，加上面板结构体系，使其对于冲击荷载及周期性疲劳破坏有很强的抵抗力，具有最佳的抗震性。四川汶川等地震灾害后重建时，很多中小学校都采用木质结构建筑。

(2) 缺点

各向异性，有木节、裂纹等天然缺陷，易腐、易蛀、易燃、易裂和易翘曲。

16　建筑材料试验

本章提要：建筑材料性能检测试验是评定建筑材料等级、了解材料性能的重要手段；也是建筑材料课的重要教学环节。通过本章的学习，使学生了解检测材料性能所依据的标准规范、原理、试验步骤、试验结果的处理方法，培养学生实事求是、严谨的科学态度。重点掌握以下几点：

(1) 了解水泥试验的依据；掌握水泥试验（细度、标准稠度、用水量、凝结时间、体积安定性、强度）原理、目的、试验步骤、试验结果处理、强度等级的评定。

(2) 了解混凝土试验的依据；掌握混凝土坍落度试验的原理、步骤，坍落度的调整原则、方法；掌握混凝土强度等级评定的方法及混凝土体积密度的检测方法；掌握普通混凝土配合比的设计步骤。

(3) 掌握砂浆和易性的测定方法和强度等级的评定。

(4) 掌握烧结砖强度等级评定的方法。

(5) 了解钢材的取样方法，钢筋拉伸试验的原理、仪器操作步骤，读出屈服点、最大抗拉强度值，能够给出钢筋等级的评定。

(6) 了解试件制备的方法；掌握防水卷材的拉伸试验原理和仪器操作步骤；熟悉试件不透水性、耐热度、低温柔度试验方法和步骤。

16.1　建筑材料的基本性质试验

16.1.1　密度试验

1) 试验目的

测定材料的密度，了解密度的测定方法；进一步加深对密度概念的理解。

2) 仪器设备

密度瓶（又名李氏瓶）、量筒、烘箱、干燥器、天平（称量 500g，感量 0.01g）、温度计、漏斗和小勺等。

3) 试料准备

将试样研碎，通过 900 孔/cm^2 筛，除去筛余物，放在 105～110℃烘箱中烘至恒重，再放入干燥器中冷却至室温。

4) 试验步骤

(1) 在密度瓶中注入与试样不起反应的液体至凸颈下部刻度线零处，记下刻度数，将李氏瓶放在盛水的容器中，在试验过程中保持水温为 20℃。

(2) 用天平称取 60～90g 试样，用小勺和漏斗小心地将试样徐徐送入密度瓶中，要防止在密度瓶后部发生堵塞，直至液面上升到 20mL 刻度左右为止，再称剩余的试样质量，计算出装入瓶内的试样质量 m(g)。

(3) 轻轻振动密度瓶,使液体中的气泡排出,记下液面刻度,根据前后两次液面读数算出液面上升的体积,记为瓶内试样所占的绝对体积 V(cm^3)。

5) 结果计算

按下式计算出密度(ρ)精确至 0.01g/cm^3:

$$\rho = \frac{m}{V} \tag{16-1}$$

式中:m——装入瓶中试样的质量(g);

V——装入瓶中试样的绝对体积(cm^3);

ρ——材料的密度(g/cm^3)。

密度试验用两个试样平行进行,以其结果的算术平均值作为最后结果,但两结果之差应不超过 0.02g/cm^3。

16.1.2 体积密度试验

1) 试验目的

测定材料的体积密度,了解体积密度的测定方法。

2) 仪器设备

游标卡尺(精度 0.1mm)、天平(感量 0.1g)、烘箱、干燥器、漏斗、直尺和搪瓷盘等。

3) 试验步骤

(1) 将欲测材料形状规则的试件放入 105~110℃烘箱中,烘至恒重,取出置入干燥器中,冷却至室温。

(2) 用卡尺量出试件尺寸(每边测三次,取平均值),并计算出体积 V_o(cm^3),称试样质量为 m(g),则表观密度 ρ_o(kg/m^3)为:

$$\rho_o = \frac{1\,000m}{V_o} \tag{16-2}$$

以五次试验结果的平均值为最后结果,精确至 10kg/m^3。

16.1.3 堆积密度试验

1) 试验目的

测定材料的堆积密度,了解堆积密度的测定方法。

2) 仪器设备

标准容器、天平(感量 0.1g)、烘箱、干燥器、漏斗和钢尺等。

3) 试料准备

将试样放在 105~110℃烘箱中烘至恒重,再放入干燥器中冷却至室温。

4) 试验步骤

(1) 材料松散堆积密度的测定

称标准容器的质量(m_1),将散粒材料(试样)经过漏斗(或标准斜面)徐徐地装入容器内,漏斗口(或斜面底)距容器口为 5cm,待容器顶上形成锥形,将多余的材料用钢尺沿容器口中心线向两个相反方向刮平,称容器和材料总量(m_2)。

(2) 堆积密度的测定

称标准容器的质量(m_2)。取另一份试样,分两层装入标准容器内。装完一层后,在筒底垫放一根 ϕ10mm 钢筋,将筒按住,左右交替颠击地面各 25 下,再装第二层,把垫放的钢筋转 90°,再按同法颠击。加料至试样超出容器口,用钢尺沿容器中心线向两个相反方向刮平,称其质量(m_2)。

(3) 结果计算

堆积密度(kg/m^3)按下式计算:

$$\rho' = \frac{m_2 - m_1}{V'_0} \tag{16-3}$$

式中:m_1——容器质量(kg);

m_2——容器和试样总质量(kg);

V'_0——容器的容积(m^3)。

以两次试验结果的算术平均值作为堆积密度测定的结果。

(4) 容器容积的校正

用 20±5℃的饮用水装满容器,用玻璃板沿容器口滑移,使其紧贴容器。擦干容器外壁上的水分,称其质量(m'_1)。事先称得玻璃板与容器的总质量(m'_2),单位以 kg 计。容器的容积(m^3)按下式计算:

$$V = \frac{m_1' - m_2'}{1\,000} \tag{16-4}$$

16.1.4 吸水率试验

1) 试验目的

材料吸水饱和时的吸水量与材料干燥时的质量或体积之比,称为吸水率。材料的吸水率通常小于孔隙率,因为水不能进入封闭的孔隙中。材料吸水率的大小对其堆积密度、强度、抗冻性的影响很大。

2) 主要仪器

天平(称量 1 000g,感量 0.1g)、水槽和烘箱等。

3) 试验步骤

(1) 将试件置于烘箱中,以不超过 110℃的温度烘至恒重,称其质量 m(g)。

(2)将试件放入水槽中,试件之间应留 1～2cm 的间隔,试件底部应用玻璃棒垫起,避免槽底直接接触,使水能够自由进入。

(3) 将水注入水槽中,使水面至试件高度的 1/3 处,2h 后加水至试件高度的 2/3 处,隔 24h 再加入水至试件高度的 3/4 处,又隔 2h 加水至高出试件 1～2cm,再经一天后取出试件,这样逐次加水能使试件孔隙中的空气逐渐逸出。

(4) 取出试件后,用拧干的湿毛巾轻轻抹去试件表面的水分(不得来回擦拭),称其质量,称量后仍放回槽中浸水。

(5) 以后每隔一昼夜用同样方法称取试样质量,直到试件浸水至恒定质量为止(质量相差不超过 0.05g 时),此时称得的试件质量为 m_1(g)。

4) 结果计算

按下式计算质量吸水率 $W_{质}$ 和体积吸水率 $W_{体}$:

$$W_{质} = \frac{m_1 - m}{m} \times 100\% \tag{16-5}$$

$$W_{体} = \frac{V_1}{V_0} \times 100\% == \frac{m_1 - m}{m} \times \frac{\rho_0}{\rho_{H_2O}} \times 100\% = W_{质}\rho_0 \tag{16-6}$$

式中：V_1——材料吸水饱和时水的体积(cm^3)；

V_0——干燥材料自然状态时的体积(cm^3)；

ρ_0——材料的表观密度(g/cm^3)；

ρ_{H_2O}——水的密度，常温时 $\rho_{H_2O}=1g/cm^3$。

最后取三个试件的吸水率计算平均值。

16.2 水泥试验

16.2.1 水泥试验的一般规定

1) 取样方法

以同一水泥厂同品种、同标号、同期到达的水泥，不超过 400t 为一个取样单位。取样应有代表性，可连续取，也可从 20 个以上不同部位各抽取约 1kg 水泥，总数至少 10kg。

2) 养护条件

试验室温度应为 17～25℃，相对湿度应大于 50%。养护箱温度为 20±3℃，相对湿度大于 90%。

3) 对试验材料的要求

(1) 水泥试样应充分拌匀。

(2) 试验用水必须是洁净的淡水。

(3) 水泥试样、标准砂、拌和用水等温度应与试验室温度相同。

16.2.2 水泥细度检测(0.08mm 筛筛析法)

1) 试验目的

本方法依据 GB 1345—1991《水泥细度检验方法》，水泥细度的测定方法有负压筛法、水筛法及干筛法。水泥细度以 0.08mm 方孔筛上筛余物的质量占试样原始质量的百分数表示，并以一次测定值作为试验结果。当试验结果发生争议时，以负压筛法为准。为使试验结果可比，应采用试验筛修正系数方法修正计算结果。

2) 负压筛法

(1) 主要仪器设备

① 负压筛析仪，由筛座、负压筛、负压源及吸尘器组成。

② 天平：最大称量为 100g，感量 0.05g。

(2) 检测步骤及检测结果

① 筛析试验前，将负压筛放在筛座上，盖上筛盖，接通电源，检查控制系统，调节负压至 4～6kPa 范围内。

② 称取试样 25g(精确至 0.05g),置于洁净的负压筛中,盖上筛盖放在筛座上,开动筛析仪连续筛析 2min。筛析期间如有试样附着在筛盖上,可轻轻敲击,使试样落下。

③ 用天平称量筛余物(精确至 0.05g),其数值乘 4 即为筛余百分数,结果精确至 0.1%。

3) 水筛法

(1) 主要仪器设备

① 水筛:采用方孔边长为 0.08mm 的铜丝网筛布。

② 筛座:用于支撑筛布,并能带动筛子转动,转速为 50r/min。

③喷头:直径 55mm,面上均匀分布 90 个孔,孔径 0.5~0.7mm,喷头底面和筛布之间的距离为 35~75mm。

(2) 检测步骤及检测结果

① 称取试样 50g(精确至 0.05g),倒入筛内,立即用洁净水冲洗至大部分细粉通过筛孔,再将筛子置于筛座上,用水压为 0.05±0.02MPa 的喷头连续冲洗 3min。

② 筛毕取下,将剩余物冲到一边,用少量水把筛余物全部移至蒸发皿(或烘样盘),待沉淀后将水倒出烘至恒重,称量(精确至 0.05g),以其数值乘 2 即为筛余百分数(精确至 0.1%)。

4) 干筛法

(1) 主要仪器设备

水泥标准筛,采用方孔边长为 0.08mm 的铜丝网筛布。筛框有效直径 15mm,高 50mm。筛布应紧绷在筛框上,接缝必须严密,并附有筛盖。

(2) 检测步骤与检测结果

称取试样 50g(精确至 0.05g)倒入筛内,用人工或机械筛动。将近筛完时,必须一手执筛往复摇动,一手拍打,摇动速度约 120 次/min。其间,筛子应向一定方向旋转数次,使试样分散在筛布上,直至每分钟通过不超过 0.05g 时为止,称其筛余物(精确至 0.05g),以其克数乘 2 即为筛余百分数(精确至 0.1%)。

16.2.3 水泥标准稠度用水量检测

1) 试验目的

按 GB/T 1346—2001《水泥标准稠度用水量、凝结时间、安定性检验方法》,标准稠度用水量有调整水量法和固定水量法两种测定方法,当发生争议时,以调整水量法为准。

2) 主要仪器设备

(1) 水泥标准稠度测定仪(维卡仪):滑动部分的总质量为(300±2)g,金属空心试锥锥底直径 40mm,高 50mm,装净浆用锥模上部内径 60mm,锥高 75mm。

(2) 水泥净浆搅拌机:由搅拌锅、搅拌叶片组成。

3) 检测步骤与试验结果

(1) 检测前必须检查测定仪的金属棒能否自由滑动,试锥降至锥顶面位置时,指针应对准标尺零点,搅拌机应运转正常。

(2) 拌和用水量:采用调整水量方法时,按经验确定;采用固定水量方法时,用水量为 142.5mm,精确至 0.5mm。

(3) 水泥净浆用机械拌和,拌和用具先用湿布擦抹,将拌和水倒入搅拌锅内,然后在5~10s内将称好的500g水泥试样倒入搅拌锅内的水中,防止水和水泥溅出。

(4) 拌和时,先将锅放到搅拌机锅座上,升至搅拌位置,开动机器,慢速搅拌120s,停拌15s,接着快速搅拌120s后停机。

(5) 拌和完毕,立即将净浆一次装入锥模中,用小刀插捣并振动数次,刮去多余净浆,抹平后,迅速放到试锥下面的固定位置上。将试锥降至净浆表面,拧紧螺丝,指针对零,然后突然放松,让试锥沉入净浆中,到停止下沉时(下沉时间约为30s),记录试锥下沉深度S(单位:mm)。整个操作应在搅拌后1.5min内完成。

(6) 用调整水量方法测定时,以试锥下沉深度(28±2)mm时的拌和水量为标准稠度用水量(%),以占水泥质量百分数计(精确至0.1%):

$$P=\frac{A}{500}\times 100\% \tag{16-7}$$

式中:A——拌和用水量(mL)。

如超出范围,须另称试样,调整水量,重新试验,直至达到(28±2)mm时为止。

(7) 用固定水量法测定时,根据测得的试锥下沉深度S,可按以下经验公式计算标准稠度用水量(也可以从仪器对应标尺上读出P值):

$$P(\%)=33.4-0.185S \tag{16-8}$$

当试锥下沉深度小于13mm时,应用调整水量方法测定。

16.2.4 水泥净浆凝结时间检测

1) 试验目的

按GB/T 1346—2001《水泥标准稠度用水量、凝结时间、安定性检验方法》,测定水泥加水开始至开始凝结(初凝)以及凝结终了(终凝)所用的时间,以检验水泥是否满足国家标准要求。

2) 主要仪器设备

(1) 凝结时间测定仪(维卡仪):与测定标准稠度用水量时的测定仪相同,只是将试锥换成试针。试针是由钢制成的直径为1.13mm的圆柱体,初凝针有效长度为50mm,终凝针为30mm,安装环形附件。

(2) 净浆搅拌机,如图16-5所示。

(3) 人工拌和圆形钵及拌和铲等。

3) 检测步骤与检测结果

(1) 测定前,将圆模放在玻璃板上(在圆模内侧及玻璃板上稍稍涂上一薄层机油),在滑动杆下端安装好初凝试针并调整仪器使试针接触玻璃板时,指针对准标尺的零点。

(2) 以标准稠度用水量,用500g水泥拌制水泥净浆,记录开始加水的时刻为凝结时间的起始时刻。将拌制好的标准稠度净浆一次装入圆模,振动数次后刮平,然后放入养护箱内。试件在养护箱养护至加水后30min时进行第一次测定。

(3) 测定时从养护箱中取出圆模放在试针下,使试针与净浆面接触,拧紧螺丝,然后突然放松,试针自由沉入净浆,1~2s后观察指针读数。

在最初测定时应轻轻扶持试针的滑棒,使之徐徐下降,以防止试针撞弯。但初凝时间仍必须以自由降落的指针读数为准。

临近初凝时，每隔 5min 测试一次；临近终凝时，每隔 15min 测试一次。到达初凝或终凝状态时应立即复测一次，且两次结果必须相同。每次测试不得让试针落入原针孔内，且试针贯入的位置至少要距圆模内壁 10mm。每次测试完毕，须将盛有净浆的圆模放养护箱，并将试针擦净。

初凝测试完成后，将滑动杆下端的试针更换为终凝试针继续进行终凝检测。终凝测试时，试模直径大端朝上，小端朝下，放入养护箱内养护、测试。整个测试过程中，圆模不应受振动。

（4）自加水时起，至试针沉入净浆中距底板 3～5mm 时所需时间为初凝时间；至试针沉入净浆中 0.5min 时所需时间为终凝时间。

16.2.5 水泥体积安定性检测

1）试验目的

按 GB/T 1346—2001《水泥标准稠度用水量、凝结时间、安定性检验方法》检验游离 CaO 危害性的测定方法是沸煮法，沸煮法又可以分为试饼法和雷氏法，有争议时以雷氏法为准。试饼法是观察试饼沸煮后的外形变化，雷氏法是测定装有水泥净浆的雷氏夹沸煮后的膨胀值。

2）主要仪器设备

沸煮箱（篦板与箱底受热部位的距离不得小于 20mm）、雷氏夹（如图 16-1 所示）、雷氏夹膨胀值测量仪（如图 16-3）、净浆搅拌机、标准养护箱、直尺、小刀等。

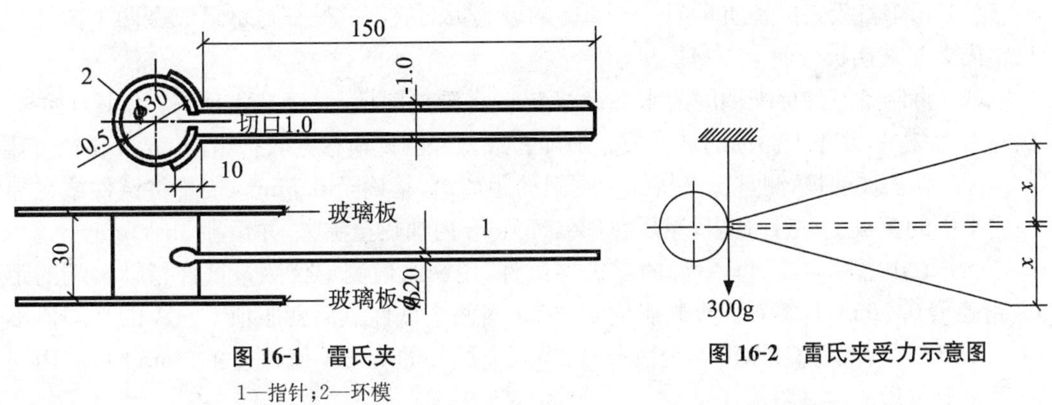

图 16-1 雷氏夹

1—指针；2—环模

图 16-2 雷氏夹受力示意图

3）试饼法试验步骤与结果评定

（1）从拌制好的标准稠度净浆中取出约 150g，分成两等份，使之呈球形，放在涂少许机油的玻璃板上，轻轻振动玻璃板，使水泥浆球扩展成试饼。

（2）用湿布擦过的小刀，从试饼的四周边缘向中心轻抹，做成直径为 70～80mm，中心厚约 10mm，边缘渐薄，表面光滑的试饼，连同玻璃板放入标准养护箱内养护（24±2）h。

（3）将养护好的试饼从玻璃板上取下，首先检查试饼是否完整，如已龟裂、翘曲，甚至崩溃等，要检查原因，确证无外因时，该试饼已属安定性不合格（不必沸煮）。在试饼无缺陷的情况下，将试饼放在沸煮箱内水中的篦板上，然后在（30±5）min 内加热至沸，并恒沸 3h±5min。

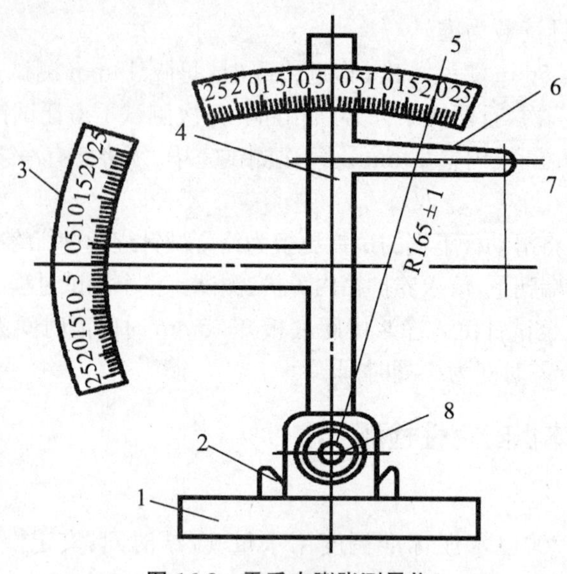

图 16-3　雷氏夹膨胀测量仪

1—底座；2—模子座；3—测弹性标尺；4—立柱；5—测膨胀值标尺；6—悬臂；7—悬丝；8—弹簧顶扭

（4）煮毕，将热水放掉，打开箱盖，使箱体冷却至室温。取出试饼进行检查，如试饼未发生裂缝，用钢直尺检查也未发生弯曲的试饼为安定性合格；否则为不合格。当两个试饼的判断结果有矛盾时，该水泥的安定性为不合格。

4）雷氏法检测步骤与结果评定

（1）每个雷氏夹配备质量为 75～80g 的玻璃板两块，一垫一盖，每组成型两个试件。先将雷氏夹与玻璃板表面涂一薄层机油。

（2）将制备好的标准稠度的水泥净浆装满雷氏夹圆模，并轻扶雷氏夹，用小刀插捣 15 次左右后抹平，并盖上涂油的玻璃板。随即将成型好的试模移至养护箱内，养护(24±2)h。

（3）除去玻璃板，测雷氏夹指针尖端间的距离 A，精确至 0.5mm，接着将试件放在沸煮箱内水中的篦板上，指针朝上，然后在(30±5)min 内加热至沸腾，并恒沸 3h±5min。

（4）取出煮沸后冷却至室温的雷氏夹试件，用膨胀值测定仪测量试件指针尖端的距离 C，精确至 0.5mm，计算雷氏夹膨胀值 $C-A$。当两个试件煮后膨胀值 $C-A$ 的平均值不大于 5.0mm 时，即认为该水泥安全性合格；当两个试件的 $C-A$ 值超过 4.0mm 时，应用同一品种水泥重做一次试验。

16.2.6　水泥胶砂强度试验

1）试验目的

本试验方法的依据是 GB/T 17671—1999《水泥胶砂强度检验方法(ISO 法)》，测定水泥胶砂硬化到一定龄期后的抗压、抗折强度的大小，是确定水泥强度等级的依据。

2）主要仪器设备

（1）行星式水泥胶砂搅拌机：符合 JC/T 681—97 的规定，其搅拌叶片既绕自身轴线作顺时针自转，又沿搅拌锅周边作逆时针公转。

（2）水泥胶砂试体振实台：由可以跳动的台盘和使其跳动的凸轮等组成。

振实台的振幅为(15±0.3)mm,振动频率为1次/s。

(3) 胶砂振动台:是胶砂振实台的代用设备,振动台的全波振幅为(0.75±0.02)mm,振动频率为2 800~3 000次/min。

(4) 胶砂试模:可装拆的三联模(如图16-4所示),模内腔尺寸为40mm×40mm×160mm,附有下料漏斗或播料器,播料器有大播料器和小播料器两种,如图16-5所示。

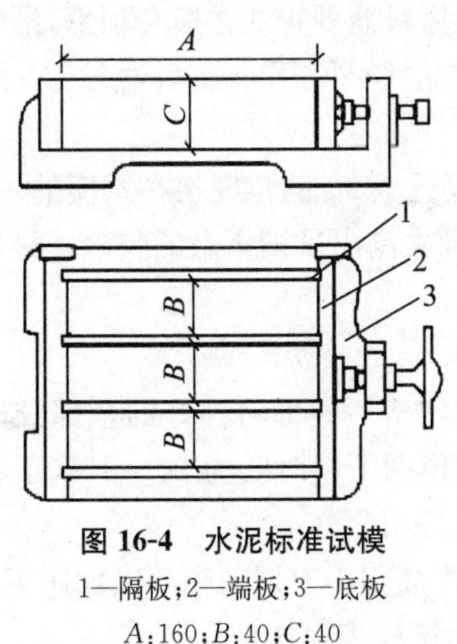

图16-4 水泥标准试模

1—隔板;2—端板;3—底板

A:160;B:40;C:40

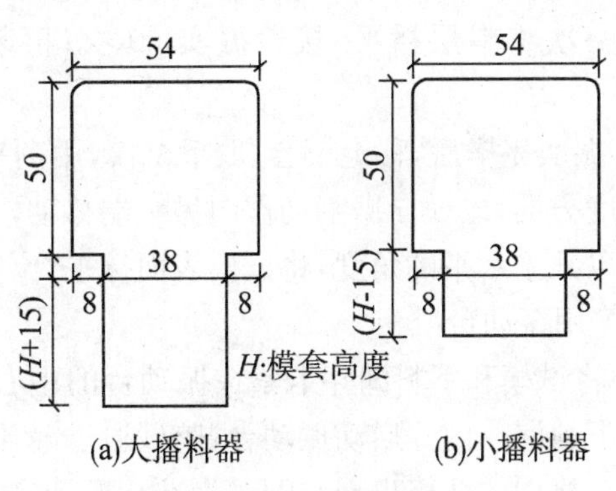

图16-5 播料器

(5) 金属刮平尺:用于刮平试模里的砂浆表面,外形和尺寸如图16-6所示。

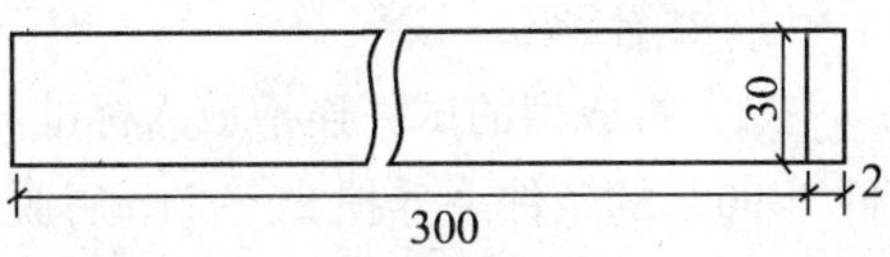

图16-6 金属刮平尺

(6) 抗折强度试验机:一般采用双杠杆式电动抗折试验机,也可采用性能符合标准要求的专用试验机。

(7) 抗压强度试验机和抗压夹具:抗压试验机的量程为200~300kN,示值相对误差不超过±1%;抗压夹具应符合JC/T 683—1997的要求,试件受压面积为40mm×40mm(图16-7为抗压夹具)。

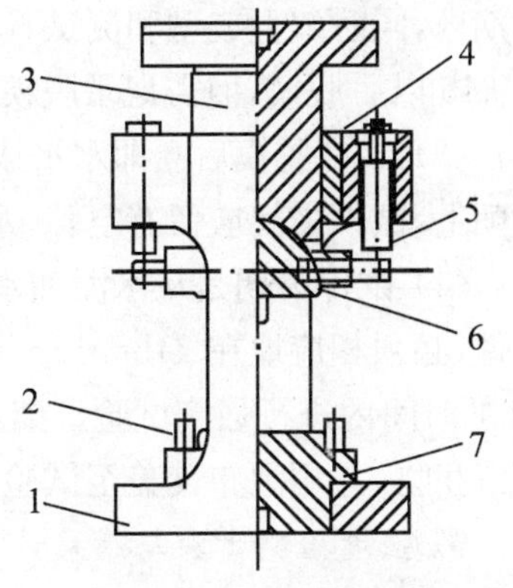

图16-7 抗压夹具

1—框架;2—定位销;3—传压柱;4—衬套;5—吊簧;6—上压板;7—下压板

3) 试件制备

(1) 试验前将试模擦净,模板四周与底座的接触面上应涂黄油,紧密装配,防止漏浆。内壁均匀地刷一薄层机油。搅拌锅、叶片和下料漏斗(播料器)等用湿布擦干净(更换水泥品种时,必须用湿布擦干净)。

(2) 标准砂应符合GB/T 17671—1999中国ISO标准砂的质量要求。试验采用的灰砂比为1∶3,水灰比为1∶2。一锅胶砂成型三条试件的材料用量:

水泥:(450±2)g;中国ISO标准砂:(1 350±5)g;拌和水:(225±1)mL

(3) 胶砂搅拌。先将水加入锅内,再加入水泥,把锅放在固定架上,上升至固定位置。立即开动机器,低速搅拌30s后,在第二个30s开始的同时均匀加入标准砂。当各级标准砂为分装时,由粗到细依次加入。当为混合包装时,应均匀加入。标准砂全部加完(30s)后,把机器转至高速再拌 30s。接着停拌 90s，在刚停的 15s 内用橡皮刮具将叶片和锅壁上的胶砂刮至拌和锅中间。最后高速搅拌 60s。各个搅拌阶段，时间误差应在±1s 以内。

4）试件成型

（1）用振实台成型

① 胶砂制备后立即进行成型。把空试模和模套固定在振实台上，用勺子将胶砂分两层装入试模。装第一层时，每个槽内约放 300g 胶砂，用大播料器垂直加在模套顶部，沿每个模槽来回一次将料层播平，接着振实 60 次；再装入第二层胶砂，用小播料器播平，再振实 60 次。

② 振实完毕后，移走模套，取下试模，用刮平直尺以近似 90°的角度架在试模的一端，沿试模长度方向，以横向锯割动作向另一端移动，一次性刮去高出试模多余的胶砂。最后用同一刮尺以几乎水平的角度，将试模表面抹平。

（2）用振动台成型

① 将试模和下料漏斗卡紧在振动台的中心。胶砂制备后立即将拌好的全部胶砂均匀地装入下料漏斗内。启动振动台，胶砂通过漏斗流入试模的下料时间为 20～40s（下料时间以漏斗三格中的两格出现空洞时为准），振动（120±5）s 停机。

下料时间如大于 20～40s，必须调整漏斗下料口宽度或用小刀划动胶砂以加速下料。

② 振动完毕后，自振动台取下试模，移去下料漏斗，试模表面抹平。

5）试件养护

（1）将成型的试件连模放入标准养护箱（室）内养护，在温度为（20±1）℃、相对湿度不低于 90%的条件下养护 20～24h 后脱模。对于龄期为 24h 的应在破型前 20min 内脱模，并用湿布覆盖至试验开始。

（2）将试件从养护箱（室）中取出编号，编号时应将每只模中三条试件编在两个以上的龄期内，同时编上成型和测试日期。然后脱模，脱模时应防止损伤试件。硬化较慢的试件允许 24h 以后脱模，但需记录脱模时间。

（3）试件脱模后立即水平或竖直放入水槽中养护，水温为（20±1）℃。水平放置时刮平面朝上，试件之间应留有空隙，水面至少高出试件 5mm，并随时加水保持恒定水位。

（4）试件龄期是从水泥加水搅拌开始时算起，至强度测定所经历的时间。不同龄期的试件，必须相应地在 24h±15min、48h±30min、72h±45min、7d±2h、28d±3h，大于 28d±8h 的时间内进行强度试验。到龄期的试件应在强度试验前 15min 从水中取出，擦去试件表面沉积物，并用湿布覆盖至试验开始。

6）强度检测步骤与结果计算

（1）水泥抗折强度检测

① 将夹在抗折试验机夹具的圆柱表面清理干净，并调整杠杆处于平衡状态。

② 用湿布擦去试件表面的水分和砂粒，将试件放入夹具内，使试件成型时的侧面与夹具的圆柱面接触。调整夹具，使杠杆在试件折断时尽可能接近平衡位置。

③ 以（50±10）N/s 的速度进行加荷，直到试件折断，记录破坏荷载。

④ 保持两个半截棱柱体处于潮湿状态，直至抗压试验开始。

⑤ 按下式计算每条试件的抗折强度（精确至 0.1MPa）：

$$f_{折} = \frac{3PL}{2bh^2} = 0.00234P \quad (16-9)$$

式中：P——破坏荷载(N)；

L——支撑圆柱的中心距离，为 100mm；

b,h——试件断面的宽和高，均为 40mm。

⑥ 取三条棱柱体试件抗折强度测定值的算术平均值作为试验结果。当三个测定值中仅有一个超出平均值的±10%时应予剔除，再以其余两个测定值的平均数作为试验结果；如果三个测定值中有两个超出平均值的±10%时，则该组结果作废。

(2) 水泥抗压强度检测

① 立即在抗折后的六个断块(应保持潮湿状态)的侧面上进行抗压试验。抗压试验须用抗压夹具，使试件受压面积为 40mm×40mm。试验前，应将试件受压面与抗压夹具清理干净，试件的底面应紧靠夹具上的定位销，断块露出上压板外的部分应不少于 10mm。

② 在整个加荷过程中，夹具应位于压力机承压板中心，以(2.4±0.2)kN/s 的速率均匀地加荷至破坏，记录破坏荷载 P(单位：kN)。

③ 按下式计算每块试件的抗压强度 $f_{压}$(精确至 0.1MPa)：

$$f_{压} = \frac{P}{A} = 0.625P \quad (16-10)$$

式中：$f_{压}$——受压面积，为 40mm×40mm(1 600mm^2)。

④ 每组试件以六个抗压强度测定值的算术平均值作为检测结果。如果六个测定值中有一个超出平均值的±10%，应剔除这个结果，而以剩下五个的平均数作为检测结果。如果五个测定值中再有超过它们平均数±10%的，则此组结果作废。

根据上述测得的抗折、抗压强度的试验结果，按相应的水泥标准确定其水泥强度等级。

注：水泥参数检测的一般规定

a. 取样方法。根据 GB 12573—90《水泥取样方法》，以同一水泥厂、同品种、同标号及编号(一般不超过 100t)的水泥为一个取样单位；取样应具有代表性，可采用机械取样器连续取样，也可随机选择 20 个以上不同部位，抽取等量的样品，总量不少于 12kg。

b. 将试样充分拌匀缩分成试验样和封存样。对试验样，试验前将水泥通过 0.9mm 方孔筛，充分拌匀，并记录筛余物情况。

c. 试验用水必须是清洁的淡水。

d. 试件成型室温为(20±2)℃，相对湿度不低于 50%；水泥恒温恒湿标准养护箱温度应为(20±1)℃，相对湿度不低于 90%；试件养护池水温应为(20±1)℃。

e. 水泥试样、标准砂、拌和水及试模等的温度应与室温相同。

16.3 混凝土用骨料试验

16.3.1 砂子颗粒级配的检测

1) 试验目的

本方法依据《水工混凝土砂石骨料试验规程》(DL/T 5151—2001)测定砂料颗粒级配。

依据《建筑用砂》(GB/T 14684—2001)评定级配的优劣。

2) 主要仪器设备

(1) 架盘天平:称量1kg,感量1g。

(2) 筛:砂料标准筛一套,包括孔径为10mm、5mm、2.5mm的圆孔筛和孔径为1.25mm、0.63mm、0.315mm、0.16mm的方孔筛,以及底盘和盖。

(3) 摇筛机。

(4) 烘箱:能控制温度在(105±5)℃。

(5) 搪瓷盘、毛刷等。

3) 检测步骤

(1) 用于颗粒级配试验的砂样,颗粒粒径不应大于10mm。取样前,应先将砂样通过10mm筛,并算出其筛余百分率。然后取经在潮湿状态充分拌匀,用四分法缩分至每份不少于550g的砂样两份,在(105±5)℃下烘至恒重,冷却至室温。

注:恒量系指相邻两次称量间隔时间大于3h的情况下,前后两次称量之差小于该项试验所要求的称量精度(以下同)。

(2) 称取砂样500g,置于按筛孔大小顺序排列的套筛的最上一只筛(即5mm筛)上,加盖,将整套筛安装在摇筛机上,摇10min,取下套筛,按筛孔大小顺序在清洁的搪瓷盘上逐个用手筛,筛至每分钟通过量不超过砂样总量的0.1%(0.5g)时为止。通过的颗粒并入下一号筛中,并和下一号筛中的砂样一起过筛。这样顺序进行,直至各号筛全部筛完为止。

(3) 砂样在各号筛上的筛余量不得超过200g,超过时应将该筛余砂样分成两份,再进行筛分,并以两次筛余量之和作为该号筛的筛余量。

(4) 筛完后,将各筛上遗留的砂粒用毛刷轻轻刷净,称出每号筛上的筛余量。

4) 结果处理

(1) 计算分计筛余百分率——各号筛上的筛余量除以砂样总量的百分率(精确至0.1%)。

(2) 计算累计筛余百分率——该号筛上的分计筛余百分率与大于该号筛的各号筛上的分计筛余百分率之总和(精确至0.1%)。

(3) 细度模数按下式计算:

$$M_x = \frac{(A_2 + A_3 + A_4 + A_5 + A_6) - 5A_1}{100 - A_1} \tag{16-11}$$

式中:M_x——砂料细度模数;

A_1、A_2、A_3、A_4、A_5、A_6——分别为5.0mm、2.5mm、1.25mm、0.63mm、0.315mm、0.16mm各筛上的累计筛余百分率。

(4) 以两次测值的平均值作为试验结果。如各筛筛余量和底盘中粉砂量的总和与原试样量相差超过试样量的1%时,或两次测试的细度模数相差超过0.2时,应重做试验。

(5) 根据各号筛的累计筛余百分率测定值绘制筛分曲线。

16.3.2 砂子表观密度、堆积密度及吸水率检测

1) 试验目的

本方法依据DL/T 5151—2001《水工混凝土砂石骨料试验规程》测定砂料堆积密度、表

观密度、饱和面干表观密度及吸水率,供混凝土配合比计算和评定砂料质量用。

2) 砂料堆积密度

(1) 仪器设备

① 架盘天平:称量 5kg,感量 1g。

② 容量筒:容积为 1L 的金属圆筒。

③ 鼓风烘箱:能控制温度在(105±5)℃。

④ 漏斗(如图 16-8 所示)。

⑤直尺、浅搪瓷盘等。

(2) 检测步骤

① 称取约 5kg 砂样两份。

② 称出空容量筒质量。

③ 将砂样装入漏斗中,打开漏斗活动门,使砂样从漏斗口(高于容量筒顶面 5cm)落入容量筒内,直至砂样装满容量筒并超出筒口为止。用直尺沿筒口中心线向两侧方向轻轻刮平,然后称其质量。

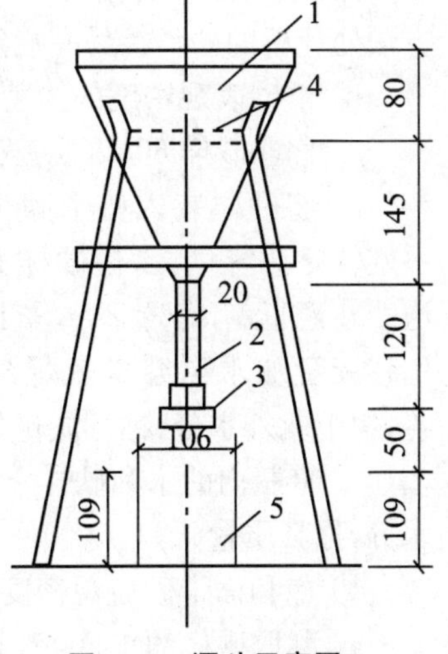

图 16-8　漏斗示意图

1—漏斗;2—ϕ20 管子;3—活动门;4—筛子;5—容量筒

(3) 检测结果处理

堆积密度按式(16-12)计算(精确至 1kg/m³):

$$\rho_0 = \frac{G_2 - G_1}{V} \times 1\,000 \qquad (16-12)$$

式中:ρ_0——堆积密度(kg/m³);

G_1——容量筒重(kg);

G_2——容量筒及砂样共重(kg);

V——容量筒的容积(L)。

以两次测值的平均值作为试验结果。

注:容量筒容积的校正方法为:称取空容量筒和玻璃板的总质量,将自来水装满容量筒,用玻璃板沿筒口推移使其紧贴水面,盖住筒口(玻璃板和水面间不得带有气泡),擦干筒外壁的水,然后称其质量。

容量筒的容积按下式计算:

$$V = g_2 - g_1 \qquad (16-13)$$

式中:V——容量筒的容积(L);

g_1——容量筒及玻璃板总质量(kg);

g_2——容量筒、玻璃板及水总质量(kg)。

3) 砂子表观密度、吸水率的检测

(1) 仪器设备

① 架盘天平:称量 1kg,感量 0.5g。

② 容量瓶:1 000mL。

③ 烘箱:能控制温度在(105±5)℃。

④ 手提吹风机:交流 220V,450W。

⑤ 饱和面干试模:金属制,上口直径 38mm,下口直径 89mm,高 73mm,另附铁制捣棒,

直径 25mm，质量 340g，饱和面干试模与捣棒如图 16-9 所示。

⑥ 温度计、搪瓷盘、毛刷、吸水纸等。

（2）试验步骤

将砂料通过 5mm 筛，用四分法取样，并置于(105±5)℃烘箱中烘至恒重，冷却至室温备用。

注：本部分中所指的“砂样”，均系按上述方法处理后的砂料。另有规定者除外。

① 干砂表观密度的检验

a. 称取砂样 600g(G_1)两份。

b. 将砂样装入盛半满水的容量瓶中，用手旋转摇动容量瓶，使砂样充分搅动，排除气泡。塞紧瓶盖，静置 24h，量出瓶内水温，然后用移液管加水至容量瓶颈刻度线处，塞紧瓶盖，擦干瓶外水分，称其质量(G_2)。

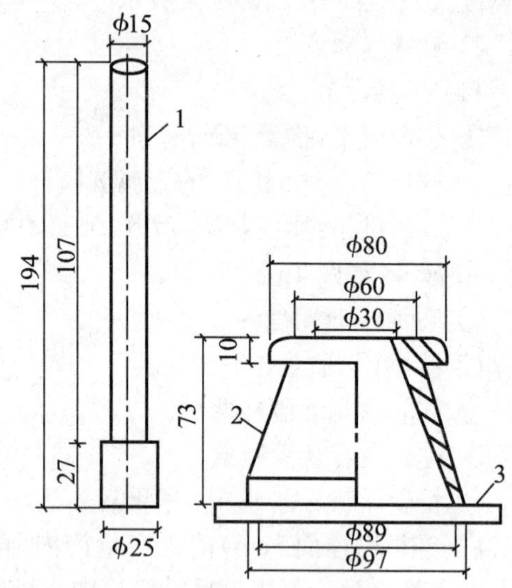

图 16-9　饱和面干试模与捣棒示意图

1—捣棒；2—试模；3—玻璃板

c. 将瓶内的水和砂样全部倒出，洗净容量瓶，再向瓶内注水至瓶颈刻度线处，擦干瓶外水分，称其质量(G_3)。

② 饱和面干砂表观密度的检验

a. 称取砂样约 1 500g，装入搪瓷盘中，注入清水，使水面高出砂样 2cm 左右，用玻璃棒轻轻搅拌，排出气泡。静置 24h 后将水倒出，摊开砂样，用手提吹风机缓缓吹入暖风，并不断翻拌砂样，使砂样表面的水分均匀蒸发。

b. 将砂样分两层装入饱和面干试模中，第一层装入试模高度的一半，一手按住试模不得错动，一手用捣棒自砂样表面高约 1cm 处自由落下，均匀插捣 13 次，第二层装满试模，再插捣 13 次。刮平模口后，垂直将试模轻轻提起。如砂样呈现如图 16-10(a)所示的形状，说明砂样表面水多，应继续吹干，再按上述方法进行试验，直至达到要求为止。

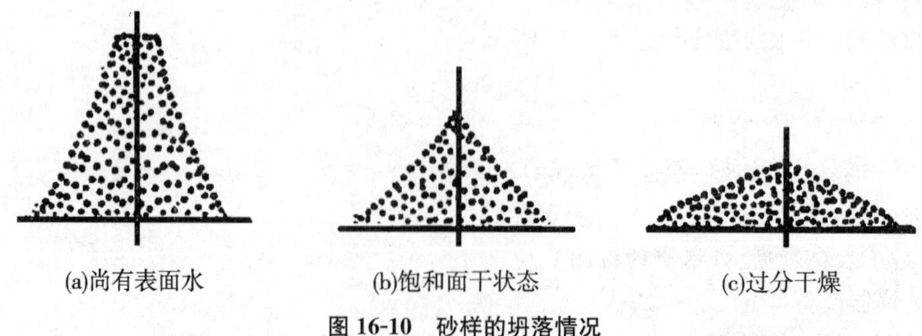

(a)尚有表面水　　(b)饱和面干状态　　(c)过分干燥

图 16-10　砂样的坍落情况

注：a. 如第一次提起试模，已出现如图 16-10(b)所示状态，则砂样有可能已稍偏干，此时应洒水，加盖，静置片刻，再按上述方法进行试验。

b. 特细砂及人工砂石粉含量大于 15%时，分两层插捣五次，多棱角的山砂、风化砂及人工砂石粉含量少于 15%的人工砂，分两层插捣 10 次。

c. 迅速称取饱和面干砂样 600g(G_0)两份，分别装入两个盛半满水的容量瓶内，用手旋转摇动容量瓶，排除气泡后静置 30min，测瓶内水温，然后加水至容量瓶颈刻度线处，塞紧瓶盖，擦干瓶外水分，称出质量(G_4)。

d. 倒出瓶内的水和砂样，将瓶洗净，再注水至瓶颈刻度线处，擦干瓶外水分，塞紧瓶盖，称出质量(G_3)。

③ 砂料饱和面干吸水率的测定

称取饱和面干砂样 500g(G_0)两份，烘至恒重，冷却至室温后称出质量(G)。

(3) 检测结果处理

① 干砂表观密度按下式计算(精确至 10kg/m³)：

$$\rho = \frac{G_1}{G_1 + G_3 - G_2} \times 1\,000 \tag{16-14}$$

式中：ρ——干砂表观密度(kg/m³)；

G_1——烘干砂样质量(g)；

G_2——烘干砂样、水及容量瓶总质量(g)；

G_3——水及容量瓶总质量(g)。

② 饱和面干砂表观密度按下式计算(精确至 10kg/m³)：

$$\rho_1 = \frac{G_0}{G_0 + G_3 - G_4} \times 1\,000 \tag{16-15}$$

式中：ρ_1——饱和面干砂表观密度(kg/m³)；

G_0——饱和面干砂样质量(g)；

G_3——水及容量瓶总质量(g)；

G_4——饱和面干砂样、水及容量瓶总质量(g)。

③ 饱和面干吸水率可按式(16-16)或式(16-17)计算(精确至 0.1%)：

$$m_1 = \frac{G_0 - G}{G} \times 1\,000 \tag{16-16}$$

$$m_2 = \frac{G_0 - G}{G} \times 1\,000 \tag{16-17}$$

式中：m_1——以干砂为基准的饱和面干吸水率(%)；

m_2——以饱和面干砂为基准的饱和面干吸水率(%)；

G_0——饱和面干砂样质量(g)；

G——烘干砂样质量(g)。

④ 以两次测值的平均值作为试验结果。如两次表观密度测值相差大于 20kg/m³，或两次吸水率测值相差大于 0.2%时，应重做试验。

4) *砂子表观密度检测(李氏比重瓶法)*

(1) 主要仪器设备

① 天平：称量 100g，感量 0.1g。

② 李氏比重瓶：容量 250mL。

③ 玻璃漏斗、温度计、毛巾等。

(2) 检测步骤

① 干砂表观密度检测

a. 称取砂样 50g 两份。

b. 向李氏比重瓶中注水至一定的刻度处，擦干瓶颈内附着水，并记录其体积(V_1)。

c. 将砂样徐徐装入盛水的比重瓶中，用毛刷轻轻将黏附在瓶颈上的颗粒刷入瓶中，旋转摇动比重瓶以排除气泡。塞紧瓶盖，静置 24h 后，记录瓶中水面升高的体积(V_2)。

② 饱和面干砂表观密度检测

a. 按"砂料表观密度及吸水率的检测"方法制备饱和面干砂样约 500g。

b. 分别向两个比重瓶中注水至一定刻度处，擦干瓶颈内壁，记录其体积(V_3)。

c. 称取 50g 饱和面干砂样两份，分别装入盛水的瓶中，用毛刷将黏附在瓶颈内壁上的颗粒刷入瓶中，排净气泡，塞紧瓶盖，静置 30min，记录瓶中水面升高的刻度(V_4)。

注：砂的表观密度检测，允许在室温为(20±5)℃下进行。检验过程中加入比重瓶的水，其温差不得超过 2℃。

(3) 检测结果处理

① 干砂表观密度按下式计算(精确至 $10kg/m^3$)：

$$\rho = \frac{G_1}{V_1 - V_2} \times 1\ 000 \tag{16-18}$$

式中：ρ——干砂表观密度(kg/m^3)；

G_1——干砂质量(g)；

V_1——比重瓶初始水面刻度读数(mL)；

V_2——注入干砂样后面升高的读数(mL)。

② 饱和面干砂表观密度按下式计算(精确至 $10kg/m^3$)：

$$\rho_1 = \frac{G_0}{V_4 - V_3} \times 1\ 000 \tag{16-19}$$

式中：ρ_1——饱和面干砂表观密度(kg/m^3)；

G_0——饱和面干砂样质量(g)；

V_3——比重瓶初始水面刻度读数(mL)；

V_4——加入饱和面干砂样后面升高的读数(mL)。

以两次测值的平均值作为试验结果。如两次测值相差大于 $20kg/m^3$ 时，应重做试验。

16.3.3 卵石、碎石颗粒级配检测

1) 试验目的

本方法依据 DL/T 5151—2001《水工混凝土砂石骨料试验规程》测定天然料场卵石或碎石的颗粒级配，供混凝土配合比设计时选择骨料级配用。

2) 仪器设备

(1) 筛：孔径分别为 150mm 或 120mm、80mm、40mm、20mm、10mm、5mm 的方孔筛或圆孔筛。

(2) 磅秤：称量 50kg，感量 50g。

(3) 台秤：称量 10kg，感量 5g。

(4) 铁锹、铁盘或其他容器等。

3) 检测步骤

(1) 用四分法选取风干试样，试样质量应不少于表 16-1 的规定。

表 16-1 试样取样数量表

骨料最大粒径(mm)	20	40	80	150(或 120)
最少取样质量(kg)	10	20	50	200

(2) 按筛孔由大到小的顺序过筛，直至每分钟的通过量不超过试样总量的 0.1%为止。但在每号筛上的筛余平均层厚应不大于试样的最大粒径值，如超过此值，应将该号筛上的筛余分成两份，再次进行筛分。

(3) 称取各筛筛余量(粒径大于 150mm 的颗粒，也应称量，并计算出百分含量)。

4) 检测结果处理

(1) 计算分计筛余百分率——各号筛上的筛余量除以试样总量的百分率(精确至 0.1%)，

(2) 计算累计筛余百分率——该号筛上的分计筛余百分率与大于该号筛的各号筛上的分计筛余百分率的总和(精确至 0.1%)。

16.3.4 卵石或碎石表观密度及吸水率试验

1) 试验目的

本方法依据 DL/T 5151—2001《水工混凝土砂石骨料试验规程》测定卵石或碎石表观密度、饱和面干表观密度及吸水率，供混凝土配合比计算及评定石料质量用。

2) 仪器设备

(1) 天平：称量 5kg，感量 1g，用普通天平改装，能在水中称量。

(2) 网篮：网孔径小于 5mm，直径和高均约为 200mm。

(3) 烘箱：能控制温度在 105±5℃。

(4) 盛水筒：直径约 400mm，高约 600mm。

(5) 台秤：称量 10kg，感量 5g。

(6) 搪瓷盘、毛巾等。

3) 检测步骤

(1) 用四分法取样，并用自来水将骨料冲洗干净，按表 16-2 中规定的数量称取试样两份。

表 16-2 表观密度检测取样数量表

骨料最大粒径(mm)	40	80	150(或 120)
最少取样质量(kg)	2	4	6

(2) 将试样浸入盛水的容器中，水面至少高出试样 50mm，浸泡 24h。

(3) 将网篮全部浸入盛水筒中，称出网篮在水中的质量。将浸泡后的试样装入网篮内，放入盛水筒中，用上下升降网篮的方法排除气泡(试样不得露出水面)。称出试样和网篮在水中的总质量。两者之差即为试样在水中的质量(G_2)。

注：两次称量时，水的温度相差不得大于 2℃。

(4) 将试样从网篮中取出，用拧干后的湿毛巾将试样擦至饱和面干状态(即石子表面无水膜)，并立即称量(G_3)。

(5) 将试样在温度为(105±5)℃的烘箱中烘干,冷却后称量(G_1)。

4) 检测结果处理

表观密度、饱和面干表观密度分别按式(16-20)、式(16-21)计算(精确至10kg/m³);吸水率按式(16-22)或式(16-23)计算(精确至0.01%)。

$$\rho = \frac{G_1}{G_1 - G_2} \times 1\,000 \tag{16-20}$$

$$\rho_1 = \frac{G_3}{G_3 - G_2} \times 1\,000 \tag{16-21}$$

$$m_1 = \frac{G_3 - G_1}{G_1} \times 100 \tag{16-22}$$

$$m_2 = \frac{G_3 - G_1}{G_3} \times 100 \tag{16-23}$$

式中:ρ——表观密度(kg/m³);

ρ_1——饱和面干表观密度(kg/m³);

m_1——以干料为基准的吸水率(%);

m_2——以饱和面干状态为基准的吸水率(%);

G_1——烘干试样质量(g);

G_2——试样在水中的质量(g);

G_3——饱和面干试样在空气中的质量(g)。

以两次测值的平均值作为试验结果。如两次表观密度试验测值相差大于20kg/m³或两次吸水率试验测值相差大于0.2%时,应重做试验。

16.3.5 卵石或碎石压碎指标值检测

1) 适用范围

本检测方法适用于建筑用碎石、卵石的泥块压碎指标值的测定。

2) 仪器设备

(1) 压力试验机:量程300kN,示值相对误差2%。

(2) 台秤:称量10kg,感量10g。

(3) 天平:称量1kg,感量1g。

(4) 受压试模。

(5) 方孔筛:孔径分别为2.36mm、9.50mm、19.0mm的筛各一只。

(6) 垫棒:直径为10mm、长为500mm的圆钢。

3) 试验步骤

(1) 按前述规定取样,风干后筛除大于19.0mm及小于9.50mm的颗粒,并去除针、片状颗粒,分为大致相等的3份备用。

(2) 称取试样3 000g,精确至1g。将试样分两层装入圆模(置于底盘上)内,每装完一层试样后,在底盘下面垫放一直径为10mm的圆钢。将筒按住,左右交替颠击地面各25次,两层颠实后,平整模内试样表面,盖上压头。

注:①当试样中粒径在9.50~19.0mm之间的颗粒不足时,允许将粒径大于19.0mm的颗粒破碎成此范围内的颗粒,用做压碎指标值试验。

②当圆模装不下 3 000g 试样时，以装至距圆模上口 10mm 为准。

(3) 把装有试样的模子置于压力机上，开动压力试验机，以 1kN/s 的速度均匀加荷至 200kN 并稳荷 5s，然后卸荷。取下压头，倒出试样，过孔径为 2.36mm 的筛，称取筛余物。

4) 结果计算与评定

压碎指标值按下式计算(精确至 0.1%)：

$$Q_e = \frac{m_1 - m_2}{m_1} \times 100\% \tag{16-24}$$

式中：Q_e——压碎指标值(%)；

m_1——试样的质量(g)；

m_2——压碎试验后筛余的试样质量(g)。

压碎指标值取三次试验结果的算术平均值(精确至 1%)。

16.4 普通混凝土试验

16.4.1 混凝土拌和物室内拌和方法

1) 试验目的

本方法依据 DL/T 5150—2001《水工混凝土试验规程》，为室内试验提供混凝土拌和物。

2) 仪器设备

(1) 混凝土搅拌机：容量 50～100L，转速 18～22r/min。

(2) 拌和钢板：平面尺寸不小于 1.5m×2.0m，厚 5mm 左右。

(3) 磅秤：称量 50～100kg，感量 50g。

(4) 台秤：称量 10kg，感量 5g。

(5) 托盘天平：称量 1kg，感量 0.5g。

(6) 天平：称量 100g，感量 0.01g。

(7) 盛料容器和铁铲等。

3) 操作步骤

(1) 人工拌和

① 人工拌和在钢板上进行，拌和前应将钢板及铁铲清洗干净，并保持表面润湿。

② 将称好的砂料、胶凝材料(水泥和掺和料预先拌匀)倒在钢板上，用铁铲翻拌至颜色均匀，再放入称好的石料与之拌和，至少翻拌三次，然后堆成锥形。将中间扒成凹坑，加入合用水(外加剂一般先溶于水)，小心拌和，至少翻拌六次。每翻拌一次后，用铁铲将全部混凝土铲切一次。拌和从加水完毕时算起，应在 10min 内完成。

(2) 机械拌和

① 机械拌和在搅拌机中进行。拌和前应将搅拌机冲洗干净，并预拌少量同种混凝土拌和物或水胶比相同的砂浆，使搅拌机内壁挂浆。

② 将称好的石料、胶凝材料、砂料、水(外加剂一般先溶于水)依次加入搅拌机，开动搅

拌机搅拌 2～3min。

③ 将拌好的混凝土拌和物卸在钢板上，刮出黏结在搅拌机上的拌和物，用人工翻拌 2～3 次，使之均匀。

注：① 在拌和混凝土时，拌和间温度宜保持在(20±5)℃。对所拌制的混凝土拌和物应避免阳光照射及电风扇对着吹风。

② 用以拌制混凝土的各种材料，其温度应与拌和间温度相同。

③ 砂、石骨料用量均以饱和面干状态下的质量为准。

④ 人工拌和一般用于拌和较少量的混凝土；采用机械拌和时，一次拌和量不宜少于搅拌机容量的 20%。

16.4.2 混凝土拌和物坍落度检测

1）混凝土拌和物坍落度试验

本方法适用于坍落度值不小于 10mm，骨料最大粒径不大于 40mm 的混凝土拌和物。测定时需拌制拌和物约 15L。

2）主要仪器设备

(1) 标准坍落度筒(如图 16-11(a))：坍落度筒为金属制截头圆锥形，上下截面必须平行并与锥体轴心垂直，筒外两侧焊把手两只，近下端两侧焊脚踏板，圆锥筒内表面必须十分光滑，圆锥筒尺寸为：

底部内径：(200±2)mm；

顶部内径：(100±2)mm；

高度：(300±2)mm。

(2) 捣棒：直径为 16mm、长为 650mm 的钢棒，端部为弹头形，如图 16-11(b)所示。

(3) 铁铲、装料漏斗。直尺(宽 40mm，厚 3～4mm，长约 300mm)、钢尺、拌板、镘刀和取样小铲等。

(4) 测定步骤

① 每次测定前，用湿布将拌板及坍落度筒内外擦净、润湿，并将筒顶部加上漏斗，放在拌板上，用双脚踩紧踏板，使其位置固定。

② 用小铲将拌好的拌和物分三层均匀装入筒内，每层装入高度在插捣后大致应为筒高的 1/3。顶层装料时，应使拌和物高出筒顶。插捣过程中，如试样沉落到低于筒口，则应随时添加，以便自始至终保持高于筒顶。每装一层分别用捣棒插捣 25 次，插捣应在全部面积上进行，以螺旋线由边缘渐向中心。插捣筒边混凝土时，捣棒应稍倾斜，然后垂直插捣中心部分。底层插捣应穿透整个深度。插捣其他两层时，应垂直插捣至下层表面为止。

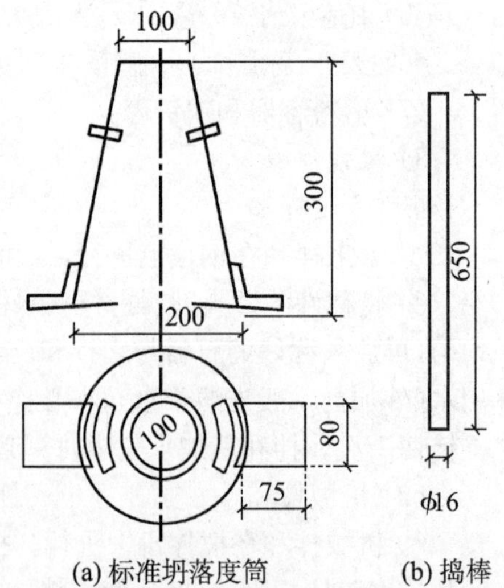

(a) 标准坍落度筒　　(b) 捣棒

图 16-11　标准坍落度筒和捣棒

③ 插捣完毕即卸下漏斗，将多余的拌和物刮去，使与筒顶面齐平，筒周围拌板上的拌和物必须刮净、

清除。

④ 将坍落度筒小心平稳地垂直向上提起，不得歪斜，提高过程约在 5～10s 内完成，将筒放在拌和物试体一旁，量出坍落后拌和物试体最高点与筒高的距离（以 mm 为单位计，读数精确至 5mm），即为拌和物的坍落度值，如图 16-12 所示。

⑤ 从开始装料到提起坍落度筒的整个过程应连续进行，并在 150s 内完成。

⑥ 坍落度筒提离后，如试件发生崩坍或一边剪坏现象，则应重新取样进行测定。如第二次仍出现这种现象，则表示该拌和物和易性不好，应予记录备查。

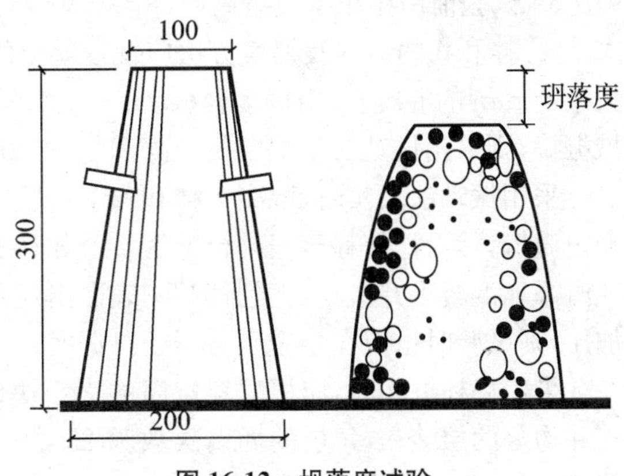

图 16-12　坍落度试验

⑦ 测定坍落度后，观察拌和物的下述性质，并记录：

黏聚性：用捣棒在已坍落的拌和物锥体侧面轻轻击打，如果锥体逐渐下沉，表示黏聚性良好；如果突然倒坍，部分崩裂或石子离析，是黏聚性不好的表现。

保水性：提起坍落度筒后如有较多的稀浆从底部析出，锥体部分的拌和物也因失浆而骨料外露，则表明保水性不好。若无这种现象，则表明保水性良好。

(5) 坍落度的调整

① 在按初步计算备好试拌材料的同时，另外还须备好两份调整坍落度用的水泥与水，备用的水泥与水的比例应符合原定的水灰比，其用量可为原来计算用量的 5%或 10%。

② 当测得拌和物的坍落度达不到要求时，或黏聚性、保水性认为不满意时，可掺入备用的 5%或 10%的水泥和水；但坍落度过大时，可酌情增加砂和石子的用量（保持砂率不变），尽快拌和均匀，重做坍落度测定。

3) 普通混凝土拌和物试验室配合比的调整

(1) 调整目的

初步计算的配合比，经过和易性调整后，材料用量将有一定的改变，故需进行调整计算，最后得出试验室配合比。

(2) 试验室配合比的调整计算

例如要求混凝土拌和物的坍落度为 20～40mm，开始测定的坍落度为零，经调整后达到 30mm 能满足要求。其调整计算方法如下：

① 试拌调整

② 混凝土拌和物表观密度测定

a. 试验目的：测定混凝土拌和物的表观密度，计算 $1m^3$ 混凝土的实际材料用量。

b. 仪器设备：磅秤（称量 100kg，感量 50g）；容量筒[金属制成的圆筒，对骨料粒径不大于 40mm 的混合料，采用容积为 5L 的容量筒，其内径与高均为（186±2）mm，筒壁厚为 3mm。骨料粒径大于 40mm 时，容量筒的内径及高均应大于骨料最大粒径的 4 倍]；捣棒（同坍落度测定用捣棒）；振动台（频率（50±3）Hz，负载振幅为 0.35mm）；小铲、抹刀、金属直尺等。

③ 试验步骤和方法

a. 试验前用湿布将容量筒内外擦干净，称出容量筒质量(精确至 50g)。

b. 拌和物的装料及捣实方法应视混凝土的稠度和施工方法而定。一般来说，坍落度不大于 70mm 的混凝土，用振动台振实；大于 70mm 的，采用捣棒人工捣实。又如施工时用机械振捣，则采用振动法捣实混凝土拌和物；如施工时用人工插捣，则同样采用人工插捣。

采用振动法捣实时，混凝土拌和物应一次装入容量筒，装料时可稍加插捣，并应装满至高出筒口，然后把筒移至振动台上振实。如在振捣过程中混凝土高度沉落到低于筒口，则应随时添加混凝土并振动，直到拌和物表面出现水泥浆为止。如在实际生产振动时尚须进行加压，则试验时也应在相应压力下予以振实。

采用捣棒捣实时，应根据容量筒的大小决定分层与插捣次数，对 5L 的容量筒，混凝土拌和物分两层装入，每层的插捣次数为 25 次。大于 5L 的容量筒，每层混凝土的高度不大于 100mm。每层插捣次数按每 100cm^2 面积不少于 12 次计算。各次插捣应均衡地分布在每层截面上，插捣底层时捣棒应贯穿整个深度；插捣顶层时，捣棒应插透本层，并使之刚刚插入下面一层。每一层捣完后可把捣棒垫在筒底，将筒按住，左右交替地颠击地面各 15 下。插捣后如有棒坑留下，可用捣棒轻轻填平。

c. 用金属直尺沿筒口将捣实后多余的混凝土拌和物刮去，仔细擦净容量筒外壁，然后称出质量(精确至 50g)。

④ 试验结果计算

用下式计算混凝土拌和物的表观密度(精确至 10kg/m^3)：

$$\rho_b = \frac{m_n - m_1}{V'_0} \tag{16-25}$$

式中：ρ_b——混凝土拌和物表观密度(kg/m^3)；

m_n——容量筒和混凝土拌和物总质量(t)；

m_1——空容量筒的质量(kg)；

V'_0——空容量筒的容积(m^3)。

⑤ 求调整后 1m^3 混凝土实际所需材料用量

如上例实测表观密度 p_b＝2 420kg/m^3 时，则：

调整后的实际体积＝15.29L

混凝土的水泥用量＝309kg/m^3

混凝土的砂用量＝671kg/m^3

混凝土的石用量＝1 245kg/m^3

混凝土的水用量＝195kg/m^3

16.4.3 混凝土拌和物密度检测

1) 试验目的

本方法依据 DL/T 5150—2001《水工混凝土试验规程》测定混凝土拌和物单位体积的质量，为配合比计算提供依据。当已知所用原材料密度时，还可以算出拌和物近似含气量。

2) 仪器设备

(1) 容量筒：金属制圆筒，筒壁应有足够刚度，使之不易变形，规格尺寸如表 16-3 所示。

（2）磅秤：根据容量筒容积的大小，选择适宜称量的磅秤（称量 50～250kg，感量 50～100g）、捣棒、玻璃板（尺寸稍大于容量筒口）、金属直尺等。

表 16-3　容量筒规格表

骨料最大粒径（mm）	容量筒容积（L）	容量筒内部尺寸（mm）	
		直径	高度
40	5	186	186
80	15	267	267
150（或 120）	80	467	467

3）试验步骤

（1）测定容量筒容积。将干净的容量筒与玻璃板一起称其质量，再将容量筒装满水，仔细用玻璃板从筒口的一边推到另一边，使筒内满水及玻璃板下无气泡。擦干筒、盖的外表面，再次称其质量。两次质量之差即为水的质量，除以该温度下水的密度，即得容量筒容积 V_c（正常情况下，水温影响可以忽略不计，水的密度可取 $1g/cm^3$）。

（2）按"混凝土拌和物室内拌和方法"拌制混凝土。

（3）擦净空容量筒，称其质量（G_1）。

（4）将混凝土拌和物装入容量筒内，在振动台上振至表面泛浆。若用人工插捣，则将混凝土拌和物分层装入筒内，每层厚度不超过 150mm，用捣棒从边缘至中心螺旋形插捣，每层插捣次数按容量筒容积分为：5L 15 次、15L 35 次、80L 72 次。底层插捣至底面，以上各层插至其下层 10～20mm 处。

（5）沿容量筒口刮除多余的拌和物，抹平表面，将容量筒外部擦净，称其质量（G_0）。

4）试验结果处理

（1）密度按下式计算（精确至 $10kg/m^3$）：

$$\rho_h = \frac{G_0 - G_1}{V_c} \times 1\,000 \tag{16-26}$$

式中：ρ_h——混凝土拌和物的密度（kg/m^3）；

G_0——混凝土拌和物及容量筒总质量（kg）；

G_1——容量筒质量（kg）；

V_c——容量筒的容积（L）。

（2）含气量按式（16-27）计算，不含气时的理论密度按式（16-28）计算：

$$A = \frac{\rho_0 - \rho_h}{\rho_0} \times 100 \tag{16-27}$$

$$\rho_0 = \frac{C + S + G + W}{C/\rho_c + S/\rho_s + G/\rho_g + W} \tag{16-28}$$

式中：A——混凝土拌和物的含气量（%）；

ρ_0——混凝土拌和物不含气时的理论密度（kg/m^3）；

C、S、G、W——分别为拌和物中水泥、砂、石及水的质量（kg）；

ρ_c、ρ_s、ρ_g——分别为水泥、砂、石的密度或表观密度（kg/m^3）。

16.4.4 混凝土的成型与养护方法

1）试验目的

本方法依据 DL/T 5150—2001《水工混凝土试验规程》，为室内混凝土性能试验制作试件。

2）仪器设备

(1) 试模：一般要求试模最小边长应不小于最大骨料粒径的三倍。试模拼装应牢固，不漏浆，振捣时不得变形。尺寸精度要求：边长误差不得超过 1/150；角度误差不得超过 0.5°；平整度误差不得超过边长的 0.05%。

(2) 振动台：频率(50±3)Hz，空载时台面中心振幅为 0.5mm。

(3) 捣棒：直径为 16mm，长为 650mm，一端为弹头形的金属棒。

(4) 养护室：标准养护室温度应控制在(20±3)℃；相对湿度在 95%以上。在没有标准养护室时，试件可在(20±3)℃的静水中养护，但应在报告中注明。

3）试验步骤

(1) 制作试件前应将试模擦拭干净，并在其内壁上刷一层矿物油或其他脱模剂。

(2) 按本规程“混凝土拌和物室内拌和方法”拌制混凝土拌和物。如混凝土拌和物骨料最大粒径超过试模最小边长的 1/3 时，大骨料用湿筛法筛除。

(3) 试件的成型方法应根据混凝土拌和物的坍落度而定。混凝土拌和物坍落度小于 90cm 时宜采用振动台振实，混凝土拌和物坍落度大于 90mm 时宜采用捣棒人工捣实。采用振动台成型时，应将混凝土拌和物一次性装入试模，装料时应用抹刀沿试模内壁略加插捣并使混凝土拌和物高出试模上口，振动应持续到混凝土表面出浆为止(一般振动时间为 30s 左右)。采用捣棒人工插捣时，每层装料厚度不应大于 100mm，插捣应按螺旋方向从边缘向中心均匀进行，插捣底层时，捣棒应达到试模底面，插捣上层时，捣棒应穿至下层 20～30mm，插捣时捣棒应保持垂直，同时，还应用抹刀沿试模内壁插入数次。每层的插捣次数一般每 100cm^2 不少于 12 次(以插捣密实为准)。成型方法需在试验报告中注明。

(4) 试件成型后，在混凝土初凝前 1～2h，需进行抹面，要求沿模口抹平。

(5) 根据试验目的不同，试件可采用标准养护或与构件同条件养护。确定混凝土特征值、强度等级和进行材料性能研究时应采用标准养护。在施工过程中作混凝土强度等性能检测的试件(如决定构件的拆模、起吊、施加预应力等)应采用同条件养护。

(6) 采用标准养护的试件，成型后的带模试件宜用湿布或塑料布覆盖，以防止水分蒸发，并在(20±5)℃的室内静置 24～48h，然后拆模并编号。拆模后的试件应立即放入标准养护室中养护。在标准养护室内试件应放在架上，彼此间隔 1～2cm，并应避免用水直接冲淋试件。

(7) 采用同条件养护的试件，成型后应覆盖表面。试件的拆模时间可与实际构件的拆模时间相同。拆模后试件仍须同条件养护。

(8) 每一龄期力学性能试验的试件个数，除特殊规定外，一般以三个试件为一组。

16.4.5 混凝土立方体抗压强度检测

1) 试验目的

本方法依据 DL/T 5150—2001《水工混凝土试验规程》测定混凝土立方体试件的抗压强度。

2) 仪器设备

(1) 压力机或万能试验机:试件的预计破坏荷载应在试验机全量程的 20%～80%。试验机应定期(一年)校正,示值误差不应大于标准值的±2%。

(2) 钢制垫板:其尺寸比试件承压面稍大,平整度误差不大于边长的 0.02%。

(3) 试模:规格视骨料最大粒径按表 16-4 确定。

表 16-4 骨料最大粒径与试模规格表

骨料最大粒径(mm)	试模规格(mm)	骨料最大粒径(mm)	试模规格(mm)
30	100×100×100	80	300×300×300
40	150×150×150	150	500×500×500

3) 试验步骤

(1) 按本规程"混凝土拌和物室内拌和方法"及"混凝土的成型与养护方法"的有关规定制作试件。

(2) 到达试验龄期时,从养护室取出试件,并尽快试验。试验前需用湿布覆盖试件,防止试件干燥。

(3) 试验前将试件擦拭干净,测量尺寸,并检查其外观,当试件有严重缺陷时应废弃。试件尺寸测量精确至 1mm,并据此计算试件的承压面积。如实测尺寸与公称尺寸之差不超过 1mm,可按公称尺寸进行计算。试件承压面的不平整度误差不得超过边长的 0.05%,承压面与相邻面的不垂直度不应超过±1°。

(4) 将试件放在试验机下压板正中间,上下压板与试件之间宜垫以垫板,试件的承压面应与成型时的顶面垂直。开动试验机,当上垫板与上压板即将接触时如有明显偏斜,应调整球座,使试件受压均匀。

(5) 以每秒 0.3～0.5MPa 的速度连续而均匀地加荷。当试件接近破坏而开始迅速变形时,停止调整试验机油门,直至试件破坏,并记录破坏荷载。

4) 结果处理

(1) 混凝土立方体抗压强度按下式计算(精确至 0.1MPa):

$$R = \frac{P}{A} \tag{16-29}$$

式中:R——试验龄期的混凝土立方体抗压强度(MPa);

P——破坏荷载(N);

A——试件承压面积(mm^2)。

(2) 以三个试件测值的平均值作为该组试件的抗压强度试验结果。当三个试件强度的最大值或最小值之一与中间值之差超过中间值的 15%时,取中间值。当三个试件强度中的最大值和最小值与中间值之差均超过中间值的 15%时,该组试验应重做。

(3) 混凝土的立方体抗压强度以边长为150mm的立方体试件的试验结果为标准,其他尺寸试件的试验结果均应换算成标准值。对边长为100mm的立方体试件,试验结果应乘以换算系数0.95;边长为300mm、500mm的立方体试件,试验结果应分别乘以换算系数。

16.4.6 混凝土抗折强度检测

1) 试验目的

本方法依据DL/T 5150—2001《水工混凝土试验规程》,用简支梁三分点加荷法测定混凝土的抗弯强度。

2) 仪器设备

(1) 试验机:万能试验机或带有抗弯试验架的压力试验机,其要求与"混凝土立方体抗压强度检测"有关规定相同。

(2) 试验加荷装置:双点加荷的钢制加压头,其要求应使两个相等的荷载同时作用在小梁的两个三分点处。与试件接触的两个支座头和两个加压头应具有直径约15mm的弧形端面,其中的一个支座头及两个加压头宜做成既能滚动又能前后倾斜。试件受力情况如图16-13所示。

(3) 试模:混凝土抗弯强度试验应采用150mm×150mm×600mm(或550mm)小梁作为标准试件。制作标准试件所用混凝土骨料最大粒径不应大于40mm,必要时可采用100mm×100mm×400mm(或515mm)试件,此时,混凝土中骨料最大粒径不应大于30mm。

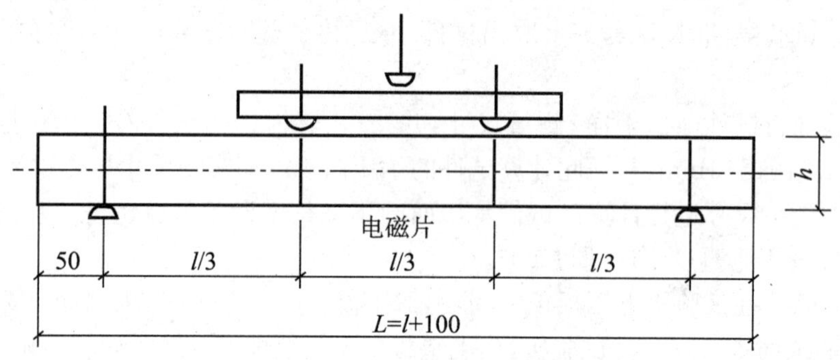

图16-13 抗弯试验示意图

3) 试验步骤

(1) 按本规程"混凝土拌和物室内拌和方法"及"混凝土的成型与养护方法"的有关规定制作试件。

(2) 到达试验龄期时,从养护室取出试件,并尽快试验。试验前须用湿布覆盖试件,防止试件干燥。

(3) 试验前将试件擦拭干净,检查外观。试件不得有明显缺陷,在试件侧面画出加荷点位置。

(4) 将试件在试验机的支座上放稳对准,承压面应选择试件成型时的侧面。开动试验机,当加荷压头与试件快接近时,调整加荷压头及支座,使接触均衡。如加荷压头及支座不能接触均衡,则接触不良处应予以垫平。

(5) 开动试验机,以250N/s的速度连续而均匀地加荷(不得冲击)。当试件接近破坏时应停止调整试验机油门直至试件破坏,并记录破坏荷载。

4）结果处理

（1）混凝土抗弯强度按下式计算（精确至 0.01MPa）：

$$R_w = \frac{PL}{bh^2} \tag{16-30}$$

式中：R_w——混凝土抗弯强度（MPa）；

P——破坏荷载（N）；

L——支座间距，即跨度（mm）；

b——试件截面宽度（mm）；

h——试件截面高度（mm）。

（2）抗弯强度以三个试件抗弯强度中的最大值或最小值之一与中间值之差超过中间值的 15%时，取中间值；当三个试件抗弯强度中的最大值和最小值与中间值之差均超过中间值的 15%时，该组试验应重做。

（3）采用 100mm×100mm×400mm 试件时，抗弯强度试验结果需乘以换算系数 0.85。

16.4.7 混凝土劈裂抗拉强度检测

1）试验目的

本方法依据 DL/T 5150—2001《水工混凝土试验规程》测定混凝土立方体试件的劈裂抗拉强度。

2）仪器设备

（1）试验机：与“混凝土立方体抗压强度检测”相同。

（2）试模：劈裂抗拉强度试验应采用 150mm×150mm×150mm 的立方体试模作为标准试模。制作标准试件所用混凝土骨料的最大粒径不应大于 40mm。必要时可采用非标准尺寸的立方体试件，非标准试件混凝土的试模规格视骨料最大粒径按“混凝土立方体抗压强度检测”中“骨料最大粒径与试模规格表”选用。

（3）垫条：采用直径为 150mm 的钢制弧形垫条，其截面尺寸如图 16-14 所示。

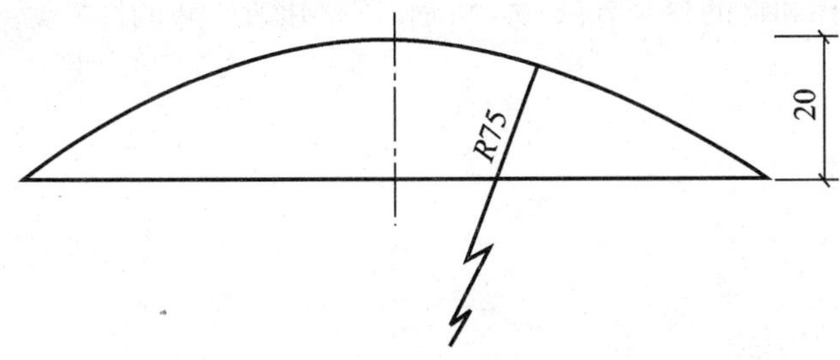

图 16-14 劈裂抗拉强度检测用垫条

（4）垫层：用于垫条与试件之间，系木质三合板或硬质纤维板。宽 15～20mm，厚 3～4mm，长度不应小于试件边长。垫层不得重复使用。

3）检测步骤

（1）按“混凝土拌和物室内拌和方法”和“混凝土的成型与养护方法”的有关规定制作试件。

（2）到达试验龄期时，从养护室取出试件，并尽快试验。试验前需用湿布覆盖试件，防止试件干燥。

(3) 试验前将试件擦拭干净，检查外观，并在试件成型时的顶面和底面中部画出相互平行的直线，准确定出劈裂面的位置。

(4) 将试件放在压力试验机下压板的中心位置。在上、下压板与试件之间垫以圆弧形垫条及垫层各一条，垫条方向应与成型时的顶面垂直。为保证上、下垫条对准及提高工作效率，可以把垫条安装在定位架上使用。开动试验机，当上压板与试件接近时，调整球座，使接触均衡。

(5) 以 0.04～0.06MPa/s 的速度连续而均匀地加载。当试件接近破坏时，应停止调整油门，直至试件破坏，并记录破坏荷载。

4) 检测结果处理

(1) 混凝土劈裂抗拉强度按下式计算(精确至 0.1MPa)：

$$R_{pl} = \frac{2P}{\pi A} = 0.637\frac{P}{A} \tag{16-31}$$

式中：R_{pl}——试验龄期的混凝土劈裂抗拉强度(MPa)；

P——破坏荷载(N)；

A——试件劈裂面面积(mm^2)。

(2) 以三个试件测值的平均值作为该组试件劈裂抗拉强度的试验结果。当三个试件强度中的最大值或最小值之一与中间值之差超过中间值的 15%时，取中间值；当三个试件测值中的最大值和最小值与中间值之差均超过中间值的 15%时，该组试验应重做。

16.5 建筑砂浆试验

16.5.1 建筑砂浆的拌和

1) 试验目的

学会建筑砂浆拌和物的拌制方法，为测试和调整建筑砂浆的性能，为进行砂浆配合比设计打下基础。

2) 主要仪器设备

(1) 砂浆搅拌机。

(2) 磅秤。

(3) 天平。

(4) 拌和钢板、镘刀等。

3) 拌和方法

(1) 一般规定

① 拌制砂浆所用的原材料应符合质量标准，并要求提前运入试验室内，拌和时试验室的温度应保持在(20±5)℃。

② 水泥如有结块应充分混合均匀，以 0.9mm 筛过筛，砂也应以 5mm 筛过筛。

③ 拌制砂浆时，材料称量计量的精度：水泥、外加剂等为±0.5%；砂、石灰膏、黏土膏等为±1%。

④ 拌制前应将搅拌机、搅和铁板、拌铲、镘刀等工具表面用水润湿，注意拌和铁板上不得有积水。

(2) 人工拌和法

① 将拌和铁板与拌铲等用湿布润湿后，将称好的砂子平摊在拌和板上，再倒入水泥，用拌铲自拌和板一端翻拌至另一端。如此反复，直至拌匀。

② 将拌匀的混合料集中成锥形，在锥顶上做一凹槽，将称好的石灰膏或黏土膏倒入凹槽中，再倒入适量的水将石灰膏或黏土膏稀释（如为水泥砂浆，将称好的水倒一部分到凹槽里），然后与水泥及砂一起拌和，逐次加水，仔细拌和均匀。

③ 拌和时间一般需 5min，和易性满足要求即可。

(3) 机械拌和法

① 拌前先对砂浆搅拌机挂浆，即用按配合比要求的水泥、砂、水，在搅拌机中搅拌（涮膛），然后倒出多余砂浆。其目的是防止正式拌和时水泥浆挂失影响到砂浆的配合比。

② 将称好的砂、水泥倒入搅拌机内。

③ 开动搅拌机，将水徐徐加入（如是混合砂浆，应将石灰膏或黏土膏用水稀释成浆状），搅拌时间从加水完毕算起为 3min。

④ 将砂浆从搅拌机倒在铁板上，再用铁铲翻拌两次，使之均匀。

16.5.2 建筑砂浆的稠度试验

1) 试验目的

通过稠度试验，可以测得达到设计稠度时的加水量，或在现场对要求的稠度进行控制，以保证施工质量。掌握《建筑砂浆基本性能试验方法》(JGJ 70—90)，正确使用仪器设备。

2) 主要仪器设备

(1) 砂浆稠度测定仪，如图 16-15 所示。

(2) 钢制捣棒：直径为 10mm，长为 350mm，一端呈半球形的钢棒。

(3) 台秤、量筒、秒表等。

3) 试验步骤

(1) 盛浆容器和试锥表面用湿布擦干净后，将拌好的砂浆一次性装入容器，使砂浆表面低于容器口 10mm 左右，用捣棒自容器中心向边缘插捣 25 次，然后轻轻地将容器摇动或敲击 5～6 下，使砂浆表面平整，随后将容器置于稠度测定仪的底座上。

(2) 拧开试锥滑杆的制动螺丝，向下移动滑杆。当试锥尖端与砂浆表面刚接触时拧紧制动螺丝，使齿条侧杆下端刚接触滑杆上端，并将指针对准零点。

(3) 拧开制动螺丝，同时计时间，待 10s 立刻固定螺丝，将齿条测杆下端接触滑杆上端，从刻度盘上读出下沉深度（精确到 1mm）即为砂浆的稠度值。

(4) 圆锥形容器内的砂浆，只允许测定一次稠度，重复测

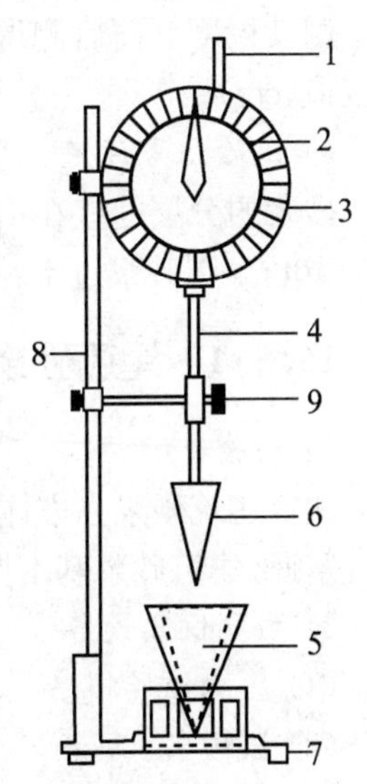

图 16-15 砂浆稠度测定仪

1—齿条测杆；2—指针；3—刻度盘；4—滑杆；5—圆锥筒；6—圆锥体；7—底座；8—支架；9—制动螺钉

定时，应重新取样测定。

4）试验结果评定

(1) 取两次试验结果的算术平均值作为砂浆稠度的测定结果，计算值精确至 1mm。

(2) 两次试验值之差如大于 20mm，则应另取砂浆搅拌后重新测定。

16.5.3 建筑砂浆分层度试验

1）试验目的

测定砂浆拌和物在运输及停放时的保水能力及砂浆内部各组分之间的相对稳定性，以评定其和易性。掌握《建筑砂浆基本性能试验方法》(JGJ 70—90)，正确使用仪器设备。

2）主要仪器设备

(1) 砂浆分层度筒，如图 16-16 所示。

(2) 砂浆稠度测定仪。

(3) 水泥胶砂振实台。

(4) 秒表等。

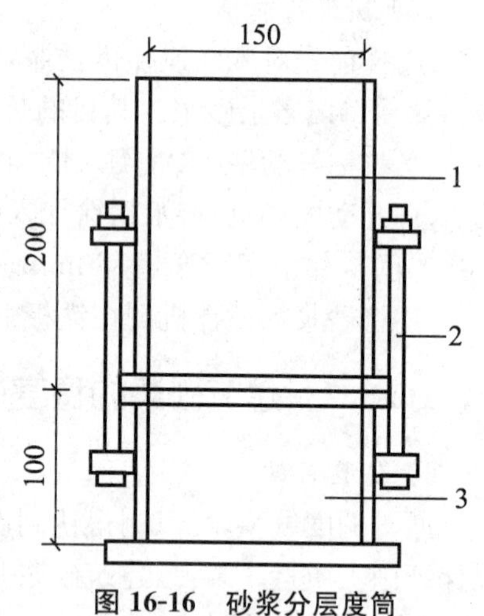

图 16-16 砂浆分层度筒

1—无底圆筒；2—连接螺栓；3—有底圆筒

3）试验步骤

(1) 首先将砂浆拌和物按稠度试验方法测定稠度。

(2) 将砂浆拌和物一次性装入分层度筒内，待装满后，用木锤在容器周围距离大致相等的四个不同地方轻轻敲击 1～2 下，如砂浆沉落到低于筒口，则应随时添加，然后刮去多余的砂浆并用镘刀抹平。

(3) 静置 30min 后去掉上节 200mm 砂浆，剩余的 100mm 砂浆倒出放在拌和锅内拌 2min，再按稠度试验方法测其稠度。前后测得的稠度之差即为该砂浆的分层度值(cm)。

4）试验结果评定

砂浆的分层度宜在 10～30mm 之间，如大于 30mm 易产生分层、离析和泌水等现象；如小于 10mm 则砂浆过干，不宜铺设且容易产生干缩裂缝。

16.5.4 建筑砂浆立方体抗压强度试验

1）试验目的

测定建筑砂浆立方体的抗压强度，以便确定砂浆的强度等级并可判断是否达到设计要求。掌握《建筑砂浆基本性能试验方法》(JGJ 70—90)，正确使用仪器设备。

2）主要仪器设备

(1) 压力试验机。

(2) 试模(7.07cm×7.07cm×7.07cm)。

(3) 捣棒(直径为 10mm，长为 350mm，一端呈半圆形)、垫板等。

3）试件制备

(1) 制作砌筑砂浆试件时，将无底试模放在预先铺有吸水性较好的湿纸的普通黏土砖上(砖的吸水率不小于 10%，含水率不大于 2%)，试模内壁事先涂刷脱膜剂或薄层机油。

(2) 放在砖上的湿纸，应为湿的新闻纸(或其他未粘过胶凝材料的纸)，纸的大小要以能盖过砖的四边为准。砖的使用面要求平整，凡砖四个垂直面粘过水泥或其他胶结材料后，不允许再使用。

(3) 向试模内一次性注满砂浆，用捣棒均匀地由外向里按螺旋方向插捣25次。为了防止低稠度砂浆插捣后可能留下孔洞，允许用油灰刀沿模壁插数次，使砂浆高出试模顶面6～8mm。

(4) 当砂浆表面开始出现麻斑状态时(约15～30min)，将高出部分的砂浆沿试模顶面削去抹平。

4) 试件养护

(1) 试件制作后应在(20±5)℃温度环境下停置一昼夜[(24±2)h]，当气温较低时，可适当延长时间，但不应超过两昼夜，然后对试件进行编号并拆模。试件拆模后，应在标准养护条件下继续养护至28d，然后进行试压。

(2) 标准养护条件。

① 水泥混合砂浆温度应为(20±3)℃，相对温度为60%～80%。

② 水泥砂浆和微沫砂浆温度应为(20±3)℃，相对湿度为90%以上。

③养护期间，试件彼此间隔不少于10mm。

(3) 当无标准养护条件时，可采用自然养护。

① 水泥混合砂浆应在正常温度，相对湿度为60%～80%的条件下(如养护箱中或不通风的室内)养护。

② 水泥砂浆和微沫砂浆应在正常温度并保持试块表面湿润的状态下(如湿砂堆中)养护。

③ 养护期间必须做好温度记录。

(4) 在有争议时，以标准养护为准。

5) 立方体抗压强度试验

(1) 试件从养护地点取出后应尽快进行试验，以免试件内部的温度发生显著变化。试验前先将试件擦拭干净，测量尺寸，并检查其外观。试件尺寸测量精确至1mm，并据此计算试件的承压面积。如实测尺寸与公称尺寸之差不超过1mm，可按公称尺寸进行计算。

(2) 将试件安放在试验机的下压板上(或下垫板上)，试件的承压面应与成型时的顶面垂直，试件中心应与试验机下压板中心对准。开动试验机，当上压板与试件(或上垫板)接近时调整球座，使接触面均衡承压。试验时应连续而均匀地加荷，加荷速度应为0.5～1.5kN/s(砂浆强度在5MPa以下时，取下限为宜；砂浆强度在5MPa以上时，取上限为宜)，当试件接近破坏而开始迅速变形时，停止调整试验油门，直至试件破坏，然后记录破坏荷载。

6) 试验结果计算与处理

(1) 砂浆立方体抗压强度应按下式计算(精确至0.1MPa)：

$$f_{m,cn} = \frac{P}{A} \tag{16-32}$$

式中：$f_{m,cn}$——砂浆立方体试件的抗压强度值(MPa)；

P——试件破坏荷载(N)；

A——试件承压面积(mm^2)。

(2) 以六个试件测定值的算术平均值作为该组试件的抗压强度值,平均值计算精确至0.1MPa。

当六个试件的最大值或最小值与平均值的差超过20%时,以中间四个试件的平均值作为该组试件的抗压强度值。

16.6 砌墙砖试验

16.6.1 概述

1) 试验目的

本方法依据GB/T 2542—2003《砌墙砖检验方法》进行检测。

砌墙砖系指以黏土、工业废料或其他地方资源为主要原料,以不同工艺制造的、用于砌筑承重和非承重墙体的墙砖。

2) 取样

本方法适用于烧结砖和非烧结砖。烧结砖包括烧结普通砖、烧结多孔砖以及烧结空心砖和空心砌块(以下简称空心砖);非烧结砖包括蒸压灰砂砖、粉煤灰砖、炉渣砖和碳化砖等。

检验批的构成原则和批量大小按规定,第3.5万~15万块为一批,不足3.5万块按一批计。外观质量检验的试样采用随机抽样法,在每一检验批的产品堆垛中抽取;尺寸偏差检验的样品用随机抽样法从外观质量检验合格后的样品中抽取。抽样数量按表16-5进行。

表16-5 单项试验所需砖样数

检验项目	外观质量	尺寸偏差	强度等级	泛霜	石灰爆裂	冻融	吸水率和饱和系数
抽取砖样(块)	50	20	10	5	5	5	5

16.6.2 尺寸偏差检测

1) 主要仪器设备

砖用卡尺,分度值为0.5mm,如图16-17所示。

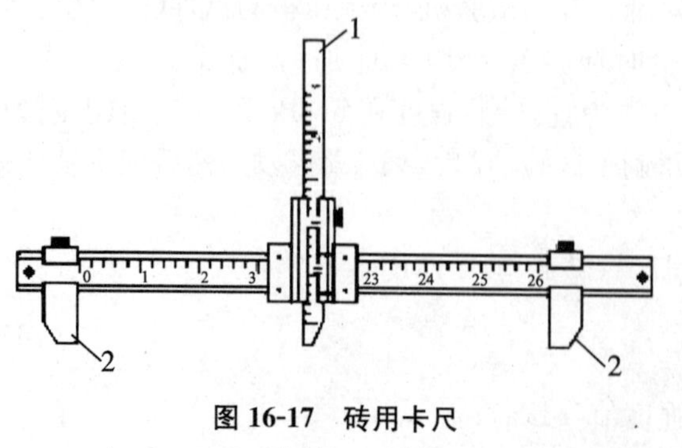

图16-17 砖用卡尺

1—垂直尺;2—支脚

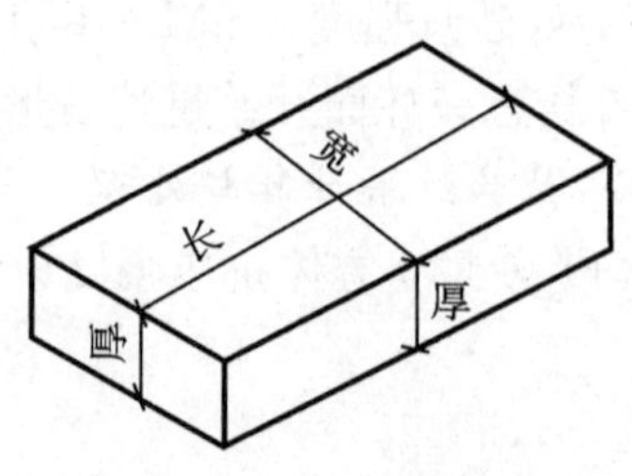

图16-18 尺寸测量方法

2）测量方法

检验样品数为 20 块，其中每一尺寸测量不足 0.5mm 的按 0.5mm 计，每一方向以两个测量值的算术平均值表示。长度应在砖的两个大面的中间处分别测量两个尺寸；宽度应在砖的两个大面的中间处分别测量两个尺寸；高度应在两个条面的中间处分别测量两个尺寸，如图 16-18 所示。当被测处有缺损或凸出时，可在其旁边测量，但应选择不利的一侧。

3）结果评定

结果分别以长度、高度和宽度的最大偏差值表示，不足 1mm 者按 1mm 计。

16.6.3 外观质量检查

1）试验目的

通过外观质量检测，作为评定砖的产品质量等级的依据。

2）试验原理

通过两侧试样的长、宽、高三个方向的尺寸，可求出砖试样尺寸与标准尺寸的平均偏差与最大偏差值，对照国标规定的尺寸允许偏差值可判定砖尺寸的合格性。

3）主要仪器设备

(1) 砖用卡尺，分度值为 0.5mm。

(2) 钢直尺，分度值为 1mm。

4）试验步骤

(1) 缺损测量

缺棱掉角在砖上造成的破损程度，以破损部分对长、宽、高三个棱边的投影尺寸来度量，称为破坏尺寸，如图 16-19 所示。缺损造成的破坏面，系指缺损部分对条、顶面（空心砖为条）、大面的投影面积，如图 16-20 所示。空心砖内壁残缺及肋缺尺寸，以长度方向的投影尺寸来度量。

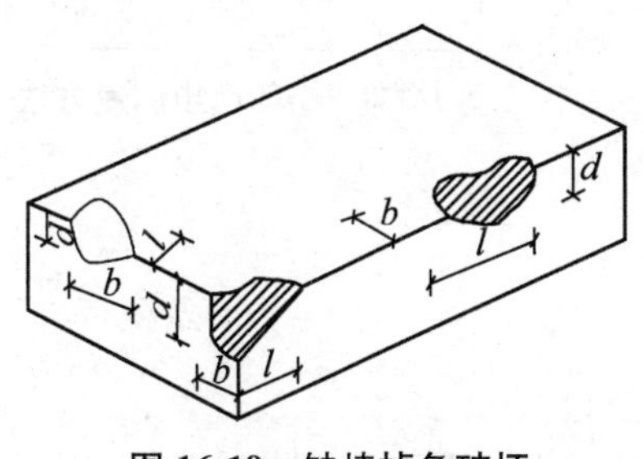

图 16-19 缺棱掉角破坏尺寸测量方法图

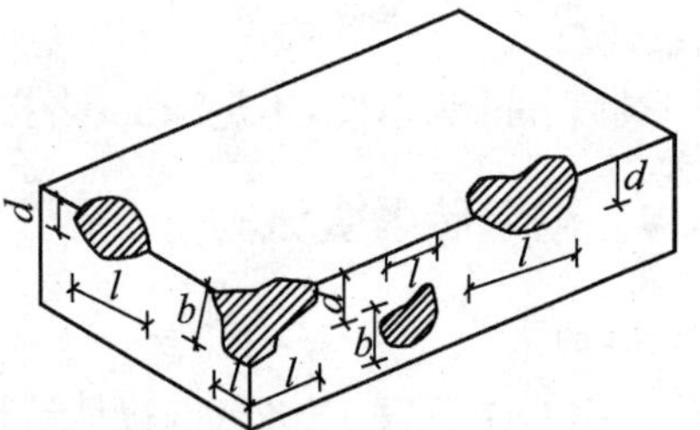

图 16-20 缺损在条、顶面上造成的破坏面测量方法

(2) 裂纹测量

裂纹分为长度方向、宽度方向和水平方向三种，以被测方向的投影长度表示，如果裂纹从一个面延伸至其他面上时，则累计其延伸的投影长度，如图 16-21 所示。

多孔砖的孔洞与裂纹相通时，则将孔洞包括在裂纹内一并测量，如图 16-22 所示。裂纹长度以在三个方向上分别测得的最长裂纹作为测量结果。

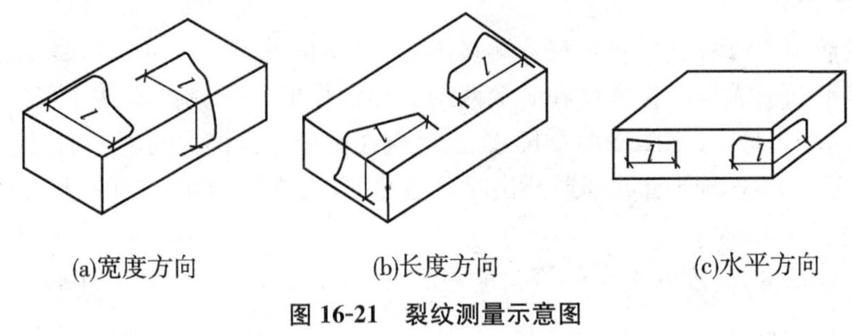

(a)宽度方向　　(b)长度方向　　(c)水平方向

图 16-21　裂纹测量示意图

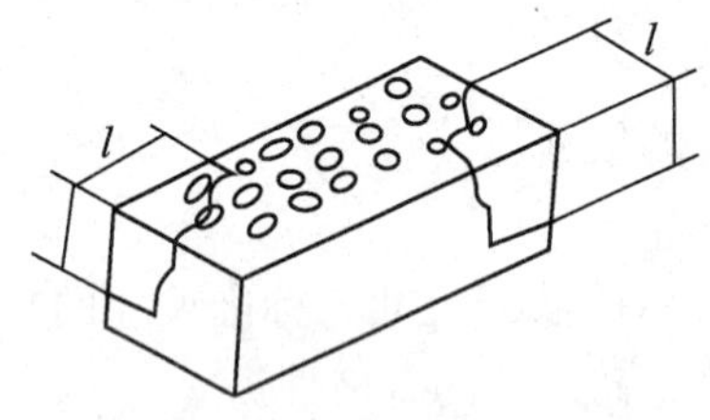

图 16-22　多孔砖裂纹尺寸测量方法

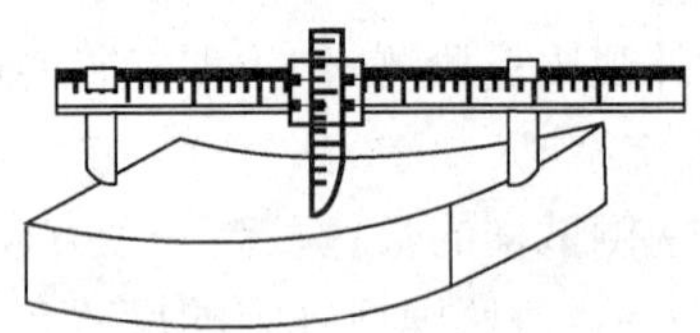

图 16-23　弯曲测量方法

(3) 弯曲测量

弯曲分别在大面和条面上测量，测量时将砖用卡尺的两支脚沿棱边两端放置，择其弯曲最大处将垂直尺推至砖面，如图 16-23 所示，但不应将因杂质或碰伤造成的凹处计算在内。以弯曲中测得的较大者作为测量结果。

(4) 杂质凸出高度

测量杂质在砖面上造成的凸出高度，以杂质距砖面的最大距离表示。测量时将砖用卡尺的两支脚置于凸出两边的砖平面上，以垂直尺测量，如图 16-24 所示。

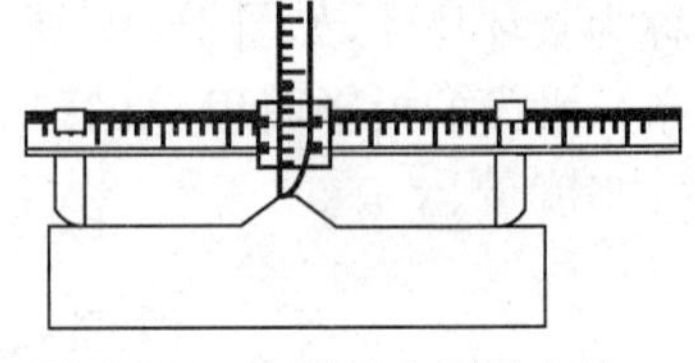

图 16-24　杂质凸出测量方法

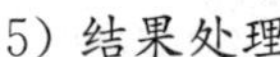

5）结果处理

外观测量以 mm 为单位，不足 1mm 者按 1mm 计。

16.6.4　砌墙砖强度试验

1）试验目的

本方法依据 GB/T 2542—2003《砌墙砖检验方法》进行检测。

砌墙砖系指以黏土、工业废料或其他地方资源为主要原料，以不同工艺制造的、用于砌筑承重和非承重墙体的墙砖。

本方法适用于烧结砖和非烧结砖。烧结砖包括烧结普通砖、烧结多孔砖以及烧结空心砖和空心砌块(以下简称空心砖)；非烧结砖包括蒸压灰砂砖、粉煤灰砖、炉渣砖和碳化砖等。

2）仪器设备

(1) 材料试验机：试验机的示值相对误差不大于±1%，其下加压板应为球绞支座，预期最大破坏荷载应在量程的 20%～80%之间。

(2) 抗折夹具：抗折试验的加荷形式为三点加荷，其上压辊和下支辊的曲率半径为 15mm，下支辊应有一个为铰接固定。

(3) 抗压试件制备平台:试件制备平台必须平整水平,可用金属或其他材料制作。

(4) 水平尺:规格为 250～300mm。

(5) 钢直尺:分度值为 1mm。

3) 抗压强度试验

(1) 试样

① 试样数量:烧结普通砖、烧结多孔砖和蒸压灰砂砖为 5 块评定强度等级时试样数为 10 块,其他砖为 10 块(空心砖大面和条面抗压各 5 块)。

② 非烧结砖也可用抗折强度试验后的试样作为抗压强度试样。

(2) 试件制备

① 烧结普通砖

a. 将试样切断或锯成两个半截砖,断开的半截砖长不得小于 100mm,如图 16-25 所示。如果不足 100mm,应另取备用试样补足。

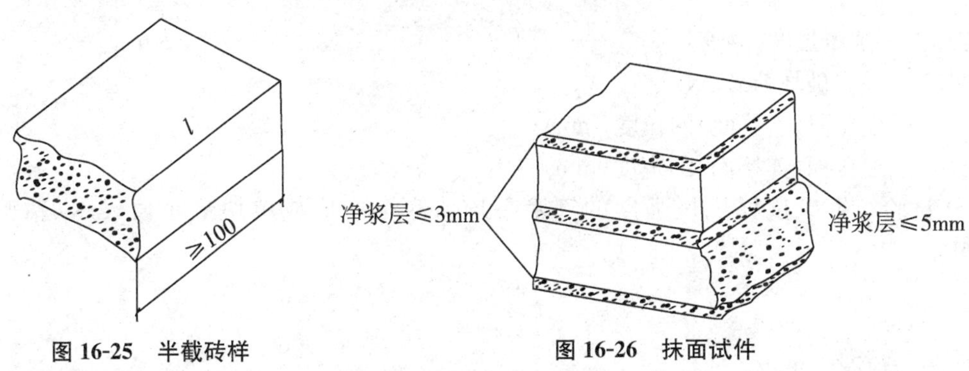

图 16-25　半截砖样　　　　图 16-26　抹面试件

b. 在试样制备平台上,将已断开的半截砖放入室温的净水中浸 10～20min 后取出,并以断口相反方向叠放,两者中间抹以厚度不超过 5mm 的用 32.5 级普通硅酸盐水泥调制成稠度适宜的水泥净浆黏结,上下两面用厚度不超过 3mm 的同种水泥浆抹平。制成的试件上下两面须相互平行,并垂直于侧面,如图 16-26 所示。

② 多孔砖、空心砖

a. 多孔砖以单块整砖沿竖孔方向加压,空心砖以单块整砖沿大面和条面方向分别加压。

b. 试件制作采用坐浆法操作。即将玻璃板置于试件制备平台上,其上铺一张湿的垫纸,纸上铺一层厚度不超过 5mm 的用 32.5 或 42.5 普通硅酸盐水泥制成稠度适宜的水泥净浆,再将在水中浸泡 10～20min 的试样平稳地将受压面坐放在水泥浆上,在另一受压面上稍加压力,使整个水泥层与砖受压面相互黏结,砖的侧面应垂直于玻璃板。待水泥浆适当凝固后,连同玻璃板翻放在另一铺纸放浆的玻璃板上,再进行坐浆,用水平尺校正玻璃板的水平。

③ 非烧结砖

将同一块试样的两半截砖断口相反叠放,叠合部分不得小于 100mm,即为抗压强度试件。如果不足 100mm 时,则应剔除另取备用试样补足。

(3) 试件养护

① 制成的抹面试件应置于不低于 10℃的不通风室内养护 3d 后再进行试验。

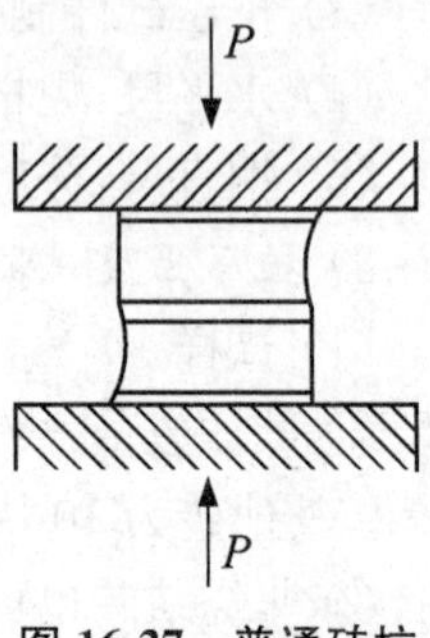

图 16-27　普通砖抗压强度试验示意图

② 非烧结砖试件不需养护，直接进行试验。

(4) 试验步骤

① 测量每个试件连接面或受压面的长、宽尺寸各两个，分别取其平均值，精确至 1mm。

② 将试件平放在加压板的中央，垂直于受压面加荷，如图 16-27 所示，加荷应均匀平稳，不得发生冲击或振动。加荷速度以 2～6kN/s 为宜，直至试件破坏为止，记录最大破坏荷载 P(N)。

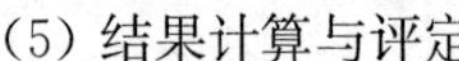

(5) 结果计算与评定

① 每块试样的抗压强度 R_p 按下式计算(精确至 0.01MPa)：

$$R_p = \frac{P}{LB} \tag{16-33}$$

式中：R_p——抗压强度(MPa)；

P——最大破坏荷载(N)；

L——受压面(连接面)的长度(mm)；

B——受压面(连接面)的宽度(mm)。

② 试验结果以试样抗压强度的算术平均值和标准值或单块最小值表示(精确至 0.1MPa)。

16.7　钢筋试验

1) 一般规定

(1) 同一以面尺寸和同一炉罐号组成的钢筋分批验收时，每批质量不大于 60t。

(2) 钢筋应有出厂证明书或试验报告单。验收时应抽样作机械性能试验，包括拉力试验和冷弯试验两个项目。两个项目中如有一个项目不合格，该批钢筋即为不合格品。

(3) 钢筋在使用中如有脆断、焊接性能不良或机械性能显著不正常时，尚应进行化学成分分析，或其他专项试验。

(4) 取样方法和结果评定规定，每批钢筋任意抽取两根，于每根距端部 50mm 处各取一套试样(两根试件)，在每套试件中取一根作拉力试验，另一根作冷弯试验。在拉力试验的两根试件中，如其中一根试件的屈服点、抗拉强度和伸长率三个指标中有一个指标达不到标准中规定的数值，应再抽取双倍(四根)钢筋，制取双倍(四根)试件重做试验，如仍有一根试件的一个指标达不到标准要求，则不论这个指标在第一次试件中是否达到标准要求，拉力试验项目也作为不合格。在冷弯试验中，如有一根试件不符合标准要求，应同样抽取双倍钢筋制成双倍试件重做试验，如仍有一根试件不符合标准要求，冷弯试验项目即为不合格。

(5) 试验应在(20±10)℃下进行，如试验温度超出这一范围，应于试验记录和报告中注明。

2）钢筋的拉伸性能试验

（1）试验目的

测定低碳钢的屈服强度、抗拉强度、伸长率三个指标，作为评定钢筋强度等级的主要技术依据。掌握《金属材料室温拉伸试验方法》（GB/T 228—2002）和钢筋强度等级的评定方法。

（2）主要仪器设备

① 万能试验机。为保证机器安全和试验准确，其吨位选择最好使试件达到最大荷载时，指针位于指示度盘第三象限内。试验机的测力示值误差不大于1%。

② 直钢尺、量爪游标卡尺（精确度为0.1mm）、两脚扎规、打点机等。

（3）试件制作和准备

① 抗拉试验用钢筋试件一般不经过车削加工，可以用两个或一系列等分小冲点或细划线标出原始标距（标记不应影响试样断裂）。

② 试件原始尺寸的测定

a. 测量标距长度 L_0，精确到0.1mm，如图16-28所示。

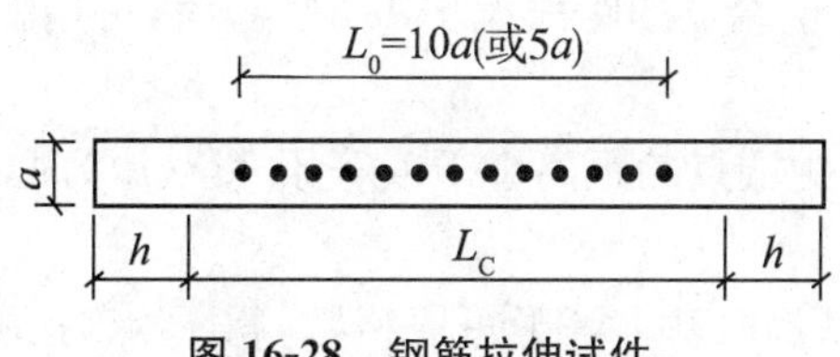

图16-28 钢筋拉伸试件

L_0—标距长度；a—试样原始直径；h—夹头长度；L_c—试样平行长度（不小于 L_0+a）

计算钢筋强度用横截面积采用如表16-6所示公称横截面积。

表16-6 钢筋的公称横截面积

公称直径(mm)	公称横截面积(mm^2)	公称直径(mm)	公称横截面积(mm^2)
8	50.27	22	380.1
10	78.54	25	490.9
12	113.1	28	615.8
13	153.9	32	804.2
16	201.1	36	1 018
18	254.5	40	1 257
20	313.2	50	1 964

b. 圆形试件横断面直径应在标距的两端及中间处两个相互垂直的方向上各测一次，取其算术平均值，选用三处测得的横截面积中的最小值。横截面积按下式计算：

$$A_0 = \frac{1}{4}\pi d_0^2 \qquad (16-34)$$

式中：A_0——试件的横截面积(mm^2)；

d_0——圆形试件原始横断面直径(mm)。

(4) 试验步骤

① 屈服强度与抗拉强度的测定

a. 调整试验机测力度盘的指针，使其对准零点，并拨动副指针，使其与主指针重叠。

b. 将试件固定在试验机夹头内，开动试验机进行拉伸。拉伸速度为：屈服前，应力增加速度为10MPa/s；屈服后，试验机活动夹头在荷载下的移动速度为不大于0.5mm(不经车削试件)。

c. 拉伸中，测力度盘的指针停止转动时的恒定荷载，或不计初始瞬时效应时的最小荷载，即为所求的屈服点荷载 P_s(N)。

d. 向试件连续施荷直至拉断，由测力度盘读出最大荷载，即为所求的抗拉极限荷载 P_b。

② 伸长率的测定

a. 将已拉断试件的两端在断裂处对齐，尽量使其轴线位于一条直线上。如拉断处由于各种原因形成缝隙，则此缝隙应计入试件拉断后的标距部分长度内。

b. 如拉断处到临近标距端点的距离大于1/3(L_0)时，可用卡尺直接量出已被拉长的标距长度 L_1(mm)。

c. 如拉断处到临近标距端点的距离小于或等于1/3(L_0)时，可按下述移位法计算标距 L_1(mm)。

在长段上，从拉断处 O 点取基本等于短段格数，得 B 点，接着取等于长段所余格数[偶数，如图16-29(a)所示]之半，得 C 点；或者取所余格数[奇数，如图16-29(b)所示]减1与加1之半，得 C 点与 C_1 点。位移后的 L_1 分别为 $AO+OB+BC$ 或者 $AO+OB+BC+BC_1$。

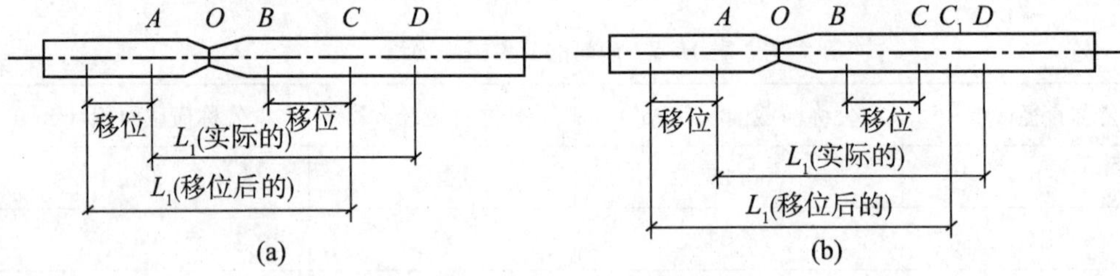

图16-29 用位移法计算标距

d. 如试件在标距端点上或标距处断裂，则试验结果无效，应重新试验。

(5) 试验结果处理

① 屈服强度按下式计算：

$$\sigma_s = \frac{P_s}{A_0} \qquad (16-35)$$

式中：σ_s——屈服强度(MPa)；

P_s——屈服时的荷载(N)；

A_0——试件原横截面面积(mm^2)。

② 抗拉强度按下式计算：

$$\sigma_b = \frac{P_b}{A_0} \tag{16-36}$$

式中：σ_b——屈服强度(MPa)；

P_b——最大荷载(N)；

A_0——试件原横截面面积(mm^2)。

③ 伸长率按下式计算(精确至1%)：

$$\delta_{10}(\delta_5) = \frac{L_1 - L_0}{L_0} \times 100\% \tag{16-37}$$

式中：$\delta_{10}(\delta_5)$——分别表示 $L_0=10d_0$ 和 $L_0=5d_0$ 时的伸长率；

L_0——原始标距长度 $10d_0$(或 $5d_0$)(mm)；

L_1——试件拉断后直接量出或按移位法确定的标距部分长度(mm)(测量精确至0.1mm)。

④ 当试验结果有一项不合格时，应另取双倍数量的试样重做试验，如仍有不合格项目，则该批钢材判为拉伸性能不合格。

3) 钢筋的弯曲(冷弯)性能试验

(1) 试验目的

通过检验钢筋的工艺性能评定钢筋的质量。掌握GB/T 232—1999钢筋弯曲(冷弯)性能的测试方法和钢筋质量的评定方法，正确使用仪器设备。

(2) 主要仪器设备

压力机或万能试验机，具有不同直径的弯心。

(3) 试件制备

① 试件的弯曲外表面不得有划痕。

② 试样加工时，应去除剪切或火焰切割等形成的影响区域。

③ 当钢筋直径小于35mm时不需加工，直接试验；若试验机能量允许时，直径不大于50mm的试件亦可用全截面的试件进行试验。

④ 当钢筋直径大于35mm时，应加工成直径为25mm的试件。加工时应保留一侧原表面，弯曲试验时，原表面应位于弯曲的外侧。

⑤ 弯曲试件长度根据试件直径和弯曲试验装置确定，通常按下式确定试件长度：

$$l = 5d + 150 \tag{16-38}$$

式中：d——试件原始直径。

(4) 试验步骤

① 半导向弯曲。试样一端固定，绕弯心直径进行弯曲，如图16-30(a)所示。试样弯曲到规定的弯曲角度或出现裂纹、裂缝或断裂为止。

② 导向弯曲。

a. 试样放置于两个支点上，将一定直径的弯心在试样两个支点中间施加压力，使试样弯曲到规定的角度[如图16-30(b)所示]或出现裂纹、裂缝、断裂为止。

b. 试样在两个支点上按一定弯心直径弯曲至两臂平行时，可一次完成试验，亦可先弯曲到如图16-30(b)所示的状态，然后放置在试验机平板之间继续施加压力，压至试样两臂平行。此时，可以加与弯心直径相同尺寸的衬垫进行试验[如图16-30(c)所示]。

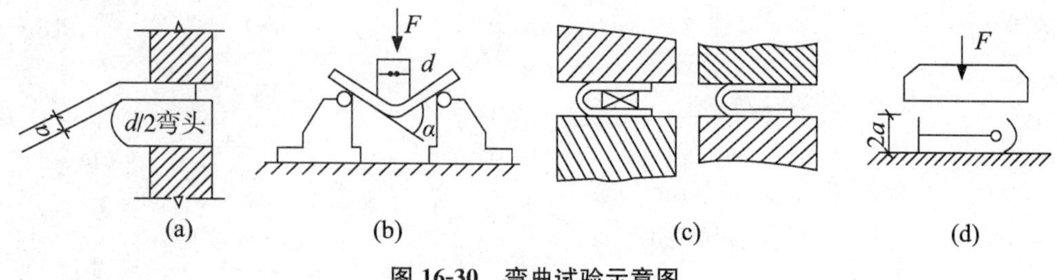

图 16-30 弯曲试验示意图

当试样需要弯曲到两臂接触时，首先将试样弯曲到如图 16-30(b)所示的状态，然后放置在两平板间继续施加压力，直至两臂接触[如图 16-30(d)所示]。

c. 试验应在平稳压力作用下缓慢施加试验压力。两支辊间距离为$(d+2.5a)\pm0.5d$，并且在试验过程中不允许有变化。

d. 试验应在 10～35℃或控制条件下(23±5)℃进行。

(5) 试验结果处理

按以下五种试验结果评定方法进行，若无裂纹、裂缝或裂断，则评定试件合格。

① 完好。试件弯曲处的外表面金属基本上无肉眼可见因弯曲变形产生的缺陷时，称为完好。

② 微裂纹。试件弯曲外表面金属基本上出现细小裂纹，其长度不大于 2mm，宽度不大于 0.2mm 时，称为微裂纹。

③ 裂纹。试件弯曲外表面金属基本上出现裂纹，其长度大于 2mm，小于或等于 5mm，宽度大于 0.2mm，小于或等于 0.5mm 时，称为裂纹。

④ 裂缝。试件弯曲外表面金属基本上出现明显开裂，其长度大于 5mm，宽度大于 0.5mm 时，称为裂缝。

⑤ 裂断。试件弯曲外表面出现沿宽度贯穿的开裂，其深度超过试件厚度的 1/3 时，称为裂断。

注：在微裂纹、裂纹、裂缝中规定的长度和宽度，只要有一项达到某规定范围，即应按该级评定。

16.8 石油沥青试验

16.8.1 沥青针入度试验

1) 试验一般规定

本方法适用于测定针入度小于 350 的石油沥青。石油沥青的针入度以标准针在一定的荷重、时间及温度条件下垂直穿入沥青试样的深度来表示，单位为 0.1mm。如未另行规定，标准针、针连杆与附加砝码的合计质量为(100±0.1)g，温度为 25℃，时间为 5s。特定实验条件参照表 16-7 的规定。

表 16-7 针入度特定试验条件规定

温度(℃)	荷重(g)	时间(s)
0	200	60
4	200	60
46	50	5

2）试验目的

本方法依据 GB/T 4509—1998《沥青针入度试验方法》测定石油沥青针入度，沥青的黏滞性和针入度也是划分沥青牌号的主要指标。

3）主要仪器设备

(1) 针入度仪

其构造如图 16-31 所示。凡能保证针和针连杆在无明显摩擦下垂直运动，并能指示针贯入深度精确至 0.1mm 的仪器均可使用。针和针连杆组合件总质量为(50±0.05)g，另附(50 ± 10.05) g 砝码一只，以供试验时适合总质量(100±0.05)g 的需要。

仪器设有放置平底玻璃保温皿的平台，并有调节水平的装置，针连杆应与平台垂直。仪器设有针连杆制动按钮，使针连杆可自由下落。针连杆易于装卸，以便检查其重量。仪器还设有可自由转动与调节距离的悬臂，其端部有一面小镜或聚光灯泡，借以观察针尖与试样表面接触情况。当为自动针入度仪时，基本要求与此项相同，但应附有对计时装置的校正检验方法，以经常校验。

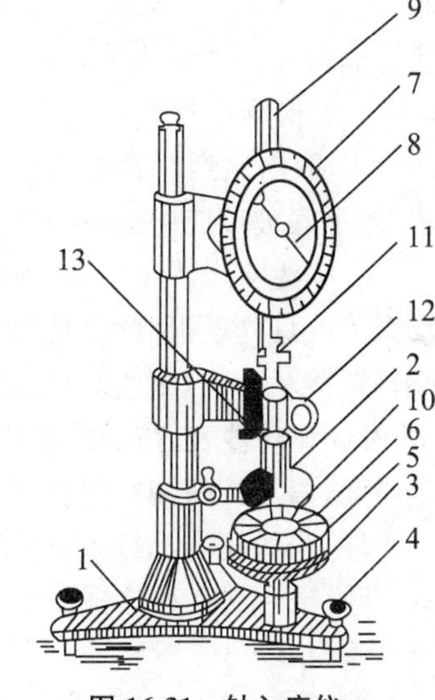

图 16-31 针入度仪

1—底座；2—小镜；3—圆形平台；4—调平螺钉；5—保温皿；6—试样；7—刻度盘；8—指针；9—活动尺杆；10—标准针；11—连杆；12—按钮；13—砝码

(2) 标准针

标准针由硬化回火的不锈钢制成，洛氏硬度 HRC54～60，表面粗糙度 $Ra0.2 \sim 0.3\mu m$，针及针杆总质量为(2.5±0.05)g，针杆上打印有号码标志，针应设有固定用装置盒(筒)，以免碰撞针尖，每根针必须附有计量部门的检验单，并定期进行检验。

(3) 盛样皿：金属制，圆柱形平底。小盛样皿的内径 55mm，深 35mm，适用于针入度小于 200；大盛样皿内径 70mm，深 45mm 适用于针入度 200～350；对针入度大于 350 的试样需使用特殊盛样皿，其深度不小于 60mm，试样体积不少于 125mL。

(4) 恒温水浴：容量不少于 10L，控制温度±0.1℃。水中应备有一带孔的搁板(台)，位于水面下不少于 100mm，距水浴底不少于 50mm 处。

(5) 平底玻璃皿：容量不少于 1L，深度不少于 80mm。内设有一不锈钢三脚支架，能使盛样皿稳定。

(6) 温度计：0～50℃，分度 0.1℃。

(7) 秒表：分度 0.1s。

(8) 盛样皿盖：平板玻璃，直径不小于盛样皿开口尺寸。

(9) 溶剂:三氯乙烯等。

(10) 其他:电炉或砂浴、石棉网、金属锅或瓷把坩埚等。

4) 方法与步骤

(1) 准备工作

① 调整针入度仪使之水平。检查针连杆和导轨,以确认无水和其他外来物,无明显摩擦。用三氯乙烯或其他溶剂清洗标准针,并擦干。将标准针插入针连杆,用螺丝固紧。按试验条件加上附加砝码。

② 将试样注入盛样皿中,试样高度应超过预计针入度值 10mm,并盖上盛样皿,以防落入灰尘。盛有试样的盛样皿在 15～30℃室温中冷却 1～1.5h(小盛样皿)、1.5～2h(大盛样皿)或 2～2.5h(特殊盛样皿)后,移入保持规定试验温度±0.1℃的恒温水浴中 1～1.5h(小盛样皿)、1.5～2h(大盛样皿)或 2～2.5h(特殊盛样皿)。

(2) 检测步骤

① 取出达到恒温的盛样皿,并移入水温控制在试验温度±0.1℃(可用恒温水浴中的水)的平底玻璃皿中的三脚支架上,试样表面以上的水层深度不少于 10mm。

② 将盛有试样的平底玻璃皿置于针入度仪的平台上,慢慢放下针连杆,用适当位置的反光镜或灯光反射观察,使针尖恰好与试样表面接触。拉下刻度盘的拉杆,使之与针连杆顶端轻轻接触,调节刻度盘或深度指示器的指针指示为零。

③ 开动秒表,在指针正指 5s 的瞬间用手紧压按钮,使标准针自动下落贯入试样,经规定时间,停压按钮使针停止移动。

注:当采用自动针入度仪时,计时与标准针落下贯入试样同时开始,至 5s 时自动停止。

④ 拉下刻度盘拉杆与针连杆顶端接触,读取刻度盘指针或深度指示器的读数,精确至 0.5mm。

⑤ 同一试样平行试验至少三次,各测试点之间及与盛样皿边缘的距离不应少于 10mm。每次试验后,应将盛有盛样皿的平底玻璃皿放入恒温水浴,使平底玻璃皿中水温保持试验温度。每次试验应换一根干净标准针或将标准针取下,用蘸有三氯乙烯溶剂的棉花或布揩净,再用干棉花或布擦干。

⑥ 测定针入度大于 200 的沥青试样时,至少用三支标准针,每次试验后将针留在试样中,直至三次平行试验完成后才能将标准针取出。

5) 结果处理

同一试样三次平行试验,结果的最大值和最小值之差在下列允许偏差范围内时见表 16-8,计算三次试验结果的平均值,取至整数作为针入度试验结果,以 0.1mm 为单位。

表 16-8 针入度测定允许最大误差表

针入度(0.1mm)	允许差值(0.1mm)	针入度(0.1mm)	允许差值(0.1mm)
0～49	2	250～350	10
50～149	4	>350	14
150～249	6		

16.8.2 沥青延度的检测

1) 试验目的

本方法依据 GB/T 4508—1998《沥青延度试验方法》测定沥青的延度。沥青的延度是规定形状的试样在规定温度下，以一定速度受拉伸至断开时的长度，以 cm 表示。延度是沥青塑性的指标，通过延度测定可以了解石油沥青的塑性。

试验温度与拉伸速率根据有关规定采用，通常采用的试验温度为 25℃或 15℃，非经注明，拉伸速度为(5±0.25)cm/min。当低温时采用 110.05cm/min 拉伸速度时，应在报告中注明。

2) 主要仪具、材料与试件制备

(1) 延度仪：将试件浸没于水中，能保持规定的试验温度及按照规定拉伸速度拉伸试件且试验时无明显振动的延度仪均可使用。

(2) 试模：黄铜制，由两个端模和两个侧模组成，其形状及尺寸如图 16-32。试模内侧表面粗糙度 $Ra0.2\mu m$，当装配完好后可浇铸成表 16-9 的尺寸试样。

(3) 试模底板：玻璃板或磨光的铜板、不锈钢板(表面粗糙度 $Ra0.2\mu m$)。

(4) 恒温水浴：容量不少于 10L，控温精度±0.1℃，水浴中设有带孔搁架，搁架距底不得少于 50mm。试件浸入水中深度不小于 100mm。

(5) 温度计：0～50℃，分度 0.1℃。

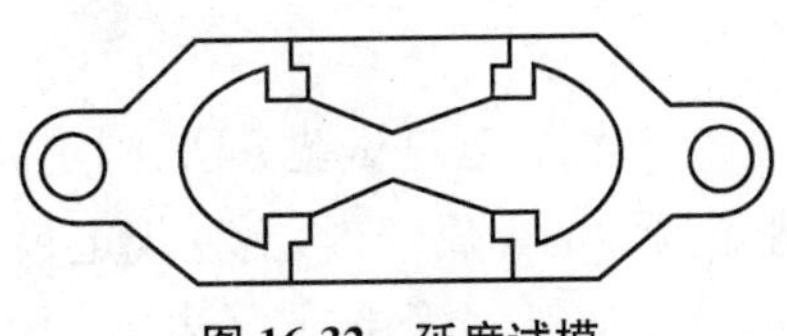

图 16-32 延度试模

表 16-9 延度试样尺寸(mm)

总 长	74.5～75.5	最小横断面宽	9.9～10.1
中间缩颈部长度	29.7～30.3	厚度(全部)	9.9～10.1
端部开始缩颈处宽度	19.7～20.3		

(6) 砂浴或其他加热炉具。

(7) 甘油滑石粉隔离剂(甘油与滑石粉的质量比为 2:1)。

(8) 其他：平刮刀、石棉网、酒精、食盐等。

(9) 按本规程规定的方法准备试样，然后将试样仔细自模的一端至另一端往返数次缓缓注入模中，最后略高出试模。灌模时应注意勿使气泡混入。

(10) 试件在室温中冷却 30～40min，然后置于规定试验温度±0.1℃的恒温水浴中，保持 30min 后取出，用热刮刀刮除高出试模的沥青，使沥青面与试模面齐干。沥青的刮法应自试模的中间刮向两端，且表面应刮得平滑。将试模连同底板再浸入规定试验温度的水浴中 1～1.5h。

(11) 检查延度仪延伸速度是否符合规定要求，然后移动滑板使其指针正对标尺的零点。将延度仪注水，并保温达试验温度±0.5℃。

3）检测步骤

（1）将保温后的试件连同底板移入延度仪的水槽中，然后将盛有试样的试模自玻璃板或不锈钢板上取下，将试模两端的孔分别套在滑板及槽端固定板的金属柱上，并取下侧模。水面距试件表面应不小于25mm。

（2）开动延度仪，并注意观察试样的延伸情况。此时应注意，在试验过程中，水温应始终保持在试验温度规定范围内，且仪器不得有振动，水面不得有晃动，当水槽采用循环水时，应暂时中断循环，停止水流。

在试验中，如发现沥青细丝浮于水面或沉入槽底时，则应在水中加入酒精或食盐，调整水的密度至与试样相近后重新试验。

（3）试件拉断时，读取指针所指标尺上的读数，以cm表示。在正常情况下，试件延伸时应成锥尖状，拉断时实际断面接近于零。如不能得到这种结果，则应在报告中注明。

4）结果处理

以平行测定三个结果的平均值作为该沥青的延度。若三次测定值不在其平均值的5%以内，但其中两个较高值在平均值之内，则舍去最低值取两个较高值的平均值作为测定结果。

16.8.3　沥青软化点的测定（环球法）

1）试验目的

本方法依据GB/T 4508—1998《沥青延度试验方法》测定沥青软化点。

沥青的软化点是试样在规定尺寸的金属环内，上置规定尺寸和重量的钢球，放于水（或甘油）中，以(5±0.5)℃/min的速度加热，至钢球下沉达规定距离(25.4mm)时的温度，以℃表示。

软化点是反映沥青在温度作用下的温度稳定性，是在不同环境下选用沥青的最重要的指标之一。

2）主要仪具设备

（1）软化点试验仪，由下列附件组成：

① 钢球：直径9.53mm，质量(3.5±0.05)g。

② 试样环：由黄铜或不锈钢等制成，如图16-33所示。

③ 钢球定位环：由黄铜或不锈钢制成，如图16-34所示。

④ 金属支架：由两个主杆和三层平行的金属板组成。上层为一圆盘，直径略大于烧杯直径，中间有一圆孔，用以插放温度计。中层板形状尺寸如图16-35所示，板上有两个孔，各放置金属环，中间有一小孔可支持温度计的测温端部。一侧立杆距环上面51mm处刻有水高标记。环下面距下层底板为25.4mm，而下底板距烧杯底不少于12.7mm，也不得大于19mm。三层金属板和两个主杆由两个螺母固定在一起。

⑤ 耐热玻璃烧杯：容量800～1 000mL，直径不少于86mm，高不少于120mm。

⑥ 温度计：0～80℃，分度0.5℃。

（2）环夹：由薄钢条制成，用以夹持金属环，以便刮平表面，形状、尺寸如图16-36所示。

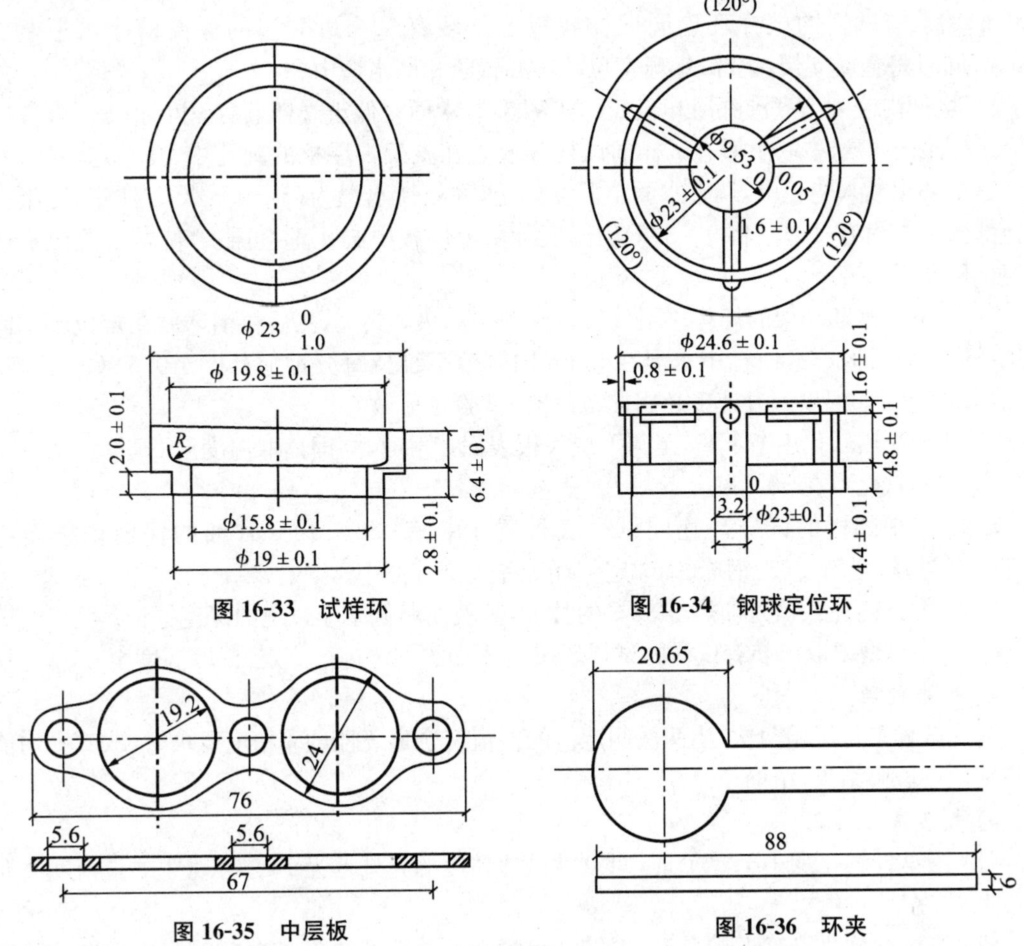

图 16-33 试样环

图 16-34 钢球定位环

图 16-35 中层板

图 16-36 环夹

(3) 装有温度调节器的电炉或其他加热炉具(液化石油气、天然气等)。

(4) 试样底板:金属板(表面粗糙度应达 $Ra0.8\mu m$)或玻璃板。

(5) 恒温水槽和平直刮刀。

(6) 甘油滑石粉隔离剂(甘油与滑石粉的比例为质量比 2∶1)。

(7) 新煮沸过的蒸馏水。

(8) 其他:石棉网。

3) 检测方法与步骤

(1) 准备工作

① 将试样环置于涂有甘油滑石粉隔离剂的试样底板上。按本规程的规定方法将准备好的沥青试样徐徐注入试样环内至略高出环面为止。

如估计试样软化点高于 120℃,则试样环和试样底板(不用玻璃板)均应预热至 80～100℃。

② 试样在室温冷却 30min 后,用环夹夹着试样杯,并用热刮刀刮除环面上的试样,务使与环面齐平。

(2) 试验步骤

① 试样软化点在80℃以下者：

a. 将装有试样的试样环连同试样底板置于装有(5±0.5)℃的保温槽冷水中至少15min;同时将金属支架、钢球、钢球定位环等亦置于相同水槽中。

b. 烧杯内注入新煮沸并冷却至5℃的蒸馏水，水面略低于立杆上的深度标记。

c. 从保温槽水中取出盛有试样的试样环放置在支架中层板的圆孔中，套上定位环；然后将整个环架放入烧杯中，调整水面至深度标记，并保持水温为(5±0.5)℃。注意，环架上任何部分不得附有气泡。将0～80℃的温度计由上层板中心孔垂直插入，使端部测温头底部与试样环下面齐平。

d. 将盛有水和环架的烧杯移至放有石棉网的加热炉具上，然后将钢球放在定位环中间的试样中央，立即加热，使杯中水温在3min内调节至维持每分钟上升(5±0.5)℃。注意，在加热过程中，如温度上升速度超出此范围时，试验应重做。

e. 试样受热软化逐渐下坠，至与下层底板表面接触时，立即读取温度至0.5℃。

② 试样软化点在80℃以上者：

a. 将装有试样的试样环连同试样底板置于装有(32±1)℃甘油的保温槽中至少15min;同时，将金属支架、钢球、钢球定位环等亦置于甘油中。

b. 在烧杯内注入预先加热至32℃的甘油，其液面略低于立杆上的深度标记。

c. 从保温槽中取出装有试样的试样环按上述①的方法进行测定，读取温度至1℃。

4) 结果处理

同一试样平行试验两次，当两次测定值的差值符合重复性试验精度要求时，取其平均值作为软化点试验结果，精确至0.5℃。

5) 精度或允许差

(1) 当试样软化点小于80℃时，重复性试验精度的允许差为1℃，再现性试验精度的允许差为4℃。

(2) 当试样软化点等于或大于80℃时，重复性试验精度的允许差为2℃，再现性试验精度的允许差为8℃。

16.9 弹(塑)性体改性沥青防水卷材试验

16.9.1 取样方法、卷重、厚度、面积、外观试验

1) 试验目的

评定卷材的面积、卷重、外观、厚度是否合格。

2) 取样

以同一类型同一规格10 000m² 为一批次，不足10 000m² 也可作为一批。每批中随机抽取5卷，进行卷重、厚度、面积、外观试验。

3) 试验内容

(1) 卷重

用最小分度值为0.2kg的台秤称量每卷卷材的卷重。

（2）面积

用最小分度值为1mm的卷尺在卷材的两端和中部测量长度、宽度，以长度、宽度的平均值求得每卷的卷材面积。若有接头时两段长度之和减去150mm为卷材长度测量值。当面积超出标准规定值的正偏差时，按公称面积计算卷重。当符合最低卷重时，也判为合格。

（3）厚度

使用10mm直径接触面，单位压力为0.2MPa时分度值为0.1mm的厚度计测量，保持时间为5s。沿卷材宽度方向裁取50mm宽的卷材一条，在宽度方向上测量5点，距卷材长度边缘(150±15)mm向内各取一点，在这两点之间均分取其余3点。对于砂面卷材必须将浮砂清除后再进行测量。记录测量值。计算5点的平均值作为卷材的厚度。以抽取卷材的厚度总平均值作为该批产品的厚度，并记录最小值。

（4）外观

将卷材立放于平面上，用一把钢卷尺放在卷材的端面上，用另一把钢卷尺(分度值为1mm)垂直伸入端面的凹面处，测得的数值即为卷材端面里进外出值。然后将卷材展开按外观质量要求检查，沿宽度方向裁取50mm宽的一条，胎基内不应有未被浸透的条纹。

16.9.2 物理力学性能试验

1）试验目的

评定卷材的物理性能是否合格。

2）试样制备

在面积、卷重、外观、厚度都合格的卷材中随机抽取一卷，切除距外层卷头2 500mm后，顺纵向切取长度为800mm的全幅卷材两块，一块进行物理力学性能试验，一块备用。按如图16-37所示部位及表16-10中规定的数量，切取试件边缘与卷材纵向的距离不小于75mm。

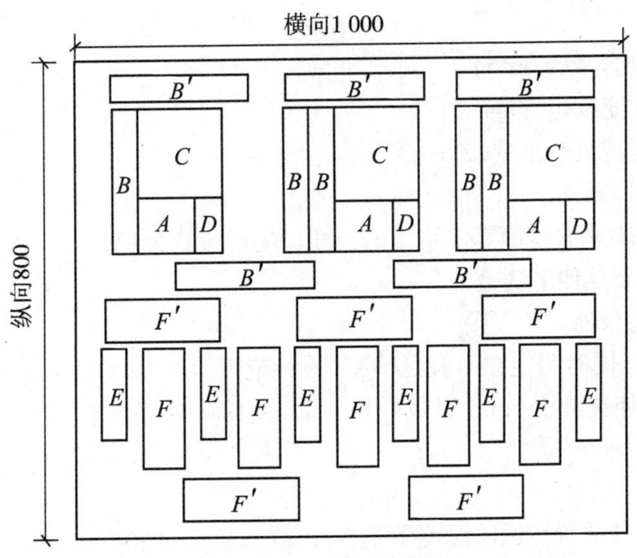

图16-37 试件切取图

表 16-10 试件尺寸

试验项目	试件代号	试件尺寸(mm)	数量(个)
可溶物含量	A	100×100	3
拉力及延伸率	B、B'	250×50	纵横各 5
不透水性	C	150×150	3
耐热度	D	100×50	3
低温柔度	E	150×25	6
撕裂强度	F、F'	200×75	纵横各 5

3) 试验内容

(1) 可溶物含量试验

① 溶剂

四氯化碳、三氯甲烷或三氯乙烯(工业纯或化学纯)。

② 试验仪器

分析天平(感量 0.001g),萃取器(500mL 索氏萃取器),电热干燥箱(0~300℃,精度为±2℃),滤纸(直径不小于 150mm)。

③ 试验步骤

将切好的三块试件(A)分别用滤纸包好,用棉线捆扎。分别称重,记录数据。将滤纸包置于萃取器中,溶剂量为烧瓶容量的 1/3~1/2,进行加热萃取,直至回流的液体呈浅色为止,取出滤纸包让溶剂挥发。放入预热 105~110℃的电热干燥箱中干燥 1h,再放入干燥器中冷却至室温称量滤纸包。

④ 计算

可溶物含量按下式计算:

$$A = K(G - P) \tag{16-39}$$

式中:A——可溶物含量(g/m^2);

G——萃取前滤纸包重量(g);

P——萃取后滤纸包重量(g);

K——系数(L/m^2)。

以三个试件可溶物含量的算术平均值为卷材的可溶物含量。

(2) 拉力及断裂延伸率试验

① 试验设备及仪器

拉力试验机,能同时测定拉力及延伸率,测量范围为 0~2 000N,最小分度值为不大于 5N,伸长率范围能使夹具 180mm 间距伸长一倍,夹具夹持宽度不小于 50mm;试验温度为(23±2)℃。

② 试验步骤

将切取好的试件放置在试验温度下不少于 24h;校准试验机(拉伸速度为 50mm/min)将试件夹持在夹具中心,不得歪扭,上下夹具间距为 180mm;开动试验机,拉伸至试件拉断为止。记录拉力及最大拉力时的延伸率。

③ 最大拉力及最大拉力时的延伸率的计算

分别计算纵向及横向各 5 个试件的最大拉力的算术平均值，作为卷材纵向和横向的拉力(N/50mm)。最大拉力时的延伸率按下式计算：

$$E = 100(L_1 - L_0)/L \tag{16-40}$$

式中：E——最大拉力时的延伸率(%)；

L_1——试件拉断时夹具的间距(mm)；

L_0——试件拉伸前夹具的间距(mm)；

L——上下夹具间的距离，为 180mm。

分别计算纵向及横向各 5 个试件的最大拉力时的延伸率值的算术平均值，作为卷材纵向及横向的最大拉力时的延伸率。

(3)不透水性试验

① 试验仪器

油毡不透水仪：具有三个透水盘(盘底内径为 92mm)，金属压盖上有七个均匀分布的直径 25mm 的透水孔；压力表示值范围为 0～0.6MPa，精度为 2.5 级。

② 试验步骤

在规定压力、规定时间内，试件表面无透水现象为合格。卷材的上表面为迎水面；上表面为砂面、矿物粒料时，下表面作为迎水面；下表面为细砂时，在细砂面沿密封圈的一圈去表面浮砂，然后涂一圈 60～100 号的热沥青，涂平，冷却 1h 后进行试验。

(4) 耐热度试验

① 试验仪器

主要设备有电热恒温箱。

② 试验步骤

将 50mm×100mm 的试件垂直悬挂预先加热至规定温度的电热恒温箱内，加热 2h 后取出，观察涂盖层有无滑动、流淌、滴落，任一端涂盖层不应与胎基发生位移，试件下端应与胎基平齐，无流挂、滴落。

(5) 低温柔度试验

① 试验仪器及器具

低温制冷仪(控制范围为 0～30℃，精度为±2℃)；半导体温度计(量程 30～40℃，精度为 5℃)，柔度棒或柔度弯板(半径为 15mm 和 25mm 两种)如图16-38所示；冷冻液(不与卷材发生反应)。

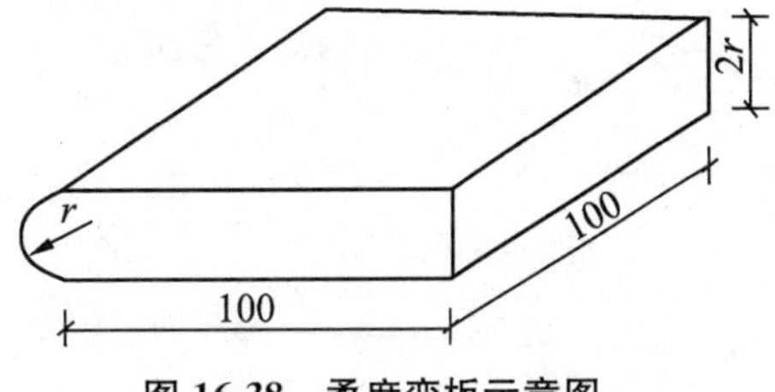

图 16-38　柔度弯板示意图

② 试验步骤

仲裁法：在不小于 10L 的容器内放入冷冻液(6L 以上)，将容器放入低温制冷仪中冷却至标准规定的温度。然后将试件与柔度棒(板)同时放在液体中，待温度达到标准规定的温度时，至少保持 0.5h，将试件浸于液体中，在 3s 内匀速绕柔度棒或弯板弯曲 180°。

B 法：将试件和柔度棒(板)同时放入冷却至标准规定的液体中，待达到标准规定的温度后，保持时间不少于 2h。待达到标准规定的温度时，在低温制冷仪中，将试件在 3s 内匀速绕柔度棒或弯板弯曲 180°。

柔度棒(板)的直径根据卷材的标准规定选取，6 块试件中，3 块试件上表面、另 3 块试件下表面与柔度棒（板）接触，取出试件后目测，观察试件涂盖层有无裂缝。

（6）撕裂强度试验

① 试验仪器

拉力试验机的上下夹具间距为 180mm；试验温度（23±2）℃。

② 试验步骤

将切好的试件用切刀或模具裁成如图 16-39 所示的形状，然后在试验温度下放置不少于 24h；校准试验机（拉伸速度 50mm/min），将试件夹持在夹具中心，不得歪扭，上下夹具间距为 130mm；开动试验机，进行拉伸直至试件拉断为止，记录拉力。

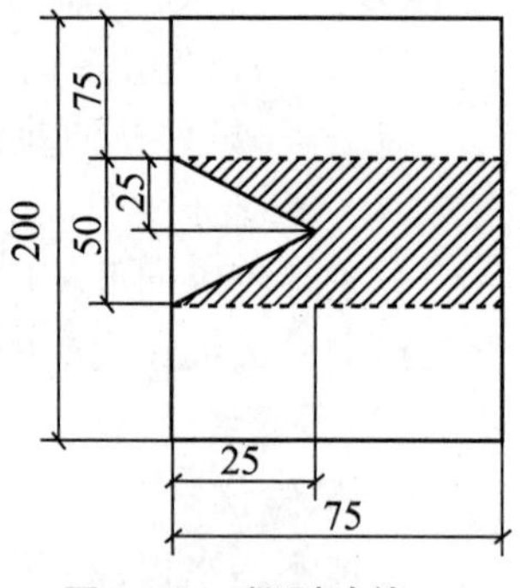

图 16-39 撕裂试件

③ 结果计算

分别计算纵向及横向各 5 个试件最大拉力的算术平均值作为卷材纵向或横向撕裂强度，单位为 N。

4）物理性能评定

（1）可溶物含量、拉力及拉伸强度、低温柔性、最大拉力。

（2）不透水性、耐热度。每组 3 个试件分别达到标准规定时，判定为指标合格。

（3）低温柔度。6 个试件中至少 5 个试件达到标准规定时，判定为该项指标合格。

参考文献

1 王赫. 建筑工程质量事故百问. 北京:中国建筑工业出版社,2000

2 黄伟典. 建筑材料. 北京:中国电力出版社,2004

3 李崇智,周文娟,王林. 建筑材料. 北京:清华大学出版社,2009

4 水工混凝土试验规程(SL 352—2006). 北京:中国水利水电出版社,2006

5 砌筑砂浆配合比设计规程(JGJ 98—2000). 北京:中国水利水电出版社,2000

6 砌筑砂浆配制技术规程(DBJ 53—3—2003).(云南省工程建设标准)

7 普通混凝土拌和物性能试验方法标准(GB/T 50080—2002). 北京:中国建筑工业出版社,2002

8 普通混凝土力学性能试验方法标准(GB/T 50081—2002). 北京:中国建筑工业出版社,2002

9 混凝土结构设计规范(GB 50010—2002). 北京:中国建筑工业出版社,2002

10 董梦臣. 土木工程材料. 北京:中国电力出版社,2008

11 韦琴. 建筑材料试验. 北京:人民交通出版社,2010

12 高琼英. 建筑材料. 武汉:武汉理工大学出版社,2006

13 王福川. 新型建筑材料. 北京:中国建筑工业出版社,2009

14 魏鸿汉. 建筑材料. 北京:中国建筑工业出版社,2010

15 张健. 建筑材料与检测(附检测报告). 北京:化学工业出版社,2003

16 谭平. 建筑材料检测实训指导. 北京:中国建材工业出版社,2008

17 孟祥礼,高传彬. 建筑材料实训指导. 郑州:黄河水利出版社,2009

18 建设部. 混凝土结构设计规范(GB 50010—2010). 北京:中国建筑工业出版社,2010

19 李东侠. 建筑材料. 北京:北京理工大学出版社,2012

20 张敏. 建筑材料. 北京:中国建筑工业出版社,2010